Introduction to In-situ Modification Mining by Fluidization

Yangsheng Zhao   Weiguo Liang   Zijun Feng

Science Press
Beijing

原位改性流体化采矿导论

赵阳升　梁卫国　冯子军　著

科学出版社
北　京

内 容 简 介

本书共 11 章，系统论述与介绍原位改性流体化采矿这一新兴学科领域的理论、实验、技术与工程的各个方面。本书前 4 章介绍原位改性流体化采矿的概念与架构、演变多孔介质传输物性规律与理论模型、原位改性技术原理等核心内容。后 7 章详细介绍煤层气、盐矿、油页岩、放射性及有色金属矿产、天然气水合物、低变质煤、干热岩地热等广泛的地质资源与能源原位物理、化学改性的机理，相关工艺与工程实例。书中内容囊括作者及其学术团队 30 多年的大量研究成果，也涵盖国内外相关研究的最新进展。

本书可作为地质资源与能源、土木、环境、力学、物理学、化学等工程与科学领域的工程技术人员、研究者、本科生、硕士与博士研究生的重要参考书。

图书在版编目（CIP）数据

原位改性流体化采矿导论/赵阳升，梁卫国，冯子军著. —北京：科学出版社，2019.3
ISBN 978-7-03-060731-7

Ⅰ.①原… Ⅱ.①赵… ②梁… ③冯… Ⅲ.①矿山开采 Ⅳ.①TD8

中国版本图书馆 CIP 数据核字（2019）第 041455 号

责任编辑：胡 凯 许 蕾 曾佳佳/责任校对：彭 涛
责任印制：张 伟/封面设计：许 瑞

科学出版社 出版
北京东黄城根北街 16 号
邮政编码：100717
http://www.sciencep.com

北京虎彩文化传播有限公司 印刷
科学出版社发行 各地新华书店经销
*
2019 年 3 月第 一 版　开本：720×1000　1/16
2019 年 3 月第一次印刷　印张：24　1/2
字数：490 000
定价：169.00 元
（如有印装质量问题，我社负责调换）

前　言

　　原位改性流体化采矿是指在原位对矿体进行物理、化学性态改造，实施矿物的流体化开采的一种新型采矿方法。

　　伴随着社会持续高速发展，人类赖以发展的煤炭、石油、天然气、金属、非金属矿产等常规地质资源与能源因大规模开发而日益短缺，或易开发的、优质的资源大幅减少，迫切需要开发新型的、非常规的、深层的资源与能源，如干热岩地热、油页岩、煤层气、深层煤炭资源、深层铜金铀、天然气水合物等资源。而这类资源矿体致密、矿物以固态或热能形式赋存、埋藏深度大、能量密度低，传统的固体矿床井工开采方法与流体矿床钻井抽采方法都难以有效开采，原位改性流体化开采方法就是伴随着这类新型的、非常规的资源开发而提出与发展的。因此，它是与传统井工开采、钻井抽采方法并列的一类地质资源与能源开采的方法。

　　原位改性流体化采矿的雏形，最早可追溯到1400多年前中国和欧洲进行的盐的水溶开采。20世纪20年代，苏联开始煤炭地下气化。60年代中国、美国开始了铜矿、铀矿的原位溶浸开采。80年代美国最先进行干热岩地热开采等。80年代后期，我带领团队系统地开展了原位改性流体化采矿的基础研究，即演变多孔介质固流热化学耦合方面的试验与理论研究，于2006年出版的国家自然科学基金学科发展战略研究报告《矿产资源科学与工程》中最早提出了"固体矿物流体化开采"的新型学科方向。2010年，太原理工大学矿业工程学科申报并获批了"原位改性采矿"教育部重点实验室，2018年"国家油页岩开采研发中心"落户太原理工大学。从2000年起，我们团队广泛深入地进行了盐矿水溶开采、低渗透储层煤层气改性开采、油页岩原位热解开采、干热岩地热开采、天然气水合物开采等领域的科学与工程研究，并于2005年、2014年先后获盐类矿床控制水溶开采、煤层气改性开采两项国家技术发明二等奖。针对深部煤炭资源开采难题，谢和平院士于2014年6月在中国工程院国际工程科技大会上提出了"煤炭资源流态化开采"的构想，并于2017年在《煤炭学报》发表。

　　由原位改性流体化采矿的发展脉络可见，它正如一轮喷薄欲出的朝阳，将会在地质资源与能源开发的广泛领域日益引发革命性的技术突破。

　　原位改性流体化采矿所涉及的工程领域众多，看似"风马牛不相及"，实际上它们具有共同的科学——变形、渗流、传热传质、化学耦合作用的演变多孔介质传输。在国内最早关注这一科学问题的是章梦涛先生，在1989年章先生就发表文章专门论述"变形与渗流相互影响的岩石力学问题"，1983~1986年，我在章先生的指导下进行了固液耦合的硕士论文研究，1989~1992年在孙钧院士指导下进行了固气耦合的博士论文研究。之后，伴随着科学研究的深入与工程领域的拓展，逐渐深入开展了固流热化学耦合的实验、理论与技术的研究，并于1994年、2010年先后出版了《矿山岩石流体力学》《多孔介质多场耦合作用及其工程响应》两本原位改性流体化采矿基础与应用研究的阶段性成果。近年来深入研究、凝聚而形成了"演变多孔介质传输理论"，初步构建了原位改性流体化采矿的理论体系。

原位改性流体化采矿技术与工程实践不断发展，快速推进着新型的、非常规的地质资源与能源的开发。干热岩地热开发从概念到工业实践，经历40余年的发展，逐渐形成了超深钻井与人工储层的水循环换热开采系统，人工储层、天然裂缝与断层储层的工业模式正在多国实际运行，近岩浆囊地热开发已在冰岛实践。30多年来全世界就一直探寻油页岩的原位开发技术，并已形成了ICP（壳牌公司的原位转换技术）、MTI（太原理工大学的原位对流加热开采油页岩技术）等几项技术，工业开发指日可待。低渗透储层煤层气开发一直困扰着全世界的科学与技术界，各种原位增透技术、强化解吸技术在持续研发。盐类矿床原位溶浸开采技术在纯硫酸钠、氯化钠矿床广泛使用，而难溶的钙芒硝矿、光卤石矿从井工开采变革为原位改性流体化开采还需时日。砂型铀矿资源的原位溶浸开采经历60余年的发展，在我国已有50%的工业份额，其他类型的铀、镭、钍等放射性矿产资源的原位溶浸开发还待深入研发，其工业实践的那天将会为人类提供大量的洁净能源。优质的便于井工开采的铜、银、金等贵金属资源日益短缺，原位溶浸开采将为人类提供新的可开发的贵金属资源与产品，但地面湿法冶金的实践表明，贵金属资源的原位溶浸开采还会经历漫长历程。天然气水合物的开发是国际能源开发角逐的热点，缺乏封闭空间的深海原位开采的连续实施与可能诱发的水合物大面积释放，一直困扰着世界科学与技术界。

如上所述，原位改性流体化采矿方法有着广泛的工业应用前景，其深刻的科学规律、理论模型、针对具体工业的技术原理和工艺与设备系统的研发，任重而道远，有些需要几代人的研究尚可见成效，但为人类永续发展，其研究再艰难我们也必须不舍不弃。30年前，我们提出原位改性流体化采矿的构想时，在别人眼中几近空想。20年前，我们团队开始从事干热岩地热开采、油页岩原位开采研究时，国内难觅知音，在共识性评价体系的当时常受冷落。所幸团队的这种坚守，今天柳暗花明，越来越受到社会各界的广泛关注与支持。本书凝聚了团队成员深入科学与工程研究的大量心血，主要有：段康廉、靳钟铭、胡耀青、杨栋、冯增朝、常宗旭、万志军、张渊、曲方、吕兆兴、康志勤、赵建忠、石定贤、徐素国、邵保平、赵金昌、刘正和、孟巧荣、毛瑞彪等，对他们的付出表示衷心的感谢。本书引用了国内外许多学者发表的论著、观点与图表，对此表示衷心的感谢。

赵阳升

2018年12月23日

目 录

前言
第1章 引论 ··· 1
  1.1 矿产资源与能源 ··· 1
  1.2 原位改性流体化采矿 ··· 4
第2章 演变多孔介质传输物性规律 ··· 9
  2.1 演变多孔介质分类和演变机理 ··· 9
  2.2 THMC 耦合作用在线试验机 ··· 13
    2.2.1 固体传压岩体高温高压三轴在线试验机研制 ························ 14
    2.2.2 气体传压高温高压三轴 THMC 耦合作用试验台研制 ················ 18
    2.2.3 液体传压高温真三轴试验机研制 ································· 19
    2.2.4 高温三轴-CT 在线微型三轴试验机研制 ···························· 19
  2.3 多孔介质渗流物性方程 ··· 21
    2.3.1 Darcy 定律 ··· 21
    2.3.2 单一裂缝渗流定律 ··· 23
    2.3.3 应力与孔隙压作用下的渗流特征 ································· 24
    2.3.4 三维应力下裂缝渗透系数的实验 ································· 25
    2.3.5 渗透率与岩石细观结构相关规律 ································· 27
    2.3.6 吸附性气体的渗流规律 ··· 29
  2.4 有效应力规律 ··· 30
  2.5 热力（TM）耦合作用特性 ··· 31
  2.6 THMC 耦合作用的矿岩特性 ··· 37
    2.6.1 THM 耦合作用的岩石渗透特性 ··································· 37
    2.6.2 气煤热解的 THMC 耦合作用规律 ································· 39
    2.6.3 褐煤热解的 THMC 耦合作用规律 ································· 40
    2.6.4 油页岩热解的 THMC 耦合作用规律 ······························· 42
    2.6.5 钙芒硝盐岩溶解渗透力学特性 ··································· 43
第3章 矿层原位改性的技术原理 ··· 46
  3.1 矿层改性逾渗理论 ··· 46
    3.1.1 逾渗现象 ··· 47
    3.1.2 孔隙裂隙双重介质逾渗研究方法 ································· 49

3.1.3 二维孔隙裂隙介质连通概率分析·····53
3.1.4 三维孔隙裂隙介质连通概率分析·····55
3.2 矿层压裂改性、卸压破裂改性原理·····59
3.2.1 矿层压裂改性原理·····59
3.2.2 矿层卸压破裂改性原理·····61
3.3 热破裂增透改性原理·····62
3.3.1 花岗岩与长石细砂岩的主要成分和显微CT细观结构·····62
3.3.2 细砂岩热破裂与渗透率随温度变化特征·····64
3.3.3 花岗岩热破裂与渗透率随温度变化规律·····66
3.4 矿层溶解增透改性原理·····67
3.5 矿层热解改性原理·····70
3.5.1 油页岩热解改性原理·····70
3.5.2 煤热解增透改性原理·····74
3.6 煤炭地下气化、盐矿水溶开采原理·····81
3.6.1 煤炭地下气化原理·····81
3.6.2 盐矿水溶开采原理·····83
3.7 矿层改造开采井网建造方法·····84
3.7.1 压裂连通理论与技术·····84
3.7.2 定向井连通建造开采井网技术·····93

第4章 演变多孔介质传输理论·····96
4.1 裂隙介质固流热耦合数学模型与求解·····96
4.1.1 物理基础·····96
4.1.2 裂隙介质固流热耦合数学模型·····97
4.1.3 求解策略与计算程序设计·····101
4.2 残留骨架热解开采的固流热化学耦合数学模型·····102
4.2.1 气液两相混合物渗流方程·····103
4.2.2 热量传输方程·····104
4.2.3 岩体变形方程·····105
4.2.4 残留骨架的热解改性采矿的固流热化学耦合数学模型·····105
4.3 残留骨架溶浸开采的固流热化学耦合数学模型·····106
4.3.1 溶解传输的颗粒模型·····106
4.3.2 残留骨架溶浸开采的THMC耦合数学模型·····109
4.4 无残留骨架溶浸开采的THMC耦合数学模型·····110
4.5 无残留骨架气化开采的扩散-流动-传热耦合数学模型·····113

第 5 章 煤层气原位改性开采 ································ 115
5.1 低渗透煤层原位改性强化煤层气抽采的技术原理 ········ 115
5.2 煤层的水力压裂技术 ································ 116
5.3 低渗透储层 CO_2 压裂改性强化抽采煤层气 ············ 118
5.4 低渗透储层水力割缝改性强化抽采煤层气 ·············· 122
5.4.1 水力割缝抽采煤层气的数值分析 ·················· 123
5.4.2 水力割缝成套装备的研制 ······················ 126
5.4.3 水力割缝强化本煤层煤层气抽采的工业应用 ······ 127
5.5 低渗透煤层注热改性强化煤层气开采 ·················· 129
5.5.1 温度作用下煤层气吸附-解吸特性的实验研究 ······ 129
5.5.2 低渗透煤层注热改性开采煤层气的技术与工艺 ······ 132
5.5.3 注热开采煤层气的技术经济分析 ·················· 135

第 6 章 盐类矿床原位溶浸开采与油气储库建造 ············ 137
6.1 单井对流溶浸改性开采技术 ·························· 138
6.2 双井对接连通溶浸改性开采技术 ······················ 141
6.3 单井水平后退式溶浸开采技术 ························ 142
6.3.1 正循环溶浸时注水量的影响分析 ·················· 144
6.3.2 溶浸过程中腔体形状、流场、浓度场及温度场变化 ·· 148
6.4 易溶硫酸钠矿床群井致裂控制水溶开采技术与工程 ······ 150
6.4.1 群井致裂技术 ································ 151
6.4.2 运城盐湖深层硫酸钠矿床 ······················ 153
6.4.3 矿层控制水压致裂 ···························· 155
6.4.4 S 井网群井致裂控制水溶开采工业实施 ············ 157
6.4.5 易溶盐矿群井控制水溶开采实施技术 ·············· 160
6.5 难溶钙芒硝矿床压力溶浸控制水溶开采技术与工程 ······ 161
6.5.1 四川彭山同庆南风公司钙芒硝矿床地质特征 ········ 161
6.5.2 工业试验技术方案 ···························· 164
6.5.3 群井致裂与溶采试验 ·························· 165
6.5.4 钙芒硝矿原位水溶开采小规模工业应用 ············ 167
6.6 盐岩溶腔油气储库建造技术及理论基础 ················ 167

第 7 章 油页岩原位热解改性开采 ························ 172
7.1 油页岩热解机理 ···································· 174
7.2 油页岩地下原位传导加热开采技术 ···················· 177
7.3 油页岩原位注蒸汽开采技术研究 ······················ 183
7.3.1 MTI 技术 ···································· 183

  7.3.2 大块油页岩水蒸气热解试验研究 ……………………………………… 186
  7.3.3 油页岩原位注蒸汽开采的数值模拟 …………………………………… 191
 7.4 大尺度油页岩试样水蒸气热解中试研究 ………………………………………… 197
  7.4.1 试验系统 ……………………………………………………………………… 197
  7.4.2 试验方案及试验过程描述 ………………………………………………… 198
  7.4.3 热解过程中温度场分布及变化特征 ……………………………………… 199
  7.4.4 热解过程孔隙压力变化特征 ……………………………………………… 201
  7.4.5 油页岩热解过程热破裂声发射检测与破裂特征 ………………………… 203
  7.4.6 油页岩热解过程中变形特征 ……………………………………………… 204
  7.4.7 油页岩热解过程热能利用和余热分析 …………………………………… 205
  7.4.8 蒸汽热解开采区油页岩特征及回采率分析 ……………………………… 207
  7.4.9 原位注水蒸气热解开采的产物分析 ……………………………………… 209
 7.5 新疆博格达山油页岩原位注蒸汽开采的示范工程方案 ………………………… 210
  7.5.1 设计方案 …………………………………………………………………… 211
  7.5.2 锅炉主要设计性能参数 …………………………………………………… 211
  7.5.3 开发矿层条件及井网布置 ………………………………………………… 212
  7.5.4 低温余热发电系统 ………………………………………………………… 213
  7.5.5 主要技术经济指标 ………………………………………………………… 214
 7.6 油页岩原位气体加热技术 ………………………………………………………… 216
  7.6.1 雪弗龙公司（Chevron）的 CRUSH 技术 ……………………………… 216
  7.6.2 美国页岩油公司（AMOS）的 EGL 技术 ……………………………… 216
  7.6.3 美国地球探测公司（Petroprobe）的空气加热技术 …………………… 217
  7.6.4 西山能源公司（MWE）的 IVE 技术 …………………………………… 218
 7.7 油页岩原位辐射和燃烧加热干馏技术 …………………………………………… 219
  7.7.1 辐射加热技术 ……………………………………………………………… 219
  7.7.2 燃烧干馏技术 ……………………………………………………………… 220

第 8 章 放射性及有色金属矿产原位改性开采 ………………………………………… 222
 8.1 铀矿原位改性开采 ………………………………………………………………… 222
  8.1.1 铀矿的资源特征 …………………………………………………………… 222
  8.1.2 铀矿原位改性溶浸开采中的化学反应 …………………………………… 223
  8.1.3 铀矿原位改性溶浸开采工艺 ……………………………………………… 223
 8.2 铜的原位改性开采 ………………………………………………………………… 226
  8.2.1 铜矿的资源特征 …………………………………………………………… 226
  8.2.2 铜矿原位改性开采中的化学过程 ………………………………………… 227
  8.2.3 铜矿原位改性流体化开采工艺 …………………………………………… 230

8.3 金矿的原位改性流体化开采 233
8.3.1 中国金矿的资源特征 233
8.3.2 金矿溶解化学反应 234
8.3.3 金矿钻孔地浸法 234

第9章 天然气水合物原位改性开采 237
9.1 概述 237
9.1.1 天然气水合物 237
9.1.2 全球资源分布 238
9.1.3 中国的天然气水合物藏分布及特征 240
9.2 开采方法 241
9.2.1 天然气水合物储藏方式及开采方法 242
9.2.2 天然气开采研究现状 244
9.3 多孔介质水合物的结构特征CT实验研究 246
9.3.1 多孔介质水合物结构CT实验 246
9.3.2 多孔介质水合物结构特征 248
9.4 多孔介质水合物分解过程多孔骨架的变形特征 250
9.4.1 粒径1.18~2.8mm多孔介质水合物的分解 250
9.4.2 粒径2.8~4.75mm多孔介质水合物的分解 251
9.4.3 粒径0.85~1.18 mm多孔介质水合物的分解 252
9.4.4 水合物分解引起的变形 252
9.5 多孔介质水合物原位分解温度场分布实验 254
9.5.1 材料与实验仪器 255
9.5.2 甲烷水合物的形成 256
9.5.3 水合物减压分解过程中的温度变化 256

第10章 低变质煤原位注热脱水提质改性开采 262
10.1 褐煤原位注蒸汽开采油气与提质改性技术 263
10.2 褐煤热解孔隙结构演变规律 266
10.2.1 孔隙率的热解演变特征 266
10.2.2 孔隙比表面积随热解温度的变化规律 267
10.2.3 褐煤热解渗透率演变规律 268
10.2.4 三轴应力下褐煤变形特性随温度变化规律 269
10.3 褐煤高温蒸汽热解实验研究 272
10.3.1 高温蒸汽热解产气量分析 272
10.3.2 热解产气组分随温度的变化分析 274
10.3.3 高温蒸汽热解产气热值分析 276

10.3.4　褐煤高温蒸汽热解残留固体基本性质分析……………………277
10.4　褐煤煤层高温蒸汽压裂-热解数值模拟………………………………281
　　10.4.1　褐煤煤层高温蒸汽压裂-热解THMC耦合数学模型……………281
　　10.4.2　温度场分布规律……………………………………………281
　　10.4.3　渗流场动态变化规律………………………………………284
10.5　褐煤原位注水蒸气脱水提质改性的工业方案分析……………………286
　　10.5.1　工艺设计基本参数…………………………………………286
　　10.5.2　方案设计计算………………………………………………287
　　10.5.3　生产能力核定与效益分析…………………………………288
　　10.5.4　与井工开采比较分析………………………………………290

第11章　干热岩地热开采……………………………………………291
11.1　干热岩地热资源…………………………………………………291
　　11.1.1　世界干热岩地热资源………………………………………292
　　11.1.2　中国干热岩地热资源及优先开发选区……………………292
11.2　干热岩地热开发基础研究新进展………………………………293
　　11.2.1　高温高压下钻孔围岩变形规律……………………………294
　　11.2.2　高温高压下破岩方式研究…………………………………299
　　11.2.3　干热岩地热开发人工热储建造基础研究…………………304
11.3　干热岩地热开采系统与增强型地热系统（EGS）……………309
　　11.3.1　水平井分段压裂人工热储HDR地热开采系统……………310
　　11.3.2　人工储留层建造……………………………………………316
11.4　断层模式（FM）干热岩地热开发技术………………………321
　　11.4.1　干热岩地热开发技术争论…………………………………321
　　11.4.2　西藏羊八井干热岩地热资源………………………………323
　　11.4.3　羊八井地热田现今构造地应力场特征……………………325
　　11.4.4　断层模式羊八井深部干热岩地热开采技术方案…………327
11.5　干热岩地热开发工程的国际新进展……………………………331
　　11.5.1　法国EGS地热开发…………………………………………331
　　11.5.2　美国沙漠峰干热岩地热开发………………………………333
　　11.5.3　冰岛近岩浆层地热开发……………………………………334

参考文献……………………………………………………………………336
索引…………………………………………………………………………373

Contents

Preface

Chapter 1　Introduction
- 1.1　Mineral resources and energy
- 1.2　In-situ modification mining by fluidization

Chapter 2　Constitute law of transport in evolving porous media
- 2.1　Classification and evolution mechanism of evolving porous media
- 2.2　THMC coupling online-testing machine
- 2.3　Constitute law of seepage in porous media
- 2.4　Effective stress law
- 2.5　Thermo-mechanical (TM) coupling properties
- 2.6　Evolution of ore mass properties coupled by THMC effect

Chapter 3　Technical principles of in-situ modification to ore-stratum
- 3.1　Percolation theory of modification to ore-stratum
- 3.2　Principle of modification to ore-stratum by stress-releasing and hyrofracturing
- 3.3　Principle of modification to ore-stratum by thermal cracking
- 3.4　Principle of modification to ore-stratum by dissolution
- 3.5　Principle of modification to ore-stratum by pyrolysis
- 3.6　Underground coal gasification and salt-ore dissolution mining
- 3.7　Method of constructing borehole net for modification mining

Chapter 4　Theory of transport in evolving porous media
- 4.1　THM coupled mathematical model of fracture medium and solution method
- 4.2　THMC coupled mathematical model of residual skeleton induced by pyrolysis mining
- 4.3　THMC coupled mathematical model of residual skeleton induced by leaching mining
- 4.4　THMC coupled mathematical model of non-residual skeleton induced by leaching mining
- 4.5　Flow-heat and mass transfer coupled mathematical model of non-residual skeleton induced by gasification mining

Chapter 5　In-situ modification mining of coalbed methane
- 5.1　Technical principle of in-situ modification to enhancing coalbed methane recovery in low permeability reservoir
- 5.2　Hydraulic fracturing technology in coalbed
- 5.3　Enhancing coalbed methane recovery in low permeability reservoir by CO_2-driven hydrofracturing
- 5.4　Enhancing coalbed methane recovery in low permeability reservoir by hydraulic slotting
- 5.5　Enhancing coalbed methane recovery in low permeability reservoir by heating injection

Chapter 6　In-situ leaching mining of salt-ore deposit and construction of oil & gas storage cavern
- 6.1　Single-well convection leaching mining technology
- 6.2　Double wells convection leaching mining technology
- 6.3　Single vertical and one horizontal well retreating leaching mining technology
- 6.4　Technology and engineering of in-situ leaching mining soluble sodium sulfate deposits by multi-well hydrofracturing
- 6.5　Technology and engineering of in-situ pressed leaching mining sparingly soluble glauberite deposit
- 6.6　Theory and technology of constructing oil & gas storage cavern in dissolved rock salt deposit

Chapter 7　Oil shale mining by in situ pyrolyzed modification
- 7.1　Mechanism of oil shale pyrolysis
- 7.2　Oil shale mining by in-situ conductive heating
- 7.3　Oil shale mining by in-situ steam injection to convective heating
- 7.4　Pilot study of large scale oil shale sample pyrolysis by steam injection
- 7.5　Demonstration project plan of bogurda mountain oil shale mining by in-situ steam injection in Xinjiang
- 7.6　Oil shale mining by in-situ gas injection to convective heating
- 7.7　Oil shale mining by in situ radiation heating and combustion

Chapter 8　Radioactive resources and nonferrous metal minerals in-situ modification mining
- 8.1　Uranium in-situ modification mining
- 8.2　Copper in situ modification mining
- 8.3　Gold in-situ modification mining

Chapter 9 Natural gas hydrate in situ modification mining
- 9.1 Introduction
- 9.2 Mining methods
- 9.3 Structure characteristics of porous medium hydrates observed by CT technology
- 9.4 Deformation of porous medium hydrate skeleton during decomposition
- 9.5 Temperature distribution of porous medium hydrates decomposition

Chapter 10 Dehydration, upgrading and mining of low-metamorphic coal by in-situ heating injection
- 10.1 Technology of dehydration and upgrading of lignite and oil & gas mining from lignite by in situ steam injection
- 10.2 Evolution of pore structure in pyrolyzed lignite
- 10.3 Experiments of lignite pyrolysis in high temperature steam
- 10.4 Numerical simulation of steam-driven fracturing and pyrolysis in lignite coalbed
- 10.5 Industrial plan to dehydrating, upgrading and mining of lignite by in-situ steam injection

Chapter 11 HDR geothermal energy mining
- 11.1 Introduction to HDR geothermal resources
- 11.2 Recent advance on fundamental study of HDR geothermal energy mining
- 11.3 HDR geothermal system and enhanced geothermal systems (EGS)
- 11.4 Fault-mode geothermal system (FGS) of mining HDR geothermal energy
- 11.5 International new progress of HDR geothermal exploitation engineering

References

Index

第1章 引　　论

1.1　矿产资源与能源

矿产资源与能源是人类赖以生存与发展的关键要素之一,是现代工业社会的最主要的基础,矿产资源开采为现代工业和高科技产业提供了种类繁多的、品种齐全的金属、非金属、有机与无机材料,其中有量大面广的铁、铝、铜,也有极为珍稀的金、银、镍、钴、钛等贵金属材料。石油、天然气、煤炭和核原料等同时也是主要的能源。随着社会进步和国民经济的发展,人类对矿产资源和能源的需求量和依赖程度越来越大,质量要求越来越高,而中国是一个矿产资源和能源相对贫乏的国家,油气资源短缺,金属矿产资源品位较低,虽然煤炭资源量大,但利用过程中污染严重。伴随着中国经济的高速发展,矿产资源和能源的供需矛盾已凸现出来,资源与能源安全已与国家安全紧密相关,引起了全社会的高度重视。

矿产资源与能源包括:

煤炭资源:褐煤、烟煤、无烟煤等各种变质程度的煤种和油母页岩等。

金属矿产资源:① 放射性矿产,如铀矿、钍矿等;② 铁与钛合金矿产,如铁矿、锰矿、铬矿、钒矿、钛矿等;③ 有色金属矿产,如铜矿、铅锌矿、铝土矿、钨矿、锡矿、锑矿、汞矿等;④ 贵金属矿产,如金矿、铂族金属矿、银矿等;⑤ 稀土矿产,如稀有与分散金属矿产等。

非金属矿产资源:是指除能源矿产与金属矿产之外的工业矿物与岩石,如萤石、重金石、菱镁矿、石墨、芒硝、高岭土、石棉等。

石油与天然气资源:如石油、天然气、煤层气和天然气水合物资源,包括陆地与海洋资源。

地热资源:天然热水资源与干热岩地热资源。

煤炭提供世界一次能源的27%,世界发电量的45%,煤炭衍生物生产25 000多种消费品,在世界经济中占有重要地位,我国的煤炭在一次能源消费中,占70%,预计到2050年,仍将占50%。煤炭的开采一直采用露天和井工开采方法。煤炭开采的安全问题尤为突出,事故多,事故居全国各行业的首位,死亡人数多,约占全国工矿企业死亡人数的51%,百万吨死亡率和死亡人数都远高于世界发达国家。煤矿的安全问题涉及瓦斯、火灾、煤尘、水灾、冲击地压、顶板事故、机电事故、安全爆破等多个方面。煤矿重大和特大安全事故的不断发生,已经严重制约了煤矿开采的健康发展，对国民经济和社会发展造成了恶劣影响。

煤矿开采造成对生态环境的破坏，据统计，全国重点煤矿平均每开采 1 万 t 煤炭要破坏 $0.2km^2$ 的土地，据此推算，全国各类煤矿矿井开采造成的土地沉陷与破坏的面积十分巨大。除此以外，还有大量的矿井矸石山、露天矿坑、露天废石场等。开采导致了地面建筑物与构筑物的破坏、地表与地下水流失、植被破坏、土地沙化、泥石流、酸雨、井下有害气体排放污染大气、矿雾等环境问题。在环保问题日益突出的今天，煤矿开采如何面对环境保护与生态重建的压力，通过自身的开采技术变革，实现煤矿的绿色环保开采是面临的重要课题。

金属矿产资源对国家经济、国防安全影响很大，涉及国防安全的矿产资源有 30 多种，其中金属矿就占 23 种，因此，金属矿开采的技术水平直接影响到国防安全。随着金属矿产资源开发力度的不断加大，金属矿产资源，特别是浅层优质的资源面临逐渐短缺。中国金属矿产资源开采技术和设备水平落后，采矿损失率、贫化率偏高。矿产资源回收率低下，丢弃大量矿柱、低品位矿体以及开采技术难度大的矿体残留。平均总回收率偏低，总回收率只有 30%，共伴生矿产资源综合利用率不到 20%，金属矿产资源综合利用率平均仅为 35%，而国外平均在 50% 以上，差距甚大。金属矿床开采向深部发展，采矿条件日趋恶化，随开采深度的不断增加，地质条件恶化，破碎岩体增多，地应力增大，涌水量加大，地温升高，带来了深部地压、提升能力、作业面环境恶化、通风降温和生产成本急剧增加等一系列问题，抑制了生产能力提高和矿产资源的充分回收。由于采矿和选矿排出的废石、尾矿、废水和废气所引起的矿山环境污染和破坏严重，根据国家生态环境部的资料，目前我国金属矿山储存的尾矿总量超过 40 亿 t，并以高速增加，废石场、排土场新增面积每年达到数十万亩。尾矿和废石中的大量有毒有害物质和废水、废气一起通过水和风力作用，大范围污染水资源、地表土壤和大气，使生态环境受到严重破坏。尾矿坝和排土场造成的溃坝、滑坡事故不断发生，严重威胁人民生命财产和企业生产的安全。此外，因矿山开采引起的地表沉陷、山体滑坡和泥石流等问题也日益突出。

世界上已被工业利用的非金属矿产资源有 250 多种，我国是世界上少数几个非金属矿资源较丰富的国家之一，也是世界上非金属矿产品齐全、资源储量较大的国家之一，已探明 88 种。2000 年，我国非金属矿产业总产值高达 4049.79 亿元，占国民经济总产值的 4.7%，从 1992～2000 年，我国非金属矿行业每年出口平均增幅 13.2%，为国家创收大量外汇，在国民经济中占有重要地位。

石油、天然气和煤层气是世界上最主要的能源和优质化工原料，是社会经济发展中最主要的生产力要素之一，石油和天然气的比例占世界能源消费的 62.09%。1963 年中国实现了石油自给，1992 年重新开始进口，2017 年进口已超过 4 亿 t。石油对中国经济有着重大的作用和影响，石油和天然气勘探正向深层、沙漠、海洋和极地进军，油气藏的类型也向中小型为主的隐蔽油气藏发展，大力发展二次、三次采油理论与技术，力求更大幅度提高油气采收率是直接影响国家经济的科学技术命题。油气开发主要是围绕提高油气采收率的技术而发展的，主要包括试井技术（含射孔技术、地层测试技术）、压裂技术（压裂液技术、支撑剂技术、重复压裂技术）、气体混相驱替技术（CO_2驱替、烃类气体驱替、氮气驱替技术）、复合驱替技术、微生物采油、热力采油（蒸汽驱替、火烧油层等）、物理法采油技术（超声波技术、振动法、电动力学方法）、特殊工艺井技术（水平井、多分支井）。针对不同类型的油气储层，特别是低渗透油层和后期开采油层，上述采油方法都取得了一定的效果。但石油的回采率仍不足40%，是摆在世界科学与工程界面前至今无法攻克的难题。

我国的煤层气资源量为30万亿~35万亿m^3，其主要成分是甲烷，是与煤固体资源伴生与共生的一种非常规气源。20世纪80年代，由于美国圣胡安和黑勇士两个盆地煤层气开发的成功，我国也进行了大规模的试采，但由于中国煤层渗透率普遍低，这一产业至今未能形成。

海洋矿产资源是陆地资源的补充和接替，是21世纪，乃至今后若干世纪国际竞争最激烈的领域，海洋矿产资源开采科学的作用是为海洋资源开采提供完整的不断发展的理论、技术与装备，实现高效安全开采，为社会可持续发展提供保障，为中国，乃至人类征服与开发海洋提供知识与技术支持。占地球表面71%的海洋洋底蕴藏着极其丰富的矿产资源，主要包括镍、钴、锰、铅、锌、金、银等稀有金属矿产资源，以及天然气水合物和海底油气资源。海洋天然气水合物是指分布于海底陆坡沉积物中的气水化合物，它是全世界临海国家瞩目的未来新型海洋能源，分为Ⅰ型、Ⅱ型和H型，其勘探技术采用的是似海底反射技术，目前，全世界正在积极探索天然气水合物的开采方法。由于担心开采方法不当会诱发全球环境问题，因此开采十分慎重，近年来进行了短时的非常小规模的实际试采。

地热资源与能源，含地热水资源与干热岩地热资源，尤其是干热岩地热是新型的永恒的洁净能源。通过发展地热开采学科，促使今天以化石能源为主的消费结构转变为以水力资源、地热资源、太阳能与风能等绿色可再生能源为主的能源结构，同时，利用地下恒温层制冷与取暖，是人类的能源消费目标。天然热水资源的开发利用最早可以追溯到几千年以前的温泉洗浴，但真正科学地勘探与开发、发电和其他直接利用，仅有一两百年的历史。此领域发达的国家有日本、冰岛、菲律宾、美国等。20世纪70年代，中国利用天然地热水资源建成了西藏羊八井与广东丰顺地热电站。干热岩地热资源开发是1970年美国洛斯阿拉莫斯（Los Alamos）国家实验室提出的，1984年在美国建成了第一座干热岩地热资源发电站，在日本和美国都已有较大的装机容量。干热岩地热资源被认为是资源量巨大的绿色能源，其理论与技术包括：深部高温岩体钻井理论、技术与装备体系，采用水力压裂连通生产井与注水井的人工储留层建造理论、技术与装备体系，以及监测理论与 MIT 为代表的经济模型。

总之，矿产资源与能源开采面临的众多重大问题可以归结为：①随着社会进步和国民经济的发展，人类对资源和能源的需求量越来越大，而中国是一个资源相对贫乏的国家。②对资源与能源的质量要求越来越高，金属矿床资源品位较低，煤炭燃烧的污染严重。工业部门对资源的质量越来越挑剔，如对煤炭的灰分、硫分和其他组分的含量指标的控制，铁矿或其他矿石的品位要求等。③随着资源的开发，开采深度逐渐增加，由陆地向海洋延伸，资源开采条件日益恶劣化，安全开采的形势日趋严重；我国的煤炭开采深度已达到 1000m，金属矿的深度达到 1380m，海洋油气开采的比例逐年增加，矿床开采深度增加，地下水、瓦斯、高地应力、地质构造使资源开采难度大大增加，开采过程中的安全形势极为严重。④资源开采引发的环境问题日益突出，粗略估计矸石山地面堆积已超过 80 万亿 t，地面大面积沉陷，导致地下水资源被破坏，引发地震与山体滑坡等事件的强度与频度日趋增加。

显然，传统的固体矿床露天和井工开采方法以及流体矿床的钻井抽采方法存在诸多技术难题，有些甚至无法逾越，迫切需要开采方法的重大变革，至少需要新的开采方法对传统开采方法的补充，这已成为矿产资源与地下能源开采科学与工业极为迫切的任务。

1.2 原位改性流体化采矿

按矿产资源与地下能源的物理特征划分，可分为固体矿床与流体矿床，固体矿床包括：煤炭、油页岩、金属与非金属矿床、放射性矿物、天然气水合物、油砂、干热岩地热等；流体矿床包括：石油、天然气、煤层气、页岩油、页岩气、天然热水资源等。

传统的固体矿产资源开采方法是露天开采与地下开采等直接开采方法，因此涉及地下硐室、人工边坡开凿、支护、通风安全、矿石采运等一系列工程，其主要的科学基础是矿山岩体力学。

传统的流体矿产资源采用的是地面钻井或地下钻孔及压裂与驱替等开采技术，其主要的科学基础是岩石渗流力学。

与上述方法所不同的是：在盐矿开采中，一直采用水溶开采；近 20 多年来，在铀矿、铜矿等开采中一直在探索化学溶浸开采，并在实际中小规模地使用；苏联在 20 世纪 20 年代就提出煤炭的地下气化开采方法，一直在进行着小规模的工业试验，中国从 80 年代之后，也有几座矿山进行煤地下气化的工业试验，虽然仍有很多关键难题难以解决，但不失为一种煤的开采新方法。作者 30 多年来带领团队一直从事油页岩原位注蒸汽改性开采、干热岩原位注水换热开采地热能、原位注热开采煤层气等全新技术，该类方法共同的特点是在矿床的地下原位通过化学溶浸、溶解、热解、气化、液化、生物等技术，使矿体发生物理与化学性态改造，将其中的有用矿物以流体化的方式开采出来，该类新的方法即为原位改性流体化采矿方法。

正如前面所述，固体矿产资源的传统开采方法逐渐面临一些新的技术难题，一些特殊条件下，传统井工开采方法甚至面临不可跨越的技术瓶颈。原位改性流体化采矿方法所应用与正在探索的工业领域包括：盐类矿产资源、铀矿等放射性矿产资源、铜矿金矿等贵金属矿产资源、油页岩与油砂等能源矿产资源、深层煤炭资源、干热岩地热能源、煤层气资源等。

盐类矿床，如氯化钠、硫酸钠、氯化钾等，在地下原位完全以固态形式赋存，而且矿床本身十分致密，渗透性几乎为零，但盐矿强度低，极易被水溶解，很多时候埋藏深，采用井工开采方法，采掘空间即地下硐室极难维护，开采成本很高，因此从古到今一直采用水溶开采方法开采。但传统方法是利用单井缓慢浸泡溶解，效率十分低下，在一些薄层矿层开采中更难使用。

有一些盐矿床，如钙芒硝矿、光卤石钾盐等，由于其水溶性较差或溶解缓慢，国内外至今采用井工开采方法开采。这类盐矿的特点是其矿床含有较多的不溶矿物成分，例如钙芒硝矿，其易溶解矿物 Na_2SO_4 含量在30%左右，微溶矿物 $CaSO_4$ 含量在30%左右，其余为不溶物。这类矿物溶解后会残留完整的固体骨架，整个工业的持续进行要靠溶解液和溶解产物在矿体溶解残留的固体骨架中运移，不像 $NaCl$、Na_2SO_4、KCl 等盐矿，矿物被完全溶解后，仅有少量的残留物沉积于溶腔底部，而形成大的流动通道，使得溶解可持续进行，直观上被人们容易接受。

铀矿床中真正有用的放射性矿物——铀含量极低，边界品位为0.03%，最低工业品位为0.05%。工业上按铀品位高低将铀矿石分为三级，高品位矿石（富矿石）U0.3%，中品位矿石（普通矿石）U0.1%~0.3%，低品位矿石（贫矿石）U0.05%~0.1%。铀矿不仅含量微小，而且是固态形式，只能被强酸碱所溶解，因此铀矿物中只有砂岩型铀矿可以用强酸碱原位溶解改性开采，其整个开采过程完全是在完整的多孔骨架中传输。

铜矿、铅锌矿、金矿、银矿等贵金属矿产资源的矿物含量也极低，其固体矿物也只能用强酸碱溶解，同样其开采过程也是完全在低渗的多孔介质骨架中传输。

油页岩是一种富含干酪根的泥岩，在地下原位是一种固态的不渗透的地层。干酪根在高温干馏下可以转化为油和气体，工业品位的油页岩含油3%，到今天为止，全世界仅有油页岩的固体采矿和地面干馏炉联合生产的工艺小规模开发。荷兰壳牌公司、太原理工大学等众多研究机构一直探索油页岩地下原位加热直接干馏开采油气的技术，但至今未能实现工业生产，其难点在于如何给这种致密的极低渗矿床加热，干馏产物如何流过矿层，排采至地面。在科学层面是必须搞清油页岩热解过程多孔介质性态的演变特征和流体在这种演变的多孔介质中的传输规律；在工业层面是针对这种演变多孔介质性态制定出经济可行的生产工艺，才可实现油页岩的原位开采，亦即大规模的与常规油气矿床可竞争的新的工业生产。

油砂与油页岩显著不同，它在地下原位是一种砂粒周围附着固态原油沉积成层赋存的渗透性尚可的地层。与常规油藏所不同，在常态下完全是固态油，不能流动，在加拿大、俄罗斯等寒冷地区赋存较多，目前大多采用加热的方法。同样在科学层面也需要研究油砂矿层在热作用下的多孔介质演变特征，以及油气产物流体如何在这种演变多孔介质骨架中传输，由此制定高效的开采工艺，才可实现油砂矿层的高效开采。

干热岩地热，或称干热岩地热能，是指地下原位具有很高温度的地层，地层无水，且致密渗透性极低，但富有很高的地热能。我们知道，地壳以下的岩石温度均在500℃以上，这种热能是用之不竭的，但这类热能是极难开采的，至少现在的技术水平是如此。因此人类技术水平目前所限的是10km，乃至20km以浅的地壳中的热能。显然这种热能无法用固体采矿的方法开采，只能在原位将赋存于固体岩石上的热能转移成水的热能再输运到地面加以利用，这种热能转移的过程即为水在致密的岩石中如何传输以及热交换的过程。在科学层面，高温的岩石热量转移过程要发生热破裂，由致密极低渗的岩石演变为裂隙较发育的裂隙型多孔介质，从而使热交换的效率大大增加；在工业层面，首先要构筑水对流换热的空间，称为人工储留层，在后期要依据干热岩体多孔介质的演变特征，制定较佳的流体传输换热工艺，从而达到高效开发的目的。

煤层气资源是赋存于煤层中的以甲烷为主的烃类气体资源。煤层是一种抗变形能力较低的地层，石油行业称为应力敏感地层。当埋藏深度较大时，其孔隙裂隙闭合，固体骨架的渗透性极低。常规天然气以游离态的形式赋存于砂岩、石灰岩的孔隙裂隙之中，而煤层气则主要以吸附态的形式赋存于煤层中，以游离态赋存的煤层气不足10%。我们在进行了多年的研究发现，尽管吸附态与游离态的煤层气都是以气态形式赋存，但只有游离态的煤层气是可流动的，吸附态的煤层气只有转化为游离态才可以流动并被开采出来。但吸附态的煤层气要转化为游离态，必须附加一定的能量，主要是热能，一般的地层是无法提供这部分能量的，只有通过降低煤层温度，吸收煤层极少部分热量来实现，但这种温度梯度极低，热量供给极为缓慢，这是煤层气极难开采的科学技术瓶颈。近年来，太原理工大学提出通过注热强化煤层气开采的技术，即通过注热使吸附态的煤层气改性为游离态的煤层气，这就是原位注热改性开采煤层气的技术原理。

煤炭资源是一种能量密度很高的矿产资源，在浅层，或千米以内，采用井工或露天开采方法是高效可行的。但煤炭资源的种类很多，如低变质的褐煤、弱黏结煤、气煤等，含挥发分很高，开采过程甚至运输过程中易自燃，含水率很高，导致无效运输和无效燃烧的大量浪费，因此在地下原位对这类煤层改性提质就变得十分重要和迫切。当开采深部煤层，如1500m以下煤层时，井工开采方法会遇到无法避免与防止的各类灾害，而迫使寻求原位改性流体化开采的方法，从而实现深层煤炭资源的开采。

归纳上述诸多矿产资源与能源，我们会发现有一些共同的特点，即矿层是致密极低渗的，矿物是固态的、吸附态的或热能的形式，矿床能量密度低，或很低，或埋藏深度很大，传统的井工开采方法难以高效地实施开采，只有采用原位改性流体化开采方法才可实施，这就是原位改性流体化采矿方法诞生与发展的背景。

同样归纳分析上述诸多原位改性流体化采矿工程，发现一个共同的科学现象，无论采用常温或高温何种性质的流体去溶解、热解、能量交换、气化、液化，都涉及注入流体与生产流体在矿层中的传输问题，而且是主导问题，这种多孔介质中的传输效率直接决定了资源能源开发的可行性与经济性。而它又取决于矿层整个开采期间的人工改造工程和矿层物理、化学反应性决定的矿层多孔介质演变特征。因此，在科学层面深入研究矿层多孔介质演变机理与演变规律，以及演变多孔介质质量传输、能量传输、动量传输的规律与物性方程，进而研究演变多孔介质的热-力-流-化学耦合作用的控制方程及其求解方法，从而有效地指导众多矿产资源及能源工程的规模化开采实施就变得极为重要。由此也可以清晰地看到，演变多孔介质传输理论是新型矿产资源与能源原位改性流体化开采的指导性科学理论。

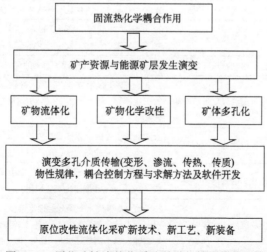

图1.2.1 原位改性流体化采矿科学与技术体系架构

在演变多孔介质传输理论指导下,研究构思各类具体工程原位改性开采的新的技术原理,进而发明新技术、新装备、新工艺,就构成了原位改性采矿的主要技术内涵(图 1.2.1,表 1.2.1)。

原位改性流体化采矿工程的系统组成为:① 地面钻井开采井网;② 矿层溶解、热解改性输运通道;③ 高压注入系统;④ 生产井控制排采系统;⑤ 地面溶浸、热解流体制备与发生系统;⑥ 产物流体分离、萃取及高质量矿物产品制备、储存和销售系统;⑦ 产物流体热能利用系统。根据具体工程对象,各子系统的具体内涵有所区别,特别是子系统⑤⑥⑦差异较大,但大的系统结构是相近的。

表 1.2.1 原位改性流体化采矿涵盖的工业与工程领域

工程领域	技术原理	原位改性流体化采矿工业现状
煤层气开采	压裂增透改性开采	已工业规模使用,对低渗透煤层效果较差;
	割缝卸压改性开采	太原理工大学等提出,研发了成套技术与装备,已规模使用;
	注热改性开采	2008年,太原理工大学提出原位注热开采煤层气技术,尚未工业试验
盐矿水溶开采	易溶盐矿水溶开采	单井油垫建槽水溶开采,对接井连通水溶开采,效率较低,回采率较低,需发展高效水溶开采技术;
	难溶盐矿原位溶浸开采	2005年太原理工大学已进行了原位溶浸开采的工业试验;工业界仍然采用井工开采方法
油页岩开采	原位加热热解开采	1992年,荷兰壳牌公司电加热原位热解开采技术,仅进行了一些工业试验;
		2005年,太原理工大学原位注水蒸气热解开采技术;
		以上均未工业应用
油砂开采	原位加热流体化开采	加拿大等国注热流体化开采技术,已大规模工业应用
干热岩地热开采	原位注水换热开采	20世纪80年代起,美国、日本、英国、法国、冰岛均先后建立了兆瓦级的干热岩发电开发示范工程,至今未有规模开发
天然气水合物开采	原位注热、减压开采	2017年中国在南海进行了短期的注热试采,获得成功
煤地下气化开采	煤地下高温气化反应开采	20世纪20年代始至今,苏联(今俄罗斯)就一直进行小规模的工业试验,80年代初开始,中国进行工业试验,未规模工业开发
煤地下脱水、提质、热解开采	地下原位注热改性开采	太原理工大学针对褐煤等低变质煤提出了原位注热脱水、提质、改性开采的新方法,尚未进行工业试验
铀矿原位溶浸开采	原位注强酸碱溶浸开采	针对砂型铀矿,20世纪50年代,中国、美国等采用原位溶浸技术试采,现已规模化工业应用
铜矿原位溶浸开采	原位注强酸碱溶浸开采	20世纪80年代,美国开始原地溶浸开采试验,后出版《原地浸出铜设计手册》,20年后趋于成熟。中国在80年代中期开始试验,已小规模工业应用

第2章 演变多孔介质传输物性规律

2.1 演变多孔介质分类和演变机理

热、流动、力和化学作用下，自然、工程、生物过程导致多孔介质不断地发生演变，从无孔隙，到小孔隙小裂隙，到多孔隙大空洞、大裂缝，这种现象称为多孔介质演变。流体在演变的多孔介质中传输，从不流动，到渗流，到高渗透，到高速流动，或流体由不能流动，到层流，到湍流。上述现象称为演变多孔介质问题（Zhao et al., 2015）。

极为广泛的固体介质，在经历了或正在经历着单个的或若干个耦合的物理与化学作用，逐渐演变成含有大量孔隙裂隙，甚至空洞与裂缝的一类新的多孔介质，这是自然界极为普遍的现象。例如，自然露头岩石，在经历缓慢的日晒、风化、雨蚀作用后，裂隙日渐发育，进而碎裂、破裂成散体，再继续演变为散土，孔隙裂隙逐渐增加，其渗透系数逐渐增加，由孔隙裂隙不太发育的多孔介质，逐渐演变为孔隙裂隙极为发育的多孔介质。碳酸岩由于地下水的化学溶蚀与渗流作用，岩体逐渐形成大量孔隙、空洞，甚至大型、特大型的溶洞，使碳酸岩的多孔介质性态发生了重大变化。这两类例子，都是经历非常漫长的地质、自然的热流化学作用而使多孔介质性态发生演变的。这类介质演变在人类的某一时段，作为工程对象分析时，可以简化做某一确定的多孔介质，甚至都不用考虑介质性态的演变过程。但当我们研究这类介质的自然演变时，则必须考虑热、流、力、化学、时间对多孔介质的演变作用。

而有许多自然实例，在热、流、力、化学作用下，其多孔介质的演变恰是在较短时间，甚至在很短时间就发生着剧烈的变化。这种演变的进程，在进行多孔介质分析时，不允许忽略多孔介质的孔隙裂隙数量、大小的变化，忽略则会导致对自然、工程、生物过程的判断失误。例如：① 采用化学溶液溶浸铀矿石的溶浸采矿方法，矿石会在很短时间由几乎不渗透的介质演变为渗透性较为发育的多孔介质；② 隧道、地下空间由于开挖而导致围岩在高应力作用下损伤破裂，围岩由弱渗透岩石演变为高渗透岩石；③ 生物组织在患有恶性肿瘤时，随着肿瘤细胞的生长，细胞间隙被肿瘤细胞占据，孔隙率降低，导致氧及组织液流动不畅，有时甚至能量供给通道完全阻断，这种演变的过程因肿瘤分化性而变，要了解这类病情的发展，以及治疗方案的选择、治疗效果的预判，就必须研究生物演变多孔介质的问题。

由此可见，演变多孔介质的问题是自然与工程界极为普遍，而又极为重要的一类多孔介质问题。但在多孔介质研究的相当长历史中，恰鲜有专门的论述。

就多孔介质的演变机理而言，可以分为自然演变、人工演变和自然-人工演变三大类。

自然演变指的是完全受自然物理化学作用而使多孔介质演变的一类问题，如前所指的岩石风化，地质体构造破裂损伤，生命多孔介质在正常或疾病下的演变。

人工演变指的是完全由人类活动有目的受控的多孔介质的演变问题，例如，为了提高油气的采收率和开采速度而实施的水力压裂，为防治渗漏而实施的化学注浆，为开采地下铀矿而实施的化学溶浸等，基本是完全受人工控制的一类多孔介质的演变问题。

自然-人工演变泛指以下两类情况，即人工干预自然演变的过程，从而使自然演变的过程向有利于人类的方向演变的一类多孔介质问题，例如通过植树与种草而防止或延缓岩石风化；用药物治疗控制实体肿瘤的生长，这类多孔介质的演变进程主导因素或主动因素是自然，人工的作用是干预，而演变的趋向与结果主要取决于自然的演变过程。另外一类是人工活动是主动的、主导的、有目的的，但由于复杂的自然作用，演变结果和趋向往往是不可控的，至少是不可严格控制的，例如，肿瘤的切除有时会加速肿瘤扩散发展；核废料的深层处置会使储存的不渗透地层热破裂，演变为渗透地层而对地下水造成污染。

多孔介质演变机理十分复杂，而且极为广泛，因此很难单一地去研究和分析其规律，以下分别就单个因素或多个因素耦合作用下的多孔介质演变机理给予论述。

1) 外力作用下的多孔介质演变特征

无论在何种形式的外力作用下，固体破裂仅表现为两种方式：即张拉破裂和剪切破裂。

(1) 张拉破裂。其破裂微裂纹、裂隙、裂缝、地质断层都发生在最大拉应力区域，裂纹的方向垂直于最大拉应力方向，这类裂缝发育在相对局部的区域，而且是典型的条带状。例如，地壳固体介质背斜部分，就是在拉应力作用下产生的平行于背斜轴的张性裂缝，裂缝即为背斜的渗透主通道，表现为典型的渗流主方向各向异性，平行于裂缝方向，渗透系数很大，是垂直于裂缝方向渗透系数的几倍，乃至几十倍（图 2.1.1）。

(2) 剪切破裂。其破裂裂纹呈"X"形式，破裂块体呈平行四边形棱柱体，而破裂块体内也有许多未贯通的小的"X"走向裂纹（图 2.1.2）。因此，其渗透主方向即为两个非正交的裂纹方向，对于地质体、岩体而言，宏观上为大型断裂构造，或裂缝带丛。

第 2 章　演变多孔介质传输物性规律

图 2.1.1　外力作用的多孔介质演变特征

图 2.1.2　剪切破裂的多孔介质演变特征

2）热力作用下的多孔介质演变特征

热力的作用，都与热源有密切关系。固体以热传导形式导热，则会形成由热源至远处固体的由高到低的温度场，由于固体热膨胀作用和存在非均质性，同步产生由热源至远处的由高到低的应力场分布，同步产生热源至远处的岩石损伤与破裂，破裂程度自热源起，逐渐减弱。因此热力作用而演变的多孔介质性态是自热源起，渗透系数呈球状分布，球心处最高，随球径的增大，渗透系数减小。热力作用下，裂缝破裂方向随机性较强，随温度不同，有沿晶粒边界破裂、穿晶破裂等多种形式。

3）渗流冲蚀作用下的多孔介质演变特征

当地下水、油气储层中的油气在多孔介质中流动时，由于存在抽水井、产油井、产气井，或多孔介质流场中存在径流带、滞留区，地下流体速度差异较大，对于相对较软或固结不好的多孔介质，渗流传输的同时多孔介质骨架被冲蚀和冲刷作用，特别是散土类多孔介质，其渗流的冲刷作用更为强烈，更为明显。渗流冲刷冲蚀的多孔介质演变的典型特征是在渗流速度大的区域，以及多孔骨架相对较软的区域，孔隙率增加较快，而且微小的孔隙逐渐冲蚀为空洞，渗透系数增大很快，甚至很多时候多孔介质演变为大型空洞与通道（图2.1.3），流体的传输由渗流而演变为宏观的流体层流与湍流传输。

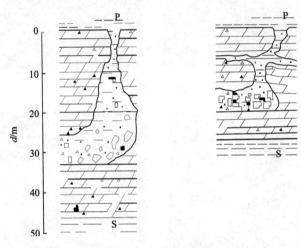

图2.1.3 渗流冲蚀的多孔介质演变特征

4）化学反应与渗流耦合作用下的多孔介质演变特征

对于许多矿物类岩石，人们为了有效地利用和采集有用的矿物组分，而采用注入化学反应流体的方法，使其与固体介质的某些组分发生化学反应，而反应物的注入与排出，完全依靠流体的渗流传输，此类多孔介质的演变特征是由化学反应与渗流共同决定的。一般来说，在矿物含量高、反应剧烈、渗流较快的区域，孔隙率、孔隙尺度增加较大，而矿物含量低、反应较弱的区域，孔隙率增加较少。这类反应能够持续的先决条件是反应流体存在渗流流动。此类问题的典型例子是：碳酸岩的溶解（图2.1.4）、氯化钠等矿物岩体的常温溶解。

5）化学反应与热流传质耦合作用下的多孔介质演变特征

有许多化学反应伴随着体积膨胀和放热反应，也有许多化学反应是在热的驱动下进行的，因此在多孔介质中发生的这类反应，使多孔介质发生两种演变，一种是多孔介质中的某些物质参与反应后，以液态和气态的形式扩散渗流到其他区域，而残留了大量新的孔隙。一种是热力与体积力的作用下多孔介质新生了大量裂隙，使多孔介质的孔隙裂隙增加，而渗透系数增加，热力与体积膨胀力的作用，其新生裂隙在化学反应区域最多，逐渐向反应区域远处减少。而孔隙发育区则相对集中在反应集中区中主渗流区,尤以渗流主通道孔隙最发育。

图 2.1.4　化学反应与渗流耦合作用下的多孔介质演变特征

6)生命多孔介质的演变特征

这是一类与非生命多孔介质完全不同的多孔介质,随着生命的发生发展,为了供给能量与生命所需物质,也为了排泄废物,其微循环系统全是依赖多孔介质的渗流与扩散传输,因此这些微循环多孔介质在正常、患病等极为复杂的情况下,按照生命规律和各种生物生长应激规律往往会演变出各种各样的特征(图2.1.5),极为复杂,但也极为有趣和重要。这类多孔介质演变特征与非生命多孔介质演变差异非常大,但归根结底是孔隙的增加或减少,只是孔隙增加或减少的规律不同而已。

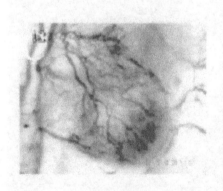 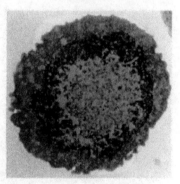

图 2.1.5　生命多孔介质的演变特征

2.2　THMC 耦合作用在线试验机

演变多孔介质传输实验主要研究固体在温度、应力、渗流、传质及化学耦合作用下,固体骨架的应力应变特性与强度特性、渗流特性、传热传质特性,以及固体破裂、孔隙裂隙发生发展演化规律与特性,固流热化学耦合作用下物理化学反应产物的性态及相关规律。由此可见这是一个多因素同时耦合作用的动态演变过程,必须用同步在线的实验仪器和实验方法方可研究与揭示相关规律。这是目前国际界的热点课题,也是十分艰难的课题,围绕这些问题,我们团队 30 多年来孜孜不倦地进行了系统研究,研制了系列的实验设备。以下介绍几台固流热化学耦合作用的试验机的原理和结构。

2.2.1 固体传压岩体高温高压三轴在线试验机研制

为了深入研究和揭示各种岩石在温度、应力、流体和物理化学作用下的各种耦合作用规律,作者于 2000~2008 年,主持研制了"600℃ 20 MN 伺服控制高温高压岩体三轴试验机"(图 2.2.1)。该试验机可用于探索深部采矿、煤炭地下直接液化与气化、地热开采、煤层气开采、深部油气开采、核废料处置、矿山安全、建筑安全等极为广泛的工程领域的深刻科学规律与自然现象。

图 2.2.1 600℃ 20MN 高温高压岩体三轴试验机

试验机的主要功能包括:① 测试高温高压或常温下,岩体变形特性、强度特性、固流热耦合特性、流变特性、渗透特性、热传导特性;② 研究热与应力复合作用下,固体矿物(煤、油母页岩等)相变、熔融、传热传质、液化、气化、化学反应等特性与规律；③ 研究高温高压下，岩体变形与钻机具的相互作用与水力压裂规律等。

试验机的主要技术参数：① 轴压：10 000kN；② 侧压：10 000kN；③ 试样最大轴向应力 318 MPa，最大侧向固体传压 250MPa（假三轴围压），最大孔隙压力 250MPa；④ 试样尺寸：ϕ200mm×400mm；⑤ 钻机最大行程 450mm，施加静压 200kN，回转扭矩 500N·m；⑥ 试样最高加热稳定温度 600℃；⑦ 轴压和侧压保压时间为 360h 以上，轴压和侧压力波动不大于±0.3%；⑧ 高温三轴压力室具有高精度的温度稳定控制功能，温度控制灵敏度不大于±0.3%；⑨ 应力、变形、进出水口孔隙压力、温度、钻机扭矩等参数全自动采集；⑩ 试验机总体刚度不小于 $9×10^{10}$N/m。

试验机的构成与各部件的关键技术：该试验机主要由主机加载系统、高温三轴压力室及温控系统、辅机装料系统以及测试系统 4 大部分组成。主机加载系统是试验机的力源机构，高温三轴压力室及温控系统是放置煤（岩）试样的机构，同时产生设定的试样温度和应力环境；辅机装料系统是专门用于高温三轴压力室内煤（岩）试样安装的设备；测试系统则是用于实验过程中煤（岩）试样温度、载荷、变形、渗透率及声发射等方面的测试。

1）主机加载系统

主机加载系统主要由 3 个部分构成：

（1）主机框架。采用四柱立式结构，加压方式为"下顶式"，即压头由下向上移动对试样加压。主机轴压和侧压均为 10 000kN。为确保试验机的刚度，轴压和侧压压头全部采用变径结构，即在进入压力室的压头部分轴压采用直径为 200mm 的压头，侧压采用内径为 200mm、外径为 300 mm 的环形压头，压力室之外，采用较大直径的压头逐渐过渡，从而保证试验机整体刚度大于 10^{10}N/m，以达到刚性试验机要求。

（2）液压系统，是主机动力的来源。采用 3 台液压泵产生压力，泵站工作压力为 25MPa。为了达到伺服控制的目的，采用德国 MOGO 公司生产的精密比例伺服阀，精密伺服控制产生轴压和侧压的缸体动作。

（3）主控制台，主机动作的主要操作均在此完成。采用计算机与控制台按钮控制相结合的操作方式。其中，实验由电脑程序自动控制，而主机压头的调试动作、托料缸动作等由按钮操作完成。轴压与侧压各自独立加载，加载方式有：恒载荷加载、恒载荷速率加载、恒位移加载、恒位移速率加载、锯齿波加载等。加载参数可根据需要任意设定。

2）高温三轴压力室

高温三轴压力室是该试验机的核心部件，是产生实验所需温压环境的重要机构。高温三轴压力室总体呈厚壁圆筒状，采用热塑模具钢（H13）加工制作，该钢材相变温度为 800℃。采用内外 2 层筒体,内外套缩套结构由过盈配合,经特殊工艺处理嵌套在一起。这样方可保证筒体承受 250MPa 的高压而不致屈服破坏。筒体高度为 960 mm,外径为 1060 mm,内径为 300 mm。高温三轴压力室内的加热、温度控制以及温度量测由温控柜完成。

高温三轴压力室结构原理如图 2.2.2 所示。煤(岩)试样表面包裹电阻合金片,电阻片与煤(岩)试样上下部的 H13 压头导通,从温控柜流出的直流电流经电阻合金片,电阻片发热加热煤(岩)试样及周围的盐环(叶蜡石环),产生所需的温度环境。

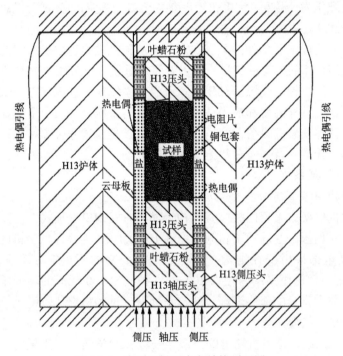

图 2.2.2　高温三轴压力室结构原理图

3)温控加热系统

温控柜将 380V 的三相动力电经变压和整流,输出直流电对高温三轴压力室加热。采用低电压、高电流加热方式,设计最大输出电压为 30V,最大输出电流为 1700 A,最大输出功率为 51kW。

4)辅机装料系统

辅机装料系统是专门用于安装煤(岩)试样的设备(图 2.2.1)。采用四柱立式结构,设计最大压力 20MN,泵站工作液压为 25 MPa。有 3 个液压缸:中心缸、侧压缸和下缸,分别用于施加轴压以稳定和下压煤(岩)试样与压头复合体,施加侧压以压实盐环（叶蜡石环），并托住和顶起试样与压头复合体。

5）测试系统

（1）试样变形测量。试样变形可通过测量主机轴压头和侧压头的位置来计算，量测仪器为光栅尺，测读精度为 0.005 mm。试样载荷测定采用精密压力计测定液压缸上下腔内的液压，再利用缸体有效直径换算成压头的压力。

（2）试样温度测量。在靠近试样圆周的上、中、下部位各自约成 120°布置 3 只热电偶，量测试样表面温度，为了增加测量的准确度及可靠度，在试样中部再增加 1 只热电偶，中部的 2 只热电偶对称布置。将热电偶导线接入温控柜内的测温表，可测量各点的温度。测温表的测试数据可通过通信接口输入电脑，同时实时显示温度值。通过中部 2 只测温表中的一只进行升温温度设定，温控柜自动调节输入电流来控制高温压力室内的温度。

（3）渗透率测量。测量仪器主要是流量计，测试用的工作气体为普通氮气；流量计有皂膜流量计和转子流量计，分别在气体流量小和流量大时使用，也可以采用排水取气法测量排气量（主要用于煤试样产气量的量测）。

（4）声发射测试。采用多通道声发射检测系统，该系统功能较强，处理参数多，具有线定位、区域定位及平面定位等功能，可收集处理每个事件的 AE 参数，如振铃计数、能量计数、事件持续时间及幅度等。

600℃ 20MN 高温高压岩体三轴试验机是一台功能强大的大型设备，但使用时耗费人力物力，为此，针对常规岩石试件研制了固体传压的 THMC 耦合试验机，该试验机的结构与 600℃ 20MN 高温高压岩体三轴试验机十分相似，最大的区别是直接采用外加热的方式给三轴压力室加热，核心的三轴压力室由 H13 耐热钢制

图 2.2.3　固体传压 THMC 耦合特性试验机

成，围压采用 NaCl 等复盐做传压介质，试件为 ϕ50mm×100mm 的标准试件，最高温度 650℃，试验机的轴压 300t，围压 300t，试件的轴向应力 100MPa，围压 60MPa，可以进行各种岩石在高温和应力作用过程中的变形、渗流、化学耦合特性研究，保温保压时间可达 20 天以上（图 2.2.3）。

2.2.2 气体传压高温高压三轴 THMC 耦合作用试验台研制

固体传压的高温高压三轴试验机的优点是温度和围压可以施加得很高，侧压密封相对容易，试验过程安全性高，因此，全世界地球物理界普遍采用固体传压方式，该种传压方式的最大缺点是围压不够均匀，围压弹性不好，很多时候，一旦施加了围压就很难卸掉。由于侧向采用固体加载，因此在围压空腔里不能安装位移传感器，直接测试围压的压头的位移，又由于围压弹性恢复不好，测试结果很难使用。鉴于该类试验机的缺点，研制了气体传压的 THMC 耦合试验机（图 2.2.4）。

图 2.2.4 气体传压 THMC 耦合特性试验机

太原理工大学研制的高温三轴多功能试验台，可以对各类煤岩进行常温到 600℃ 范围内的三轴应力试验、渗透试验和 THMC 耦合试验，该试验台主要包括压力框架、加热系统、高温三轴应力室、压力控制系统、温度控制系统、测试系统等几个部分，温度范围从室温至 600℃，试验台系统工作压力为 31.5MPa。该试验机的难点依然是高温三轴压力室，围压由高压氩气气体或高温导热油施加，特制紫铜套封隔围压和试件，试件的侧向变形采用精密流量计通过测试侧压流体体积的变化获得。加温试验过程中，气体围压的密封是最困难的，本试验机采用了特殊的压力补偿才得以解决。

2.2.3 液体传压高温真三轴试验机研制

岩体真三轴试验机的诞生源于检验岩体强度准则与中间主应力无关的假设，但国内外现有的真三轴试验机都是常温全机械压头加载方式，高温真三轴试验机全世界仅有几台，且最高温度仅 200℃。2013 年，太原理工大学自主研制了一台高温高压真三轴 THMC 耦合试验机（图 2.2.5），该机由试验主机加载框架、真三轴压力室、加热及液压动力系统和控制系统组成。试件加载的最大主应力为 300MPa，孔隙压 100MPa，最高温度 400℃，采用柔性与刚性加载相结合的三向独立或复合加载方式，温度采用分段分级精确控制。可以进行高温高压条件下岩石的三轴压缩及其渗流的耦合试验、三向应力条件下的剪切及其相关的渗流耦合试验以及与岩石摩擦相关的黏滑、失稳等深部岩体力学试验。可通过声发射、波速、波形、频率采集，分析岩石失稳的孕育、发展机理及其物理特征的变化规律。试验机可以实时监测试件的轴向压缩或剪切变形、水平压缩或膨胀变形，以及岩石的体积变形。试验机使用 50mm×50mm×100mm、50mm×50mm×50mm 两种规格的岩石试件。

图 2.2.5　液体传压的高温真三轴试验机

2.2.4 高温三轴-CT 在线微型三轴试验机研制

限于科学技术发展水平，岩石力学甚至许多传统力学问题，长期停留在宏观与统计的试验研究方法的层面，许多结论与规律始终未能得到机理的和直观的解释，致使对岩石力学特性的认识不清楚，甚至存在很大的偏差。随着测试仪器的迅速发展，岩石物理力学特性与 CT、NMR 同步在线实验成为可能，但仍有较长的路要走，许多新的、专用的、具有特殊功能的试验设备需要开发。例如，微型的岩石刚性试验机,在 CT 试验机上进行岩石全过程应力应变测试的同时,扫描岩石破裂、裂缝起裂扩展贯通以及岩体膨胀等全过程,可以同步研究围压三轴应力下岩石变形全过程与裂纹扩展规律。也可以研制应力-渗流-热耦合作用的微型试验机,在 CT、NMR 上进行变形、渗流、热破裂、热解的宏观物理力学特性的试验,以及岩石几何形态的演变演化过程,它对于深入认识岩体的力学与物理特性无疑具有重要价值。

CT 技术作为一种无损伤检测技术,对分析加载过程中的岩石破裂动态特征,具有特别的优越性。杨更社等(1996a,1996b)、任建喜和葛修润(2001)较早地开展了单轴压缩岩石细观破裂机理的研究,但这些实验工作全部是采用医学 CT 机进行的。其空间分辨率较低,根本无法分辨岩石裂纹的起裂与扩展特征,更无法分辨岩石在热及化学作用下孔隙的变化。因此研制分辨率较高的与 CT 配套在线使用的 CT-微型试验机系统就非常迫切,但其研制难度是相当大的,如与 NMR 配套的设备,必须是严格无磁的非金属材料,同时还要保证足够的强度。如与 CT 配套的设备,密度不能太大,否则对 X 射线的穿透影响很大,而很轻的材料,其强度一般比较低。可见这类试验机研制开发的难度是很大的。

基于太原理工大学现有的微焦点显微 CT 试验机,我们研制了一台与该 CT 机配套的 THMC 耦合微型试验机(图 2.2.6)。该机是一个高度集成的远程控制、全自动加载、测试、加温、数据自动采集与传输的系统机构,在该系统机构顶部中心固定微型围压三轴 THMC 耦合试验机,该高度集成的实验系统固定于 CT 机的转台上,实现了准静态的 THMC 耦合实验过程的试件各种细观结构特征及 THMC 响应的 CT 同步观测,如图 2.2.6 所示。三轴压力室采用高强度镁合金制成,

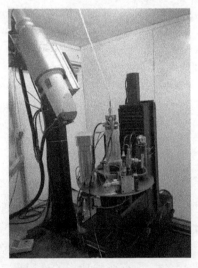

图 2.2.6　CT-微型 THMC 耦合试验机

抗拉强度可达 300MPa 以上，其密度与煤等矿物岩石相当，比一般的岩石密度还低，因此 CT 成像会突显岩石试件的细观特征。低密度的三轴压力室对 X 射线的穿透能量损失很小，可获得非常清晰的 CT 成像，清晰分辨岩石颗粒细观结构变形的响应、流体细观分布特征，从而在物理力学层次发展岩石力学与多孔介质 THMC 耦合力学。

该系统的基本技术参数为：温度为常温至 200℃，轴压 120MPa，围压 30MPa，孔隙压及渗透压力 20MPa，岩石试件尺寸分别为 $\phi 2mm \times 10mm$ 和 $\phi 5mm \times 10mm$，也可以选择其他规格，对应的 CT 扫描放大倍数分别为 50 倍和 30 倍，CT 扫描的岩石单元尺度分别为 4μm 和 7μm。

2.3 多孔介质渗流物性方程

2.3.1 Darcy 定律

1856 年，Darcy（达西）曾就法国第戎（Dijon）城的水源问题研究了水在直立均质砂柱中的流动。图 2.3.1 表示 Darcy 所采用的实验装置。根据实验，Darcy 断定：流量 Q（单位时间的体积）与不变的横截面积 A 及水头差（$h_1 - h_2$）成正比，而与长度 L 成反比（符号定义见图 2.3.1）。

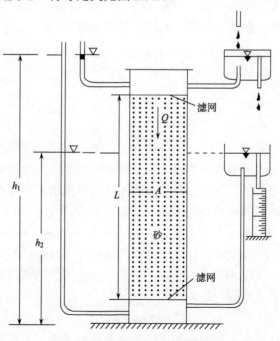

图 2.3.1 Darcy 的实验装置

将这些结论合并在一起就得到著名的 Darcy 公式：

$$Q = KA(h_1 - h_2)/L \tag{2.3.1}$$

式中：K 是比例系数，称为渗透系数；h_1 和 h_2 是相对于某个任意水平基准面测量的高度。

容易看出，h 表示测压水头，而 $(h_1 - h_2)$ 是经过长度为 L 的砂柱的测压水头差。因为测压水头系用水头表示的单位质量流体的压能与势能之和，所以应当把 $(h_1 - h_2)/L$ 理解为水力梯度。如果用 $J = (h_1 - h_2)/L$ 表示水力梯度，而把比流量 q 定义为与流动方向垂直的每单位横截面积的流量（$q = Q/A$），则

$$q = KJ \tag{2.3.2}$$

此式系 Darcy 公式（即 Darcy 定律）的另一形式。

实验导出的运用于均质不可压缩流体的 Darcy 定律仅限于一维流动。对于三维流动，Darcy 定律在形式上的推广是

$$q = KJ = -K\mathrm{grad}\varphi \tag{2.3.3}$$

式中：q 是比流量向量，在笛卡儿坐标系中它沿 x、y、z 方向的分量分别为 q_x、q_y、q_z；φ 是势函数；$J = -\mathrm{grad}\varphi$ 是水力梯度，它在 x、y、z 方向的分量分别为 $J_x = -\dfrac{\partial \varphi}{\partial x}$、$J_y = -\dfrac{\partial \varphi}{\partial y}$、$J_z = -\dfrac{\partial \varphi}{\partial z}$。当流动发生在均质各向同性介质中时，$K$ 是一个不变的标量，因此，方程（2.3.3）可以写成

$$\begin{aligned} q_x &= KJ_x = -K\dfrac{\partial \varphi}{\partial x} \\ q_y &= KJ_y = -K\dfrac{\partial \varphi}{\partial y} \\ q_z &= KJ_z = -K\dfrac{\partial \varphi}{\partial z} \end{aligned} \tag{2.3.4}$$

Darcy 定律表达式中所包含的比例系数 K 称为水力传导系数，或渗透系数。在各向同性介质中，我们将水力传导系数定义为单位水力梯度的比流量。水力传导系数是一个表示多孔介质输运流体能力的标量（量纲为 L/T），它与流体及骨架的性质有关。相应的流体性质为密度（ρ）及动力黏度（μ），或它们的组合形式——运动黏度 ν，而相应的骨架性质主要是粒径（或孔径）分布、颗粒（或孔隙）、形状、比表面积、弯曲率及孔隙率。从 Darcy 定律的理论推导或量纲分析可以看出，水力传导系数可表示为

$$K = k\gamma/\mu = kg/\nu \tag{2.3.5}$$

式中：k（量纲 L^2）为多孔骨架的渗透率或内在渗透率，它仅与骨架性质有关；γ/μ 表示流体性质的作用。

对于水，则

$$q_i = -(k/\mu)\partial p/\partial x_i \tag{2.3.6}$$

实践中所使用的水力传导系数 K 的单位是各式各样的，水文工作者喜欢用 m/s 作单位；而土壤科学工作者常用 cm/s 作单位。在国际单位制中，渗透率 k（量纲 L^2）的单位是 cm^2 或 m^2。

对于 20℃的水，渗透系数为 $K = 1 cm/s$，相当于渗透率 $k = 1.02 \times 10^{-5} cm^2$。工程中常用的渗透率单位是达西（D）[①]。这个单位是根据公式

$$k = (Q/A)\mu/(\Delta p/\Delta x) \tag{2.3.7}$$

得到的，达西可定义为

$$1 达西 = \frac{[1(厘米^3/秒)/厘米^2] \cdot 1 厘泊}{1 大气压/厘米}$$

因此，如果完全充满介质空隙空间的、黏度为 1 厘泊的一种单相流体，在每厘米一个大气压力或与此相当的压力梯度作用下通过截面积为 $1 cm^2$ 的流量为 $1 cm^3/s$，则我们说这种介质的渗透率为 1D。上述量纲公式中，1 厘泊 $=10^{-2}$ 泊 $=10^{-2}$ 达因·秒/厘米^2，1 个大气压 $=1.0312 \times 10^6$ 达因/厘米^2。对于 20℃的水而言，由达西换算成面积单位的公式是

$$1D = 9.86923 \times 10^{-9} cm^2 = 9.676 \times 10^{-4} cm/s$$

在许多情况下，达西单位太大，因而常用单位是毫达西（10^{-3} 达西），记为 mD。

2.3.2 单一裂缝渗流定律

1）等宽度裂隙模型

对壁面光滑的细小缝隙，水流运动规律为（Louis,1974）

$$q = K_f J_f \quad (层流) \tag{2.3.8}$$

式中：q 为平均流速；K_f 为裂隙渗透系数；J_f 为裂隙内水力梯度。其渗透系数为

$$K_f = \frac{gd^2}{12\nu} \tag{2.3.9}$$

式中：g 为重力加速度；d 为裂缝宽度；ν 为运动黏滞系数。实际岩体中的裂隙面粗糙不平，并常有充填物阻塞。Louis 将上式作了如下修正：

[①] 非法定单位，$1D = 0.986923 \times 10^{-12} m^2$。

$$K_f = \frac{\beta g d^2}{12\nu C} \tag{2.3.10}$$

式中：β 为裂隙内连通面积与总面积之比，称为连通系数；C 为裂隙面相对粗糙度修正系数。

$$C = 1 + 8.8\left(\frac{\Delta}{2d}\right)^{1.5} \tag{2.3.11}$$

式中：Δ 为裂隙不平整度。

2）沟槽流模型

由于裂隙宽度很小，绝大部分水流集中在缝宽较大的少数沟槽内，Tsang 等（1987）把这一现象称为沟槽现象，而提出沟槽流模型，其渗透系数采用

$$K_f = \frac{g d^3}{12\nu} \tag{2.3.12}$$

渗流物性方程可以写为

$$q = \frac{g d^3}{12\nu} J_f \tag{2.3.13}$$

即 q 与裂隙的宽度 d 的立方成比例，称之为立方定律。

2.3.3 应力与孔隙压作用下的渗流特征

Louis（1974）根据大量在裂隙岩体中各种深度的钻孔抽水试验结果，得出应力对渗透系数影响的经验公式为

$$\begin{aligned} K &= K_0 \exp(-a\sigma) \\ \sigma &= \gamma H - p \end{aligned} \tag{2.3.14}$$

式中：K_0 为地表渗透系数；γH 为覆盖岩层的重量；p 为水压力；a 为系数，取决于岩石的裂隙性态。

1987~1994 年，我们先后对 20 多个煤矿的煤层煤样进行了实验测定，通过大量实验数据的分析，得出了煤样渗透系数与体积应力、孔隙压的指数规律，为方便计，渗透系数转化为渗透率表示。其渗透率公式为

$$k = a\exp(-b\Theta + cp) \tag{2.3.15}$$

式中：a、b、c 分别为常数；k 为渗透率，单位为 mD；p 为孔隙水压，单位为 MPa；$\Theta = \sigma_1 + \sigma_2 + \sigma_3$ 为体积应力，单位为 MPa。几个典型煤矿的煤样渗透率随体积应力和孔隙压的变化规律如表 2.3.1 所示。

表 2.3.1　各矿煤样渗透率拟合曲线表

序号	煤层	渗透率拟合曲线方程/mD
1	西山矿务局西铭矿 8#煤	$k=1.9426\exp(-0.1990\Theta+0.5508p)$
2	晋城矿务局古书院矿 3#煤	$k=0.0842\exp(-0.0432\Theta+0.1168p)$
3	潞安矿务局王庄矿 3#煤	$k=0.2519\exp(-0.1028\Theta+0.1467p)$
4	汾西矿务局水峪矿 10#煤	$k=1.4450\exp(-0.1224\Theta+0.2017p)$
5	大同矿务局忻州窑矿 11#煤	$k=2.1690\exp(-0.1244\Theta+0.1266p)$
6	阳泉矿务局一矿 3#煤	$k=2.2173\exp(-0.1553\Theta+0.1987p)$
7	鸡西矿务局滴道矿	$k=7.9491\exp(-0.2213\Theta+0.2628p)$
8	乌达矿务局苏海图矿 12#煤	$k=5.1777\exp(-0.1259\Theta+0.1367p)$
9	鹤壁矿务局五矿二1煤	$k=1.1350\exp(-0.1334\Theta+0.1284p)$
10	古交矿区西曲矿 8#煤	$k=0.6806\exp(-0.0678\Theta+0.0281p)$
11	兖州矿务局兴隆庄矿 3#煤	$k=0.2105\exp(-0.1261\Theta+0.2165p)$

显然，式（2.3.15）较 Louis 提出的式（2.3.14）更为普遍。Louis 提出的渗透系数公式的变量采用有效应力 $\sigma=\gamma H-p$，这一公式存在两点不足：一是表示一维应力状态；二是该有效应力仅适用于土体一类多孔介质材料。

赵阳升（1994a）考虑到应力与孔隙压对渗透性的影响主要表现在孔隙和裂隙张开度的变化，提出了体积应力与孔隙压影响的岩石渗透系数公式，清楚表明：煤体的渗透系数 k 随体积应力 Θ 的增加呈负指数规律衰减，即随煤层埋藏深度的增加而减小；随孔隙水压力 p 的增加呈正指数规律增加。

剪应力对渗透性的影响，在学术界一直存有争议。我们通过对实验结果进一步分析，研究了剪应力对渗透性的影响，揭示出煤体渗透率与体积应力、孔隙压、剪应力呈指数规律：

$$k = a\exp(-b\Theta+cp+d\tau_8) \tag{2.3.16}$$

式中：a、b、c、d 分别为拟合常数；k 为渗透率，单位为 mD；p 为孔隙压；τ_8 为八面体剪应力，单位为 MPa。通过考虑剪应力和不考虑剪应力的试验结果比较，发现剪应力对渗透率的影响并不大，在许多情况可以忽略。

2.3.4　三维应力下裂缝渗透系数的实验

分析如图 2.3.2 所示单一裂缝渗流物理模型，该模型由裂缝和两个基质岩块所组成，为便于分析单一裂缝的渗流规律，假设基质岩块不渗透。平行于裂缝两个方向的变形是通过求解含裂缝在内的两个基质岩块的一个静不定问题得到的,由于裂缝很薄,因此可以认为裂缝的侧向变形等于两个基质岩块的横向变形。

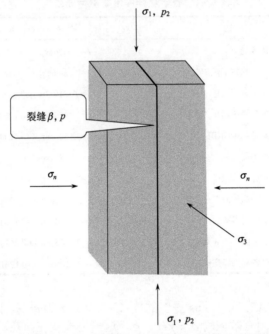

图 2.3.2 三维应力作用下的岩体单一裂缝渗流模型

进一步按照裂缝变形的本构方程有(周维垣,1990):

$$u = d_0\left(1 - e^{\frac{\sigma_n}{k_n}}\right) \tag{2.3.17}$$

得到变形后的裂缝宽度为

$$d = d_0 - u = d_0 \exp\left(-\frac{\sigma_n}{k_n}\right) \tag{2.3.18}$$

假设裂缝的法向与横向变形均以负指数规律的形式对渗透系数初值产生影响,可以给出如下的形式:

$$k_f = k_{f0} \exp(-b\varepsilon_n - c\varepsilon_s) \tag{2.3.19}$$

在上述几个假设下,推得三维应力下的侧向与法向变形,进而获得(常宗旭等,2004)

$$k_f = k_{f0} \exp\left\{-b\left(\frac{\sigma_n - \beta p}{k_n}\right) - c\left[\frac{1-v_r}{E_r}(\sigma_1 + \sigma_3) - \frac{2v_r}{E_r}\sigma_n\right]\right\} \tag{2.3.20}$$

式中: k_{f0} 与 k_f 分别为裂缝不受力状态和受力状态下的渗透系数;b 和 c 分别为法

向与侧向应力对裂缝的影响系数;β为裂缝连通系数;k_n为裂缝的法向刚度;σ_n为裂缝法向应力;σ_1和σ_3分别为裂缝的两个侧向应力;E_r与v_r分别为裂缝岩石基质岩块的弹性模量与泊松比;p为裂缝流体压力。式(2.3.20)即为三维应力作用下,考虑法向应力与侧向应力影响的裂缝渗透系数解析表达式。若令式(2.3.20)中的$\sigma_1 = \sigma_3 = 0$,即为单向应力状态的渗透系数计算式:

$$k_f = k_{f0} \exp\left[-b\left(\frac{\sigma_n - \beta p}{k_n}\right) + c\frac{2v_r}{E_r}\sigma_n\right] \quad (2.3.21)$$

从式(2.3.21)可以看出,裂缝的渗透系数随法向应力的增加而减小,但要减去法向应力引起的侧向变形的影响,随有效孔隙压力的增加而增大。

2.3.5 渗透率与岩石细观结构相关规律

对于不含裂隙的多孔介质而言,其渗透性主要取决于岩石材料的孔隙率,因此国际界做过许多相关的研究工作,给出若干较为普遍形式的公式:

$$k = f_1(s)f_2(n)d^2 \quad (2.3.22)$$

式中:s是一个表示颗粒(或孔隙)形状影响的无量纲参数;$f_1(s)$叫作形状因数;$f_2(n)$叫作孔隙率因数;d是颗粒的有效粒径。通常用C表达形状因数与孔隙率因数的乘积,则有

$$k = Cd^2 \quad (2.3.23)$$

Krumbein 和 Monk(1943)给出了粒径与渗透率的关系图曲线(图2.3.3),其对应的系数C为0.617×10^{-11}。

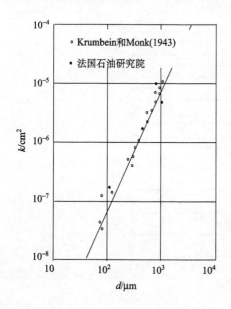
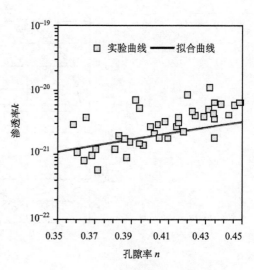

图 2.3.3　渗透率（k）与粒径（d）的关系　图 2.3.4　饱和渗透率随孔隙率的变化，实验数
　　　　　　（贝尔，1983）　　　　　　　　据和适合固有渗透规律的模型（Villar and Lloret，
　　　　　　　　　　　　　　　　　　　　　　　　　　2001）

Dullien（1975）提出了渗透率计算公式：

$$k_{\text{calc}} = nD_{\text{m}}^2/106$$

式中：k_{calc} 是渗透率；n 是孔隙率；D_{m} 是 Dullien 模型的孔隙直径，并与 14 种砂岩的渗透率进行比较，证明理论公式与实验结果十分吻合（图 2.3.4）。

Villar 和 Lloret（2001）研究了核废料处置的屏障层的特性，揭示膨润土的渗透性随孔隙比的变化规律，如图 2.3.5 所示，由气体测出的渗透率随孔隙比呈指数规律变化，其数值从 $10^{-16} \sim 10^{-12} \text{m}^2$，而由水测得的渗透率随孔隙比的变化范围为 $10^{-21} \sim 10^{-19} \text{m}^2$，服从对数规律变化。

在饱和负离子水渗透的情况下，未处理的 FEBEX 膨润土的孔隙渗透率可以根据修改的 Kozeny 规律得到，即

$$k = k_0 \frac{\phi^3}{(1-\phi)^2} \frac{(1-\phi_0)^2}{\phi_0^3} l \quad (2.3.24)$$

式中：k_0 是原有的符合 ϕ_0 的渗透率。图 2.3.5 给出了在室温下富含饱和负离子水的 FEBEX 膨润土的渗透规律。在孔隙率 $\phi_0 = 0.40$ 时，系数 $k_0 = 1.9 \times 10^{-21} \text{m}^2$。FEBEX 膨润土的渗透规律类似于花岗岩含负离子水（盐水，0.02%）的渗透规律（Villar and Lloret，2001）。在膨润土的试件中孔隙弯曲度是由不同组分的干密度确定的（Villar and Lloret，2004），当体积分子不断膨胀时，试件的体积也随之不断增加，利用干燥器将孔隙中液体收集起来进行测试。

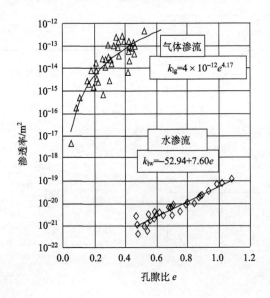

图 2.3.5　渗透率随孔隙比的变化（Villar and Lloret，2001）

2.3.6　吸附性气体的渗流规律

赵阳升（1994a）系统地研究了煤体瓦斯渗透性规律，揭示出气体渗透系数与孔隙压和体积应力的相关曲线图（图 2.3.6），从图可见，渗透系数随体积应力增加呈负指数规律衰减。从图 2.3.6 中发现，孔隙压存在一个临界点，而且这一临界点因煤样不同随体积应力增加而略有变化，当气压低于临界点时，渗透系数随气压增加而减少；高于该临界点时，渗透系数随气压增加而增加。

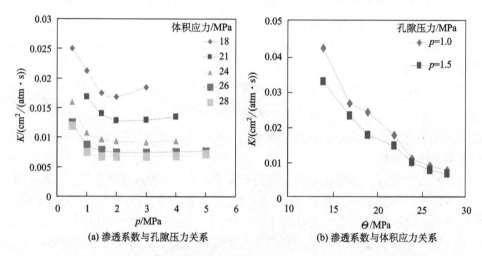

图 2.3.6　阳泉 3# 煤层煤样渗透系数随体积应力和孔隙压的变化曲线

对于等效孔隙介质，考虑到气体吸附作用，则渗透系数随孔隙压和体积应力变化表示成下列形式：

$$K = k_0 p^\eta \exp[b(\Theta - 3\alpha p)] \tag{2.3.25}$$

式中：K 和 k_0 分别为渗透系数与初始渗透系数；Θ 为体积应力；p 为孔隙压；b 为体积应力和孔隙压对渗流的影响系数；α 称为有效应力系数；η 为吸附作用系数。该式由 3 项组成，第 1 项为初始渗透系数，第 2 项为气体吸附作用，第 3 项为有效体积应力作用。

我们也曾研究了瓦斯沿单一裂缝煤体的渗流规律，在实验结果的基础上，通过理论推演，类似于式（2.3.20），给出了三维应力作用下，单一裂缝气体的渗透系数公式（Yang et al.，2006）：

$$k_f = k_{f0} \left(\frac{p}{p_0}\right)^\eta \exp\left\{-b\left(\frac{\sigma_n - \beta p}{K_n}\right) - c\left[\frac{1-\nu}{E_r}(\sigma_1 + \sigma_3) - \frac{2\nu_r}{E_r}\sigma_n\right]\right\} \tag{2.3.26}$$

2.4 有效应力规律

太沙基（Terzaghi，1923）在研究饱和土的固结、水与土壤的相互作用的基础上，提出了著名的有效应力原理。这一原理是土力学区别于固体力学的基本原理，在三维情况下可以写为

$$\sigma'_{ij} = \sigma_{ij} - p\delta_{ij} \tag{2.4.1}$$

式中：σ'_{ij} 为有效应力张量；σ_{ij} 为总应力张量；p 为孔隙压；δ_{ij} 为 Kronecker 符号。

这一原理解决了如下主要问题：①饱和土壤中两个受力体系的两种应力（有效应力和孔隙压力）的相互作用关系；②土体变形与两种应力的关系；③土体强度与两种应力的关系。

1941 年，Biot（毕奥）在三维固结情况下给出有效应力规律，即

$$\sigma'_{ij} = \sigma_{ij} - \alpha p\delta_{ij} \quad (0<\alpha<1) \tag{2.4.2}$$

式中：α 为有效应力系数或称为毕奥系数。在岩土力学中如何确定 α 值一直是人们长期关注的问题。

工程岩土介质一般为孔隙和裂隙的双重介质，被化学流体如甲烷、二氧化碳、石油等浸透，并受很多因素的影响。如何选择毕奥系数，影响它的因素有哪些，如何影响，这些都是科学上的难题。20 世纪 90 年代，我们曾采用实验方法，研究了气煤、肥煤、瘦煤、焦煤、贫煤和无烟煤等各类煤有效应力系数受体积应力和孔隙压的影响规律（表 2.4.1）。并发现有效应力系数随体积应力和孔隙压呈双线性变化规律

$$\alpha = a_1 + a_2\Theta + a_3 p + a_4\Theta p \tag{2.4.3}$$

式中：α 为有效应力系数，$\alpha = p_{ef}/p_t$；a_i（i=1,2,3,4）为常数；Θ 和 p 为总体积应力和孔隙压力，单位均为 MPa。阳泉 3#煤和沁水永红 3#煤的有效应力系数随体积应力和孔隙压变化见图 2.4.1。

表 2.4.1 有效应力系数与体积应力和孔隙压的相关规律

采样地点/煤种	有效应力系数公式
乌达 12#/气煤	$\alpha = 0.0564 - 0.0081\Theta + 0.2534 p + 0.0045\Theta p$
兖州 3#/肥煤	$\alpha = 0.0154 - 0.0053\Theta + 0.1725 p + 0.0039\Theta p$
西曲 8#/焦煤	$\alpha = 0.0420 - 0.0042\Theta + 0.2480 p + 0.0038\Theta p$
鹤壁 3#/瘦煤	$\alpha = 0.0354 - 0.0062\Theta + 0.1653 p + 0.0030\Theta p$
阳泉 3#/贫煤	$\alpha = 0.3409 - 0.0155\Theta + 0.3096 p + 0.0060\Theta p$
永红 3#/无烟煤	$\alpha = 0.1352 - 0.0143\Theta + 0.3929 p + 0.0083\Theta p$

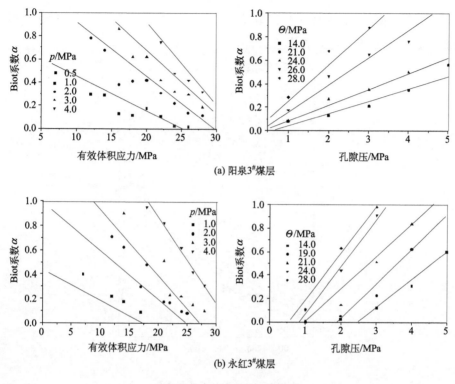

图 2.4.1 α-Θ 和 α-p 的关系

2.5 热力（TM）耦合作用特性

热力耦合作用是极为广泛的一类问题，在一般的热力耦合分析中，最基本的是耦合作用的物理力学规律，即热的作用导致岩石介质晶体颗粒发生变化，粒间结合力降低，并产生大量的微破裂，甚至宏观破裂，其力学的表现则是材料的强度及变形特性的改变，如弹性模量与泊松比等。在这方面国内外学者做了大量的实验研究，就实验方法而言，大致为两种，第一种是绝大多数采用的方法，即将岩石用高温箱加热到设定温度，冷却后或高温状态进行相关力学特性参数测定；另一种方法是采用高温试验机进行加热和力学特性同步测定。限于试验机的性能，绝大多数试验温度在200℃以内，近年来做过一些600℃以上的实验。

1）线膨胀系数

花岗岩的线膨胀系数和温度的关系如图 2.5.1 所示。常温下花岗岩的线膨胀系数在 $0.5\times10^{-5}\sim1.0\times10^{-5}$℃$^{-1}$ 的范围内。在 400℃以下随着温度的上升大体呈线性增加，达到常温值的 4 倍左右。一旦超过 400℃，线膨胀系数进一步增加，特别是在 537℃附近，石英从 α 型向 β 型转变时，体积会极速膨胀（北野晃一等，1988），因此显示出非常大的值。

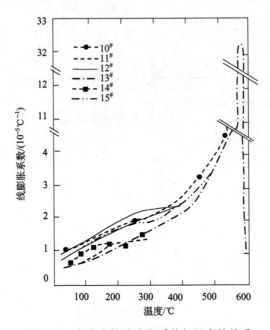

图 2.5.1　花岗岩的线膨胀系数与温度的关系

图 2.5.2 表示花岗岩的线膨胀系数和温度及围压关系的测定实例，由图可见，存在围压的情况，其线膨胀系数随温度的升高变化不很敏感，尽管测试温度较低，但与图 2.5.1 差异还是很大的。

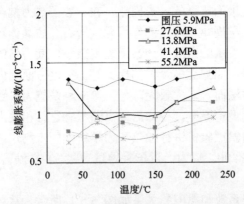

图 2.5.2　Westerly 花岗岩的线膨胀系数与温度的关系

新近纪砂岩和页岩的线膨胀系数随温度的变化见图 2.5.3。常温下的线膨胀系

数为 $(0.6\sim1.0)\times10^{-6}℃^{-1}$，与花岗岩相比，虽然线膨胀系数随温度上升而增加，但不及花岗岩显著。

通过花岗岩样在 $\sigma_1 = 25\,\text{MPa}$、$\sigma_2 = \sigma_3 = 25\,\text{MPa}$（相当于 1000m 埋深的静水压力条件）的热膨胀变形实验研究，可以总结出如下规律：在三维静水压力下（例如 1000m 埋深），花岗岩的热变形可以分为三个阶段：

（1）从常温到 120℃的低温缓慢变形阶段，花岗岩热膨胀变形较小，其线膨胀系数为 $0.5\times10^{-5}℃^{-1}$，见图 2.5.4。

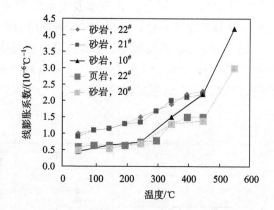

图 2.5.3　新近纪砂岩和页岩线膨胀系数与温度的关系

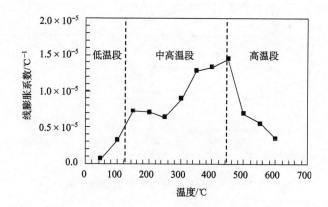

图 2.5.4　不同温度下花岗岩线膨胀系数（静水压力 25MPa）

（2）从 120～450℃的中高温快速变形阶段，花岗岩的热膨胀变形速率持续增加，花岗岩试样的热变形特征见图 2.5.4 的相应区段。

（3）450℃以上的高温平缓变形阶段，花岗岩的线膨胀系数急速减小，热膨胀变形减小（图 2.5.4）。其机理是高温下花岗岩内部矿物晶体发生了变化，部分矿物出现熔融，或发生相变。

（4）这里揭示出在 1000 m 埋深应力条件下，花岗岩的线膨胀系数在（0.067～1.44）×10^{-5}℃$^{-1}$变化，而北野晃一等（1988）报道花岗岩的线膨胀系数在（0.5～32.4）×10^{-5}℃$^{-1}$，最大值相差 20 余倍。这就是三轴应力下测定和自由状态下测定结果的区别所在。在自由状态下，岩石受热发生热破裂，微裂纹、小裂纹张开度均比较大，因而测出的线膨胀系数较大，而三轴应力下，由于应力的作用，热破裂裂纹张开受到限制，因而表现出线膨胀系数较小。

2）热传导率

岩石的热传导率受温度与岩石组分、孔隙率及含水饱和度等影响较大。图 2.5.5 给出了花岗岩热传导率随温度的变化关系。常温下花岗岩的热传导率在（5～9）×10^{-3}cal/(cm·s·℃)的范围内，含石英越多，相对来说热传导率越大（图 2.5.6）。随着温度上升，热传导率变小，300℃时在（4～7）×10^{-3}cal/(cm·s·℃)范围内。常温下热传导率相对大的岩石，在低温区域（100～200℃）内热传导率下降较大（图 2.5.5）。

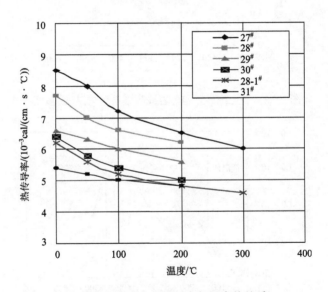

图 2.5.5 花岗岩热传导率与温度的关系

砂岩和凝灰岩在常温下的热传导率离散大主要是由孔隙率不同造成的，如图 2.5.7 和图 2.5.8 所示。不管是砂岩还是凝灰岩，孔隙率增大，热传导率就降低。如果比较孔隙率相同的砂岩和凝灰岩，则是砂岩的热传导率大。例如，孔隙率为 10%时，砂岩的热传导率为（7～16）×10^{-3}cal/(cm·s·℃)，而凝灰岩为（4～6）×10^{-3}cal/(cm·s·℃)。

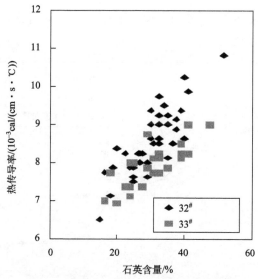

图 2.5.6　花岗岩热传导率与石英含量的关系

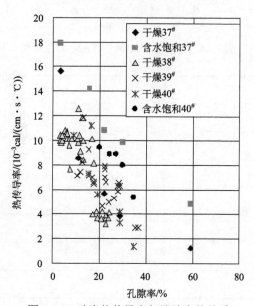

图 2.5.7　砂岩热传导率与孔隙率的关系

测定砂岩热传导率和温度关系的实例，如图 2.5.9 所示，虽然实例并不多，但可发现热传导率是随温度上升而下降的。另一方面，黏板岩的热传导率对温度的依赖性不太大。

Villar 等（2008）研究了膨润土含水饱和度与热传导系数的相关规律，如图 2.5.10 所示，从图可知，随着饱和度的增加，其热传导系数随之增加，大致呈线性增加，由饱和度为零时的 0.5W/(m·℃)，提高到饱和度为 100%时的 1.1W/(m·℃)，增加一倍多。

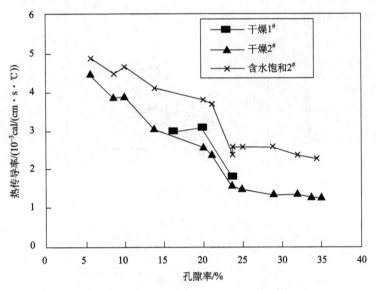

图 2.5.8　凝灰岩热传导率与孔隙率的关系

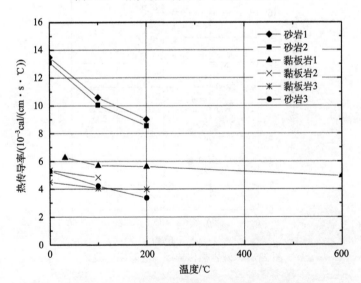

图 2.5.9　砂岩和黏板岩热传导率与温度的关系

3）岩石的比热

花岗岩、玄武岩、砂岩和石灰岩的比热容与温度之间的关系示于图 2.5.11（北野晃一等，1988）。由图可见，几乎没有因岩石的种类不同而引起的差异。在常温下几种岩石的比热容在 0.17～0.21 cal/（g·℃）的范围内。随着温度上升而增加，在 300℃时为 0.24～0.27 cal/（g·℃）。

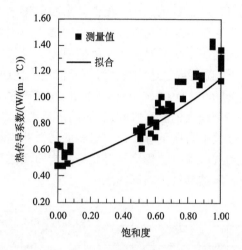

图 2.5.10　膨润土含水饱和度与热传导系数的关系

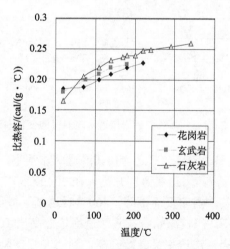

图 2.5.11　岩石比热容与温度的关系

2.6　THMC 耦合作用的矿岩特性

2.6.1　THM 耦合作用的岩石渗透特性

赵阳升等（2008b）进行了高温高压下岩石渗透特征的实验研究，实验采用自主研制的"20 MN 伺服控制高温高压岩体三轴试验机"，花岗岩试样采自中国山东平邑，商品名"鲁灰花岗岩"，长石砂岩采自河南永城煤矿的顶板。图 2.6.1 为长石砂岩 1#试件在不同温度和孔隙压下的渗透率。

详细分析图 2.6.1 可以得出：低于 200℃时，岩石的渗透率随温度升高的同时也在逐渐增大。在温度达到 150℃左右，砂岩的渗透率急剧增大。说明在砂岩的渗透率变化过程中，存在一个临界温度——阈值温度。当低于阈值温度时，砂岩渗透率变化缓慢，而一旦临近或者达到阈值温度，渗透率快速增加，当 p=0.8MPa 时，渗透率由常温状态的 $0.073249 \times 10^{-3} \mu m^2$ 增加到200℃时的 $4.752242 \times 10^{-3} \mu m^2$，增加了 64 倍。此后在一个较大的温度区间，岩石的渗透率仍维持在一个较高水平，虽然在温度继续升高过程中有所下降，但与岩石的常温状态相比仍较高，岩石渗透率在下降过程中达到最低值时，仍比常温状态的岩石渗透率增加了 7 倍，说明经过热破裂作用的岩石渗透率处于较高的水平。

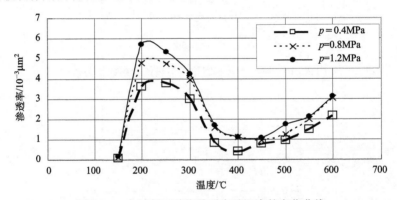

图 2.6.1 永城长石砂岩渗透率随温度的变化曲线

由图 2.6.1 可见，砂岩在 150℃之前，其渗透率非常小，与原始状态无异，但当温度达到150℃以后，其渗透率急剧升高，在 200～250℃达到峰值区域，之后随着温度继续升高，其渗透率反而下降，400℃时达到了最低点，在 400～450℃一段，渗透率维持不变，但较原始状态其渗透率依然高出 10 倍左右。从 450℃开始，随着温度继续升高，渗透率又继续升高，到 600℃试验终止。其本质是由砂岩的热破裂特征决定的。渗透率随温度的客观变化，实际上反映了砂岩热破裂的细观特征的变化规律，张渊（2006）、谢建林和赵阳升（2017）做了细观研究，花岗岩也有类似的规律。陈颙等（1999）研究了碳酸盐岩和花岗岩的热破裂规律，揭示出都存在热破裂阈值温度，其宏观地表现在声发射事件数在阈值温度前很少，而从阈值开始，其声发射事件的强度与频度剧烈增加。而且其渗透率也有完全相同的变化规律，当岩石加热到阈值温度后，其渗透率增加很大（图 2.6.2）。

北野晃一等（1988）介绍了花岗岩和砂岩渗透率随温度变化的特性，其实验的温度区间为常温到 250℃。花岗岩从常温到 100℃的范围内，随温度增加渗透率基本不变，100~250℃渗透率随温度增加而增加。而砂岩由常温到 200℃的温度区间，随温度增加渗透率略有降低。由于高温高压状态下的岩石渗透率的测试非常困难，因此国内外主要的成果还是集中在较低温度下。梁冰等（2005）也研究了高温后岩石的渗透率变化，如图 2.6.3 所示。

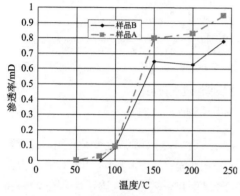

图 2.6.2　碳酸盐岩渗透率随温度变化
（陈颙等，1999）
热开裂温度 110~120℃

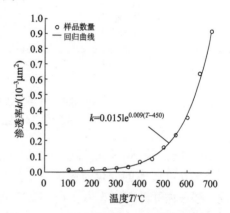

图 2.6.3　岩石渗透率与温度的关系
（梁冰等，2005）

2.6.2　气煤热解的 THMC 耦合作用规律

气煤在常温到 300℃的低温段，煤中的水分蒸发，其中的原生气体解吸排出，极少量易挥发的成分被热解而排出，煤体基质整体上在温度作用下，变得较软，加之由于应力与温度的作用，其孔隙大小和结构形状也会发生一些小的变化。但在 300~600℃以上的高温段，煤中的有机质大量被热解，变成焦油和气体而排出，同步煤体也发生热破裂，这样在煤体中就产生了大量新的孔隙与裂隙，从而导致煤体渗透性增加和渗流规律的改变。

采用高温三轴 THMC 耦合作用试验台，进行不同三轴应力和不同温度条件下气煤的渗透率与热解规律的测定，获得如图 2.6.4 所示从室温（20℃）到最高温度（600℃）时，煤体渗透率随温度的变化曲线，它清晰地划分为三个特征阶段：① 常温到 300℃的低温段，煤体的渗透率随温度的增加，呈现一种波动状态，但波动幅度很小，说明煤体在热的作用下，内部水分蒸发，其孔隙裂隙大小、连通情况在不断调整，但并无实质性的变化；② 300~400℃的中温段，渗透率增加幅度较大，而且呈指数规律增加，在 400℃之后就近似呈线性规律增加，说明这是煤体热解过程中发生质变的一个阶段；③ 400~600℃的高温段，由于高温的作用，煤体发生了较为剧烈的热解化学变化，产生了大量的气体和部分煤焦油，使煤体的孔隙体积增加，从而导致渗透率的快速增加。

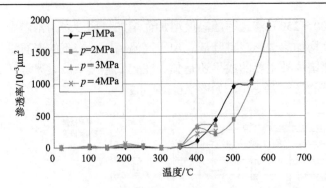

图 2.6.4　气煤渗透率随热解温度变化规律

围压 18.75MPa，轴压 12.5MPa

图 2.6.5 是不同热解温度下煤的孔隙率与渗透率随热解温度变化的相关曲线，渗透率与孔隙率的变化对应关系依然分为三个阶段：① 常温到 300℃的低温阶段，该段内孔隙率一直保持在一个较低水平，即 6%~7.5%，渗透率很低，保持在（2~3）×$10^{-3}\mu m^2$；② 300~400℃的中温热解阶段，该段内煤的孔隙率和孔隙体积大幅度增加，由 6%~7.5%骤然增加到 23%，跨过了孔隙裂隙双重介质的逾渗阈值（冯增朝等，2005a，2007），其渗透率增大 30~100 倍；③ 400~600℃的高温热解阶段，该段内孔隙率线性增加，而渗透率也线性增加，孔隙率由 23%增加到 36.69%，完全跨过了单一孔隙介质三维逾渗阈值，而渗透率较 400℃时增大 6~18 倍。

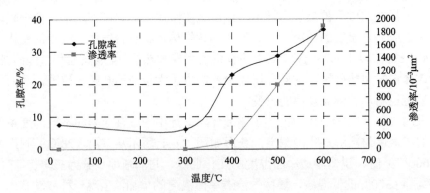

图 2.6.5　煤体渗透率与煤孔隙率相关曲线

2.6.3　褐煤热解的 THMC 耦合作用规律

褐煤是变质程度最低的一类煤炭资源，褐煤的含水率高、挥发分高，其热解特征与气煤等差别较大，其孔隙率随热解温度的演变如图 2.6.6 所示。从图可见，褐煤常温孔隙率较高，达 11.4%，在 100℃时，煤中游离水蒸发，孔隙率增加到 15.7%；200℃时，大量挥发分和结晶水热解蒸发，孔隙率剧烈增加，达到 37.9%；从 200~500℃，孔隙率仅有少量增加，由 37.9%增加到 39.9%；从 500℃增加到 600℃，孔隙率迅速增加到 46.2%。孔隙率的演变，充分表现了褐煤热解过程中发生剧烈的物理与化学变化的特征。同步对应的宏观渗透率也发生显著的变化，如图 2.6.7 所示。从常温到 100℃，渗透率很低，在 30mD 以下。150~200℃，结晶水的脱除，使孔隙率显著增加，对应的渗透率迅速增加，在孔隙压为 0.5MPa 时，渗透率达到 260mD，较常温渗透率增加 8 倍多。0.5MPa 时，从 250~600℃，随着热解温度的增加，渗透率增加，但由于煤样中固体颗粒膨胀和热解同步演变，褐煤热解过程渗透率出现波动，但总的趋势是随温度增加，渗透率逐渐增加，250℃时，渗透率达到 330mD；400℃时，渗透率达到 380mD；600℃时，渗透率达到 400mD。

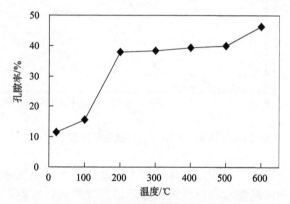

图 2.6.6　褐煤孔隙率随热解温度的演变规律

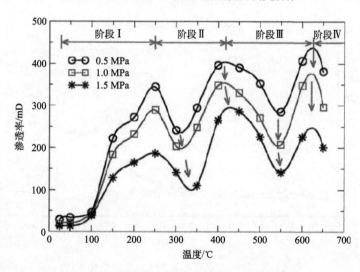

图 2.6.7　褐煤渗透率随热解温度的演变规律

2.6.4 油页岩热解的 THMC 耦合作用规律

图 2.6.8 为 CT 图像中抚顺西露天矿油页岩热破裂裂隙数量随温度变化的曲线，从图可见，不同级别裂隙的数量随温度升高呈同步增加趋势。在 300℃左右，裂隙数量快速增加，即存在一个阈值温度。当加热温度低于阈值温度时，裂隙数量呈缓慢增加趋势，曲线较平缓；当温度高于阈值温度时，裂隙数量急剧增加，由此得出油页岩热破裂阈值温度是 300℃附近。400~600℃这一温度段，小裂隙的数量明显减少，同时中裂隙和大裂隙的数量增加。

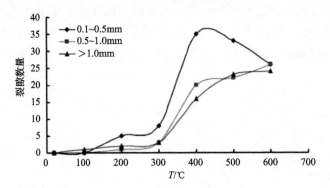

图 2.6.8　油页岩热破裂裂隙数量随温度变化曲线

图 2.6.9 为采样压汞仪测定的抚顺和大庆油页岩不同温度时孔隙率的变化曲线，大庆油页岩测试温度点相对稀疏，但基本可以看到，常温到 400℃温度段，孔隙率仅略有增加，而 400℃开始急剧增加，到 500℃孔隙率达到约 33%。说明

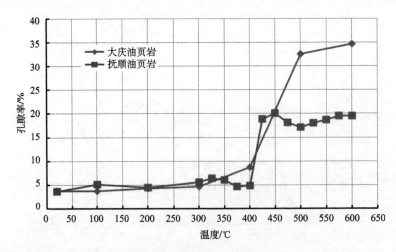

图 2.6.9　油页岩热解孔隙率随温度的变化曲线

油页岩热解的阈值温度在 400~500℃。抚顺油页岩测试温度从 300℃开始加密，间隔 25℃测试一次，从孔隙率变化曲线可以清晰地看到，其阈值温度区间为 400~425℃，425℃之后，抚顺油页岩孔隙率不再增加，仅呈波动变化。

热解的同时，油页岩渗透率也与孔隙率和裂隙数量呈同步变化，从常温到 350℃，抚顺油页岩由几乎不渗透到非常缓慢地增加，渗透系数达到 0.1×10^{-3}cm/s。400℃开始渗透性剧烈增加，450℃达到 1.75×10^{-3}cm/s，与 350℃的渗透系数相比，增加 17.5 倍，这正是油页岩热解渗透的阈值温度区间。阈值温度段之后，油页岩渗透性随温度增加仅呈缓慢增加的趋势（图 2.6.10）。

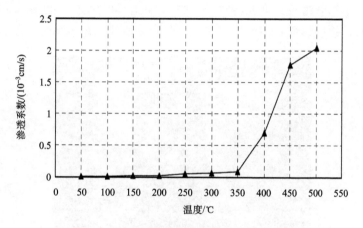

图 2.6.10　油页岩渗透率随温度的变化曲线

2.6.5　钙芒硝盐岩溶解渗透力学特性

钙芒硝（$Na_2SO_4\cdot CaSO_4$）是一种特殊的盐岩，化学成分为硫酸钠与硫酸钙的化合物，由于其化学成分的复杂性，其物理力学特性不同于一般的盐岩。对于氯化钠、硫酸钠等单一矿物组分盐岩，一般表现为较强的溶解性、低渗透率以及力学特性稳定的特征。而对于钙芒硝盐岩，由于其矿物组分中硫酸钠与硫酸钙溶解特性的差异，其渗透特性及力学特性均随其中矿物溶解的变化而变化。

试验样品采自四川彭山地下 160m 深处的钙芒硝矿藏，采用三轴压力试验机，施加三维应力，然后从试件的一端给定注水压力，进行溶解渗透，试件两端溶解渗透连通后，周期性测试试件渗透率随溶解时间的变化情况。

实验研究发现，在一定载荷条件下，钙芒硝盐岩的渗透率与溶解液浓度、溶解时间及渗透压力相关。实验中，试件所受压力为符合盐类矿床地应力场特征的静水压力状态，轴压、围压均为 2.0MPa，初始渗透压力 1.0MPa，在封闭的三轴压力室中进行溶解渗透，直至 45h 后试件全长溶解渗透连通，开始有水渗出，测量其渗透率。之后进行多次封闭、压力浸泡溶解，并测量不同溶解时间阶段的渗透率，初步揭示了钙芒硝盐岩溶解渗透特性。图 2.6.11 为溶解渗透前后试样的外观图。图 2.6.12 为钙芒硝盐岩在不同渗透压下渗透率随时间的变化曲线。由图可见，钙芒硝盐岩的溶解渗透率是时间的函数，在 4 种不同渗透压作用条件下，钙芒硝盐岩的渗透率均随时间的增长而提高，这是矿物溶解、渗透通道逐步畅通的结果所致。随试件浸泡时间的增长，在达到饱和浓度之前，硫酸钠矿物的溶解持续不断进行，在钙芒硝盐岩体内溶解渗透形成的孔隙通道逐步畅通，硫酸钙固体骨架逐步凸现。

在钙芒硝溶解渗透连通初始阶段（45~50h），图 2.6.12 曲线斜率较大，渗透率快速增长，说明硫酸钠溶解速度快，孔隙变化明显；在溶解 50h 之后，渗透率

图 2.6.11　钙芒硝盐岩溶解渗透互进作用

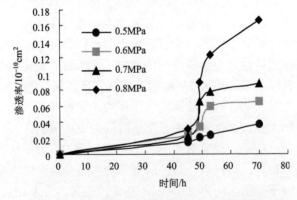

图 2.6.12　钙芒硝盐岩渗透率与时间的关系曲线

与时间关系曲线趋于平缓,说明钙芒硝盐岩体内硫酸钠溶解速度减缓,硫酸钙间的孔隙变化缓慢。随渗透压的提高,钙芒硝盐岩的渗透率也不断提高,在 49h 时,0.5MPa 和 0.8MPa 渗透压作用下的渗透率分别为 $0.0204\times10^{-10}\mathrm{cm}^2$、$0.0897\times10^{-10}\mathrm{cm}^2$,后者是前者的 4.4 倍;溶解渗透 70h 后,在 0.5MPa 和 0.8MPa 渗透压作用下的渗透率分别为 $0.0377\times10^{-10}\mathrm{cm}^2$、$0.1672\times10^{-10}\mathrm{cm}^2$,比值提高到 4.43 倍。

第3章 矿层原位改性的技术原理

矿层原位改性包括3层含义，即矿物流体化、矿物提质和矿体多孔化。

矿物流体化是通过物理的或化学的方法，使待开采矿层中有用的固态矿物转化为流体，如固态的 NaCl、固态的 Na_2SO_4 通过水溶解的物理方法，转化为 NaCl、Na_2SO_4 水溶液；如固态的铀，通过强酸碱的溶解反应转化为可溶性硫酸铀酰，与浸出液一起形成溶液；如炭经过高温氧化与还原反应，形成水煤气流体；如油页岩中的干酪根，经过高温干馏（绝氧热解），转化为烃类气体和油。

矿物提质是指通过化学方法使矿物的品质提高，如褐煤在高温热解作用下，提质为焦煤、无烟煤；如油页岩中的干酪根有机质在高温干馏作用下，改性为原油和烃类气体。

矿体多孔化是在实施矿层中矿物的物理化学改性的同时，使矿体性态同步发生的变化，这种变化包括两个方面：① 矿物被流体化以后，原矿物固体所占据的空间形成了孔隙与孔洞；② 由于固体应力变化、孔隙压变化、物理与化学作用和热作用，矿体产生各种破裂，形成大小不等、形态各异的裂隙。上述两种变化，产生两个结果：① 当矿体中矿物含量高或很高时，比如 50%以上时，残留的矿体不再构成多孔骨架，而变成一些松散的不溶物沉积于开采区域的底部，使得原位改性流体化开采十分容易地持续，例如，水溶开采氯化钠矿层和纯硫酸钠矿层，地下气化方法开采煤层，我们把这类问题称为无残留骨架的原位改性采矿问题。②当矿体中矿物含量低或较低时，比如低于40%，残留的矿体就构成了孔隙裂隙多孔骨架，在科学层面我们将其简化为演变多孔介质。这种演变多孔介质中流体的传输特性决定了原位改性流体化采矿的持续进行的难易程度，决定了开采工艺和各种具体的技术参数，例如，铀矿物含量 U0.05%的铀矿层采用强酸碱的原位溶浸开采，Na_2SO_4 含量为 30%的钙芒硝矿的原位溶解开采，含干馏油气仅 8%的油页岩的原位热解开采等，我们把这类问题称为残留骨架的原位改性采矿问题，这是具有更大工业应用价值和更为普遍的一类问题，也是本书介绍的重点。

本章即从以上几个方面详细介绍矿层改性的技术原理。

3.1 矿层改性逾渗理论

矿层改性逾渗理论是表征物理化学改造过程中，矿体孔隙裂隙演变构成的连通团性态与跨越团阈值以及矿体由不渗透到渗透的临界特征。

对于残留骨架的一类原位改性流体化采矿问题，关系工程能否实施的关键因素是改性后的矿体的渗透性如何？前已述及，原位改性流体化采矿面对的矿体特征之一是矿体是致密的、不渗透的，那么矿体改性后，能否由致密改性为多孔，由不渗透改性为渗透呢？物理学中的逾渗理论可以给出这类质变问题的很好的描述。

3.1.1 逾渗现象

逾渗是极为普遍的一个物理与数学概念，最早由布罗德本特（Broadbent）和哈梅斯里（Hammersley）于 1957 年首先提出。从数学角度讲，描述的是在一个二维或三维的有限或无限区域，被划分为许多等大小的精细的单元，每一个属性被随机地确定为 0 或 1，例如在物理学上，"0"表示固体的孔隙，"1"表示固体的颗粒。随着"0"属性的单元占单元总数的概率 P 的增加，其组成的连通团的数量和大小都在急剧地变化，当其概率 P 达到某一临界值 C_p 时，连通团的数量迅速减小，不同大小的团迅速连通成更大的连通团，使团的数量减小，最大连通团迅速增大，并跨越了有限区域的边界，如图 3.1.1 所示。科学界把这类数学和相关的物理问题定义为逾渗。

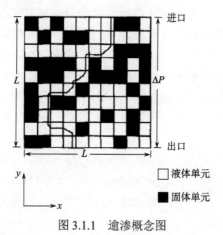

图 3.1.1　逾渗概念图

由此可见，逾渗是用概率论的理论与方法，研究与表征一类随机介质由量变到质变的临界条件与临界现象的物理与数学理论。从 1957 年到如今 60 余年中，逾渗在物理学、数学、自然、工程科学等极为广泛的领域受到重视和应用。

在多孔介质理论中，当介质的孔隙逐渐地随机增加，到某一临界值 C_p 时，多孔介质就由完全的不渗透介质转变为渗透介质。在导电与绝缘材料特性中，当材料中的导电颗粒数随机地增加时，占总数的概率 P 增加，当 P 达到某一临界值时，该材料则由绝缘材料转变成导电材料，反之亦然，同样此种方法也用于磁体材料和其他材料。在自然界，对于一个果园、一片森林，当每棵树之间的间距较大时，其病虫害的传播就十分困难；当株距较小时，其病虫害的传播就十分容易。群体中疾病传播的控制与流行的预测；通信或电阻网络的联结或不联结；超导体和绝缘体的复合材料的导通或绝缘；聚合物的凝胶化；核物质中的夸克的禁闭或非禁闭；螺旋状星系中恒星的随机形成；稀磁体的顺磁与逆磁；表面上的液氦薄膜的正常与超流；非晶态半导体迁移率的局部态或扩展态；非晶态半导体中的变程跳跃等，都属于逾渗现象。

在数学上的研究主要是各种类型网格划分下，逾渗阈值及逾渗团的结构，如四边形网格、三角形网格、四面体网格、六面体网格等，这些数学方法也同样可用于各类物理现象的描述。

特别需要指出的是：很多人把"逾渗"与"渗流"混淆，事实上，逾渗（percolation）与渗流（seepage）有着本质的区别。就多孔介质理论而言，逾渗是研究多孔介质由完全不渗透到渗透的临界条件和临界状态的连通团的结构形状及相关现象的科学，而渗流则是研究流体在渗透介质中的流动规律与现象的科学。

在多孔介质理论中，逾渗现象可以这样形象地描述：在可渗透的多孔介质中，当介质中的孔隙逐渐被随机地堵塞时，多孔介质的孔隙率下降，当孔隙率下降到某一临界值 n_c 时，介质就由渗透状态转变为完全不渗透的状态。反之，当孔隙介质的孔隙率由零逐渐增大到某一临界值 n_c 时，介质就由完全不渗透转变为可渗透。介质的渗透性随孔隙率的增加而发生质的转变，称为逾渗转变；介质发生逾渗转变时的孔隙率被称为逾渗阈值；单位面积或体积的介质中最大孔隙连通团的面积或体积所占的比率定义为逾渗概率。显然，当介质的孔隙率等于逾渗阈值时，最大的孔隙连通团连通了介质对称的两个边界（上下或左右等边界），这样的连通团被称为逾渗团。

从 20 世纪 80 年代开始，国际物理学界对单一孔隙介质的逾渗进行了广泛而深入的研究。主要研究有：Stauffer 和 Aharony（1985），Essam（1980）采用概率论及分形几何学的方法对单一孔隙介质的逾渗机理与规律进行研究，建立了由孔隙和固体颗粒组成的正方形或立方体点阵的单一孔隙介质的逾渗模型。理论与实验证实：正方形网格划分的单一孔隙介质逾渗模型的逾渗阈值是 59.27%（图3.1.2）；正立方体划分的单一孔隙介质逾渗模型的逾渗阈值是 31.16%。由于该模型的普适性和对自然现象描述的精确性，不仅应用于单一孔隙介质渗流领域，还广泛地应用于其他众多相关领域，例如，稀释磁体、聚合物凝胶化、多孔硅烧结过程以及超导体研究等。

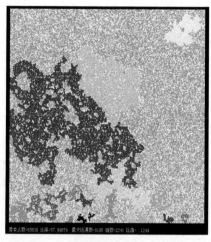
(a) 孔隙率 n=58%

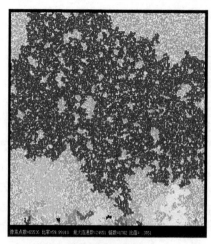
(b) 孔隙率 n=60%

图 3.1.2　孔隙率分别为 58%和 60%时，逾渗团的分布

逾渗模型分为两类基本模型：格点逾渗（又称座逾渗）与键逾渗模型。考虑一个无限大正方形晶格，设每个格点（或键）的占据概率为 n，概率越小，被占格点（或键）只能越零散地分布在整个晶格中，很少有可能由多个被占格点（或键）连成一个团。这里的"格点团"指的是在其内部，每个被占格点的最近邻必有被占格点，而"键团"指的是其内部每个被占键的两端，至少有一端与其他被占键相连。简而言之，团是被占格点或键的相连集合（不论是格点还是键团）。随着概率 n 的增加，晶格中就会出现有限大小的团，这里团的大小指团中被占格点（或键）的多少。其中最大的称为最大团。并根据最大团定义逾渗概率：

$$P(p) = M(L) / L_d$$

式中：$P(p)$ 为逾渗概率；$M(L)$ 为线度为 L 的最大团中被占格点（或键）的数量；L_d 为晶格中格点或键的总量。

3.1.2　孔隙裂隙双重介质逾渗研究方法

天然材料如岩石、土体、各种矿石，人造材料如金属及各种非金属材料等，在不同层次的尺度上，如宏观、细观或微观尺度上，都存在有孔隙、裂隙。因此，孔隙和裂隙是任何材料不可避免的两大缺陷。由于不同的目的，其孔隙裂隙受重视程度也不尽相同。在材料强度与变形破坏力学中，19 世纪就提出了 Griffith 强度准则；在渗流力学中，早已提出孔隙裂隙的双重介质模型。

在很多情况下，裂隙占有重要的地位。这里介绍孔隙裂隙共存的情况下，岩土材料的临界渗透现象及其规律，进而揭示出二维、三维状态下，孔隙裂隙介质的逾渗阈值曲线。

1）岩体裂隙迹线数量分布的分形规律及其描述

1982 年，Mandelbrot 发表了《自然界中的分形几何学》专著，从此创立了分形几何学。20 世纪 80 年代后期开始，国际众多学者纷纷将分形几何学的思想与方法引入岩体力学或地质体力学，提出了多种表述岩体裂隙的分形几何学方法。Barton 和 Larsen（1985）最早研究了 Yucca 山体二维裂缝网络的分形特征，Aviles 等（1987）研究了圣安德烈亚斯断层的特点，相继定义了信息维、盒计数维、裂隙迹线数量分形维数等分形几何学方法。1992 年，赵阳升在博士学位论文中，依据分形几何学的基本原理，提出了岩体剖面上裂隙迹线数量分布的分形统计方法，给出了严格的定义，并深入讨论了相关的一些理论问题。采用这一方法，相继研究了岩体裂隙分布的无标度区域，岩体裂隙按构造方向分组与不分组情况下的分形规律，二维裂缝迹线数量和三维裂缝面的分形仿真方面的研究。

1992 年，赵阳升在博士学位论文中，依据分形几何学的基本原理，首次提出了岩体裂隙数量-尺度分布的分形统计方法，即将岩体表面划分为 L_0，$L_0/2$，$L_0/4$，$\cdots$，$L_0/2^{n-1}$ 各层次的网格，依次统计位于每个层次的网格中长度大于或等于网格长度的裂隙数量，分别作为 $N(L_0)$，$N(L_0/2)$，$\cdots$，$N(L_0/2^{n-1})$ 的裂隙数量。并将各尺度下统计的裂隙数量在 $\lg N$-$\lg L$ 平面上绘制出，其连线的斜率即为分形维数 D，则裂隙数量随尺度的分布可以用公式表达为

$$N = N_0 L^{-D} \tag{3.1.1}$$

式（3.1.1）有几个明显的物理含义与特点：N_0 为尺度为 L_0 时的与 L_0 尺度相当的裂隙数量，D 为裂隙数量-尺度分布的分形维数。当 $N_0=1$，$D=1$ 时，正好相当于 L_0 尺度下有一条贯通的裂隙；当 $N_0=1$，$D=2$ 时，正好相当于 $L_0/2^{n-1}$ 级网格中，平均每个子网格中有一条裂隙（图 3.1.3），因此，我们说这种分形方法统计的分形维数一般有 $1<D<2$。

(a) $n=0$，$N_0=1$，$D=1.9$

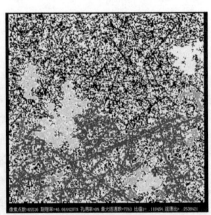
(b) $n=0$，$N_0=1$，$D=2$

图 3.1.3　两种情况下，逾渗团的分布

在进行大量岩体裂隙分布研究的同时，作者深刻地认识到，表征岩体裂隙分布特征参量，除去分形维数外，还有一个重要参量也是绝不允许忽略的，那就是裂隙数量-尺度分形关系式中的初值 N_0。这就充分说明，表征裂隙分布特征必须有两个参量，即 L_0 尺度下的裂隙数量 N_0 和裂隙分形维数 D。

式（3.1.1）非常好地描述了天然裂隙的数量-尺度分布规律，但裂隙具体位置与方位角则可以认为是随机分布的，我们将此称为裂隙的随机分形分布，其随机分布仅表现在位置与方位角，分形分布仅指其数量严格地服从分形规律。

2）三维岩体裂隙面分布的分形描述

利用岩体中裂缝面体积密度的研究方法，结合分形几何学的基本思想和二维状态下裂缝迹线的数量分形定义，给出三维岩体中裂缝面的分形表述。

对于 L_0 尺度的正立方体而言：

若某一落在 L_0 尺度的立方体中的四边形裂缝面，其面积等于或大于 L_0^2，则认为穿过 L_0 尺度的立方体裂缝面数为 1，若有 n 个类似的裂缝面，则认为有 n 个。

如此划分 $L_0/2^{n-1}$ 阶子正方体区域，即可获得落到 $L_0/2^{n-1}$ 阶子正方体区域每一个子区域上的裂缝面的数量，并记作每个子区域上的裂缝面数，累加 $L_0/2^{n-1}$ 阶子区域上裂缝面的数量，作为 $L_0/2^{n-1}$ 尺度裂缝面的个数。

按照上述定义，在 $\lg L$-$\lg N$ 平面上将以上结果绘制，上述直线方程可以用分形规律表述为

$$N_s = N_{s0} L^{-D_s}$$

式中：N_{s0} 为尺度为 L_0 时的正方体所包含的裂隙面数量；N_s 为尺度为 L 时的正方体所包含的裂隙的数量；D_s 即为立方体所包含的裂隙面的数量的分形维数。

将岩体划分为：L_0，$L_0/2$，$L_0/4$，…，$L_0/2^{n-1}$ 各层次的立方体网格，依次统计位于每个层次的网格中面积大于或等于网格长度的平方的裂缝面数量，分别作为 $N_s(L_0)$，$N(L_0/2)$，…，$N(L_0/2^{n-1})$ 的裂隙面数量。并将各尺度下统计的裂隙面数量在 $\lg N_s$-$\lg L$ 平面上绘制出，其连线的斜率即为分形维数 D_s，则裂隙面数量随尺度的分布可以用公式表达为

$$N_s = N_{s0} L^{-D_s} \tag{3.1.2}$$

式（3.1.2）有几个明显的物理含义与特点：N_{s0} 即为尺度为 L_0 时的与 L_0 尺度相当的裂隙数量 N_s；D_s 为裂隙面数量-尺度分布的分形维数。

3）孔隙裂隙双重介质逾渗研究方法

对于单纯的孔隙介质而言，其介质整体是被孔隙和固体颗粒完全充满的。随机分布的孔隙和孔隙连通，则构成许多连通的孔隙团，简称为团（cluster），并把这些团中最大的命名为最大团（the largest cluster）。随着孔隙率逐渐增加，团的个数逐渐减少，最大团所包含的孔隙数逐渐增加，并连通了整个区域的左右两个

边界，将这个团命名为横跨团（spanning cluster）或逾渗团（percolation cluster），并同时将逾渗团出现时的孔隙率 n 定义为临界孔隙率，或称为临界概率。同时定义区域中任意一个点属于最大连通团的概率，或逾渗团的概率为 $P_N(n)$，在有限尺度的正方形网格中，则逾渗概率可以表示为

$$P_N(n) = M(L)/L^2 \qquad (3.1.3)$$

则渗透概率为

$$P_\infty(n) = \lim_{N \to \infty} P_N(p) \qquad (3.1.4)$$

对应的临界孔隙率（critical probability）被定义为 $P_\infty=0$ 时的孔隙率的最大值，可以用数学方法表述为

$$n_c = \sup\{n, P_\infty(n) = 0\} \qquad (3.1.5)$$

按照上述定义，我们获得 $P_\infty(n)=0$，$n \leq n_c$ 时，其渗流仅限于区域内部非常小的范围（图 3.1.4）。

在上述严格的数学定义下，给出孔隙裂隙介质逾渗规律的研究方法。

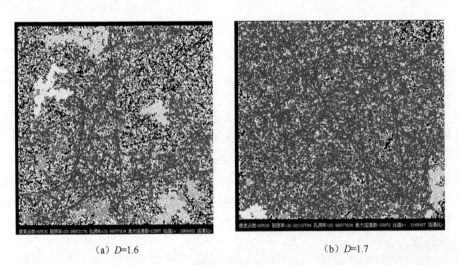

(a) $D=1.6$　　　　　　　　(b) $D=1.7$

图 3.1.4　$n=30\%$，$N_0=2.71828$，$D=1.6$ 和 $D=1.7$ 时逾渗团的分布

对于孔隙：将 L_0 尺度的正方形网格划分成 $N \times N = N^2$ 个正方形子网格，按照不同的孔隙率，将孔隙随机分布在上述网格中，凡为孔隙网格，即设定为 1，表示该网格为空隙。孔隙未落在的网格，即认为是固体颗粒网格，设定为 0，表示该网格为实的、不渗透的。

对于裂隙，有较多的描述方法，比较早期的有蒙特卡罗随机分布法。1990 年后提出的裂隙分形分布方法则更客观地描述了岩体类介质材料中裂隙的分布规

律。本书采用赵阳升（1992，1994a）提出的裂隙数量尺度分形分布的研究方法，在二维情况下，采用$N=N_0\delta^D$的随机分形分布的公式。确定其N_0与D，按公式生成各级网格的裂隙数量，并按位置与方位随机地分于上述网格中。当裂隙落入某一子网格中，其长度大于子网格尺度的1/2，即认为该网格为孔隙网格，记为1。否则即为实的固体颗粒网格。非常类似于孔隙，按照裂隙分布分形规律，在网格中也生成了实的和空的子网格分布。

将孔隙和裂隙在网格中的[0,1]分布按0＋0＝0，0＋1＝1，1＋1＝1 的准则叠加，则最后形成了孔隙裂隙共存时（图3.1.5），整个网格中的[0,1]分布。

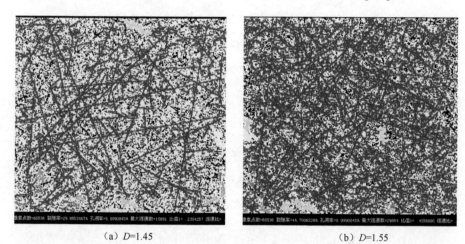

(a) D=1.45　　　　　　　　(b) D=1.55

图3.1.5　N_0=7.389，n=10%，D=1.45 和 D=1.55 时逾渗团的分布

对于孔隙裂隙双重介质，同样可以给出逾渗概率的定义和分析方法：

$$P_N(n, N_0, D) = M(L)/L^2$$

编制计算机程序，寻找网格中各个连通团或逾渗团构成的子网格号码及其数量，进而确定组成最大逾渗团的网格数量$M(L)$，则各子网格落入最大逾渗团的概率为$P(n, D, N_0) = M(L)/L^2$。

3.1.3　二维孔隙裂隙介质连通概率分析

采用上述孔隙裂隙逾渗研究方法，分别对不同的孔隙率、裂隙分形维数、裂隙分布初值的组合，经大量的运算，即可获得连通团的个数、组成及最大连通团的网格组成。研究发现最大连通团出现时，孔隙率、裂隙分布的分形维数、裂隙分布的初值组合的临界曲线。

考虑几种特殊情况：当介质中孔隙率为0时，即n=0，对应于不同裂隙分布初值下的最大连通团出现的分形维数临界点如表3.1.1所示。

表 3.1.1　$n=0$ 时，不同裂隙分布初值 N_0 对应的临界分形维数值

N_0	1	e	e^2	e^3	e^4
D_c	1.90	1.73	1.55	1.32	1.05

表 3.1.1 说明，当介质中孔隙率为 0 时，由于裂隙的存在，其最大连通概率随裂隙分布初值 N_0 和分形维数的变化如图 3.1.6 所示。

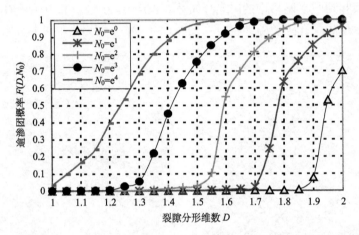

图 3.1.6　$n=0$ 时，不同 N_0 对应的逾渗概率与裂隙分形维数的关系

若取分形维数 $D=1$，对应于不同的裂隙分形分布初值 N_0，则随着 N_0 的增加，出现最大团概率的孔隙率临界值在逐渐减小，如表 3.1.2 和图 3.1.7 所示。

表 3.1.2　裂隙分形维数 $D=1$ 时，不同裂隙分布初值 N_0 对应的临界孔隙率

N_0	0.1	1	e	e^2	e^3	e^4
n_c	0.59	0.57	0.53	0.52	0.47	不存在

由表 3.1.2 和图 3.1.7 清楚可见，当分形维数 $D=1$ 时，孔隙属于最大连通团的概率随裂隙分形分布初值 N_0 的增加，其对应的孔隙率逐渐减小，当 $N_0>e^4$ 以后，其孔隙点属于最大连通团的概率随孔隙率变化大致呈线性关系，不再存在临界点。

若取裂隙数量分形的初值 $N_0=e$，对应于不同的孔隙率及其分形维数，通过大量数值试验，可以给出孔隙裂隙共存时，孔隙裂隙属于最大连通团的概率分布曲线，当孔隙率 n_0 小于 50% 时，都存在裂隙临界分形维数值，只是随着孔隙率的增加，出现孔隙点属于最大连通团的临界分形维数 D_c 逐渐减小。同样，当裂隙分形维数 D 小于 1.6 时，都存在临界孔隙率 n_c，随着裂隙分形维数增加，临界孔隙率 n_c 由无裂隙存在时的 $n_c=0.59725$ 降低到 $n_c=0.2$。通过大量的数值试验，即可以

获得孔隙与裂隙共存时,孔隙点属于最大连通团的临界孔隙率、临界分形维数的组合,构成了裂隙分形维数、孔隙率平面内的临界曲线,如图 3.1.8 所示,当 $N_0=1$,$D=1$ 时,其对应的临界孔隙率 $n_c=0.59$,与单纯孔隙的材料逾渗结果完全一致。因此,可以说,许多年来,国际界众多学者所精心研究的,只存在孔隙的各种逾渗现象与规律,仅是本书研究的一个特例,它仅描述了自然界的一部分现象。

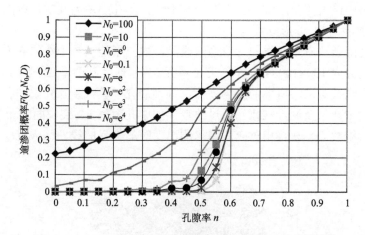

图 3.1.7 $D=1$ 时,不同 N_0 对应的逾渗概率随孔隙率的变化

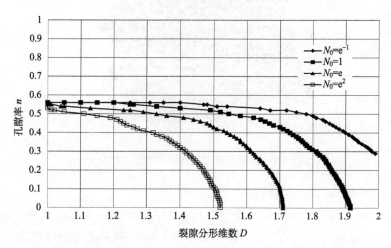

图 3.1.8 不同 N_0,孔隙与裂隙共存时的逾渗阈值曲线

3.1.4 三维孔隙裂隙介质连通概率分析

在进行三维孔隙裂隙逾渗分析时,计算机模拟裂隙面时做出以下几点假设:

(1) 不考虑裂隙面的凹凸形状,用平面来近似裂隙面。

(2) 裂隙面为圆盘,圆盘中心点坐标随机分布,裂隙平面的法向量可根据实际情况来设定。

(3) 用一组定向分布的空隙单元来构成裂隙圆盘平面。

编写计算机程序,搜索网格中所有的孔隙团,统计出每个团所包含的单元数量,通过比较计算出最大团,即可计算获得相应的逾渗概率。图 3.1.9 为孔隙裂隙双重介质中最大团在区域中的随机分布形状,其孔隙率为 0.28,裂隙分布初值为自然常数 e,裂隙分形维数为 2.2。

根据孔隙裂隙双重介质的三维逾渗模型,建立了边长为 100 的立方体模型,并将模型剖分为 100×100×100=100 万个单元。为了研究孔隙率、裂隙面分布初值、裂隙面分形维数对逾渗概率的影响规律,分别研究了单纯裂隙介质和孔隙裂隙双重介质的逾渗现象及逾渗规律。通过改变模型中孔隙率 n、裂隙面分布初值 N_0、裂隙面分形维数 D,获得相对应的逾渗团出现时的临界曲线 $f(n,N_0,D)$。

图 3.1.9 孔隙裂隙双重介质最大团随机分布

1) 单纯裂隙介质的三维逾渗

在模型中,取孔隙率为零,模型中只存在裂隙面而成为裂隙介质。取裂隙面分布初值 N_0 分别为 e^0、$e^{0.5}$、e^1、$e^{1.5}$、e^2、$e^{2.5}$、e^3,裂隙面分形维数 D 以步长为 0.02 从 2 增加到 3,计算出相应的逾渗概率。图 3.1.10 为 N_0 取不同值时逾渗概率随裂隙分形维数 D 的变化曲线。研究图中的每条逾渗曲线,裂隙分布初值 N_0 从 e^0 到 $e^{2.5}$ 的各条曲线都存在一个逾渗概率突然增加的临界点,把这一点所对应的裂隙分形维数称为临界分形维数 D_c。当裂隙分形维数 $D<D_c$ 时,逾渗概率趋于零;当 $D>D_c$ 时,逾渗概率急剧增加。而当裂隙分布初值为 e^3 时的这条逾渗曲线却没有临界分形维数存在，所以当 $N_0 \geq e^3$ 时，不存在临界分形维数。拟合 N_0 从 e^0 到 $e^{2.5}$ 的各条曲线上的临界分形维数 D_c 和所对应的 N_0，得到裂隙介质中 N_0 与 D_c 之间的关系式：

$$N_0 = 51049\exp(-3.8925D_c) \tag{3.1.6}$$

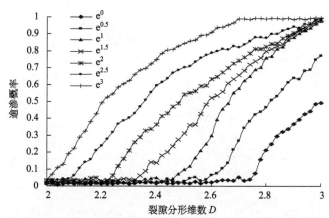

图 3.1.10　N_0 取不同值时，逾渗概率随分形维数 D 的变化

2）孔隙裂隙双重介质三维逾渗

类似于上一节，为了研究裂隙分布初值 N_0 与临界孔隙率 n_c 之间的相关关系，取裂隙分形维数 D 为常数 2，N_0 的值分别取 e^0、$e^{0.5}$、e^1、$e^{1.5}$、e^2、$e^{2.5}$、e^3，孔隙率 n 以步长 0.02 从 0 逐渐增加到 1。然后计算 N_0 和 n 取不同值时的逾渗概率，结果绘制于图 3.1.11 中。从图中可看出：在分形维数 D 为 2 的条件下，在 N_0 小于等于 $e^{2.5}$ 时的每条逾渗曲线都有临界孔隙率 n_c 存在，且随着 N_0 的增加，临界孔隙率逐渐减小；而 $N_0=e^3$ 所对应的逾渗曲线没有临界孔隙率存在，逾渗概率随着孔隙率的增加线性增加。所以当 $N_0 \geq e^3$ 时没有临界孔隙率。回归分析每条逾渗曲线的临界孔隙率 n_c 与裂隙分布初值 N_0，得到裂隙分形维数为 2 时临界孔隙率 n_c 与裂隙分布初值的 N_0 关系式：

$$n_c = n_c^p - 0.0167N_0 + 0.0103 \tag{3.1.7}$$

式中：n_c^p=0.3116，为三维孔隙介质的逾渗阈值。

取裂隙分布初值 N_0=e，裂隙分形维数 D 取不同值，孔隙率 n 以步长为 0.02 从 0 递增到 3 时，逾渗概率的变化曲线如图 3.1.12 所示。图中裂隙分形维数 D 为 2 到 2.3 之间的曲线均有逾渗概率发生跳跃性增长点，这几条曲线都有对应的临界孔隙率存在。而 D 取 2.4 和 2.6 的两条曲线上，没有明显的临界孔隙率存在，逾渗概率值随着孔隙率的增加线性增加。对图中的数据做回归分析，得到临界孔隙率 n_c 与分形维数 D 之间的关系式：

$$n_c = n_c^p - 2\times 10^{-9} \exp(7.6564D) \tag{3.1.8}$$

式中：n_c^p =0.3116，为孔隙介质的临界孔隙率。相关系数 R^2=0.9858。

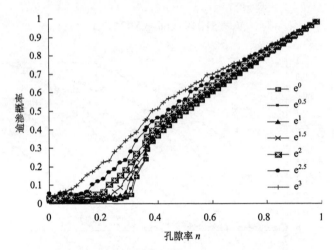

图 3.1.11　N_0 不同时，逾渗概率随孔隙率的变化曲线

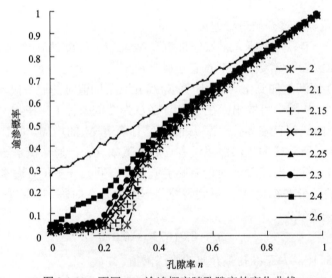

图 3.1.12　不同 D，逾渗概率随孔隙率的变化曲线

3）三维孔隙裂隙双重介质逾渗阈值

计算裂隙分布初值 N_0 取不同时，不同孔隙率所对应的临界裂隙分形维数 D_c，这里 N_0 分别取 e^0，$e^{0.5}$，e^1，$e^{1.5}$，e^2，数值计算所得临界裂隙分形维数值，绘制为 n-D 平面内的临界曲线（图 3.1.13），其意义是：在相应的 N_0 值下，点（n, D）如果出

现在临界曲线的上方则出现逾渗,如果出现在临界曲线的下方则不发生逾渗。通过大量的数值试验,并进行数值拟合,获得了三维孔隙裂隙双重介质临界逾渗公式:

$$f(n, N_0, D) = n_c^p - n - N_0 \exp(-12.713) \cdot \exp(4.1443D) \quad (3.1.9)$$

式中:n_c^p 为三维单纯孔隙介质逾渗阈值 0.3116;n 为孔隙率;N_0 为裂隙分布初值;D 为裂隙分形维数。根据式(3.1.9)就可以计算不同条件下的逾渗阈值,而且当函数 $f(n, N_0, D)$ 的值大于等于零时,孔隙裂隙双重介质中不会出现贯穿模型两个相对面的最大团,介质不会发生逾渗转变;相反,当函数 $f(n, N_0, D)$ 的值小于零时,孔隙裂隙双重介质中就会出现贯穿模型两个相对面的最大团,此时的孔隙裂隙介质转变为可渗透介质,式(3.1.9)就是矿层改性中由不渗透到渗透的临界判据。

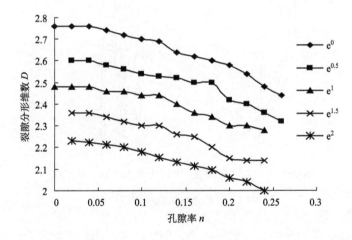

图 3.1.13 三维孔隙裂隙双重介质在 n-D 平面内的临界逾渗曲线

3.2 矿层压裂改性、卸压破裂改性原理

3.2.1 矿层压裂改性原理

石油、天然气、煤层气、页岩气等许多流体矿藏开采中,由于储层渗透率低或储层渗透性极不均匀,为了有效地、高效地开采这类流体矿产资源,工程界普遍地采用了储层压裂改造技术,对储层进行改造,岩体水力压裂从详细的工程目的而言,可以分为两种类型,即钻井间压裂连通和储层压裂增透改造,本节重点讨论后者。

绝大部分矿产资源,如石油、煤层气、天然气、页岩油、各种有色金属、能源矿产资源均是随机地散布赋存于矿层或储层中。流体矿产资源赋存于储层孔隙中,很多储层孔隙较小、连通性较差、渗透率很低,欲把这些流体资源开采出来,人们需采用压裂技术进行储层改造。铜、金、铀等有色金属与放射性矿产完全以固态形式散布于岩体中,人们也拟采用压裂技术使矿层破裂与碎裂,从而便于溶浸液注入和产物的排采。为实现上述工程目的,都希望大幅度增加岩体裂缝密度,即单位体积的岩体裂缝数量或裂缝面积(图 3.2.1)。在几十年的工程研究中,形成了许多技术,如水平钻孔分段压裂技术、基尔脉冲压裂技术、各种泡沫压裂技术、树枝状压裂技术等。

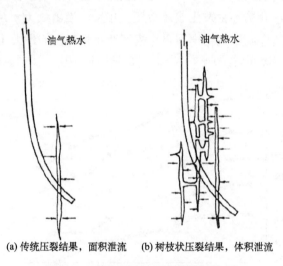

(a) 传统压裂结果,面积泄流　(b) 树枝状压裂结果,体积泄流

图 3.2.1　体积泄流比面积泄流更有利

岩体压裂的理论分为张性破裂理论、剪切破裂理论和张剪复合破裂理论,而且学术界普遍认为,压裂-剪切破裂的机理使岩体能够产生更大的裂缝密度。干热岩地热开发中的巨型水力压裂工程实践发现,其压裂破裂的形态主要以剪切破裂为主(图3.2.2)。

矿层压裂改性的定量衡量指标就是矿层渗透率的提高,特别是矿层内每个子单元的渗透率的普遍提高,才能真正提高矿层的产能。

矿层压裂改造在国内外已有非常多的研究和工程,实际上,这些技术的可行性及其生命完全取决于其技术经济性,客观的技术经济指标是支撑一个科学技术与工业盈亏的基础,它直接决定了该工艺与技术能否生存。

压裂的效果与压裂改造矿层的机理,作者做过一些讨论(赵阳升等,2001),认为它的作用是十分有限的,在许多较软弱的矿层实施效果并不理想,其机理在于:矿层及油气储层自然状态处于三维应力的状态,在地层深处,甚至处于高应力状态,而不是无应力的自由状态,在该种状态下,通过高压水力压裂建造裂缝,在矿层的部分区域产生新的裂缝,同时必然在其他区域产生更高的应力,甚至很大的塑性变形，使矿层的其他区域变得更加致密，渗透性变得更低。因此压裂使储层改性的技术适应性是值得深入推敲和研究的。

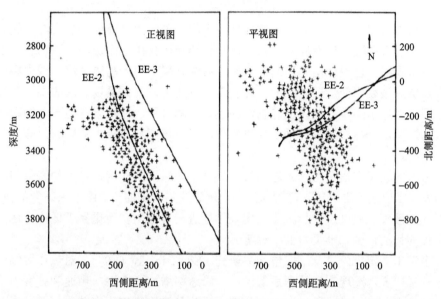

图 3.2.2　EE-2#井，巨型水力压裂引起的岩体破裂位置（Murphy and Fehler, 1986）

3.2.2　矿层卸压破裂改性原理

1999 年，赵阳升等通过大量的三轴应力作用下，连续岩体与裂隙岩体的渗透系数变化规律的实验研究，发现三维应力对岩体渗透性影响很大，其渗透系数随体积应力呈负指数规律衰减，$k = a\exp(-b\Theta + cp)$。特别是对那些弹性模量相对低的岩体影响更为显著，这类较低弹性模量的岩体，石油工程称为敏感性地层。如同样的阳泉 3#煤层，埋藏深度 400m 的渗透系数较埋藏 100m 低十分之一之多。即使存在明显裂缝，当三轴应力很高时，其渗透系数也依然很低，甚至不渗透，渗透率随三维应力影响呈负指数规律衰减（赵阳升等，1999），经过严密的推导，常宗旭和赵阳升（2004）给出了具体的解析公式：

$$k_f = k_{f0} \exp\left\{-b\left(\frac{\sigma_n - \beta p}{k_n}\right) - c\left[\frac{1-v_r}{E_r}(\sigma_1 + \sigma_3) - \frac{2v_r}{E_r}\sigma_n\right]\right\}$$

基于这些实验结果，赵阳升等开拓了卸压改造低渗透煤层，强化煤层气开采的新的技术方向（赵阳升等，2001），并从 1997 年开始，持续研发水力割缝成套技术与装备 13 年之久，形成了定型的水力割缝成套装备和技术，在许多煤矿使用。李晓红院士、林柏泉教授也沿着该方向做出了重要成果。

3.3 热破裂增透改性原理

岩石热破裂是一类极为普遍的自然与工程现象,而且涉及众多资源、能源开采与利用的大课题。自然界岩石长期遭受日照和风化作用而缓慢破裂,岩浆喷发后的冷凝收缩,也表现出明显的热破裂。石油开采中注入高温蒸汽,或火烧油层导致油层热破裂而使渗透性增加,煤炭地下气化中,气化采场周围的围岩和煤体热破裂而加速了煤层的气化,煤制油的加氢裂解过程,油页岩在地下干馏和地面干馏的过程,干热岩地热开采中的热破裂,以及核废料处置中的岩石热破裂问题等。

岩石热破裂在很多工程领域的技术环节中有重要的作用,它使得岩体裂隙进一步发育,形成了更好的孔隙裂隙通道,例如注热开采油气。由于热破裂的作用,岩石更加破碎,块度进一步减小,比表面积进一步增加,而更易于低成本达到实施工程的目的,例如油页岩的干馏等。

多年来,国内外进行了大量相关研究。Somerton 等(1975)对热作用蚀变砂岩进行了研究,发现高温处理后的砂岩,渗透率增加了 50%,声速和强度下降了 50%。Homand-Etienne 和 Poupert(1989)研究了致密花岗岩在热作用下,岩石连通性提高并产生了新裂缝,裂缝长度取决于晶粒形状和尺寸。Chen 和 Wang(1980)在对 Westerly 花岗岩进行研究时发现花岗岩的热破裂阈值为 60~70℃。Zhang 等(2001)对 Carrara 大理岩温度影响下的连通性和渗透率进行了研究,发现当温度升高到 600~700K 时,大理石的渗透率会有显著的升高。Kemeny 等(2006)在亚利桑那大学对 Bolsa 石英岩进行了实验,发现在 700~800℃时,岩石裂缝的密度和渗透性有很大的增加。

3.3.1 花岗岩与长石细砂岩的主要成分和显微 CT 细观结构

这里给出的花岗岩和长石砂岩试样分别采自山东平邑和河南永城煤矿井下,花岗岩呈灰白色、致密、无裂纹,商品名"鲁灰花岗岩"。花岗岩和长石砂岩的矿物组分如表 3.3.1 所示。花岗岩是一种由长石、石英、伊利石等晶体构成的具有多晶复合介质特点的脆性坚硬岩石,具有很强的非均质性。图 3.3.1(a)为应用太原理工大学 μCT225kVFCB 型高精度显微 CT 观测到的常温下花岗岩显微 CT 细观结构图,可以明显地分辨出晶粒、晶粒边界、晶间胶结物及晶间孔隙。由于花岗岩是一种多晶复合介质,所以内部空间可划分为晶粒内部、晶粒界面、晶粒间隙三种类型,这三种空间区域的力学性质及其变形破裂响应有较大的差异。

表 3.3.1　花岗岩与长石砂岩矿物含量表

鲁灰花岗岩		永城长石细砂岩	
矿物名称	质量分数/%	矿物名称	质量分数/%
伊利石	25	伊利石	23
石英	28	石英	1
长石	43	长石	40
方解石	1	方解石	1
菱铁矿	1	滑石	15
其他	余量	高岭石	16
		其他	余量

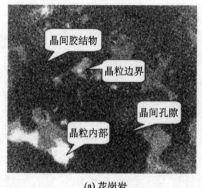
(a) 花岗岩

(b) 长石细砂岩

图 3.3.1　花岗岩与长石细砂岩细观结构图

岩石中所含成岩矿物种类的差异、成岩矿物含量的多少构成了形态、结构、组成各不相同的岩石类别。对于非均质性岩体来说，无论在任何力学状态下，只要温度发生变化，就会在岩体内部产生热应力，当热应力超过岩体内部晶粒与胶结物的承载力时，岩石内部就会产生热破裂。

由此可见，岩石热破裂的本质是岩石在细观上是由多种矿物晶体组成的极端非均质的结合体，多种晶体矿物及其胶结物具有完全不同的热膨胀系数，而且每种矿物晶体的热膨胀系数随温度在变化，按照热弹性理论，在热的作用下不同矿物晶体与胶结物都要产生热应力，矿物晶粒边界的胶结物强度和熔点也最低，因此岩石的热破裂首先从晶粒边界处的胶结物开始，赵阳升等（2008a）对鲁灰花岗岩不同温度下的细观演化规律进行了显微CT观测，清晰说明了岩石热破裂的机理。

由于岩石的组成复杂，各种晶体颗粒热膨胀系数、强度、熔点差异很大，这就表现出岩石热破裂发生的间断性、多期性，尽管如此各种岩石的热破裂还是相对集中在几个温度段，如细砂岩的热破裂主要集中在180～230℃一段，以及500℃

以上段均十分活跃。鲁灰花岗岩在400℃之前则有三个大的热破裂剧烈段：125~175℃温度段、250~275℃温度段、340~375℃温度段。从同步测定的各温度段岩石渗透率可知，在岩石热破裂的剧烈段，其渗透率均呈现一个峰值区间，在热破裂平静期，渗透率缓慢降低5倍左右，其机理是随着温度的增高，岩石颗粒热膨胀系数使先前热破裂产生的裂纹宽度减小，部分裂隙甚至闭合，而使裂隙整体的连通性降低，使得岩石的渗透率较峰值渗透率降低，但却维持了较高的渗透率水平，当另一个热破裂高峰出现时，渗透率又增大，如此经历了一次一次热破裂的积累后，岩石渗透率越来越大，也同步伴随着岩石的进一步破裂。

3.3.2 细砂岩热破裂与渗透率随温度变化特征

图3.3.2为三轴应力状态下细砂岩热破裂声发射事件随温度的变化曲线，该图集中表示了150~300℃温度段声发射能量率，整体看，随温度增加，声发射能量率在持续升高，在180~230℃是一个高峰段，该段又可分为180~205℃和210~230℃两个小的热破裂峰值段，前一段声发射能量率高且持续时间长，是细砂岩热破裂较为剧烈的阶段，后一段声发射能量率低一些，说明破裂弱一些。从230~300℃，声发射能量率维持在一个较低的水平，但较150~180℃一段，声发射能量率高1倍以上，而且随温度增加，声发射能量率在增加。图3.3.3是进行岩石热破裂细观实验时采集的声发射事件，从常温到550℃的温度区间，声发射事件在100℃、200~300℃、400~500℃等温度段，出现了多期高声发射事件数，说明细砂岩随温度升高，其热破裂呈现多期性。与其热破裂对应，岩石的渗透率同步变化。

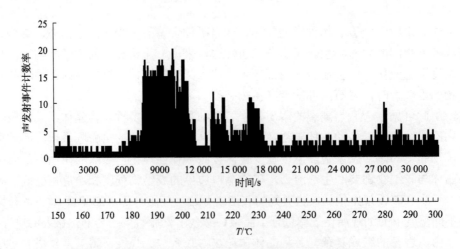

图3.3.2 高温三轴应力条件下细砂岩声发射事件计数率

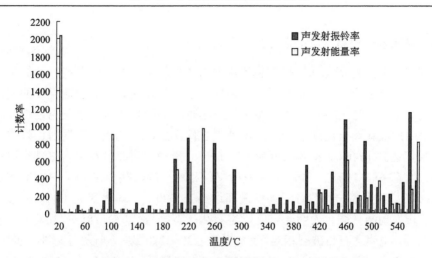

图 3.3.3　细砂岩热破裂的细观实验声发射图谱

由图 3.3.4 可见，砂岩在 150℃之前，其渗透率非常小，与原始状态无异，但当温度达到 150℃以后，其渗透率急剧升高，在 200~250℃达到峰值区域，之后随着温度继续升高，其渗透率反而下降，到 400℃达到了最低点，在 400~450℃一段，渗透率维持不变，但较原始状态其渗透率依然高出 10 倍左右。从 450℃开始，随着温度继续升高，渗透率又继续升高，到 600℃试验终止。

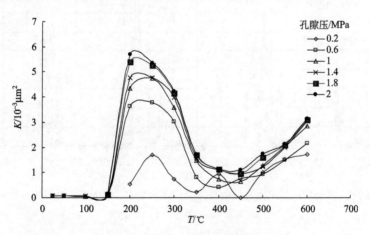

图 3.3.4　细砂岩渗透率随温度变化

详细分析可以得出如下特征，砂岩的温度阈值为 150℃，在 150~400℃呈现一个渗透率完整的上升与降低的峰值区间。在 200~250℃达到了最高值。在 450℃之后，又进入一个新的渗透率峰值区间。砂岩的热破裂特征决定了渗透率随温度的客观变化，实际上反映了砂岩热破裂的细观特征的变化规律。

3.3.3 花岗岩热破裂与渗透率随温度变化规律

图 3.3.5 是鲁灰花岗岩热破裂的声发射事件随温度的变化曲线。其纵轴是振幅与持续时间的乘积，横轴是温度。由图 3.3.5 对花岗岩热破裂随温度的变化规律分析如下：①在 35～40℃处，振幅与持续时间乘积为 7000，而且温度持续段很短，说明此段花岗岩出现了个别的热破裂事件，在 60℃附近，声发射振幅与持续时间乘积达到 16 000，持续温度为 55～65℃，清楚表明此段花岗岩热破裂已比较活跃。②在 65～110℃，岩石的声发射事件相对平静一些，在 110～185℃的温度区间，声发射振幅与持续时间乘积最高达到 28 000，平均达到 13 000，持续温度段长，声发射事件强，表明此温度段岩石热破裂剧烈。③在 185～230℃，声发射相对微弱，说明岩石热破裂相对平静。④在 230～270℃段，声发射又进一步加剧，振幅时间乘积高达 37 000，但平均值较 110～185℃低一些。⑤在 270～340℃段，声发射又相对平静，振幅持续时间乘积很小，说明此温度段花岗岩的热破裂很微弱。⑥在 340～360℃温度段，声发射事件又十分剧烈，振幅持续时间乘积平均很高，说明此温度段花岗岩发生了更为剧烈的热破裂。

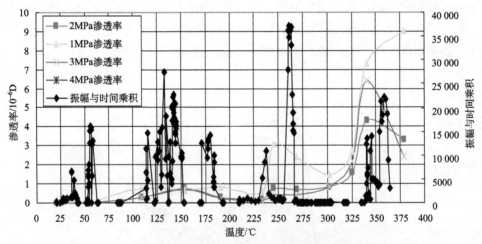

图 3.3.5　花岗岩试件声发射振幅与持续时间的乘积、渗透率随温度的变化曲线
7#试件，6#通道声发射，渗透系数结果

花岗岩热破裂声发射事件随温度变化总的规律是：花岗岩在温度升高过程中，经历了多个热破裂的剧烈期，其声发射事件数、持续时间、能量等呈现出几个峰值区域。

对应分析图 3.3.5 的渗透率随温度的变化曲线，由图可见，鲁灰花岗岩在 75～85℃区间内，渗透率开始增加，在 150℃达到渗透率的第一个峰值，第一个峰值区间为 75～200℃，从 225～300℃，花岗岩渗透率略有增加，基本维持不变。300℃

之后，渗透率又升高，300～400℃为第二个渗透率峰值区间。这说明花岗岩热破裂与渗透率变化具有很好的对应关系，也同样说明岩石热破裂和渗透率峰值区间呈现多期性。

3.4 矿层溶解增透改性原理

本节以钙芒硝矿为例，详细分析溶解渗透的演变过程和机理。

钙芒硝矿是一类重要的硫酸钠矿床，其常态是致密的、不渗透的，但它的溶解过程与纯氯化钠、纯硫酸钠矿床完全不同，区别是钙芒硝矿的溶解始终存在一个残留多孔骨架。

钙芒硝矿的主要成分是Na_2SO_4、$CaSO_4$的化合物及其他成分，其中硫酸钙、硫酸钠占70%左右。在常态下，钙芒硝矿是一种致密的、几乎完全不渗透的盐类矿床。由于硫酸钠是一种重要的化工原料，因此通过水溶的办法浸出钙芒硝矿中的硫酸钠，其物理过程与物理机制为：当钙芒硝矿在水的作用下，使$Na_2SO_4 \cdot CaSO_4$矿物发生水化反应，Na_2SO_4与$CaSO_4$分离，Na_2SO_4生成$Na_2SO_4 \cdot 10H_2O$，而完全溶于水，形成盐溶液。而$CaSO_4$仅能微溶于水，在钙芒硝矿物水化反应的同时，$CaSO_4$重新结晶形成$CaSO_4 \cdot 2H_2O$晶体，几乎在原位与残留的不溶物胶结形成新的多孔骨架，或多孔介质，其水化反应的方程式为

$$Na_2Ca(SO_4)_2 + 12H_2O = Na_2SO_4 \cdot 10H_2O + CaSO_4 \cdot 2H_2O \quad (3.4.1)$$

这种矿体性态直接决定了溶解过程中水的侵入和溶质传质的进行。

我们通过钙芒硝矿样溶浸和显微CT测试试验，揭示了其溶解渗透的机理。采用直径3mm的圆柱形试件，进行溶解，溶解期间间隔进行CT扫描，即可获得各溶解时段溶解残留多孔骨架区的细观结构和溶解区与非溶解区的分界。溶解过程中试样形成了如图3.4.1所示的结构示意图，即被溶浸的区域形成一个残留多孔骨架区，而内层仍然存在一个未被溶解的致密区，溶解厚度随溶解时间呈幂函数规律增加，其关系式为

$$\delta_c = 0.1212 t^{0.5506} \quad (3.4.2)$$

式中：δ_c表示溶解厚度，单位为mm；t表示溶解时间，单位为h。

我们同步进行了较大试样的钙芒硝矿样的溶解失重试验，试样为近似球状的不规则多面体。外形尺寸直径约50mm，质量160～190g。试验方法是将三个试样分别浸泡在三个容器中，各装1000mL纯净水，将试样抽真空后放入水中，然后间隔一定时间测量试样质量，同时测量水溶液的密度变化，在180h内，各试样由于溶解的作用而失重，其溶解失重和溶解厚度随溶解时间均呈幂函数规律变化。

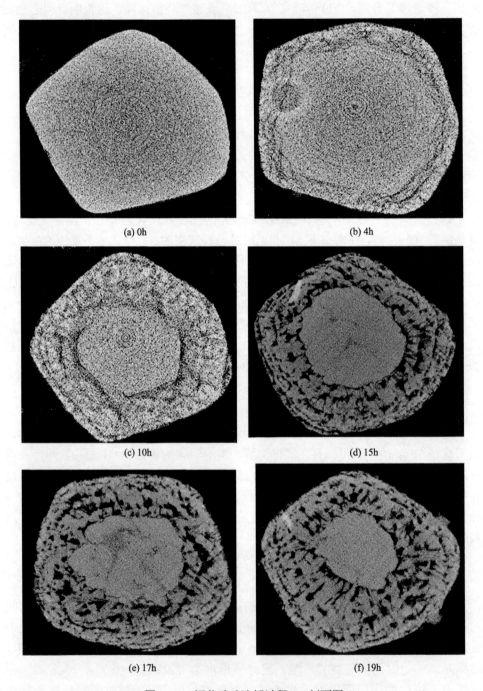

图 3.4.1 钙芒硝矿溶解过程 CT 剖面图

溶解失重变化规律：$Q = 244.74\ t^{-0.0937}$。

溶解厚度变化规律：$\delta_c = 0.2044\ t^{0.6865}$。

式中：质量单位为 g，时间单位为 h，长度单位为 mm。比较直径 50mm 与直径 3mm 的试样的溶解厚度公式，可以看出二者的规律和数值大小基本一致。

当钙芒硝矿溶解时，硫酸钠析出，而硫酸钙重新结晶，形成残留的多孔骨架，是一个典型的多孔介质区域。对所有溶解时间的被溶解区域的残留固体骨架区的三维分析和研究，发现总孔隙率随溶解时间的延续，基本不变，仅有较小的波动，其孔隙率范围在 20%~22.8%，波动幅度均小于 2.5%。

我们发现，无论溶解时间长短，钙芒硝溶解残留多孔骨架区的最大孔隙团所占总孔隙的比例均高于 78%，根据逾渗判据分析，残留多孔骨架区均超过了逾渗阈值，均为渗流介质。而且详细分析发现，随着溶解时间的延续，其残留多孔骨架区的最大连通孔隙团与总孔隙率的比在增加，在 10h 以后达到稳定，其比值达到 92%以上，说明在 10h 以后，残留多孔骨架区渗流和传质性稳定在一个很好的水平，反演获得残留多孔骨架区的扩散系数为 $0.013\text{cm}^2/\text{h}$。

由图 3.4.2 所知，在所有溶解时间内，总的孔隙率基本保持不变，但是在溶解 15h 后，总的孔隙比表面积却大幅减少，说明硫酸钙进一步结晶聚集，而留出更多更大的孔隙通道，致使孔隙比表面积大幅度减少，15h 后通道比表面积仅占 10h 前的 43%。15h 后，结晶全部完成，孔隙通道变得较大，且光滑与通畅，孔隙通道方向与扩散方向基本一致。

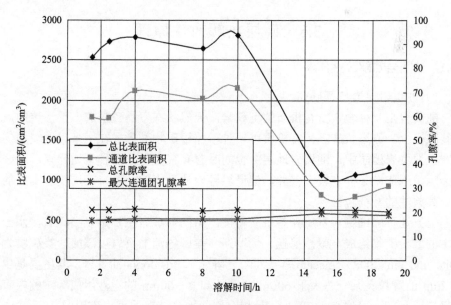

图 3.4.2 残留多孔骨架区孔隙比表面积随时间的演化

钙芒硝矿中的硫酸钠和硫酸钙发生水化反应的同时,硫酸钙重新结晶,其重结晶是在硫酸钠逐渐析出,并逐渐扩散进入水溶液的动态过程中完成的。因此,其结晶颗粒的排列形式和颗粒的方向受扩散运动所控制,从图 3.4.3 可见,硫酸钙重结晶形成的孔隙通道呈径向形态,10h 后大的结晶团和结晶团间构成的径向通道基本形成。溶解过程中,由溶解界面向外,残留多孔骨架区可以划分为三个区域,即溶解与结晶发展区、结晶过渡区、结晶完成区,重结晶完成区大约在 15h 后形成,19h 后的空间多孔骨架和孔隙结构形态如图 3.4.3 所示。

 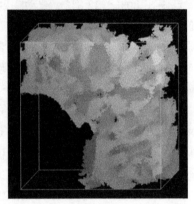

图 3.4.3　溶解 19h 包含未溶解区的多孔骨架和孔隙结构形态

3.5　矿层热解改性原理

3.5.1　油页岩热解改性原理

1)油页岩原岩特征研究

油页岩是一种含丰富有机质的沉积岩,天然状态下是致密的、不渗透的,孔隙裂隙极少。原岩状态下,有机质以一种干酪根矿物的形式在微米尺度较均匀地分布于油页岩地层中,油页岩地层中也同时含有极少量的多种金属元素,这些特征会因矿床成矿条件有较大差异,但世界各地油页岩的上述特征均没有本质的区别。其共性的特征包括:

(1)油页岩细颗粒基质和有机质特征。中国油页岩主要是以高岭石、水云母为主的黏土矿物组成,爱沙尼亚、俄罗斯和美国绿河油页岩以碳酸盐类矿物为主(Qian and Yin, 2008)。Eseme 等(2007)研究了 Posidonia 油页岩,其主要是由小于 2μm 的颗粒夹杂一些大于 60μm 的砂粒和 2~60μm 的泥沙组成,干酪根有机质呈扁长状,一般均小于 20μm,且相对均匀地分布在油页岩矿层中。

油页岩中含有微量的金属元素,如抚顺油页岩、茂名油页岩、绿河油页岩、爱沙尼亚油页岩等，这些微量金属元素在油页岩热解中均具有明显的催化作用（Qian and Yin，2008）。Zheng 等（2012）发现油页岩中的金属离子存在催化作用，加剧了热解反应的活性。Guo 和 Ruan（1995）详细研究了中国抚顺和茂名油页岩在 350~450℃，以及高于 450℃时各有机质的含量。Shi 等（2012）研究了中国甘肃窑街油页岩，采用三江炉热解 550~700℃可以获得 85%的产率。Cao 等（2013）采用先进的核磁成像仪，研究了油页岩、独立的干酪根、热解残留物的特征，发现在 500℃的开放系统比 360℃的密闭干馏系统含有更大的芳香烃团和更质子化的芳香烃成分。称为油页岩矿床的油页岩含油率一般在 4%以上，发现最高的含油率可达 15%，而低于 4%的油页岩矿床也很多，但开采的效益很差，一般不作为矿床开发。因此这里仅介绍油页岩矿床的热解改性特征。

（2）油页岩在宏观和细观层次具有明显的层理特征。油页岩具有明显的层理状或片理状，其力学特性与热学特性在垂直层理与沿层理方向有较大差异，抚顺油页岩垂直层理硬度为 34.7，沿层理的硬度为 28，比值为 1.24。中国茂名油页岩垂直层理硬度 20，平行层理硬度 14，二者比值 1.43。美国绿河油页岩沿层理的抗剪强度 6~12MPa，垂直层理为 21.4~31.5MPa，比值为 2.94（Qian and Yin，2008）。Saif（2017a，2017b）也发现美国绿河油页岩呈现明显的层理特征。Nottenburg 等（1978）测定了绿河油页岩的热传导系数，Mehmani 等（2016）发现其热传导系数平行层理/垂直层理=1.5~2.0；Eseme 等（2006，2007）采用电子显微镜研究了德国 Posidonia 油页岩，在几十微米尺度的细观结构层次呈现明显的层理性态，从几微米到几十微米大小的干酪根形态均为细长的颗粒条，或极扁的椭球条，其宽长比为 10~100，均呈现了十分显著的层理层状特征。在自然的油页岩矿层均可观测到清晰的层理结构，在自然长期热解风化状态下，我们无数次地看到油页岩矿层形成分离的极薄层叠合在一起，就像书纸一样一页一页叠合在一起。中国新疆博格达山芦草沟组油页岩矿层具有鲜明的急倾斜产状与层状构造特征，其矿层倾角一般都在 60°~85°（Zhang et al.，2016；Liu et al.，2017）。油页岩的这种典型的层理层状特征，为油页岩原位热解裂隙裂缝演化提供了独特的天然条件，应该引起科学与工程界的高度重视。

2）油页岩热破裂特征

无论何种加热方式，由常温到热解临界温度，油页岩都会经历一个升温阶段，在该阶段油页岩是否会像花岗岩、砂岩等岩石一样，发生热破裂呢（Zhao et al.，2012，2017）？其破裂规律与破裂程度如何呢？赵阳升团队最早关注并深入研究了油页岩热破裂的性态，康志勤等（2009）、Kang 和 Zhao（2011，2017）、Geng 等（2017）采用太原理工大学 μCT225kVFCB 高精度 CT 分析系统，研究了抚顺油页岩 7mm 的试件，从常温加热到 300℃的过程中，油页岩热破裂裂缝的孕育、发生和发展及量化表述。在该温度区间，远未达到油页岩干酪根矿物的临界热解温度，油页岩不会发生热解反应。由于油页岩的不均质性，在 100℃时，就观测到从油页岩硬质的石英矿物颗粒处有 2 条裂纹起裂扩展，形成了长度 3～4mm 的裂纹。在 200℃时，形成了 10 条裂缝，300℃时形成了 15 条裂缝。并同步伴随着油页岩渗透性的增加，由常温时的不渗透，到 350℃渗透率增加到 0.176mD，这一大小的渗透性足以使得原位开采油页岩时注入的载热流体进入矿层内部而实施油页岩热解。Zhao（2012）也用同样的方法研究了中国延安油页岩和中国大庆油页岩热破裂特征（图 3.5.1），也发现类似的热破裂特征与规律。Teixeira 等（2017）也研究了微破裂对油页岩油气热解的作用。

3）油页岩热解孔隙裂隙演化规律

当油页岩加热温度达到阈值时，开始发生热解，伴随着干酪根发生热解化学反应，生成油气，油页岩固体骨架就产生大量孔隙裂隙，新生孔隙裂隙的形成为油页岩快速加热热解，特别是载热流体的注入提供了通道，也为热解产生的油气排出提供了通道，这是油页岩热解过程中最积极、最重要的一个环节。近年来，许多学者在这方面进行了深入细致的研究工作。

康志勤等（2009）和 Kang 等（2011）较早地研究了抚顺油页岩在热解作用下，裂缝的发生发展规律，采用显微 CT 技术，研究了裂隙数量在热解段随温度增加的规律，发现 300～400℃是裂隙数量急剧快速增加的温度段，认为在该温度区间存在一个热破裂阈值温度。但试验温度区间为 300℃、400℃和 500℃，并未找到具体的热解破裂阈值温度点。并通过围压三轴应力状态下在线渗透性变化的测定，从 100～500℃间隔 50℃测量一次渗透率，发现渗透率急剧变化点在 350～400℃。抚顺油页岩热解的临界温度下限为 380～390℃。由此可见，油页岩裂隙数量急剧增加，渗透率急剧增加的阈值温度与抚顺油页岩热解临界温度是对应的。350℃时，抚顺油页岩渗透率为 0.176mD，400℃达到 1.232mD，450℃上升到 3.08mD。我们进行的水蒸气热解油页岩岩芯试验，看到油页岩热解后层理裂隙剧烈发育，非常类似于野外长期演化的情况。Zhao 等（2012）、Yang（2017）采用微 CT 试验技术和压汞孔隙测试技术，研究了大庆油页岩和延安油页岩随温度变化情况，发现大庆和延安油页岩孔隙和裂隙急剧变化从 200℃开始进入热解段，大庆油页岩孔隙率高达 20%，而延安油页岩孔隙率仅 8%。与 Kang 和 Zhao（2009,2011）的结果比较，热解阈值温度较低；可能是不同产地油页岩的差异。Geng 等（2017）研究了抚顺油页岩裂隙张开度和孔隙直径随温度的变化，发现临界温度在 300～400℃，试验温度间隔 100℃，也未找到确切的临界温度点。

Saif（2016, 2017a, 2017b）采用微 CT 试验技术研究了绿河油页岩在热解作用下的孔隙裂隙演化规律，从 380～420℃，间隔 20℃进行孔隙裂隙测量，发现孔隙率急剧增加的临界温度为 390～400℃，在该临界温度之前，孔隙率变化几乎为 0，该温度点之后，孔隙率迅速增加到 22%～25%，并研究了孔隙直径的变化。

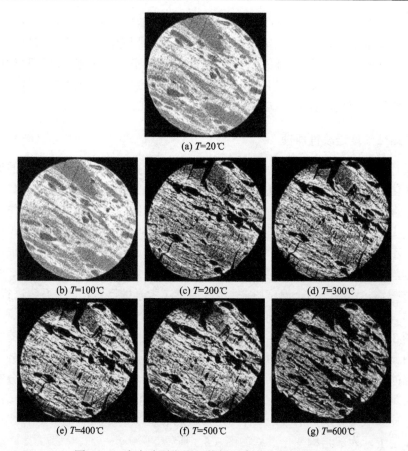

图 3.5.1　大庆油页岩不同热解温度时孔隙裂隙变化

他还研究发现富油区域油页岩热解孔隙率高达 38%，贫油区域孔隙率仅 12%，是极端不均匀的。Tiwari 等（2012a, 2012b, 2013）采用 X 射线显微 CT 技术研究了热解前后油页岩孔隙变化和机理。Rabbani 等（2017）对 Saif 的试验数据进一步分析，研究了裂隙张开度，根据计算获得油页岩热解段的渗透率平均为 0.5D，沿层理的渗透率比垂直层理的渗透率高 3~5 倍，呈现出明显的层理性和各向异性。这一结果与 Kang 等（2011）三轴应力在线热解测定的渗透率结果高出 3 个数量级，看来这种计算获得的渗透率与实际相差太大。Kibodeaux（2014）研究了 ICP 电加热技术热解过程中孔隙率可达 25%~33%，渗透率为 1~10mD，与 Kang 等（2011）的结果相当，似与实际较为吻合。Bai 等（2017）研究了中国桦甸油页岩 ICP 技术热解的临界温度为 350~400℃，加热到 800℃热解后，油页岩半焦孔隙率高达 60%，渗透率 0.1~1.5mD，也与 Kang 等（2011）和 Kibodeaux（2014）所测渗透率相近。说明油页岩的固定碳被热解，其渗透率变化不会太大。

总之，油页岩热解过程的试验结论清晰说明，油页岩由于热破裂与热解作用，从细观的微米尺度到宏观尺度均产生了大量孔隙与裂隙，并由不渗透材料演变为渗透性很好的介质，从而为油页岩地面干馏与原位干馏的实施提供了科学依据与技术支撑。并不像许多学者担心的那样：油页岩很致密，气流很难穿过油页岩孔隙，故原位干馏技术实际上难以进行（Cha and McCarthy, 1982）。

3.5.2　煤热解增透改性原理

煤是主要的能源矿产资源，煤富含各种有机质挥发分和固定碳，煤的原位改性流体化开采是煤炭工业发展的重要方向，因此研究煤热解改性的原理具有重要意义。煤的热解是指煤在隔绝空气或惰性气体中持续加热升温且无催化作用的条件下发生的一系列化学和物理变化。煤在热解过程中，挥发分不断析出，煤的孔隙结构不断变化。我们进行了大量煤热解演化过程中细观结构的研究，煤样热解的温度范围为常温到600℃，分别为20℃，100℃，200℃，300℃，400℃，500℃，600℃共七个温度点，六个温度段。采用太原理工大学的微 CT 实验系统进行测试。

1）褐煤热解的孔隙结构形态随温度的变化

图 3.5.2 为 20℃温度时，褐煤的第 556 层剖面图，从图可见，很小的煤样也存在明显的层理，这是由煤的形成过程决定的。在该煤样中，中间一层分布了很多白色的硬质颗粒，两边是煤质相对均匀的有机物，最外面的两层又是分布有少量硬质颗粒的层理。在该剖面上选取一 731×731 的正方形，并且沿垂直该剖面的方向，连续取 100 层，形成一 731×731×100 的立方体煤块，该立方体煤块在温度的作用下，内部结构变化过程如图 3.5.3 所示。

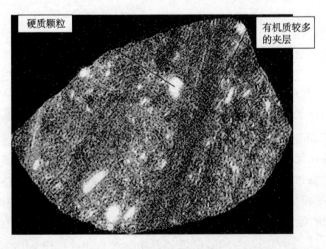

图 3.5.2　常温时第 556 层褐煤 CT 图

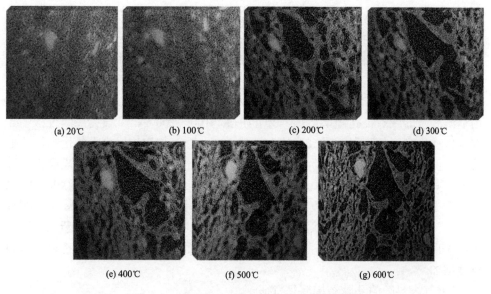

图 3.5.3　褐煤在不同温度下的孔隙裂隙结构图

在常温下，硬质颗粒不规则地分布在煤体中，煤中的孔隙很小，分布均匀。100℃时，煤体内部的游离水逐渐蒸发，煤体中的孔隙增加，煤体中硬质颗粒的边界变得很明显，有机质条带中孔隙数量增加较多。200℃时，是褐煤体积急剧膨胀的一个温度区间，与常温体积相比增加了 8%，由于褐煤中的结晶水和 CO_2、CO、N_2 及 CH_4 等从煤体中释放，这些水和气体受热后体积剧烈膨胀，产生较高的孔隙压，使煤中孔隙增大，孔隙率迅速增加，孔隙连通性增加，大尺寸孔隙体积快速增加，煤体中孔隙连通团的数量减少，体积增加。由于煤样沿层理方向抗拉强度低，在高孔隙压的作用下，沿层理方向的孔隙连通成大的、呈很扁平的椭球形孔隙。沿层理方向产生了许多直径在 50μm 左右的大孔，孔隙形态多呈扁平的椭球形，也有葫芦形和不规则形，而且，孔隙团形状均具有明显的方向性，椭球的长轴均与层理方向一致，孔隙相互连通，形成大的孔隙连通团，该温度点是褐煤质变的临界温度。从 200～500℃时，是一个发展相对平缓期，煤体开始热解，芳香环、稠环等开始分解，侧链断裂，形成煤气逐渐逸出，孔隙率增加，在温度的作用下，褐煤孔隙数量进一步增加，比表面积进一步减少，逾渗概率进一步减少，孔隙、孔隙团之间进一步连通，但变化幅度均很小。孔隙形态依然呈椭球形发展。600℃时，是褐煤另一个质变的温度点，主要表现在含灰分颗粒较多的区域中的有机质快速热解，其形状依然是椭球形，长轴方向依然沿层理方向。该温度点孔隙率和逾渗概率又一次快速增加，最大孔隙连通团占全部孔隙的 97.4%，即煤体中的封闭和不连通孔隙已非常少，逾渗概率达到 35.4%，说明 600℃温度作用下，煤体的渗透性已非常好。在褐煤热解过程中，清楚看到热解反应主要受煤分层控制，有机质含量高的分层热解速度快，在 200℃左右其主体已经反应完成，有机质含量相对低的分层热解速度慢，其主要的热解在 500℃以后进行。

从常温到 600℃的热解过程中，褐煤孔隙结构变化具有明显的阶段性：①Ⅰ阶段，常温到 100℃，平均衰减系数减少，总比表面积增加，孔隙率增加，说明由于游离水的脱除，孔隙率增加。②Ⅱ阶段，100～200℃，此段为热解过程中孔隙结构变化剧烈的阶段，衰减系数大幅减少，孔隙率与逾渗概率大幅增加，孔隙的比表面积略有变化。③Ⅲ阶段，200～500℃，孔隙率缓慢增加，比表面积缓慢减少，其他参数几乎没有变化，表明这阶段孔隙相互连通，孔隙率在 400℃时已经达到 31.075%，根据逾渗理论可知，此时的煤体已经完全渗透，另外，在 400～500℃，平均衰减系数增加而总比表面积减少，说明在 400～500℃有新生物质产生。④Ⅳ阶段，500～600℃，此阶段只有总比表面积减少，其他参数都以较快的速度增加。

2）气煤热解的孔隙结构演化特征

在热解过程中，气煤在短时间内释放出大量气体，使煤样膨胀破裂，到 400℃时只剩下很小的煤体骨架。图 3.5.4 是气煤第 512 层从常温到 400℃的演化过程。从图可见，常温下，气煤的孔隙分布均匀，孔隙较多，密度较低，层理依稀可见。从常温到 100℃，煤样的剖面图和三维结构图都没有大的变化，当温度升高到 200℃时，煤样中出现了许多大的扁平椭球状孔隙，长轴方向平行于层理，孔隙较

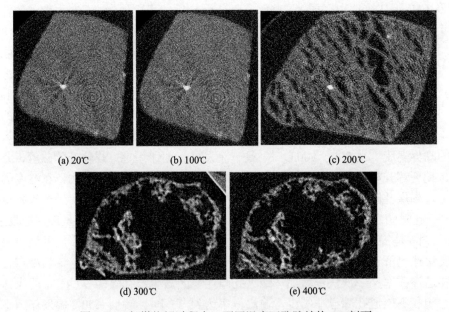

图 3.5.4　气煤热解过程中，不同温度下孔隙结构 CT 剖面

多区集中发生在含有机质丰富的层内。温度升高到300℃后,煤体骨架剧烈崩解,中间形成了一个大的空腔,孔隙连通性很好。400℃时基本和300℃的一样,结构没什么变化。

图 3.5.5 是热解过程中气煤孔隙结构参数变化图,由图可见,气煤从常温到400℃的热解过程中,平均衰减系数单调减小,孔隙率、逾渗概率单调增加,总比表面积和通道比表面积先增加后减少,出现了两个突变温度点,分别是 200℃和300℃。现将热解过程分为四阶段分别进行分析:①常温到100℃,缓慢变化阶段,平均衰减系数减小,孔隙率、逾渗概率和孔的比表面积等参数都有所增加,但是减少和增加的量很小,孔隙率只增加了 0.7%。分析其原因可能是因为气煤中的水分和游离气体的逸出产生了许多小孔隙,小孔隙的数量和体积增加使孔隙率和比表面积增加,平均衰减系数减小。②100~200℃,变化较快阶段,孔隙率从 20.25%增加到 35.44%,增加了 3/4,总比表面积增加了 $1190cm^2/cm^3$,逾渗概率为 34.65%,平均衰减系数减小,煤体完全渗透。该阶段煤中的吸附气体和结晶水解析逸出,不稳定的侧链和含氧官能团的分解产生了许多气体,这些气体从煤体中析出,有的是将原先的封闭孔打开形成开放孔隙,有的则是将以前的开放孔隙的开口扩大形成更大一级的孔,所以此时,孔隙率和最大连通团都以较快的速率增加。③200~300℃,快速变化阶段,总比表面积减少了 $2700cm^2/cm^3$,孔隙率增加了 32%,在此阶段气煤发生了热分解反应,大量的气体从煤体中集中逸出,使原有孔隙扩大,大孔占绝对地位,使表面积减少,孔隙体积增加,连通性增加。④300~400℃,缓慢变化阶段,此阶段煤体继续发生分解解聚化学反应,继续释放出气体,煤体骨架继续减少,小孔隙继续变大。

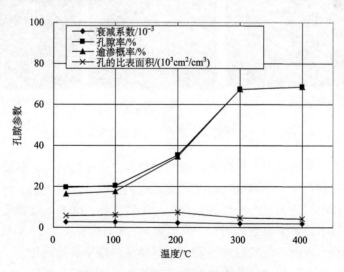

图 3.5.5 气煤孔隙参数随温度变化图

3）焦煤热解过程中的孔隙结构特征分析

图 3.5.6 是焦煤第 529 层的二维剖面图随温度的演化图，在常温下，焦煤质地比较松散，密度低，分布不均匀，孔隙较大，层理分布明显，煤样中包含一条硬质带，大部分为软煤质（密度低的称为软煤质）。从常温到 200℃，煤体外观没有大的变化，孔隙在缓慢变大，但孔隙形态变化不大。当温度升高到 300℃时，在非硬质带区域产生了许多条状孔隙，条状孔隙与层理方向平行或近似平行，随温度的升高，条状孔隙向垂直层理方向扩展，形态发生了变化，在扩展过程中，有突出一角的，有变成圆形或近似圆形的，多为不规则几何形体，到 500℃时，孔隙相互连通，错落有致，呈蜂窝状分布，煤体骨架逐渐减少，到 600℃时，密度低的煤体所剩无几，而硬质条带也减小很多，煤体的密度变大（剩下的软煤质和剩下的硬质带的密度都增大），大孔隙消失，只剩煤体骨架上的小孔。

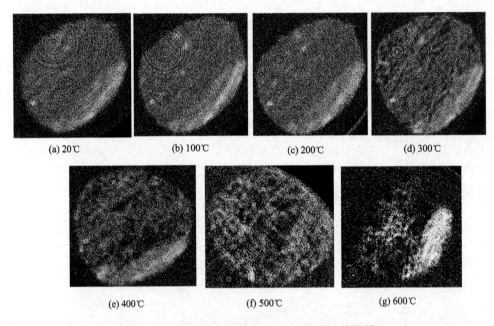

图 3.5.6　焦煤第 529 层不同温度孔隙裂隙结构图

由图 3.5.7 可以看出，焦煤的孔隙结构参数变化比较均匀，从折线图来看，出现了两个突变温度，200℃和 500℃。现以这两个突变温度为界，将焦煤孔隙随温度的演化过程划分为三个阶段加以分析：①常温到 200℃，缓慢变化阶段，平均衰减系数减小，其余参数均增加，孔隙率从 28.47%增加到 29.31%，总比表面积增加了 120cm^2/cm^3，此阶段水分和自由气体从焦煤中脱除逸出，产生了新的孔隙，新孔隙的产生既包含这些流体原来占据的孔隙，也包括气体在逸出过程中扩展的孔隙通道。②200~500℃,线性变化阶段,此阶段除平均衰减系数线性减小外,其余参数都线性增加,而且增加和减小的速率比前一阶段快。在300℃时,孔隙率达到36.37%,超过了逾渗阈值,此时煤体完全渗透,逾渗概率达到35.71%。随温度的增加,孔隙率增大到47.64%,逾渗概率达到47.4%。此阶段焦煤中的挥发分析出、煤体软化膨胀是孔隙率增加、比表面积增加的主要原因。③500~600℃,在此阶段,各参数的变化趋势与前两阶段的变化趋势正好相反,分析其原因是因为此阶段焦煤中发生了缩聚反应,形成了半焦,使煤体密度增加,衰减系数增加,缩聚反应破坏了部分孔隙、胶状液体,将孔隙堵塞使孔隙率和比表面积减少。

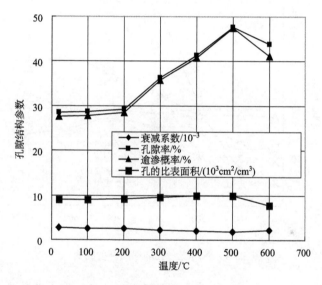

图3.5.7 焦煤孔隙结构参数随温度变化

4)焦煤孔隙结构综合分析

焦煤是中等挥发分强黏结性的一种烟煤,煤化程度较高,在加热时能形成热稳定性很好的胶质体。在常温到600℃的热解过程中,焦煤的孔隙结构演化可分为三个阶段:①常温到200℃,缓慢变化阶段,焦煤中的水分和自由气体脱除逸出,产生新的孔隙并使部分孔隙扩大连通,孔隙率、比表面积缓慢增加,孔隙团数量增加,体积增加。②200~500℃,线性变化阶段,解聚分解反应产生大量的挥发分,挥发分均匀逸出,煤体孔隙结构变化均匀,由条状逐步转化为棒状、椭圆状,再转变成网状,孔隙率和比表面积线性增加,300℃时煤体已经完全渗透,孔隙率达到36.37%,逾渗概率35.71%。③500~600℃,煤中含氧官能团缩合引起结构交联、消耗含氢侧链,体系中的固液气三相相互缩聚形成半焦等胶质体,孔隙率降低,比表面积减少,煤体密度增加。

5)热解演化过程中不同煤阶煤的孔隙率与比表面积的对比

图 3.5.8 是各阶煤种的孔隙率随温度的变化曲线。从图可见,气煤孔隙率受温度的影响最大,温度升高到 300℃时,孔隙率就高达 82%,远远大于其他煤种的孔隙率。从曲线的变化趋势来分类,我们将五种煤分为两类:第一类为褐煤,它的孔隙率随温度的升高而单调递增;第二类为气煤、焦煤、瘦煤和Ⅱ级无烟煤,这四种煤孔隙率随温度的升高先增加后减小。气煤、焦煤和Ⅱ级无烟煤孔隙率的峰值温度点为 500℃,瘦煤孔隙率的峰值温度点为 400℃。

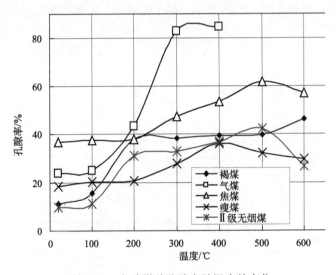

图 3.5.8　各阶煤种孔隙率随温度的变化

从常温到 200℃,孔隙率的变化主要是由煤体的内在水分和原有气体逸出引起的,而 400~500℃时孔隙率的突变是由热解产生的气体逸出引起的,按此分别对比不同煤种在常温、200℃和 500℃时孔隙率的大小排列:

常温:焦煤——气煤——瘦煤——褐煤——Ⅱ级无烟煤

200℃:气煤——褐煤——焦煤——Ⅱ级无烟煤——瘦煤

500℃:(气煤)——焦煤——Ⅱ级无烟煤——褐煤——瘦煤

从不同煤种在各温度点的排序情况可以看出,气煤、褐煤和Ⅱ级无烟煤煤体中所含的内在水和吸附气体较多,在低温段孔隙率增加较快。气煤、焦煤和Ⅱ级无烟煤的热解产物较多。

图 3.5.8 显示了五种煤在常温到 600℃的热解过程中孔隙率的最大增量(峰值点与常温相比),气煤的增量最大,瘦煤最小,说明气煤受温度影响程度最大,瘦煤最小。因为气煤热解时产气量较大,气体的产生和逸出都利于孔隙率的增加,而瘦煤在热解过程中的产气量相对较小,所以孔隙率增加较小。

图 3.5.9 是不同煤阶的煤在热解过程中比表面积的变化参数和曲线。焦煤的比表面积在任何温度下都远远高于其他煤种的比表面积，在高温下，褐煤的比表面积是所有煤种中最小的，在常温、200℃和500℃各煤种比表面积排序如下：

常温：焦煤——气煤——瘦煤——褐煤——Ⅱ级无烟煤
200℃：焦煤——气煤——瘦煤——Ⅱ级无烟煤——褐煤
500℃：焦煤——Ⅱ级无烟煤——瘦煤——（气煤）——褐煤

由于焦煤在常温时的孔隙率较大，挥发分含量较高，随温度的升高孔隙不断产生连通，其比表面积始终处于最高。褐煤的孔隙率随温度升高而逐渐增大，但是主要是由孔隙之间的相互连通形成大孔径孔隙为主，其比表面积在 400℃后逐渐减少，在各温度点始终处于最小。第二类煤中，焦煤、瘦煤和Ⅱ级无烟煤比表面积的变化趋势和孔隙率的变化趋势一致。气煤的变化特殊，200℃时，比表面积达到最大，300~400℃时，煤样中间出现一个大的孔隙腔，孔隙率特别大，比表面积急剧下降。

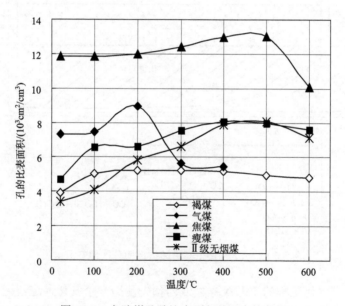

图 3.5.9 各阶煤孔隙比表面积随温度的变化

3.6 煤炭地下气化、盐矿水溶开采原理

3.6.1 煤炭地下气化原理

3.2~3.5 节所介绍的均是残留骨架的原位改性采矿问题的科学原理，本节以

煤炭地下气化与盐矿水溶开采为例，介绍非残留骨架的一类原位改性采矿问题的原理。

按照煤炭地下气化工程的设计、实验与实际测试分析，煤炭地下气化空间沿通道方向由进气口到产气口可以划分为三个区（图 3.6.1）：

（1）氧化区，或燃烧区，该区发生的化学反应为

$$C+O_2 \to CO_2 ;\ C+\frac{1}{2}O_2 \to CO ;\ CO+\frac{1}{2}O_2 \to CO_2 ;\ 煤+O_2 \to CO_2+CO+H_2O$$

（2）还原区，或气化区，该区发生的化学反应为

$$C+H_2O \to CO+H_2 ;\ CO_2+C \to 2CO ;\ CO+H_2O \leftrightarrow CO_2+H_2 ;\ C+2H_2 \to CH_4$$

（3）干馏干燥区，或加热区，该区发生的化学反应为

$$煤 \to CH_2+H_2+H_2O+\cdots ;\ CO+H_2O \leftrightarrow CO_2+H_2$$

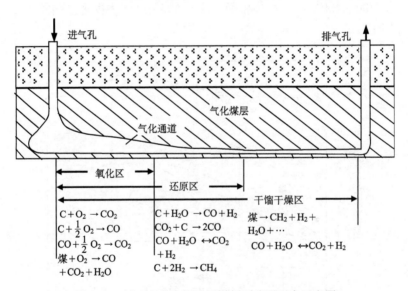

图 3.6.1　地下气化空间沿通道剖面分区形态示意图

煤炭地下气化工程的工艺流程大致为预先建造一个气化通道，无论是钻孔，还是巷道，进而鼓风点火，使气化通道周围煤炭燃烧后，则进入正常的地下气化流程。在氧化区是剧烈的化学反应区，该区域中煤体发生如上化学反应，空间增大较快，传热传质十分剧烈，其氧化区的垂直于气化通道的剖面如图 3.6.2 所示，大致又可分为四个区域：① 析空区，主要由堆积于底部的少部分未燃烧的煤块和大量煤灰区域与其上较大的自由空间组成；② 燃烧区，此区域煤体可能已破碎成一些较大煤块的堆积，燃烧表面积较大，是剧烈的氧化区；③ 松动区，由于燃烧区的高温以传导形式传热至煤体内部，在靠近燃烧表面的小区域内，因高温热解和热破

裂，同时析出大量热解气，而使少部分煤体破裂，形成破裂的松动区；④ 原煤区，松动区以外的煤体仅有温度升高，其他变化较弱，从气化的角度则称为原煤区。

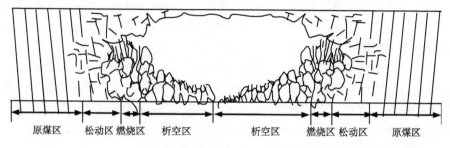

图 3.6.2　地下气化空间垂直于通道剖面分区形态示意图

从以上介绍可知，由于煤层的灰分较低，很少超过 40%，因此，采用煤炭地下气化工艺开采煤层时，煤层中的有机质全部参与燃烧化学反应，形成水煤气而排采到地面，煤层中的灰分残留于燃烧气化空间底部，所有的燃烧化学反应均在非残留骨架的空洞中进行。这就是典型的一类非残留骨架的原位改性采矿问题。

3.6.2　盐矿水溶开采原理

盐类矿物易溶于水是其固有的自然特性。由化学分子式 H_2O 可知，水是由 1 个带负电的氧离子和 2 个带正电的氢离子组成的。在分子结构上，由于氢和氧的分布不对称性，在接近氧离子一端形成负极，氢离子一端形成正极，水分子为一个偶极分子。当水与盐类矿物接触时，组成结晶格架的离子被水分子带有相反电荷的一端所吸引；当水分子对离子的引力足以克服结晶格架中离子间的引力时，盐类矿物结晶格架遭到破坏，离子进入水中。这就是盐类矿物被水溶解的过程。

从化学动力学的观点分析，盐类矿物在水中的溶解过程，可以视为盐类矿物与水在固-液接触表面上发生的一种非均质反应，包括水浸入盐矿物表面、与矿物间的相互作用，以及溶解后的盐矿物从固-液接触表面向水中扩散的过程。扩散是溶解得以继续进行的保证，而盐矿物扩散的基本动力是盐溶液在空间上的浓度差，当浓度差为零时，扩散及相应的溶解就相对中止。从物理化学的角度看，盐类矿物与水接触时，在固-液交界面及溶液中，同时发生着两种相反的作用：固体矿物的溶解作用与液态溶液的结晶作用。当水作用到盐类矿物表面时，矿物结晶格架中的离子由于本身的运动和水分子对它的吸引，离子逐渐离开盐矿物表面，再通过扩散作用转移到溶液中去；与此同时，溶解到水中的盐矿物离子，在运动的过程中遇到尚未溶解的盐矿物，又可以被吸引，重新由溶液回到盐矿物结晶格架上，此即结晶作用。在原理上，盐类矿物开始溶解时，溶液中盐类物质的离子少，溶液浓度低，盐类矿物的溶解速度大于结晶速度，表现为盐类矿物的溶解过程；随着溶解过程的继续进行，溶液中盐类离子量逐渐增多，溶液浓度增大，水分子吸附盐矿物结晶格架上的离子的能力减弱，溶解作用变慢，相反盐类离子吸附于矿物晶体表面的概率增大，结晶作用加快。当单位时间内溶解与析出盐类物质数量相等时，盐溶液达到饱和。这种溶解与结晶达到动态平衡的溶液，即是盐类矿物的饱和溶液。

另外，在水溶开采的过程中，往往伴随有热力学现象的发生，即有热量的放出和吸收。盐类矿物的溶解过程是一个晶格破坏的过程，溶质离子与晶体分离并向溶液中扩散，这是一个吸收热量的物理过程；相反地，在溶液中溶质分子和水分子结合生成水化物是一个放热的化学过程。可见，盐类矿物溶解过程是一个物理化学过程，与各项物理化学条件有密切的关系。

由于氯化钠、纯硫酸钠、氯化钾等盐矿的矿层中盐矿物含量均超过60%，甚至更多，当盐矿物被溶解后，残留的不溶物不能够形成骨架，而沉积于溶腔底部，溶解的整个过程完全由溶腔内的自由扩散与流动决定其溶采的过程，因此这也是典型的一类非残留骨架的原位改性采矿问题。

3.7 矿层改造开采井网建造方法

原位改性采矿工程实施的关键技术之一就是如何通过若干地面钻井，在待开采矿层原位建造溶浸通道，从而方便地通过地面钻井注入和排采流体产物，并实现高效开采的可靠控制。目前适用的技术可以分为两种，即钻井压裂连通技术与定向井连通技术。对于不同的矿层条件性态、地层应力场特征，以及矿层原位改性的物理与化学反应条件，两种技术各有优劣，可以根据工程的要求与适用性选择。

3.7.1 压裂连通理论与技术

岩层水力压裂理论及其技术，由于石油与天然气的开发而迅速发展起来，之后这一技术被广泛应用于其他工程领域，例如，干热岩（HDR）地热开采、核废料处置、地应力测量、煤层气开采等极为广泛的工程领域。近十几年来，岩层水力压裂工艺与理论都有了重大的进展，其特征是压裂流体多样化（如泡沫压裂液、胶质压裂液、氮气压裂、液体二氧化碳压裂等），压裂方式的多样化（如基尔压裂、裁剪脉冲压裂、聚能高能气体压裂、水压爆破压裂法等），其目的都是围绕着如何尽可能地提高岩体体积渗透能力，在低渗透岩层中产生更多的裂缝，从而提高油气田的回采率和地热的开发效益。而在核废料处置等工程措施中，又特别注意人工制造的裂缝的范围与展布特征（一般均希望获得水平裂缝）。总之，近年的压裂工艺是以增加致裂裂缝数目，并较严格地控制其致裂裂缝性态为主要特征的新型压裂工艺,所有这些内容,已远远地超出了经典水力压裂的范畴,作者较早称其为"岩体控制压裂"(赵阳升,1994a)。

1) 经典水力压裂法

在水力压裂法最初的发展阶段,是单纯地用水作为压裂介质,在设定的钻孔封隔段内,岩体在高压水的作用下发生破裂。这种破裂形成的裂缝是沿岩体中最小阻抗方向的,而产生的岩体裂缝一般是垂直于最小主应力方向的两条径向裂纹。我们称这种最初的水力压裂法为经典的水力压裂法。

压裂方法及装置如图 3.7.1 所示,在需要进行压裂的深度上,用两个水力密闭式膨胀封隔器封隔一段井孔作为压裂段,通过高压泵以一定的流量向压裂段注液,增压至井壁破裂,记录压力和流量随时间的变化,并用压印塞和井下电视测定孔壁上新裂缝的方位。

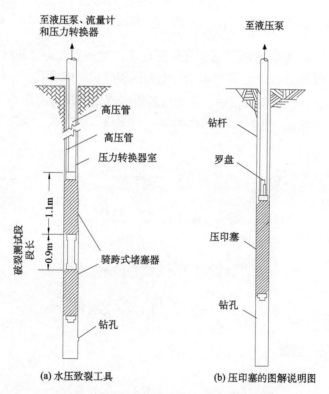

图 3.7.1 水压致裂工具和压印塞的图解说明图

在加压过程中,可以记录到图 3.7.2 所示的泵压时间曲线。设地层初始空隙水压为 p_0,则泵压由初始的 p_0 迅速增至初始岩体开裂压力 p_b^0,岩体发生第一次破裂,其泵压迅速衰减至裂缝稳定开裂压力 p_a。当关闭泵站,水压降至 p_s,继

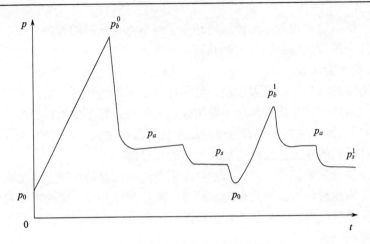

图 3.7.2　压裂过程泵压变化及特征压力

p_b^0. 初始开裂压力； p_a. 稳定开裂压力； p_s. 关闭压力； p_0. 底下水压； p_b^1. 重新开启压力； p_s^1. 重新关闭压力

而下降为 p_0，再开泵，水压又迅速上升到 p_b^1 第二次开裂压力（开启压力），继而下降为稳定开裂压力 p_a。这就是典型的水力压裂泵压时间曲线，它是水压、岩体应力状态与岩体特性的综合反映。水力压裂模型简化为具有圆孔的无限大平板在两个水平主应力 $\sigma_{H\max}$ 和 $\sigma_{H\min}$ 作用的问题，如图 3.7.3 所示，该模型的弹性力学的解为

$$\sigma_r = \frac{1}{2}(\sigma_1+\sigma_2)\left(1-\frac{a^2}{r^2}\right)+p_b\frac{a^2}{r^2}$$
$$+\frac{1}{2}(\sigma_1-\sigma_2)\left(1-\frac{4a^2}{r^2}+\frac{3a^4}{r^4}\right)\cos2\varphi \tag{3.7.1}$$

$$\sigma_\varphi = \frac{1}{2}(\sigma_1+\sigma_2)\left(1+\frac{a^2}{r^2}\right)-p_b\frac{a^2}{r^2}$$
$$-\frac{1}{2}(\sigma_1-\sigma_2)\left(1+\frac{3a^4}{r^4}\right)\cos2\varphi \tag{3.7.2}$$

在 $r=a$ 的孔壁处

$$\sigma_r = p_b$$
$$\sigma_\varphi = (\sigma_1+\sigma_2)-p_b-2(\sigma_1-\sigma_2)\cos2\varphi \tag{3.7.3}$$

当 $\varphi=0$ 时，σ_φ 有最小值，即

$$\sigma_\varphi = 3\sigma_2-\sigma_1-p_b \tag{3.7.4}$$

当孔壁发生破裂时，则

$$\sigma_\varphi \approx T_0 \tag{3.7.5}$$

T_0 为岩体抗拉强度，此式成立的破裂条件为

$$3\sigma_2 - \sigma_1 - p_b^0 + T_0 = 0$$
$$\sigma_1 = 3\sigma_2 - p_b^0 + T_0 \tag{3.7.6}$$

当岩体存在孔隙水压力 p_0 时，可写为

$$\sigma_1 = 3\sigma_2 - p_0 - p_b^0 + T_0 \tag{3.7.7}$$

岩体开裂后，又重新加压，开启压力为 p_b^1，则式（3.7.7）可写为

$$\sigma_1 = 3\sigma_2 - p_b^1 - p_0 \tag{3.7.8}$$

由式（3.7.7）、式（3.7.8）可得

$$p_b^1 - p_b^0 = T_0 \tag{3.7.9}$$

岩体内稳定开裂的应力条件见图 3.7.4。

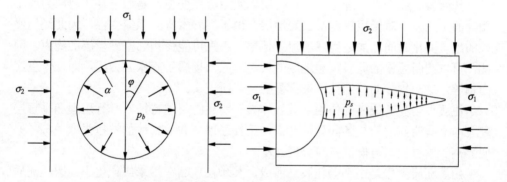

图 3.7.3　孔壁开裂力学模型　　　　图 3.7.4　岩体内稳定开裂力学模型

大量理论研究、室内试验和野外测量的资料表明，使用橡胶封隔器封隔没有破裂的孔段时，无论垂直应力 σ_v 值的大小如何，初始破裂总是铅直的，且垂直于最小水平主应力，这是由于橡胶封隔器的约束。但是大量实验证明，当垂直裂缝扩展一段后，又受岩体空间应力场的控制，此时如果垂直应力 σ_v 是最小主应力，则裂缝发生转向，逐渐转变为水平裂缝。

停泵时，使水压破裂保持张开的关闭压力（p_s）等于垂直于破裂面的压应力，因此假设 σ_v 不是最小主应力，则 $\sigma_{H\min} = p_s$，垂直应力是根据上覆岩石的质量计算出来的：$\sigma_v = \gamma H$，式中 γ 是岩石的比重，H 是深度。

若 σ_v 为最小压应力，虽然仍首先产生垂直破裂，但得出的是第一次关闭压力（p_{s1}）。破裂很快变成水平方向，并将记录到第二次关闭压力（p_{s2}），显然 $p_{s1} > p_{s2}$，且 $p_{s1} = \sigma_{H\min}$，$p_{s2} = \sigma_v$。这种情况下，最小水平应力与垂直应力均可由泵压时间曲线上的破裂压力确定。而最大水平主应力 $\sigma_{H\max}$ 可以用

$\sigma_{H\max} = 3\sigma_2 - p_b^1 - p_0$ 计算。

裂缝在岩体中传播，始终沿着最小阻抗的路径扩展，即裂缝在延伸过程中裂缝面始终垂直于最小主应力的方向，这已经为大量的实验与现场试验所证实。正如前面所论述，在垂直孔的封隔段内，由于应力集中的影响，裂纹的起裂方向始终是垂直于水平最小主应力的，当垂直主应力小于最小水平主应力时，在孔壁上起裂的垂直裂缝扩展后会转变为水平裂缝。

2) 建造巨型水平裂缝的技术

许多重要的矿产资源赋存于巨厚的泥质页岩类沉积岩地层中，例如，页岩气、油母页岩、油砂、部分铀矿等放射性矿产、盐类矿产等，此外，巨厚的泥岩地层在地壳中广泛赋存。因此，无论是开采这类地层中的矿产资源，还是在该地层中实施其他人工工程，都必须深刻认识巨厚泥质页岩的地应力场特征和岩层特征。

按照岩石流变学的理论，岩体之所以发生流变变形，是由于存在剪应力或不相等的主应力。对于巨厚泥质页岩地层，由于泥岩本身的强流变性，因此经历漫长的地质演化时间，加之巨厚的泥岩地层，不太可能受相邻坚硬岩层的约束。因此，可以判断巨厚的泥质页岩地层的天然地应力场属于静水应力场，即三个主应力相等。这一规律的普遍性已被大量的实践所证实。

泥质页岩受其成岩的作用，其岩体具有明显的层理特征，平行层理和垂直层理方向具有明显的正交各向异性特征，平行层理方向的岩体的抗拉强度（$\sigma_{t\text{平行}}$）明显高于垂直层理方向的抗拉强度（$\sigma_{t\text{垂直}}$）。

由于泥质页岩是由细颗粒胶结而成，其颗粒尺寸在微米级或更小，因此泥质页岩的渗透率极低，通过长时间的实验获得其渗透率小于 10^{-5} mD，因此，在地质上称其为隔水层或不渗透地层。

按照前述的水力压裂理论，当内部有水压 p 作用时，孔壁的切向应力 $\sigma_\theta = \sigma_{H\max} - 3\sigma_{H\min} + p$，随孔内水压的增大，切向应力 σ_θ 也逐渐增大，当 σ_θ 达到岩石的水平抗拉强度 T_{hc} 时，岩石在孔壁处产生破裂，就会形成垂直裂缝。

垂直裂缝起裂的压力为：$p_b = 3\sigma_{H\min} - \sigma_{H\max} + T_{hc} = 2\sigma_0 + T_{hc}$

垂直裂缝扩展的压力为：$p_b = \sigma_0 + T_{hc}$

水平裂缝起裂的压力为：$p_b = \sigma_{vc} + T_{vc} = \sigma_0 + T_{vc}$

水平裂缝扩展的压力为：$p_b = \sigma_0 + T_{vc}$

式中：$\sigma_{H\max}$ 为最大水平主应力；$\sigma_{H\min}$ 为最小水平主应力；σ_v 为垂直方向地应力；σ_0 为矿层的静水压力；T_{hc} 为矿层的水平抗拉强度；T_{vc} 为岩层垂直方向的抗拉强度，且 $T_{vc} < T_{hc}$；p_b 为水压。

因此，在巨厚的泥质页岩地层中实施水力压裂的过程中，水平裂缝较垂直裂缝更易形成，其压裂裂缝的扩展方向基本是沿层理的水平裂缝。

在矿层压裂形成水平裂缝时，水平裂缝基本是以压裂井为中心，同时沟通若干生产井（目标井）的近似圆盘状裂缝，水平裂缝构成的原位改性采矿的溶浸通道，其生产过程中溶浸面积巨大，而且容易实施多井轮换调控溶采，其生产效率较定向钻孔形成的溶浸通道高很多。另外一个特点是矿层溶浸过程中，其裂缝及其周围矿物被化学反应溶浸排出，且通道随溶浸的延续变得更畅通。这就是水平裂缝在原位改性采矿中的意义。

3）水压致裂水平裂缝地下处置核废料

高污染废料处置已成为国际界的一个重大问题，国内外大量研究成果表明，储存高污染废料的场地应该具备几个条件，首先是区域地质体是稳定的，其次是储放高污染废料的岩层渗透性很低，且对废料有很强的吸附性，第三是其地应力状态与岩层特性适宜在水力压裂后形成水平裂缝。这三个条件中第三个条件更为重要，为此先讨论形成水平裂缝的条件。

用于废物处置的基岩，其本身及裂隙的渗透率应非常低（小于 10^{-6}D），因而废物处置区内地下水的活动极其微弱。用于处置废物的岩层其垂直层面的抗拉强度比平行层面的抗拉强度明显的低，因而通过水力压裂能够形成沿层面的近水平裂缝。讨论各类岩石是否适用于处置废物就是基于上述两点要求。国内外大量研究表明，页岩是最好的选择。无密集分布的裂隙和节理的页岩，其渗透率是低的，通常在 $10^{-9} \sim 10^{-6}$D。层状沉积岩不同方向的抗拉强度通常具有不同的值。而且，层状页岩中垂直层面和平行层面的抗拉强度的差别比其他沉积岩更为明显。野外实际情况表明，页岩岩体中的节理或裂隙通常终止于层理发育和胶结不良的层带。沉积岩中现场应力直接测量表明，在地质稳定区域，页岩岩体中最小水平主应力约等于覆盖层的压力，而在其他沉积岩中测得的水平应力一般比覆盖层压力小得多。页岩还含有大量黏土矿物，这些黏土矿物通常具有巨大的吸附核素的能力。因此，即使某些核素从灰浆层被浸出，页岩中的黏土矿物仍能进一步阻碍核素的迁移。

总之，页岩典型地具备适宜用水力压裂法处置放射性废物的下述性质：①易于形成接近水平的层面裂缝；②页岩的层面有可能制止已有的垂直裂隙和节理延伸；③极微弱的地下水活动；④从灰浆中浸出的大部分核素可被黏土矿物滞留。因此可以得出结论：对于用水力压裂灰浆注射处置放射性废物来说，页岩是极好的基岩。砂岩与石灰岩的渗透率比页岩高 5 个数量级，且垂直于层面与平行层面的抗拉强度差异小，不能作为储放废料的基岩。而对于结晶火成岩，尽管其渗透率比页岩还小，但同样由于垂直于层面与平行于层面的抗拉强度差异很小，容易产生垂直裂缝，不能被选用。

大量的试验表明，页岩层形成水平裂缝所需的压力远比形成垂直裂缝的压力低。如果原有的节理或高倾角的天然裂隙与压裂的层面裂缝相交，节理或天然的裂缝有可能延伸，但一旦遇薄弱层，垂直延伸即终止延伸。因此可以得出如下结论：在深度小于1000m的近水平的层状页岩层中水力压裂可以形成水平的层面裂缝。

储放废料的注射井要全井下套管，并注水泥固井，注射前用水砂喷射造成360°圆形水平切口，切口深入基岩约30cm，成为压裂的薄弱面。注射时，井口封闭，注射流体进入切口产生垂直应力。由于套管和水泥环提供了附加的抗拉强度（至少几十兆帕），并且在井壁处已存在一个切割好的薄弱水平面，因此形成的裂缝是水平裂缝。根据岩体压裂理论知，当裂缝离开钻孔一段距离后，在地应力的控制下扩展，依然沿层理面近水平延伸展布。

美国原子能委员会在纽约州政府的许可下，主持了一项由橡树岭国家实验室和美国地质调查所联合进行的实验计划，在纽约州西谷进行了类似的试验，并获得了完全同样的结果。

橡树岭国家实验室废物处置场地位于田纳西州梅尔顿谷美国能源部的保留地内，面积约220km^2，从1959~1966年，先后进行了八次实验注射处置，结果说明，用注射灰浆方法在页岩层处置废物是安全和经济的。从1966年开始做实际运行注射，到1978年底先后进行17次运行注射。5000m^{3}废液配成8100m^{3}灰浆被安全注入地下244~266m深度范围内。

图3.7.5和图3.7.6分别为田纳西州橡树岭与纽约州西谷注射井及注射观测系统。通过注射浆液时记录的时间-压力曲线可以看出裂缝起裂、扩展、重张等过程。注射后利用观测井采用γ射线观测，证明水力压裂注浆形成的基本是水平裂缝。灰浆层在距注射井70m时，与注射标高仅偏离15m，而页岩层层面是有一定倾斜的。此外，在页岩层中注浆后，观测到了显著的地面抬升。

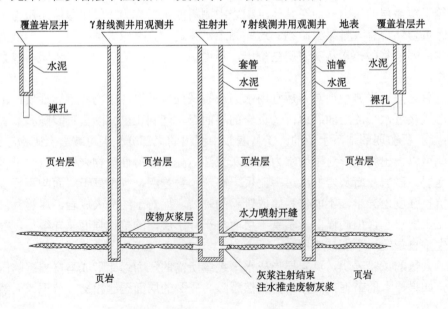

图3.7.5 橡树岭注射井、观测井和页岩层中废物浆示意图（森，1987）

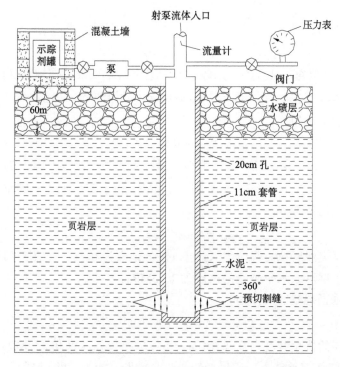

图3.7.6 纽约州西谷注射井示意图（森，1987）

页岩地层作为核废料处置地层，美国田纳西州橡树岭国家实验室进行的工业试验证明上述分析是正确的、可行的。

4）盐类矿床水压致建造水平裂缝原位改性采矿通道

山西运城盐湖界村 1#晶质芒硝矿层埋藏于 80m 左右深度的地层中，面积 4.9km²，平均厚度 2.6m。质量优良，主要含 $Na_2SO_4 \cdot 10H_2O$ 矿物，其他杂质很少。矿层分层发育，小分层厚度 50～150mm，中间夹泥层，一般都较薄，厚度 2～3mm，但局部也有厚度达 300mm 左右者。该矿层埋藏于深厚土层中，顶板为 2#泥质钙芒硝矿，底板为 3#泥质钙芒硝矿层。整个运城盐湖湖面宽阔，位于中条山前缘的大地堑，土层厚度在 2000m 以上。根据盐岩的强流变特性和巨厚的土层覆盖，我们判定，盐湖 300m 以浅地层不存在构造应力，仅有自重应力，而且水平应力等于垂直应力，三个方向的地应力相等。

上覆土地层容重 $1.95g/cm^3$，1#晶质芒硝矿体比重 $1.4g/cm^3$，抗拉强度 0.362MPa，抗压强度 1.15MPa，抗剪强度 0.574MPa，内摩擦角 40°20′。

地层深部应力计算：

垂直应力
$$\sigma_z = \gamma h$$

水平应力
$$\sigma_x = \sigma_y = \lambda \gamma h$$

式中：γ 为土层容重；λ 为侧压系数，本地层为 1.95g/cm³，在埋藏深度为 80m 的地层，其地应力为 $\sigma_x = \sigma_y = \sigma_z = 15.6$kg/cm² $= 1.56$MPa。

裂缝开裂水压为
$$p_{\max} = \sigma_{\min} + \sigma_t \quad (3.7.10)$$

式中：$p_{\max}$ 为裂缝开裂水压；$\sigma_{\min}$ 为地层最小主应力；σ_t 为矿层抗拉强度。对于 1#晶质芒硝矿层而言，三个方向地层应力相等，由于矿层水平分层发育，因此，形成水平裂缝的条件为
$$p_{\max} = \sigma_{\min} + \sigma_t = \gamma h + 0 \quad (3.7.11)$$

因为矿层夹泥层抗拉强度很低，可以近似地取为 0。例如，在矿层埋深为 80m 的条件下，矿层形成水平裂缝的水压为 1.56MPa。

而形成垂直裂缝的条件为
$$p_{\max} = \sigma_{\min} + \sigma_t = \gamma h + 0.362 \quad (3.7.12)$$

因为矿层的抗拉强度为 0.362MPa，所以取抗拉强度为 0.362 MPa。例如，在矿层埋深为 80m 的条件下，矿层形成垂直裂缝的水压为 1.922 MPa。

由此可见，在同样深度条件下，在界村 1#晶质芒硝矿层更容易形成水平裂缝。只要水压不超过 1.9 MPa，水压致裂只能形成水平裂缝，不会形成垂直裂缝。而这正是实现盐类矿床群井致裂形成矿层水平溶解通道的基础。

芒硝矿开采的群井致裂形成水平裂缝，构造原位改性采矿通道的工业实施技术方案是：在进入矿层，通过水泥注浆固管，在矿层下部形成一封闭的压裂环境，在合适的水压作用下，矿层沿水平分层开裂，形成水平裂缝。在水压作用下，淡水沿水平层理向外扩展，其形状基本是以钻孔为圆心的圆。当然，因为矿层及软弱夹层的不均匀性，压裂渗流的区域不一定是绝对的圆。在无泄漏点的情况下，水一直向外渗流扩展，圆盘形水平裂缝逐渐向外扩展，扩展的结果使圆盘形裂缝越来越大。裂缝扩展过程中，在遇到泄水处，即目标井，水就会迅速向"汇"，即泄水处集中，边渗边溶解，最后溶解形成很好的水溶采矿通道。

2000 年 6 月，在山西运城盐湖二工段门前，实施了 S 井网。先后施工了 0001、0002、0003、0004、0005、0006、0007、0008 号等 8 个井。

矿层水压控制致裂先从 0003 号钻孔注水，压裂矿层，目标井为 0002 号孔和 0001 号孔。开始时，孔口压力高达 2MPa，瞬间降低至 0.85MPa，以后一直稳定

在 0.85MPa。刚开始，钻孔渗水通道不畅，采用小排量注水，4t/h，注水 4h。然后改用 6t/h 的注水量，以后根据孔口压力稳定情况，改用 10t/h 的注水量，其注水量掌握在使孔口压力不超过 0.95MPa 为宜。下午 6：40，0001 号孔显示出水，并逐渐增大。为保证 0002 号与 0001 号孔同时连通，关闭 0001 号井，一直到次日上午，与 0002 号孔连通。从 0001 号井采集出水样，化验结果，进水浓度 4 度，出水浓度 18 度，$NaSO_4$ 含量 146g/L，这说明从 0003 号井注入的水完全经矿层，由 0001 号井排出。用水压致裂形成的水溶采矿通道是一条通过矿层的水平裂缝式的通道。

3.7.2 定向井连通建造开采井网技术

对接水平井技术是近 20 年来发展提出的，主要用于可溶性盐矿，使地面相距几百米的两口或多口井，在地下待开采矿层定向对接连通，构建矿层溶采通道，实现矿层的控制溶采。该技术基于油气开采的定向井钻井技术和水平井钻井技术，随着大位移定向井技术和水平井技术的发展与完善，测量仪器精度的提高以及定向井、水平井计算及设计软件的发展，可以精确实施和调控钻进入矿层的开采目标层位和目标井的对接方位，实施矿层的高效溶采（图 3.7.7）。

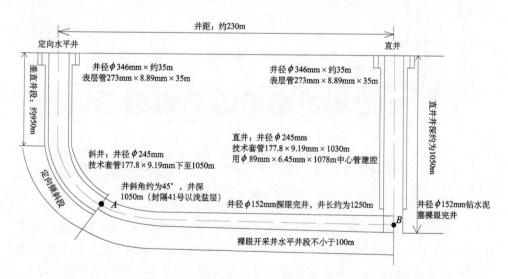

图 3.7.7　直井与定向水平井对接井组井身结构图

对接井技术适应于赋存相对复杂、变化较大的矿层条件，便于灵活处理，开采过程控制简单，操作方便，控矿范围大。与压裂连通建造原位改性采矿溶浸通道技术相比，水平井技术钻井成本高，改性开采过程中通道物理溶采与化学反应的表面积很小，大大降低了物理与化学改性的效率，也就大大降低了原位改性采矿的效率。与压裂连通通道相比，通道断面非常小，因此在溶采过程中，矿层变形垮塌的概率很小，其优点是形成了良好的地下结构，不易因矿层开采引起地面沉陷；而压裂连通通道由于其断面巨大，溶采过程中，矿层随时都在发生不均匀变形和破坏垮塌，矿层变成许多矿块的堆积，其矿层的溶采面积随溶采时间的延续呈几何级数增加，溶采效率大幅度提高。

传统的定向井、水平井技术在开采矿层构建的通道少，单位长度钻孔负担的矿层体积量大，在开采相对低渗的油气储层时，开采效率明显降低，回采率很低。为此在定向井和水平井的基础上，发展了分支井及水平井分段压裂技术（图3.7.8)，在油气开采中得到广泛的应用，尤其是在美国的页岩气和页岩油开采中应用很多，也取得了极好的效果。但这种技术的致命缺点是工程施工难度大、施工周期长、开采成本高，今天的科学技术很多已不是单纯的技术问题，而是技术经济问题。

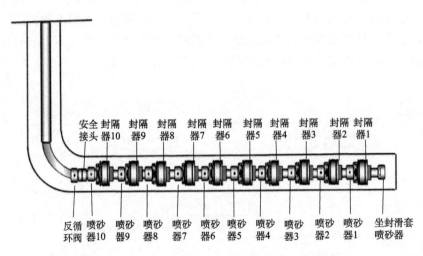

图 3.7.8　水平井分段压裂技术

上述分支井和水平井分段压裂技术均是针对油气开采发展起来的，其特点是矿层本身蕴藏一定压力的流体资源，只要构建形成较好的流动通道，即可实现油气的高效排采。但要对固体矿藏资源实施改性开采，则必须构建连通的循环通道，而非盲端通道，因此分支井或水平井分段压裂技术则不太适用。

在干热岩地热开采研究中，美国提出了双水平井分段压裂的增强型地热开采系统，它是在巨厚的干热岩地层中，分别沿下部和上部施工两个水平井，在下部的水平井采用分段压裂，使两水平井通过裂缝连通，将地面的冷水注入下部水平井，水通过压裂裂缝渗流换热，进入上部水平井，而排出地面（图 3.7.9)。这是定向井或水平井技术在原位改性采矿中的应用。

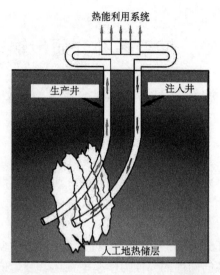

图 3.7.9　干热岩开采水平井分段压裂技术

第4章 演变多孔介质传输理论

4.1 裂隙介质固流热耦合数学模型与求解

4.1.1 物理基础

在干热岩地热开采等许多情况下，作为流体传输、热量传输的直接载体的岩体，可以简化为由基质岩块和裂缝组成的裂隙介质模型，即认为岩体是由基质岩块与裂缝组成的结构体（赵阳升等，2002c），通过基质岩块与裂缝相互作用的均衡关系来建立控制方程。

岩体的变形由两部分组成：基质岩块的变形和裂缝的变形，基质岩块的变形与应力可以采用均质各向同性的弹性力学模型描述，裂缝的变形采用节理单元模型描述，其外力有三部分，即自重应力和构造应力、裂缝中渗流压力和岩体中温度变化引起的热应力。

岩体系统中水渗流可以做如下分析：首先，由于基质岩块孔隙极不发育，渗透性几乎为零。因此可以认为不具备储存流体和传导流体的能力。水力破裂形成的人工裂缝，构成了水渗流的裂缝网络通道，可以认为水仅沿裂缝渗流。在高水压作用下，水不能发生汽化。因此，裂缝为单相水所饱和。

许多固流热耦合作用系统中的热交换可以做如下分析：基质岩块中，主要以热传导的形式发生热交换，而裂缝水以传导和对流的双重机理进行热量的交换和输运。其中，热对流是因流体的物质运动造成流体的各部分相混合，而产生的热传递。其次是由温度差导致的密度差异而造成，称为自由热传递。因此可以认为，岩体热量交换由基质岩块的热传导方程和裂缝水的热传导与对流混合方程所控制。

在建立裂隙介质固流热耦合数学模型时，引入如下假设：

（1）岩体是由含孔隙、裂隙的双重介质的基质岩块和岩体裂缝所组成的结构体。

（2）岩体基质岩块可以简化为拟连续介质模型和均质各向同性的弹性体，裂缝简化为裂缝介质模型。

（3）与裂隙相比，基质岩块的储水性能与透水性能均特别弱，因而忽略基质岩块的储水性与透水性。

（4）裂缝渗流服从Darcy定律：

$$q_i = k_{fi}\frac{\partial p}{\partial s_i} \qquad i=(1,2) \tag{4.1.1}$$

式中：$k_{fi}=-\dfrac{b^2}{12}$ 为裂缝渗透系数，b 为裂缝宽度。

（5）裂缝变形服从节理单元模型。

（6）由于高压的作用，水不发生汽化，故可认为岩体被单相水所饱和。

（7）裂缝有效应力规律为：$\sigma'=\sigma-\alpha_f p$，$\alpha_f$ 为裂缝内连通面积与总面积之比。

（8）基质岩块遵循的热弹性本构规律为

$$\sigma'_{ij}=\lambda\delta_{ij}\varepsilon_{kk}+\frac{E}{1+\nu}\varepsilon_{ij}-\frac{E}{1-2\nu}\beta\Delta T\delta_{ij} \tag{4.1.2}$$

式中：β 为岩体的热膨胀系数（℃$^{-1}$）；ΔT 为岩体的温度增量；E 为弹性模量；ν 为泊松比；λ 为拉梅常数；δ_{ij} 为 Kronecker 符号。

（9）在温度和压力作用下，水的密度不再是一个常数，而是压力与温度的函数，$\rho_w=\rho_w(p,T_w)$，其表达式为

$$\rho_w=\frac{1}{3.086-0.899017(3741-T)^{0.147166}-0.39(385-T)^{-1.6}(p-225.5)+\delta} \tag{4.1.3}$$

式中：ρ_w 为水的密度，单位为 g/cm³；T 为水的温度，单位为℃；p 为水的压力，单位为绝对大气压；δ 是关于 p 和 T 的某一函数，但在一般情况下，δ 的值不超过 $\dfrac{1}{\rho_w}$ 的 6%。

（10）岩体中的热量可以通过传导、对流和辐射三种方式传递，很多情况下，辐射热量可以忽略不计。

（11）假设水的流动属于强迫对流，其流速不受密度与黏滞性的影响。

4.1.2 裂隙介质固流热耦合数学模型

1）基质岩块变形控制方程

根据假设（2），基质岩块是均质各向同性的弹性体，按照弹性力学的基本理论，基质岩块应力平衡方程为

$$\sigma_{ij,j}+F_i=0$$

根据假设（8），考虑岩石热膨胀应力的影响，用位移表示的应力平衡方程为

$$(\lambda+\mu)u_{j,ji}+\mu u_{i,jj}+F_i-\beta_T T_{,i}=0 \tag{4.1.4}$$

式中：σ_{ij} 为应力二阶张量；F_i 为体力；u 为位移；$\beta_T=\dfrac{\beta E}{1-2\nu}$；$\beta$ 为岩体热膨

胀系数；$T_{,i}$ 为岩体温度梯度；$\beta_T T_{,i}$ 表示其热膨胀应力；λ 与 μ 为拉梅常数。

2）裂缝变形控制方程

根据假设（5），裂缝变形服从空间八节点 Goodman 节理模型，由于节理单元的厚度与其他两个方向相比很小，所以，裂缝变形实际上为平面单元的变形，由其法向应力和切向应力控制，其控制方程为

$$\begin{aligned}\sigma'_n &= k_n \varepsilon_n \\ \sigma'_s &= k_s \varepsilon_s\end{aligned} \tag{4.1.5}$$

根据假设（7），裂缝有效应力规律：

$$\sigma'_n = \sigma_n - \alpha_f p \tag{4.1.6}$$

式中：σ'_n、σ'_s 分别为裂缝的法向和切向有效应力；k_n、k_s 分别为裂缝法向与切向刚度；ε_n、ε_s 分别为裂缝法向与切向变形；p 为水压；α_f 为裂缝内连通面积与总面积之比。

3）基质岩块温度场控制方程

根据假设（6），岩体被单相水所饱和，其经典的热传导方程包括连续性方程、动量守恒方程、能量守恒方程。

$$\left.\begin{aligned}\frac{\partial p}{\partial t} + \nabla(\rho v) &= 0 \\ \rho\left(\frac{\partial v}{\partial t} + v_0 \nabla v\right) &= -\nabla p + \mu \nabla^2 v + \rho F \\ \rho c\left(\frac{\partial T}{\partial t} + v_0 \nabla T\right) &= \lambda \nabla^2 T + Q_0\end{aligned}\right\} \tag{4.1.7}$$

式中：v、T、t、p、F 以及 Q_0 分别表示速度、温度、时间、压力、体力和热生成量；而 ρ、μ、c 和 λ 分别表示密度、动力黏滞系数、比热容和热传导系数等物理特性。但上述基本方程是描述可压缩的、特性稳定的牛顿流体；而对于岩体热传导问题，无速度项，则上述方程组可以减少为只有能量方程：

$$\rho c\left(\frac{\partial T}{\partial t} + v_0 \nabla T\right) = \lambda \nabla^2 T + Q_0 \tag{4.1.8}$$

去掉速度项，并引入特定的物理参数，得

$$\rho_r c_{pr} \frac{\partial T_r}{\partial t} = \lambda_r \nabla^2 T_r + W \tag{4.1.9}$$

上式即为基质岩块温度场控制方程，式中，ρ_r 为岩石密度；c_{pr} 为岩石比热容；T_r 为岩体温度；λ_r 为岩石热传导系数；W 为热量源汇项。

4）裂缝水温度场控制方程

前面已经描述了基质岩块的温度控制方程，式（4.1.2）～式（4.1.9）是只有

热传导项的瞬态热传导方程,而在裂缝中,主要介质为水,热的输送是通过对流和传导的双过程实现的。从对流的成因来分析,热对流可以分为自由对流和强迫对流两类,水由于热胀冷缩造成的自身密度差异而引起沉浮所产生的对流称为自由对流;水受外力作用而造成压力差异所产生的定向运动称为强迫对流。当考虑自由对流时,造成热传递过程求解困难的因素是水的速度,因为自由对流引起流速的流动力是不同部位受热水的密度和黏滞度差异所造成的,而水的密度和黏滞度又是介质温度的函数,因而必须同时联立求解介质体内部水的速度和介质体温度场。强迫对流引起水的速度的流动力则是作用在水上的外界压力差异,因而水的速度不依赖于介质体的温度场。从运动学的观点看可以在热传输方程中把水的速度场当作已知函数给出。在干热岩地热开发系统,水的运动主要受注水井和生产井之间的压力所控制,而受温度变化引起的自由对流因素所起作用相对较小,一般可以忽略不计,从而热传递方程和流体运动方程可以独立求解。所以,在以下建立的热传递方程中,是仅考虑其强迫对流因素。

从能量守恒的观点出发,由于传导作用控制体沿坐标轴方向单位面积上的热流量 Q_1 为

$$Q_1 = -\lambda_w \nabla^2 T_w \tag{4.1.10}$$

由流体运动而引起通过控制体沿坐标轴方向单位面积上的热对流量 Q_2 为

$$Q_2 = c_{pw} \cdot \rho_w \nabla(v_i \cdot T_w) \tag{4.1.11}$$

以上 Q_1 和 Q_2 为水自身内部的热传递,水与裂缝边缘岩块温度的热传递是通过热从岩块到裂缝水的传导而实现的,其热流量 Q_3 为

$$Q_3 = -\frac{\lambda_r}{\delta}(T_{rb} - T_w) \tag{4.1.12}$$

所以,按照能量守恒定律,并根据假设(10),可以得到热传递方程:

$$c_{vw}\rho_w \frac{\partial T_w}{\partial t} + Q_1 + Q_2 + Q_3 = 0 \tag{4.1.13}$$

把式(4.1.10)~式(4.1.12)代入式(4.1.13)得

$$c_{vw}\rho_w \frac{\partial T_w}{\partial t} = \lambda_w \nabla^2 T_w - c_{pw} \cdot \rho_w \cdot \nabla(v_i \cdot T_w) + \frac{\lambda_r}{\delta}(T_{rb} - T_w) \tag{4.1.14}$$

根据假设(9),高温高压下,水的密度不再是常数,而是水压和温度的函数,根据假设(4)与(11),水的渗流服从 Darcy 定律,即

$$v_i = q_i = k_f \nabla p, \quad i = x, y, z \tag{4.1.15}$$

所以,将式(4.1.15)代入式(4.1.14),可以得到完整的裂缝水温度场控制方程:

$$c_{vw}\frac{\partial(\rho_w T_w)}{\partial t} = \lambda_w \nabla^2 T_w - c_{pw} \cdot \nabla(\rho_w \cdot k_f \cdot \nabla p \cdot T_w) + \frac{\lambda_r}{\delta}(T_{rb} - T_w)$$

写成张量的形式,则可以写为

$$c_{vw}\frac{\partial(\rho_w T_w)}{\partial t} = \lambda_w \nabla^2 T_w - c_{pw} \cdot (\rho_w \cdot k_{fi} \cdot p_{,i} \cdot T_w)_{,i} + \frac{\lambda_r}{\delta}(T_{rb} - T_w) \quad (4.1.16)$$

以上各式中符号的意义为:λ_w 为水的热传导系数;c_{vw} 为水的定容比热容;c_{pw} 为水的定压比热容;ρ_w 为水的密度;λ_r 为岩石的热传导系数;δ 为裂缝宽度的一半;T_{rb} 为岩体裂缝边缘的温度;T_w 为水的温度;v_i 为水的流速;q_i 为比流量;k_{fi} 为裂缝的渗透系数。

5) 裂缝水渗流控制方程

根据假设(3)、(4),岩体被单相水所饱和,且在微段上服从 Darcy 定律,按照质量守恒定律,研究任一裂缝控制体积单元的质量守恒,可以得到如下方程:

$$\text{div}(\rho_w q_i) + \frac{\partial(n\rho_w)}{\partial t} = 0 \quad (4.1.17)$$

$$q_i = k_{fi}\frac{\partial p}{\partial s_i} \quad (4.1.18)$$

考虑到水的微可压缩性,有关系式:

$$\frac{\partial \rho_w}{\partial t} = \beta_w \cdot \rho_w \frac{\partial p}{\partial t} \quad (4.1.19)$$

且根据假设岩体变形为孔隙、裂隙变形,则

$$\frac{\partial e}{\partial t} = \frac{\partial n}{\partial t} \quad (4.1.20)$$

所以,将式(4.1.18)~式(4.1.20)代入式(4.1.17),则可以得到

$$\text{div}(\rho_w q_i) + n \cdot \beta_w \cdot \rho_w \frac{\partial p}{\partial t} + \rho_w \cdot \frac{\partial e}{\partial t} = 0 \quad (4.1.21)$$

式中:n 为裂缝孔隙率;β_w 为水的压缩系数。

式(4.1.21)即为裂缝水渗流的控制方程。

6) 裂隙介质固流热耦合数学模型

基于前几节的分析和对控制方程的研究,裂隙介质固流热耦合数学模型可以写成下列形式。

基质岩块变形控制方程:

$$(\lambda + \mu)u_{j,ji} + \mu u_{i,jj} + F_i - \beta_T T_{,i} = 0 \quad (4.1.22)$$

裂缝变形控制方程:

基质岩块温度场方程：

$$\sigma'_n = k_n \varepsilon_n$$
$$\sigma'_s = k_s \varepsilon_s \qquad (4.1.23)$$
$$\sigma'_n = \sigma_n - \alpha_f p$$

基质岩块温度场方程：

$$\rho_r c_{pr} \frac{\partial T_r}{\partial t} = \lambda_r T_{r,ii} + W \qquad (4.1.24)$$

裂缝水温度场方程：

$$c_{pw} \frac{\partial(\rho_w T_w)}{\partial t} = \lambda_w \nabla^2 T_w - c_{pw} \cdot (\rho_w \cdot k_{fi} \cdot p_{,i} \cdot T_w)_{,i} + \frac{\lambda_r}{\delta}(T_{rb} - T_w) \qquad (4.1.25)$$

裂缝水渗流控制方程：

$$\text{div}(\rho_w q_i) + n \cdot \beta_w \cdot \rho_w \frac{\partial p}{\partial t} + \rho_w \cdot \frac{\partial e}{\partial t} = 0 \qquad (4.1.26)$$

裂缝渗流的物性方程：

$$q_i = k_{fi} \frac{\partial p}{\partial s_i} \qquad (4.1.27)$$

方程（4.1.22）～（4.1.27），再辅以初始条件和边界条件，即构成了裂隙介质固流热（THM）耦合数学模型。

这一模型具有如下特点：

（1）固体变形方程考虑了热应力的影响，方程（4.1.22）比普通的弹性力学方程增加了一项温度作用项 $\beta_T T_{,i}$，而由于基质岩块的渗透率极低，不考虑渗流作用项。

（2）水的密度不再按常数处理，而是水压和温度的函数，$\rho_w = \rho_w(p, T_w)$。

（3）在裂缝水的温度场控制方程中，考虑了传导和对流共同存在时的热传递过程，比一般单纯的传导或对流更符合实际。

（4）裂缝水热传递方程含有孔隙压力项，裂缝水渗流方程中含有压力项，裂缝变形方程含有压力项，因此水渗流、热传递和基质岩块与裂缝变形相互作用，成为一个不可分割的耦合作用的整体，构成了裂隙介质固流热多场耦合数学模型。

4.1.3 求解策略与计算程序设计

前面已就耦合数学模型中的岩体变形方程、裂缝水渗流方程、岩体热传导方程和裂缝水温度场方程的离散做了详细分析，并给出了具体的表达式，但要对其数学模型进行求解的关键是编制计算机源程序，即程序设计。就本书建立的固流热耦合数学模型，使用 Fortran 计算机语言编制了一套裂隙介质三维固流热耦合数学模型的源程序，以进行工程实际模拟。在实际编制过程中，根据模型特征，对其进行简化：因为基质岩块的渗透性极低，可以认为基质岩块中不储存流体，把基质岩块热传导与裂缝传导和对流方程合二为一，编制一个子程序，只是对不同类型的单元调用对应的方程。其程序框图如图 4.1.1 所示。

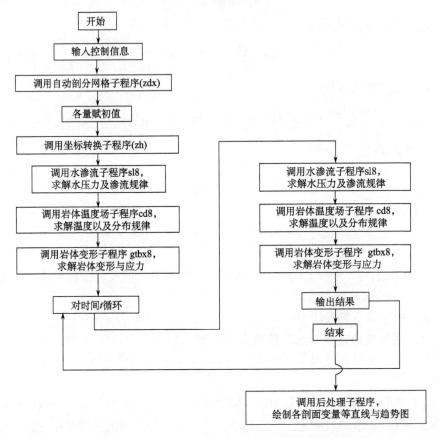

图 4.1.1　THM 耦合数学模型的数值计算程序框图

4.2　残留骨架热解开采的固流热化学耦合数学模型

一类固体矿物如油页岩、油砂、煤等，在常温状态下是固体，采用原位加热热解开采的技术，即使能够将其中的挥发分全部热解提取出，其残留的固体部分仍然是完好的多孔骨架，热解所产生的液态、气态流体在热解产生的裂隙和孔隙中传输，固体作为整体依然存在，仅表现在力学参数的变化。这类问题所遵循的各类规律依然是多孔介质的质量、动量、热量传输和变形，它与残留骨架的溶解反应问题在物理本质上类似，后者温度的考虑不是最主要的，而且二者工艺与对应的工程完全不同，因此本书将这类问题称为残留骨架的热解反应问题。

残留骨架的热解反应问题的工程与科学分析中，必须考虑以下几个方面：无论以何种方式加热，始终存在传导与对流两种方式的热量传输，只不过是何种为主的问题。而且随着固体中有用组分被热解的进行，要考虑相变潜热，要考虑固体热传导系数的变化，固体性态的变化，固体力学参数的变化，渗透系数随热解的进行而不断增加，流体中由于热解产物的溶混与不溶混，必须考虑多孔介质中流体的性态与质量变化，更必须考虑随温度变化流体的相态转变和对应的控制方程的变化。

4.2.1 气液两相混合物渗流方程

在高温、高压、化学反应的环境下，气液两相的渗流非常复杂，用已有的双流体模型进行单独描述存在很大误差，而且耦合参数多，难以求解。因此，我们建立了气液两相混合物渗流的数学模型，用统一的方程来反映气液两相在油页岩原位注蒸汽开采过程中的渗流规律。

多孔介质中的两相流体被处理成一种二元混合物，蒸汽和水被定义为不可分离的两组分，因此，它们的混合物可看作一种物理组成稳定变化的单一流体介质。两相混合物模型的优点显而易见：这样处理将更加接近实际，流体的流量、压力都是由两种流体共同决定的；同时，两相混合物模型与双流体模型相比，需要求解的方程数目至少减少一半，而且保留了两相混合组元，求解过程也相对简单。两相混合物的等效物理参数，如密度、动力黏度、传导率、比热等，都与其相对饱和度紧密相关，可通过两组分的对应参数加权平均得到。

根据质量守恒原理可以得到流体的渗流连续性方程为

$$\frac{\partial(\rho_h q_x)}{\partial x}+\frac{\partial(\rho_h q_y)}{\partial y}+\frac{\partial(\rho_h q_z)}{\partial z}=\frac{\partial(n\rho_h)}{\partial t} \tag{4.2.1}$$

式中：$q_i\,(i=x,y,z)$分别为x、y、z方向单位时间内两相流体的流量；ρ_h为气液两相混合流体的密度；n为油页岩的孔隙率；t为时间。

两相混合流体的密度、动力黏度可由以下两式表示：

$$\rho_h = S_g \rho_g + S_w \rho_w \tag{4.2.2}$$

$$\mu_h = S_g \mu_g + S_w \mu_w \tag{4.2.3}$$

式中：ρ_g和ρ_w分别为蒸汽和水的密度；μ_g和μ_w分别为蒸汽和水的动力黏度；S_g和S_w分别为蒸汽和水的饱和度。

经过数学推演即可得气液两相混合物渗流数学模型：

$$\left(\frac{S_g Mp + S_w \rho_w RTZ}{S_g \mu_g RTZ + S_w \mu_w RTZ}\right)\left(k_x \frac{\partial^2 p}{\partial x^2} + k_y \frac{\partial^2 p}{\partial y^2} + k_z \frac{\partial^2 p}{\partial z^2}\right)$$
$$= \left(\frac{nS_g M}{RTZ} + nS_w \beta \rho_w\right)\frac{\partial p}{\partial t} \tag{4.2.4}$$

4.2.2 热量传输方程

矿体骨架的热量传输方程为

$$(1-n)(\rho_s c_s)\frac{\partial T}{\partial t} = (1-n)\lambda_s \nabla T^2 + q_s \tag{4.2.5}$$

式中：ρ_s 为矿体的密度；c_s 为矿体的比热容；λ_s 为矿体的热传导系数；q_s 为热的源汇项。

对于气液两相流体，其热量传输方程为

$$n\rho_h c_h \frac{\partial T}{\partial t} + \rho_h c_h v_h \cdot \nabla T + n\rho_w l_w \frac{\partial S_w}{\partial t} = n\lambda_h \cdot \nabla T^2 + q_h \tag{4.2.6}$$

式中：c_h 为气液两相混合物流体的比热容；λ_h 为气液两相混合流体的热传导系数；v_h 为气液两相混合流体的流速；l_w 为水的汽化潜热；q_h 为流体热源汇项。

同理，两相混合流体的比热容、热传导率可由以下两式表示：

$$c_h = S_g c_g + S_w c_w \tag{4.2.7}$$

$$\lambda_h = S_g \lambda_g + S_w \lambda_w \tag{4.2.8}$$

固体骨架和两相混合流体之间总是处于热平衡状态，即可获得统一的热量传输方程：

$$(\rho c)_t \frac{\partial T}{\partial t} + \frac{(S_g \rho_g + S_w \rho_w)(S_g c_g + S_w c_w)}{S_g \mu_g + S_w \mu_w}(k_i \nabla p \cdot \nabla)T + n\rho_w l_w \frac{\partial S_w}{\partial t} = \lambda_t \nabla T^2 + q_t \tag{4.2.9}$$

式中：$(\rho c)_t$、λ_t、q_t 分别为油页岩中充满两相流体的等效热容、等效热传导系数和等效源汇项，其中：

$$(\rho c)_t = n(S_g \rho_g + S_w \rho_w)(S_g c_g + S_w c_w) + (1-n)(\rho_s c_s) \tag{4.2.10}$$

$$\lambda_t = n(S_g \lambda_g + S_w \lambda_w) + (1-n)\lambda_s \tag{4.2.11}$$

$$q_t = q_h + q_s \tag{4.2.12}$$

式（4.2.9）中，第 1 项为温度变化引起的热量变化；第 2 项为流体对流引起的热量变化；第 3 项为水蒸气相变引起的热量变化；第 4 项为热传导引起的热量变化；第 5 项为源汇项。

式（4.2.9）即为残留骨架的热解反应问题的数学模型。

4.2.3 岩体变形方程

按照弹性力学的基本理论，基质岩块静力平衡方程为

$$\sigma_{ij,j} + F_i = 0 \tag{4.2.13}$$

根据假设（10），考虑孔隙压力和热膨胀应力的影响，用位移表示应力平衡方程为

$$(\lambda+\mu)u_{j,ji} + \mu u_{i,jj} + (\alpha\delta_{ij}p)_{,i} + (\beta\delta_{ij}T)_{,i} + F_i = 0 \tag{4.2.14}$$

式中：σ_{ij} 为应力张量分量；F_i 为体积力分量；λ 与 μ 为拉梅常数；α 为毕奥系数；β 为热膨胀系数；u 为位移向量；δ_{ij} 为 Kronecker 符号。

4.2.4 残留骨架的热解改性采矿的固流热化学耦合数学模型

基于前面对流体流动、热量传输、矿体变形等多场耦合作用的分析，建立了残留骨架的热解改性采矿的热-流-固耦合控制方程，可表示为

$$\begin{cases}
\left(\dfrac{S_g Mp + S_w \rho_w RTZ}{S_g \mu_g RTZ + S_w \mu_w RTZ}\right)\left(k_x \dfrac{\partial^2 p}{\partial x^2} + k_y \dfrac{\partial^2 p}{\partial y^2} + k_z \dfrac{\partial^2 p}{\partial z^2}\right) = \left(\dfrac{nS_g M}{RTZ} + nS_w \beta \rho_w\right)\dfrac{\partial p}{\partial t} \\
(\rho c)_t \dfrac{\partial T}{\partial t} + \dfrac{(S_g \rho_g + S_w \rho_w)(S_g c_g + S_w c_w)}{S_g \mu_g + S_w \mu_w}(k_i \nabla p \cdot \nabla)T + n\rho_w l_w \dfrac{\partial S_w}{\partial t} = \lambda_t \nabla T^2 + q_t \\
(\rho c)_t = n(S_g \rho_g + S_w \rho_w)(S_g c_g + S_w c_w) + (1-n)(\rho_s c_s) \\
\lambda_t = n(S_g \lambda_g + S_w \lambda_w) + (1-n)\lambda_s \\
q_t = q_h + q_s \\
(\lambda+\mu)u_{j,ji} + \mu u_{i,jj} + (\alpha\delta_{ij}p)_{,i} + (\beta\delta_{ij}T)_{,i} + F_i = 0 \\
S_g + S_w = 1 \\
S_g = \dfrac{T - T_0}{T_1 - T_0} \\
S_w = 1 - S_g = \dfrac{T_1 - T}{T_1 - T_0} \\
\rho_g = \dfrac{Mp}{RTZ}
\end{cases} \tag{4.2.15}$$

对上述数学模型辅以必要的初始、边界条件，就构成了完整的残留骨架大的热解改性开采的热-流-固耦合数学模型。以上模型是非常复杂的非线性方程，而且其系数中也含有非线性项，对于这样复杂的微分方程，一般无法直接求得其解析解，只能采用数值方法求解，寻求其近似解。

4.3 残留骨架溶浸开采的固流热化学耦合数学模型

4.3.1 溶解传输的颗粒模型

这种模型是针对矿石品位较低,反应物均匀分散在脉石中的矿物而提出的。最初是由矢木荣和国井大藏于 1955 年提出用于气固反应(陈家镛,2005)。它的概念是:固体颗粒在反应前是致密无孔的,当流体反应剂和固体反应剂反应后,反应界面不断向核心收缩,生成的固体产物及残余的惰性物质构成疏松多孔的灰层。其代表性反应仍符合浸取本征反应的数学表达式,如式(4.3.1)所示:

$$A(aq) + bB(s) = cC(aq) + dD(s) \quad (4.3.1)$$

A 的反应速度:

$$r_A = (dm/dt)/bV = k_s 4\pi r^2 C_A^n$$

式中:k_s 为表面反应速度常数;r 为颗粒半径;b 为固体反应剂的化学计量数;C_A 为流体反应剂浓度;m 为固体反应剂摩尔数;V 为反应体积;t 为反应时间;n 为反应级数(通常反应级数为一级)。

由于流体反应剂穿过灰层的阻力较小,扩散速度较快,同时流体产物也能以同样的速度向外扩散。而流体反应剂与固体反应剂之间化学反应速度相对较慢,由表面逐渐向内推移,只在灰层和未反应核的交界处的壳层内发生。其物理图像如图 4.3.1(a)所示。

这种模型与大多数矿物颗粒的浸取过程接近。例如矿粉的加压氧化浸取、块矿的堆浸等。图 4.3.1(b)描述收缩核模型在反应剂 A 与固体反应组分 B 在反应中期在固体颗粒内外的浓度分布。若 B 组分能与反应剂 A 完全反应,则灰层内 B 的浓度为零。

在建立收缩核模型时,为使条件简化,便于求解,常作如下假设:
(1)颗粒为球形,浸取过程中颗粒大小不变,组分在颗粒内分布均匀;
(2)反应不可逆,对流体反应剂为一级,对固体反应剂为零级;
(3)流体反应剂与反应产物的扩散均服从 Fick 定律;
(4)原始固体颗粒致密,孔隙近于零,反应后形成的岩层疏松多孔,孔隙率及曲折因子不随时间而变;
(5)反应热效应可忽略不计,过程在等温下进行。

根据图 4.3.1,在灰层内取一微元,其厚度为 dr,作流体反应剂 A 的物料平衡,则有

$$D_e \left(\frac{\partial^2 C_A}{\partial r^2} + 2\frac{\partial C_A}{r \partial r} \right) = \varepsilon \frac{\partial C_A}{\partial t} \quad (4.3.2)$$

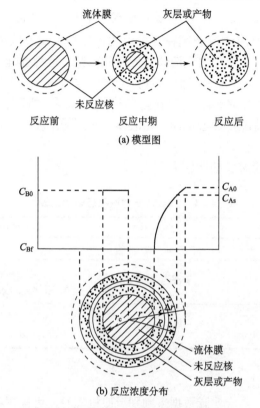

图 4.3.1 未反应收缩核模型历程图

该式的初始条件如下：

$t=0$ 时　　　　　　$C_A = 0$

$r=R$ 时　　　　　　$D_e \left(\dfrac{\partial C_A}{\partial r} \right) = k_f (C_{A0} - C_A)$

$r=r_c$ 时　　　　　　$D_e \left(\dfrac{\partial C_A}{\partial r} \right) = k_s C_A$

若浸取过程处于流体膜扩散控制，则

$$t = (RC_B/(3bk_f D_e C_{A0}))(1-\xi_c^3) = \tau_f X_B \tag{4.3.3}$$

式中：$\tau_f = RC_B/(3bk_f D_e C_{A0})$，为流体膜扩散控制的完全转化时间。

若过程为流体反应剂在灰层内的扩散控制，即 k_f、$k_s \gg D_e$，则

$$t = (R^2 C_B/(6bD_e C_{A0}))(1-3\xi_c^2+2\xi_c^3) = \tau_{ash}(1-3\xi_c^2+2\xi_c^3) \tag{4.3.4}$$

式中：$\tau_{ash} = R^2 C_B/(6bD_e C_{A0})$，为灰层扩散控制的完全转化时间。

若过程为收缩核上的表面反应控制，k_f、$D_e \gg k_s$，则

$$t = (RC_B/(bk_s D_e C_{A0}))(1-\xi_c) = \tau_R (1-\xi_c) \tag{4.3.5}$$

式中：$\tau_R = RC_B/(bk_s D_e C_{A0})$，为表面反应控制下的完全转化时间。

假稳态近似系指流体反应剂在灰层内的扩散与未反应收缩核界面上的反应速度基本相等，因而在灰层内无流体反应剂的积聚。这种处理使该模型便于求解及应用，但亦有其局限性。对气固反应，当单位体积内气体反应剂的摩尔浓度远低于固体反应剂的浓度时，若忽略流体反应剂的积累项，则不会引起太大的误差。但对液体反应剂，情况则显著不同。当液体反应剂的浓度远高于固体反应组分的浓度时，假稳态近似会产生较大误差。

USCM 三种假稳态解的比较见表 4.3.1。

表 4.3.1 USCM 三种假稳态解的比较

条件	完全转化时间	转化率表达式
流体膜扩散控制	$\tau_f = RC_B/(3bk_f D_e C_{A0})$	$t = \tau_f(1-\xi_c^3) = \tau_f X_B$
灰层扩散控制	$\tau_{ash} = R^2 C_B/(6bD_e C_{A0})$	$t = \tau_{ash}(1-3\xi_c^2+2\xi_c^3)$ $3-2X_B-3(1-X_B)^{2/3} = t/\tau_{ash}$
表面反应控制	$\tau_R = RC_B/(bk_s D_e C_{A0})$	$t = \tau_R(1-\xi_c)$ $X_B = 1-(1-t/\tau_R)^2$

反应机理的判别：

利用上述结果，结合实际数据来判别反应机理时，可根据下列原则进行：

（1）当有灰层产生时，通常流体膜的阻力可忽略不计。根据表 4.3.1 的结果可对试验数据进行标绘，以初步判断属于哪种类型。见图 4.3.2、图 4.3.3。

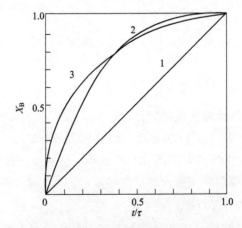

图 4.3.2 未反应收缩核模型转化率与时间的关系
1. 流体膜扩散控制；2. 表面反应控制；3. 灰层扩散控制

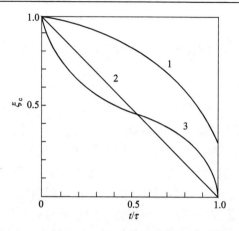

图 4.3.3 未反应收缩核模型核半径随时间的变化
1. 流体膜扩散控制；2. 表面反应控制；3. 灰层扩散控制

(2) 根据对温度的敏感程度及所求的活化能的大小以判别属于哪种控制。

(3) 由式（4.3.2）、式（4.3.3）可知：

若为灰层扩散控制，则

$$t \propto R^2$$

若为流体膜扩散控制或表面反应控制，则

$$t \propto R$$

4.3.2 残留骨架溶浸开采的 THMC 耦合数学模型

一类矿床在原位溶浸开采过程中，溶液的温度变化不大，因此在整个溶采过程中，可以把溶液看成是恒温的。在不考虑溶液温度变化的情况下，将以上溶液的流动、矿物的溶解扩散及固体变形、裂缝变形等多因素进行耦合分析，便可以得到残留骨架的一类矿床原位溶浸开采的溶解-渗透-变形耦合数学模型如下：

$$\left. \begin{aligned} & k_i p_{,ii} = p\frac{\partial n}{\partial t} + n\frac{\partial p}{\partial t} + I \\ & \frac{\partial C}{\partial t} = \frac{\partial}{\partial x_i}\left(D_{ij}\frac{\partial C}{\partial x_j}\right) - \frac{\partial}{\partial x_i}(CV_i) + I \\ & (\lambda(p,\eta) + \mu(p,\eta))u_{j,ij} + \mu(p,\eta)u_{i,jj} + F_i + (\alpha p)_{,i} = 0 \\ & \sigma'_n = k_n \varepsilon_n \\ & \sigma'_s = k_s \varepsilon_s \\ & \sigma'_n = \sigma_n - p \end{aligned} \right\} \quad (4.3.6)$$

式中：各量含义同前。

4.4 无残留骨架溶浸开采的 THMC 耦合数学模型

一类固体矿物如氯化钠、硫酸钠、硫酸钾等,采用水或其他化学流体溶解矿物固体实施开采时,除去极少量的不溶物以外,其余全部被溶解,变成化学溶液。此种情况下,矿体固体骨架完全被溶解掉,仅剩余少量不溶物残留于通道底部,此类原位改性采矿问题称为无残留骨架溶浸开采问题。

固体矿物被溶解的同时,化学溶液被抽提到地面的这一过程,涉及因化学反应而产生的放热或吸热反应,对流或传导热交换,而固体矿物被溶解,必然导致溶液中浓度的差异,于是同步发生着传质,即分子与对流扩散。化学溶液在溶解空间流动,固体矿物被溶解,溶解空间逐渐扩大,形状发生变化,变形,甚至破坏,始终是一个固体变形、流动空间变化,化学溶液传输与传热传质的耦合作用过程,忽略任何一个因素都会影响工程状态与过程的正确判断,有些时候是误差较大,但较多的时候是判断的失误。这一过程是一个流体运移、矿物溶解、吸热或放热、溶质扩散、固体变形的复杂的固-流-热-传质耦合作用过程。

矿物的溶解是一个物理化学过程,同时也是一个溶质扩散过程,加之溶液的流动,溶解开采就可以视为是一个遵循动力学原理的对流扩散过程。

一般来说矿层的溶解作用主要发生在矿体的表层,即矿物由表及里逐渐溶解。在初始溶解阶段,溶液的浓度极低,矿物溶解速度快。随时间的延续、溶解的进行,在矿物表层附近的溶液浓度逐渐增大,溶液溶解和接收盐类物质的能力逐渐减弱,溶解速度就逐步变慢,而远离矿物表面的溶液浓度依然较低。这样,靠近矿物表层与远离矿物区域的溶液就存在一定的浓度差。根据溶质扩散原理,这一浓度差要促使高浓度区域的矿物质向低浓度的方向扩散,从而降低矿物表层附近区域溶液的浓度,增强其继续溶解的能力,直至整个溶液达到饱和,扩散作用才停止进行。

1) 扩散方程

根据 Fick 扩散定理,物质扩散的质量传输速度,即单位时间内通过单位面积的矿物质的量,与溶液的浓度梯度成正比。其关系表达式如下:

$$J_D = -D \cdot \text{grad} C \tag{4.4.1}$$

式中:J_D 为扩散的质量通量,g/(cm^2·s);D 为扩散系数,cm/s;grad C 为溶液的浓度梯度,g/(cm^3·cm)。

在水溶开采的过程中,伴随溶质分子扩散作用的还有溶液中物质在流动作用下的对流扩散。溶解到溶液中的矿物质,在流动的作用下,产生对流运动。在流动方向上,被流动的水溶液带走的盐类物质可近似地表示为

$$J_V = CV \tag{4.4.2}$$

式中：J_V 为溶解于水中的盐类物质的对流速度，g/(cm²·s)；C 为盐溶液的浓度，g/cm³；V 为水溶液的运移速度，cm/s。

根据扩散定律及质量守恒定律，可以得到溶解的对流扩散方程为

$$\frac{\partial C}{\partial t} = \frac{\partial}{\partial x_i}\left(D_{ij}\frac{\partial C}{\partial x_j}\right) - \frac{\partial}{\partial x_i}(CV_i) + I \tag{4.4.3}$$

方程右端第一项为分子扩散造成的化学溶液的运移；第二项为对流产生的化学溶液的运移，称为对流扩散项。t 为时间，$I = f(\xi, C, T)$ 称为浓度源汇项，它取决于单位固体矿物可溶解度 ξ、化学流体浓度 C 和温度 T，此规律可以通过实验获得。

对流扩散中的扩散系数：在笛卡儿坐标系中对各向同性的裂隙介质，其流体扩散系数为

$$D_{ij} = \alpha_T V \delta_{ij} + (\alpha_L - \alpha_T) V_i V_j / V \tag{4.4.4}$$

式中：V 为流场平均速度；V_i、V_j 为坐标方向的分速度；α_L、α_T 为横向及纵向的扩散度；δ_{ij} 为 Kronecker 记号。

2）流体运移方程

（1）渗流方程。假设在此类工程中，采用水压致裂技术，在井间首先形成了一个相互贯通的扁平裂缝，在控制溶解开采初期，溶液在裂缝中的流动可以近似为裂缝流，应用裂缝渗流理论来分析其中溶液的运移状况。

在溶浸开采的初期，由于裂缝状溶腔高度较小，溶液流动速度较低，裂缝中溶液的流动可视为不可压缩层流，可以用平面渗流模型模拟裂缝中的运动。

$$q = KJ = -K \operatorname{grad} p \tag{4.4.5}$$

式中：q 是比流量向量，在笛卡儿坐标系中沿 x、y、z 方向的分量为 q_x、q_y、q_z；K 为渗透系数；p 是势函数；$J = -\operatorname{grad} p$ 是水力梯度。

由于矿体致密，矿体中的裂缝宽度远远小于延展长度，同时绝大部分流动集中在裂缝较宽的区段，因此渗流模型可以简化为单一裂缝的沟槽流模型。其渗透系数采用立方定律，K 为

$$K = \frac{\rho g d^3}{12\mu} \tag{4.4.6}$$

渗流物性方程可以写为

$$q = \frac{\rho g d^3}{12\mu} J \tag{4.4.7}$$

式中：ρ 为溶液密度，kg/m³；g 为重力加速度，m/s²；d 为裂缝宽度，cm；μ 为流体的动力黏度，Pa·s。

在水压致裂控制溶浸开采初期,溶腔为裂缝状,流体的运移为渗流。由于矿物的溶解特性,因此在渗流通道上,溶液的密度是变化的,其变化时间梯度正比于溶解速度。另外,除在注水点和出水点处分别有源和汇存在外,其余位置均不考虑源汇问题。

结合渗流连续性方程与渗流物性方程,可得流体渗流控制方程为

$$k_f \frac{\partial^2 p}{\partial s_1^2} + k_f \frac{\partial^2 p}{\partial s_2^2} = p \frac{\partial n}{\partial t} + n \frac{\partial p}{\partial t} + I \quad (4.4.8)$$

式中:p 为裂缝中的水压(Pa);k_f 为裂缝渗透系数(沟槽流模型);n 为裂缝孔隙率;I 为源汇项;s_1 与 s_2 为裂缝切向自然坐标。

(2)纳维-斯托克斯方程。当溶腔高度达到一定值时,溶腔内的溶液流动不再服从 Darcy 定律,而应用纳维-斯托克斯方程来求解流体运动规律

$$-\frac{1}{\rho} \frac{\partial p}{\partial x_i} = \frac{\partial V_i}{\partial t} + V_j \frac{\partial V_i}{\partial x_j} \quad (4.4.9)$$

式中:V 为溶液流速;p 为流体压力。

3)固体变形及裂缝变形方程

(1)固体变形方程。采用位移表示的应力平衡方程

$$(\lambda + \mu)u_{j,ji} + \mu u_{i,jj} + F_i + (\alpha p)_{,i} = 0 \quad (4.4.10)$$

方程(4.4.10)就是以位移表示的考虑孔隙压作用的固体变形方程。式中:u 为位移;F_i 为体积应力;α 为有效应力系数(致密矿体为0)。

(2)裂缝变形方程。在矿层溶采初期,初始的裂缝状溶腔的变形,除上述固体变形之外,还有裂缝自身的变形,采用 Goodman 节理单元模型,其裂缝的变形方程为

$$\begin{aligned} \sigma_n' &= k_n \varepsilon_n \\ \sigma_s' &= k_s \varepsilon_s \\ \sigma_n' &= \sigma_n - p \end{aligned} \quad (4.4.11)$$

式中:σ_n'、σ_s' 分别为裂缝的法向应力和切向有效应力;k_n、k_s 分别为裂缝壁岩体的法向变形模量和切向变形模量;ε_n、ε_s 为裂缝法向与切向变形;p 为裂缝水压。

4)溶腔中溶液的热量传输方程

在矿物溶浸开采的过程中,由于矿物的溶解本身是一个吸(放)热的过程,矿体和溶液之间存在热量的交换,溶腔内溶液的流动又使得热量在液体内部传导、对流。因此,溶腔内流体同时存在着传导和对流两种热传输方式,而且对流换热是主要的。根据热力学第一定律和渗流方程获得如下矿物溶浸开采溶腔的温度场方程:

$$\frac{\partial(\rho_w c_{vw} T_w)}{\partial t} = \lambda_w \nabla^2 T_w - (\rho_w c_{pw} T_w k_{fi} p_{,i})_{,i} + Q(x,y,\eta) \qquad (4.4.12)$$

方程（4.4.12）为溶腔中盐溶液的传热方程，式中各量分别为：ρ_w 为化学流体的密度；c_{vw} 和 c_{pw} 分别为水的定容比热系数和定压比热系数；λ_w 为化学流体热传导系数；T_w 为流体温度。方程左端即为非稳态项；方程右端第一项为热传导项，第二项为对流传热项，第三项为热源汇项，它表示单位固体溶解吸收或释放的热量，可以通过实验获得。

5）无残留骨架溶浸开采的固流热传质耦合数学模型

将液体流动、矿物溶解扩散、热量传输及固体变形等多因素进行耦合，分析溶浸开采过程中的多因素作用规律，更加切合实际，由此获得无残留骨架溶浸开采的耦合数学模型为

$$\left. \begin{aligned} & k_i \frac{\partial^2 p}{\partial x_i^2} = p \frac{\partial n}{\partial t} + n \frac{\partial p}{\partial t} + I \qquad \text{（渗流区域）} \\ & -\frac{1}{\rho} \frac{\partial p}{\partial x_i} = \frac{\partial V_i}{\partial t} + V_j \frac{\partial V_i}{\partial x_j} \qquad \text{（非渗流区域）} \\ & \frac{\partial C}{\partial t} = \frac{\partial}{\partial x_i}\left(D_{ij} \frac{\partial C}{\partial x_j}\right) - \frac{\partial}{\partial x_i}(CV_i) + I \\ & \frac{\partial(\rho_w c_{vw} T_w)}{\partial t} = \lambda_w \nabla^2 T_w - (\rho_w c_{pw} T_w k_{fi} p_{,i})_{,i} + Q(x,y,\eta) \\ & (\lambda(p,\eta) + \mu(p,\eta))u_{j,ij} + \mu(p,\eta)u_{i,jj} + F_i + (\alpha p)_{,i} = 0 \\ & \sigma'_n = k_n \varepsilon_n \\ & \sigma'_s = k_s \varepsilon_s \\ & \sigma'_n = \sigma_n - p \end{aligned} \right\} \qquad (4.4.13)$$

上述数学模型辅以必要的初始、边界条件，并采用数值方法求解，即可以获得无残留骨架溶浸开采过程中，固体变形、矿物溶解、溶液运移、传质传热规律，可以有效地指导无残留骨架溶浸开采工程。

4.5 无残留骨架气化开采的扩散-流动-传热耦合数学模型

与无残留骨架溶浸开采对比，煤在地下气化是无残留骨架高温化学反应开采的范例。考虑煤的地下气化过程，若忽略由于应力场导致的气化空间变形，乃至垮塌，则气化空间的形状与大小可以唯一看作受气化反应的控制，则其气化反应的完整过程可以用如下对流传热、传质与质量传输的 THC 耦合控制方程描述，章梦涛（1999）曾提出了该问题的粗略数学模型。

$$\left.\begin{array}{l}k_i\dfrac{\partial^2 p}{\partial x_i^2}=p\dfrac{\partial n}{\partial t}+n\dfrac{\partial p}{\partial t}+I_s \quad \text{(渗流区域)}\\[2mm] -\dfrac{1}{\rho}\dfrac{\partial p}{\partial x_i}=\dfrac{\partial V_i}{\partial t}+V_j\dfrac{\partial V_i}{\partial x_j} \quad \text{(非渗流区域)}\\[2mm] \dfrac{\partial C}{\partial t}=\dfrac{\partial}{\partial x_i}\left(D_{ij}\dfrac{\partial C}{\partial x_j}\right)-\dfrac{\partial}{\partial x_i}(CV_i)+I_d\\[2mm] \dfrac{\partial(\rho c_{vw}T_w)}{\partial t}=\lambda_w\nabla^2 T_w-(\rho c_{pw}T_w k_i p_{,i})_{,i}+Q(x,y)\end{array}\right\}$$

式中：k_i 为渗透系数；p 为流体压力；n 为孔隙率；V 为流体速度；ρ 为流体密度；C 为浓度；D_{ij} 为扩散系数；c_{vw} 和 c_{pw} 为定容和定压比热容；T_w 为流体温度；λ 为热传导系数；I_s 表示固体煤和氧气的化学反应生成了新的气体物质的量；I_d 表示新的气体物质的量；$Q(x,y)$ 表示氧化反应产生的新的热量。

方程组的第一个方程主要描述析空区、燃烧区和松动区的煤块空隙与裂隙区域中流体的渗流传输；第二个方程表示气化空间中的自由空间中流体的流动传输；第三个方程表示不同气体组分间气体的质量传输；第四个方程表示气化空间中热量的传输。

事实上，上述反应传输主要发生在氧化区，当氧气消耗殆尽后，进入还原区，该区域中，随着气体的流动，温度逐渐降低，而发生缓慢的还原反应，气化空间在该区域中变化很小。干馏区主要是利用高温气体加热气化通道周围的煤体，使其发生绝氧状态的热解，或称干馏。部分干馏气通过渗流排入气化通道而混入气化气中排到地面，作为气体产品。

第 5 章 煤层气原位改性开采

5.1 低渗透煤层原位改性强化煤层气抽采的技术原理

针对国内外矿业界一直关注的低渗透煤层煤层气抽采的重大技术难题，对如何强化低渗透煤层煤层气抽采，做如下科学分析。

有两个基本规律决定着煤层气抽采效率：

渗流本构规律：$q=k\mathrm{d}p/\mathrm{d}L$。

煤层气赋存的朗缪尔公式：$C=C_v+C_p=np+abp/(1+bp)$。

按照渗流本构规律分析，欲提高抽采速率 q，就是如何增加煤层透气系数 k 和提高煤层气压力梯度 $\mathrm{d}p/\mathrm{d}L$。而影响煤层透气系数的主要因素有孔隙率、裂隙发育程度、地层应力和孔隙压力，此外还必须清醒地认识到在任何局部的小区域中，煤层气几乎均匀地赋存于煤层中的每一个微小的孔隙与裂隙之中。如何改造煤层，使其透气性增加，是近几十年来国内外矿业科学工作者和工程技术人员一直为之努力的目标，也提出了相当多的技术方案。

增加煤层透气系数的技术方案有：① 设法提高煤层孔隙率，如刘生玉等进行了国家自然科学基金项目研究（2005），探讨了煤层原位萃取、抽提部分煤中的有机成分，从而达到增加煤层孔隙率，提高透气系数 k 的目的，实验室证明是有效的，也有实施方案，但抽提溶剂较贵，导致工业实施成本很高，目前尚难以在工业中使用。② 设法提高煤层裂隙率，这是国内外研究和使用最活跃的方向，如水力压裂技术、水力压裂加支撑剂的技术、爆破预裂技术、振动增裂技术、脉冲振荡等一系列技术均是通过增加裂隙来增加低渗透煤层透气系数 k 的。开采解放层和本煤层水力割缝技术是通过强化煤层变形破裂和降低作用在煤体上的固体应力来提高渗透率的技术原理。

增加煤层煤层气流动的压力梯度 $\mathrm{d}p/\mathrm{d}L$ 的技术方案有：缩小钻孔间距，即减小分母 L，即可使压力梯度增加，但无疑将大幅度增加工程成本。国内许多低渗透煤层的高煤层气矿井，在井下煤层的水平钻孔间距已达到 5m 左右，有些试验区达到了 3m 左右，甚至更小。增加煤层气压强 p 也是提高煤层气抽采速率 q 的有效方法，如国内外进行的注水驱替、注二氧化碳驱替甚至注空气驱替都是围绕着增加煤层煤层气的流动压力梯度而努力。但是这些技术仍未见到可望大面积工业应用的前景。而提高煤层煤层气压力的另外一个努力方向是源于煤层气赋存方式，由于煤层气在煤层中主要以吸附方式赋存，游离煤层气仅占10%左右，而只有游离煤层气才可以通过渗流排到抽采钻孔，因此如何使吸附煤层气转变为游离煤层气，从而提高煤层气压强以增加流动的压力梯度，也是一个努力的方向，如外加电磁场、声场甚至温度场均是正在努力的方向。

5.2 煤层的水力压裂技术

水力压裂是在石油天然气工业中成熟的，用以提高油、气井生产能力的技术。在美国已经把它应用到好几个煤田的瓦斯排放工作中（杜尔和余申翰，1989）。它的基本原理是：选定压裂的煤层后在地面上用泵产生高压水流，从钻孔进入煤层，把煤层中原有的裂缝撑开，继续压入水流，使煤层中被撑开的裂缝向四周发展，与此同时，在水中加入筛过的砂子，把它当作支撑剂，送进煤层中被撑开的裂缝里，当压裂结束，压裂用水返回之后，砂子仍然留在煤层中支撑开的裂缝中。水力压裂造成瓦斯流动的通道从钻孔底部向四周延伸到一百多米远的地方，使煤层的钻孔排放瓦斯范围扩大，因而瓦斯涌出量也增加。

20世纪70年代末，原煤炭工业部曾在抚顺、阳泉等高瓦斯矿区以解决煤矿瓦斯突出为主要目的，施工了20余口地面瓦斯抽排试验井。这批地面瓦斯抽排钻孔可谓是我国采用地面垂直井进行煤层气开采的最先尝试。但由于当时井位选择和技术、设备等条件的限制，试验未达到预期的效果（张遂安等，2016）。1998～1999年，美国德士古公司在桃园矿、祁南矿和孙瞳矿施工了三口煤层气评价井，在三口井的评价基础上，选择在桃园矿南部气田施工5口煤气先导试验生产井组，后又追加2口井进行压裂排采。因单井产量低，不具有商业开采价值，美国德士古公司于2002年终止了合同（吴建国和李伟，2005）。

国外在20世纪80年代中期开始研究水平井压裂增产改造技术，最初是沿水平井段进行笼统压裂。2002年以来，随着水平井的规模应用，国外许多公司开始尝试水平井分段压裂技术，经过近10年的发展，现已形成较为完善的适应不同完井条件的水平井分段压裂技术。主流的水平井分段压裂技术主要有水力喷射分段压裂技术、裸眼封隔器分段压裂技术和快钻桥塞分段压裂技术3类，其中裸眼封隔器分段压裂技术应用最为广泛。2007年开始，水平井分段压裂技术成为非常规油气开发的主体技术，开始在北美大规模应用。目前国外能够提供水平井分段压裂工具及技术服务的公司有30多家，这些公司主要通过自主研发、并购和引进等方式获取该项技术。未来，水平分段压裂技术的发展方向主要有4个，即高导流能力压裂、段数倍增压裂、缝网压裂、随压甜点探测（张焕芝等，2012）。

地应力不仅对煤储层渗透性具有重要的影响，同时，地应力大小和方向也是控制煤层气井水力压裂裂缝起裂压力、起裂位置及裂缝形态的重要参数。钻井之前，地应力处于平衡状态；钻开井眼，局部扰动破坏了原有平衡状态，井筒周围地应力重新分布。由于压裂施工的外加液压改变了井筒附近的地应力分布，对地应力的局部扰动，钻井后井筒周围 σ_h 沿井筒周向呈环状分布，σ_h 沿井筒呈放射状分布（唐书恒，2011）。基于井筒周围地应力分布特性，压裂裂缝从井壁处起裂，当水平主应力差较小时，可以形成放射状的多条裂缝（Warpinski et al.，1993）。这些裂缝在距井筒一定范围内发生转向或相互扭曲，随着裂缝的延伸，最终在垂直于最小水平主应力方向形成一条裂缝（Hallam and Last，1991）。

根据地应力场 3 个主应力 σ_h、σ_H 和 σ_v 的相对大小，将地应力场分为 3 种类型（Hossain et al.，2000）：正断层型，即 $\sigma_v > \sigma_H > \sigma_h$；平滑断层型，即 $\sigma_H > \sigma_v > \sigma_h$；逆断层型，即 $\sigma_H > \sigma_h > \sigma_v$。以王台铺煤矿顶板岩层水力压裂为例：当水平主应力相等，即 $\sigma_H / \sigma_v = 1$ 时，裂缝起裂压力均随钻孔倾角增大而单调递减，即钻孔从垂直方向逐渐旋转至水平方向时，所需起裂压力不断减小；水平孔由垂直方向逐渐旋转至水平方向的过程中，裂缝起裂压力保持不变。随着 σ_H / σ_h 或 σ_H / σ_v 的增大，裂缝起裂压力的变化规律与地应力场的类型密切相关。钻孔由垂直方向转向水平方向的过程中，对于正断层型应力场，裂缝起裂压力随着方位角逐渐增大而减小；对于平滑断层型应力场，起裂压力呈逐渐增大趋势；针对逆断层型应力场，随着方位角的逐渐增大，裂缝起裂压力由减小趋势逐渐变为先增后减的趋势。水平孔由垂直方向逐渐旋转至水平方向的过程中，对于正断层型应力场，起裂压力随方位角呈减小的趋势，钻孔沿水平方向布置时起裂压力最小。对于平滑断层型应力场，起裂压力呈先增大后减小的趋势。对于逆断层型应力场，裂缝起裂压力随方位角单调增加，钻孔沿垂直方向布置时起裂压力最小；当岩石抗拉强度与地应力值相近时，抗拉强度使裂缝起裂所需的压力明显增大（冯彦军和康红普，2013）。

煤层中裂隙的扩展受到煤层与顶底板力学参数的控制，当煤层的顶底板为泥岩或粉砂质泥岩时，弹性模量和煤岩相差不大，压裂裂缝不仅在煤层中扩展，同时会扩展到顶底板中（张小东等，2013）（沁水盆地南部亦是如此）。当煤层与顶底板层物性参数和力学性质差别较大时，层间交界处会产生弱面。而岩层的力学性质差异较大，形成较大应力差后，弱面处产生低应力区（朱存宝等，2009）。当垂直缝扩展到顶底板处时，裂缝沿着弱面形成一条或两条水平缝。随着压裂的进行，垂直缝和水平缝同时扩展，形成"T"型或"工"型缝裂缝系统（程远方等，2013）。对于顶板强度明显大于煤体的碎软低渗透煤层，采用顶板压裂时在垂直向上向下扩展延伸并穿入碎软煤层。顶板岩层中压裂在碎软煤层中形成的压裂裂缝长度是直接在碎软煤层中压裂裂缝长度的 7.6 倍（张群等，2018）（以淮北矿区芦岭煤矿为例）。

总之，对比其他常规泥岩和砂岩，煤岩存在割理裂隙，发育微裂隙，且煤岩的杨氏模量小，泊松比大。这些物理和力学性质决定了煤层渗透率对应力的变化非常敏感，采用常规的压裂技术很难取得显著性效果。

5.3　低渗透储层 CO_2 压裂改性强化抽采煤层气

传统的水基压裂液存在破胶不完全、返排不彻底、在地层中滞留量大等问题，对地层伤害严重。因此，主要应用于非常规储层增产的新一代低伤害压裂技术相继问世，如混合压裂技术、高速通道压裂技术以及二氧化碳压裂技术等（李庆辉等，2012）。其中，二氧化碳压裂技术具有低伤害、易返排等优势，目前已经得到了广泛的关注与研究。室内及矿场试验表明，二氧化碳压裂技术具有很高的技术可行性以及较好的投入产出比（段百齐等，2006）。目前国内外应用的二氧化碳压裂技术主要分为二氧化碳泡沫压裂技术、二氧化碳干法压裂技术以及一些特殊的二氧化碳压裂技术（如超临界二氧化碳压裂技术、二氧化碳干法泡沫压裂技术等）。

1）二氧化碳泡沫压裂技术

二氧化碳泡沫压裂液是水基压裂液的一种。二氧化碳泡沫压裂技术最早在20世纪70年代于美国开始研究，并从80年代正式发展起来。国内二氧化碳泡沫压裂技术开始较晚，直至1999年才针对这项技术开展研究。近年来，二氧化碳泡沫压裂技术发展迅速，目前已在国内多个油田成功应用，应用前景良好。

二氧化碳泡沫压裂技术通常使用二氧化碳、起泡剂、增稠剂、助排剂、破胶剂及其他化学添加剂作为压裂介质。由于压裂液中加入了增稠剂，增加了体系的造壁能力，因此二氧化碳泡沫压裂具有滤失系数低、滤失量小的特点。另外，体系中的泡沫所具有的独特结构，会使得在砂比较高的情况下体系依然能依靠自身的能力使砂子的沉降速度非常小，具有很好的悬砂及携砂性能。由于压裂液本身的液相含量较少、滤失量小，因此渗入地层的液体也相对较少。加之压裂液自身具有返排迅速等特点，使得液体与产层的接触时间短，从而最大限度地避免黏土矿物的水化和运移，因此适用于水敏地层的压裂增产（闫鹏等，2013）。

二氧化碳泡沫压裂液主要由聚合物、交联剂、表面活性剂、水和二氧化碳组成。目前常用的聚合物有羟丙基胍胶、羟甲基胍胶与羟甲基羟丙基胍胶等，国内使用最广泛的聚合物是羟丙基胍胶；选用的交联剂为酸性交联剂，主要是由于二氧化碳压裂液呈酸性，pH为3~4，因此最好选用适合于羟丙基胍胶的酸性交联剂；压裂液中的表面活性剂主要有增大二氧化碳在水中的溶解能力以及起泡和助排的作用，通常分为阴离子、阳离子、两性离子及非离子四种，其中阴离子表面活性剂起泡性能好，用量少，可作为起泡剂的主剂。但也存在泡沫半衰期较短、稳泡性欠佳等不足，因此压裂液中的表面活性剂通常复配使用，以应对复杂的地下储层及流体状况（袁辉等，2015；高志亮等，2013）。

二氧化碳泡沫压裂施工时，在混砂车内将胍胶溶液与砂混匀，配制成胍胶溶液，通过压裂泵车泵输。罐车中的二氧化碳通过管汇进入泵车，进而泵送到井口。两台泵车分别泵出液态二氧化碳和胍胶溶液，通过控制流量，使二者进入混合器混合均匀。该混合液向井下注入过程中温度逐渐升高，二氧化碳开始气化形成气液两相混合液，其中二氧化碳为气相，胍胶溶液为液相。气液两相流体最终在达到目的地层之前形成二氧化碳泡沫压裂液。

泡沫由气液两相组成，由于二氧化碳泡沫流体的构成独特，二氧化碳泡沫压裂液具有如下的良好性能：① 滤失量低，对油气层的伤害小。二氧化碳泡沫压裂液中水的用量很少，主要以泡沫形式存在。泡沫进入近缝基质后，由于贾敏效应，气相在喉道处渗流困难。因此，大大降低了进入油气层的液体量，进而减少滤失量，降低压裂液对储层渗流通道造成的伤害。② 抑制黏土膨胀，有效解堵。在储层温度和压力下，二氧化碳易溶于地层水，进而形成酸性溶液，pH 为 3~4，是抑制黏土膨胀的最佳 pH，此时黏土颗粒收缩，渗流通道增大，对解堵有一定的帮助。同时由于形成的液体酸性较低，不足以溶解钙、镁、铁等矿物成分，因此可以减少压裂过程中沉淀的产生。③ 压裂液黏度高，压裂效果好。二氧化碳泡沫压裂液黏度高，可以有效提高砂比，携砂性和抗剪切性好，有利于深井和较大规模的压裂作业。④ 界面张力低，返排迅速。压裂液中的起泡剂是表面活性剂，使得压裂液的界面张力是清水的 20%~30%，压裂液的前缘在多孔介质中接触油相的过程中，短时间内水相夹在气相和油相之间，降低了气水相和油水相的表/界面张力，有利于气水相的返排和油水相的运移。同时，二氧化碳在储层中气化后体积迅速膨胀，增大返排能量，也有助于返排效率的提高。⑤ 二氧化碳溶于原油，降低原油流动阻力。在储层条件下，二氧化碳在原油中溶解性好，可有效降低储层原油的黏度，减小渗流阻力，进而提高油井产能。⑥ 适用于高压地层。与氮气泡沫压裂液相比，二氧化碳泡沫压裂液的液柱压力高，可以显著降低井口的压力，因此二氧化碳泡沫压裂液也适用于深层、高压地层的压裂作业。

国外早在 20 世纪 60 年代就对泡沫压裂液展开了相关研究工作，目前国外泡沫压裂液施工已非常普遍，且压裂成功率及压裂后增产效果均十分显著。20 世纪 90 年代，美国和加拿大就有 90%的气井和 30%的油井采用二氧化碳泡沫压裂技术，且该技术的市场份额还在不断增加（宫长利，2009；杨发等，2014）。

虽然国内二氧化碳泡沫压裂技术相比欧美地区起步较晚，但目前也已经成功在矿场开展了应用。2004 年，二氧化碳泡沫压裂液在永乐油田葡萄花油层三口井进行了试验，采用石英砂为支撑剂。压裂后初期增产效果明显，截至 2004 年 10 月底，单井平均日增液 5.0t，日增油 4.2t，有效期 180d，累计增油 922 t。压后初期，二氧化碳压裂增油强度明显好于普通压裂和多裂缝压裂的效果，但二氧化碳压裂后产量递减幅度较快，因此做好压后保护工作是下一阶段工作的重点。同时，应该尽快发展不动管柱多层压裂工艺技术，减小选井难度，从而促进二氧化碳压裂的广泛应用（潘晓梅等，2005）。长庆油田公司先后在榆林、苏里格、靖边等天然气井上也开展了一系列二氧化碳泡沫压裂研究，共实施了21口井23个层位，深度3000~3500 m，大多数井在压裂后取得了明显的增产效果（袁辉等，2015）。大庆油田杏南试验区的三口井经过二氧化碳泡沫压裂施工后也表现出良好的增产效果，经济效益可观（马健等，2008）。

2）二氧化碳干法压裂技术

二氧化碳干法压裂技术使用液态二氧化碳或添加其他化学添加剂作为压裂介质。二氧化碳干法压裂液中不含任何水，添加的化学剂主要是在二氧化碳中溶解性能好，可以增大液态二氧化碳黏度的增黏剂（Lancaster et al.，1987；Greenhorn et al.，1985）。依靠液态二氧化碳的造壁性，在储层中形成一条动态裂缝，为油气流动提供一条导流能力较高的渗流通道。二氧化碳溶于原油，可以大幅降低原油黏度，增加溶解气驱的能量，同时可以溶解在油层的水中形成碳酸，抑制黏土矿物膨胀，利于返排，从而达到增产改造的目的。

从本质上来讲，二氧化碳干法压裂使用的压裂液是非水基压裂液，具有多种水基压裂液所不具有的如下优点：① 对地层伤害极小。二氧化碳干法压裂技术可以完全避免常规水基压裂液中的水相入侵油气层而产生的伤害，压裂液中残渣少，可以保证裂缝面和导流床的清洁。② 返排快，排液时间短，施工成本低。地层压力释放后，二氧化碳气体膨胀，可以实现压裂液快速返排，排液时间短，施工现场不需要压裂罐，返排压裂液的收集及处理等相关维护费用都可以省去。③ 可以降低原油黏度。二氧化碳在原油中溶解度大，溶于原油后可以大大降低原油黏度，有利于储层原油渗流。④ 可以高效置换甲烷。二氧化碳在页岩层的吸附能力远远大于甲烷，因此可以有效替换储层中的甲烷，提高单井产量，同时可以将二氧化碳封存在地层中减少温室效应。⑤ 二氧化碳流动性强。压裂过程中，二氧化碳易于流入储集层中的微裂缝，从而更好地连通储集层中的天然裂缝。

液态二氧化碳干法压裂技术具有以上优点的同时，还存在着一些缺点。一方面，液态二氧化碳压裂液黏度低，携砂能力差，降滤失能力低，摩阻高，不利于压裂造缝，产生的裂缝比传统水基压裂的窄，影响裂缝导流能力，同时由于黏度较低，漏失问题相对严重，因而只适合于特低渗、超低渗或致密储层的改造；另一方面，压裂过程中二氧化碳压裂液的相态变化复杂，由于压力、温度导致的相变问题难以准确预测与控制，有待实验室的进一步研究。因此，研究溶解效果好的增黏剂以提高二氧化碳压裂液黏度与研究压裂液的相态变化控制过程就变得非常重要。

进行二氧化碳干法压裂时，将存有加压降温后的液态二氧化碳储罐并联，储罐中的二氧化碳保持在-34.4℃、1.4 MPa条件下；通过二氧化碳泵车将液态二氧化碳泵入装有支撑剂的密闭混砂车中，对支撑剂进行预冷；对高压管线、井口试泵，管线试压，测试结果符合要求后，使用压裂泵车将温度为–25～–15℃的液态二氧化碳泵入地层；地层被压开后打开密闭混砂设备注入支撑剂，之后顶替直至支撑剂完全进入地层，停泵；压裂结束后关井 90～150 min；控制返排速度进行放喷返排，最大限度利用二氧化碳能量返排的同时防止吐砂，并使用二氧化碳检测仪监测出口处二氧化碳浓度的变化情况（Lillies et al.，1982）。二氧化碳干法压裂过程中，相态变化情况复杂，首先储罐中的二氧化碳以液态形式存储，经过增压泵车后，液态二氧化碳压力和温度升高，注入高压泵；压裂泵出口处液态二氧化碳压力进一步升高直至施工压力；然后二氧化碳被泵入井底，二氧化碳的压力与温度都进一步增加；二氧化碳进入储层裂缝后，温度、压力趋于储层条件，压力下降，温度上升，处于超临界状态；二氧化碳压裂液返排，二氧化碳最终以气态形式返排至地面，另外有一部分被储层吸收。

二氧化碳干法压裂技术自 20 世纪 80 年代在北美首次现场应用以来，经过不断的改革与完善，目前已广泛应用于渗透率（0.1～10 000）×10^{-3} μm^2的各种地层中，在超过 1000 口井中进行了压裂作业，最大井深超过 3000 m，井底温度在 10～100℃（刘合等，2014；Harris et al.，1998）。我国苏里格气田属于低压、低渗、低丰度的"三低"气藏，水敏性强，压裂后返排困难，基本没有自然产能。针对这一情况，2013 年长庆油田对苏里格气田的一口天然气井进行了二氧化碳干法压裂作业，共计入井液态二氧化碳 254 m^3，施工排量每分钟 2～4 m^3，加入陶粒 2.8 m^3，平均砂比 3.48%，最高砂比达 9%，开创了国内无水压裂的先河，填补了国内技术空白（韩烈祥，2013；张新民，2013）。

3）超临界二氧化碳压裂技术

超临界流体既不同于气体，也不同于液体，它具有许多独特的物理化学性质。超临界二氧化碳的密度接近液体，黏度接近气体，而且扩散系数较高，表面张力接近于零，具有很强的渗透能力。超临界二氧化碳压裂技术是二氧化碳干法压裂技术的一种特殊形式。同普通液态二氧化碳流体相比，超临界二氧化碳流体具有很多优势。超临界二氧化碳流体密度大，溶剂化能力强，能有效溶解近井地带的重油组分，从而增加油气通道的渗流能力；能抑制黏土膨胀，使黏土矿物脱水，颗粒变小，增大地层孔隙，提高渗透率；超临界二氧化碳的表面张力几乎为零，在页岩层的吸附能力远远大于甲烷在页岩中的吸附能力，从而能高效置换地层中的甲烷。超临界二氧化碳压裂技术具备传统二氧化碳干法压裂技术的全部优点，而且增产效果更好，施工压力小，对混砂车要求低，是二氧化碳压裂技术的研究趋势。

然而，由于超临界二氧化碳的黏度较低，因此其作为压裂液的可靠性也一直存有争议，特别是在高砂比情况下其对支撑剂的携带方面，另外对其本身在地层中的滤失性能也知之甚少。虽然目前国内外研究人员合成了用于超临界二氧化碳增黏的聚合物及表面活性剂，但均因增黏效果不理想或不能满足现场应用条件而没有真正用于现场施工。综上所述，超临界二氧化碳压裂液技术虽然具有很多优势，但目前也存在技术上的不足，距离将来的大规模现场应用还有较长的路要走。

4）二氧化碳干法泡沫压裂技术

目前，还有一类比较特殊的二氧化碳干法压裂技术，即二氧化碳干法泡沫压裂技术。该技术利用起泡剂在液态二氧化碳中形成氮气泡沫，既能增加压裂液黏度，又能保护液态二氧化碳不被破坏。非常规二氧化碳泡沫压裂液使用的是一种液态/超临界二氧化碳可溶性起泡剂，可保持压裂液的稳定性，不留残留物质。在压裂过程中氮气为惰性气体，二氧化碳可以以液态或超临界状态存在。非常规泡沫比液态二氧化碳具有更高的黏度，可以更好地控制滤失；摩阻小于液态二氧化碳压裂液摩阻，支撑剂可以在较低的泵送速度下泵入地层。这种非常规泡沫压裂处理的典型对象是对压裂液敏感、处于低压状态下的干气井（孙鑫等，2017）。

5.4 低渗透储层水力割缝改性强化抽采煤层气

水力割缝强化本煤层煤层气抽采技术是利用高压水射流在煤层钻孔中切割一定宽度（决定于煤层的厚度）、一定深度（决定于水力压力）的水平切割缝，其技术方案如图 5.4.1 所示。一方面，水平割缝上下两侧的煤体向割缝中心移动，

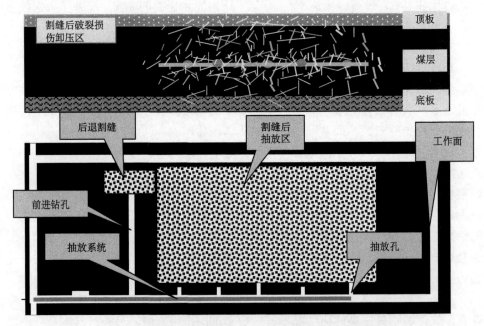

图 5.4.1 煤层高压水射流钻孔、割缝实施技术方案原理图

形成一定区域的卸压区。卸压区内煤体变形，使闭合的孔隙和微裂纹张开，提高其渗透性。另一方面，切割裂缝后，煤层由原始的三维应力状态转变为二维应力状态，在地应力作用下，煤体发生破裂，增加煤体中的裂隙数量，从而大幅度提高煤层的渗透性。

1998 年，我们进行了大型三轴压力下大型煤样（0.5m×0.5m×0.5m）在不同埋藏深度下钻孔和水力割缝抽采煤层气的实验研究，煤样取自潞安矿业集团常村煤矿 3#煤层，实验分别在 400m 埋深地压和在 800m 埋深地压下对两个煤样进行钻孔和割缝实验。在实验中发现，地层应力越高，割缝中煤与煤层气、水突出现象越明显，在 800m 地压作用下，割缝排出的煤体量约为试件体积的 30%，煤体卸压彻底，抽采效果明显；在 400m 地压作用下，割缝排出煤体量仅为试件体积的 2%，煤与气体喷出的剧烈程度明显小于 800m 地压状态。图 5.4.2 和图 5.4.3 为大型三轴试验机大煤样水力割缝的实验照片。

图 5.4.2　割缝中发生气体、煤屑与水喷出现象（800m 地压）　　图 5.4.3　割缝中煤屑与水缓慢流出（400m 地压）

5.4.1　水力割缝抽采煤层气的数值分析

1）模型简化

对煤层实施水力割缝时，煤体产生较钻孔时更大的变形与破坏，为了避免边界的影响，计算模型中包含了与煤层厚度相当的顶板、底板。同时，水平方向的计算宽度取 36m，煤层厚度取 6m，顶板和底板取 6m（图 5.4.4）。

煤层的力学参数和煤层气含量参数与前面相同，见表 5.4.1。顶板、底板进行参数平均，取页岩的力学参数，其中弹性模量 4000MPa，抗拉强度 5MPa，抗压强度 45MPa，渗透率 0.000 001mD，与煤层相比视为不渗透岩层。顶、底板强度的非均质参数始终与煤层强度的非均质参数相同。

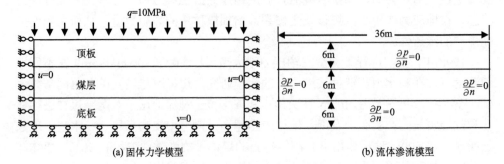

图 5.4.4 水力割缝抽采瓦斯的计算模型

表 5.4.1 煤层的基本物理力学参数

弹性模量 /MPa	泊松比	容重 /(kg/m³)	内摩擦角 /(°)	单轴抗压强度 /MPa	孔隙率 /%	渗透系数 /mD
1874.1	0.3	1400	33.7	15.0	4.00	14.445

2）割缝导致的煤层破裂规律分析

图 5.4.5 是采用固气耦合模型进行的数值模拟的水力割缝过程中煤层裂隙扩展图。煤体被割缝后，割缝的上、下煤层的原始应力释放，同时，割缝时产生的煤屑被水带走后，为煤层变形提供空间。割缝上下两侧的煤体相向移动，并出现裂隙。煤壁破裂后，煤壁中的裂隙数量增加，煤体的透气性提高，使煤体排放煤层气的速度提高。因此，在割缝的过程中，有煤层气大量涌出的现象。

3）水力割缝煤层气抽采中煤层气压力及流速变化规律

煤层中产生大量的拉伸裂缝与剪切裂缝。这些裂隙与切割缝相连通，从而大大地增加了煤层气的流通通道。从抽采 1 天到抽采 10 天的煤层气压力变化来看，拉伸裂隙与剪切裂隙构成的裂隙网络控制着煤层气的流动形式，煤层气总是由煤体流向最近的裂隙。在割缝抽采前 10 天内，裂隙附近煤层气压力梯度大，裂隙区的煤层气流速较大，流速与裂隙面垂直；抽采 30 天后，在裂隙附近的煤层气压力梯度减小，流速减慢；煤层气抽采 60 天后，在裂隙附近煤体中的煤层气压力几乎等于 0，煤层中的煤层气流速趋于零。如图 5.4.6 所示。

4）割缝区周围煤体渗透率的变化

当煤体被切割出一定宽度的水平裂缝后，煤体由于应力的释放出现拉应力区和剪切应力区，并导致煤体出现拉伸破裂和剪切破裂。煤体的原始应力被释放以及煤体破坏后，必然导致的是煤体渗透系数增大，渗透性提高。图 5.4.7（a）是

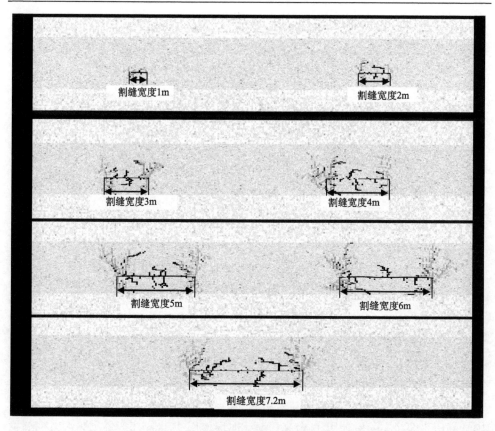

图 5.4.5　400m 埋深不同割缝长度导致的煤体破裂区分布

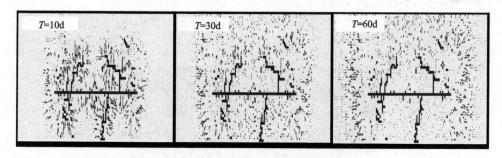

图 5.4.6　煤体割缝后瓦斯流速的变化趋势

煤体破裂后煤层渗透系数的变化图。对破坏区进行统计得出，当割缝长度 7.2m，煤层埋深 400m 时，原始煤层的平均渗透系数为 14.445mD；煤体破裂后，切割缝周围的平均渗透系数为 465.5mD，增长了 30 余倍；在固气耦合计算中，渗透系数同时还受到煤体应力与孔隙压力的影响。在切割缝的两侧，煤体原始压缩应力被释放，部分煤体甚至处于拉伸应力状态，使得煤层的渗透系数增大（图 5.4.7（b））。

割缝长度 7.2m，煤层埋深 400m，并考虑应力对渗透系数的影响时，切割缝周围的渗透系数提高到 850.5mD，比仅考虑 400m 埋深不同割缝长度（图 5.4.5）导致的煤体破裂区分布破裂提高 1.8 倍，比原始煤层的渗透系数提高 60 倍。

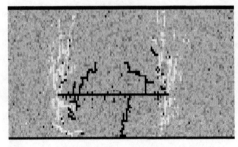 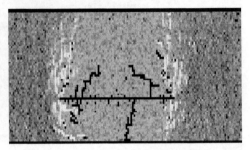

(a) 损伤引起的渗透系数变化　　　　　(b) 固体应力与损伤引起的渗透系数变化

图 5.4.7　煤体破坏后的渗透系数变化趋势

颜色越深，渗透系数值越小

5.4.2　水力割缝成套装备的研制

本课题组从 2000 年开始设计和研发水力割缝成套装备。先后研制，并不断改进形成了三代水力割缝钻机及其配套装备（图 5.4.8）。尽管每代设备在配置和功能上有较大改进，但总的系统基本相同。水力割缝成套装备的主要组成有：① 大排量高压水泵（实验室使用 1 台高压泵，现场使用 2 台高压泵）；② 水力割缝钻机，包括连续钢管、水力割缝钻头（第一、二代为水力钻孔-割缝钻头）；③ 液压控制泵站。现使用的水力割缝钻头具有冲孔与割缝两种状态。冲孔使用 10～20MPa 的水压，用以对钻孔进行清理，或冲开塌孔后的煤渣。割缝使用 60MPa 左

图 5.4.8　低渗透煤层水力割缝装备

右的水压。高压泵使用四川杰特机器有限公司生产的 3GQ-4/70 高压水泵。该泵为高压往复式柱塞泵,单台功率为 110kW,额定压力 70MPa,流量 4.2m³/h。

5.4.3 水力割缝强化本煤层煤层气抽采的工业应用

1)潞安矿区五阳煤矿水力割缝煤层气抽采试验

2004 年 5~11 月期间,在五阳煤矿 7601 工作面回风顺槽进行了水力割缝的工业性试验,进行了 4 个 50m 深的钻孔割缝。7601 运输巷为锚网支护,相邻钢带间距为 900~1000mm。割缝钻孔位于两条钢带中间位置,距离巷道底板的高度为 1.5m,钻孔倾角为 2°~4°,割缝时钻头的行进速度为 0.21m/min。经测量暴露在巷道壁外的割缝宽度在 30~50mm,两侧的割缝深度分别为 850mm 和 900mm。在切割缝内垫有一些被压实的煤块,表明水力割缝后裂缝两侧的煤体发生了相对的移动。切割出的裂缝面基本水平、平整(图 5.4.9)。

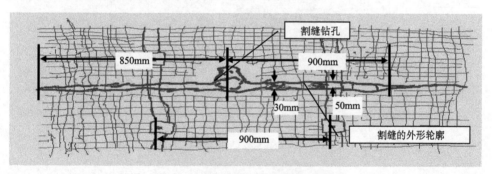

图 5.4.9 巷道帮煤壁割缝的素描图

2)潞安矿区屯留煤矿水力割缝强化本煤层煤层气抽采试验

水力割缝试验区为屯留煤矿 S2201 工作面的永久煤柱区的回风顺槽,煤柱长 300m,宽 200m。试验区共设计试验钻孔 32 个,实际施工钻孔数量 46 个;扇形布置钻孔用于对照抽采效果,设计钻孔数量 7 个,实际施工钻孔 11 个;回风顺槽设计钻孔 15 个,钻孔间距 5m,实际施工钻孔 15 个,钻孔平均间距 4m;辅助运输巷设计钻孔 10 个,钻孔间距 3m,实际施工钻孔 20 个,钻孔间距 2m。水力割缝的钻孔分三种布置方式(图 5.4.10):区域 1,伞形布置钻孔区,在密闭附近设置了 7 个对比钻孔。钻孔的开口之间距离为 1m,钻孔之间的夹角为 10°。钻孔近似水平布置,设计深度 100m。区域 2,间隔 5m 的平行水平钻孔布置在 S2201 回风顺槽中,平行水平钻孔,钻孔间距 5m,设计钻孔数量 15 个,钻孔深度 100m,用于水力割缝。钻孔近水平布置。区域 3,间隔 3m 的平行水平钻孔布置在 S2201 与回风顺槽相连的辅助运输巷中,平行水平钻孔,钻孔间距 3m,设计钻孔数量 10 个,钻孔深度 100m,用于水力割缝。在水力割缝的同时,进行了割缝钻孔与非

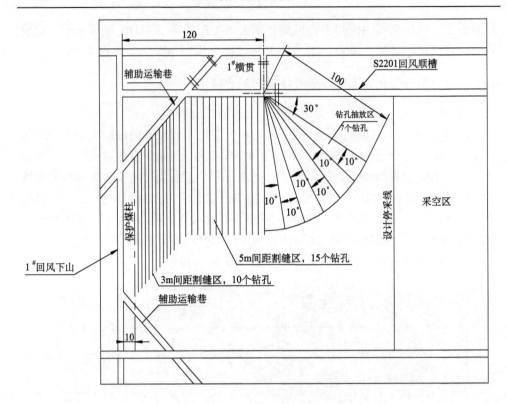

图 5.4.10 试验区钻孔布置设计图

割缝钻孔的抽采煤层气量观测，在割缝后的第一个月内，平均单个割缝钻孔的累计抽采量是非割缝钻孔的累计抽采量的 2.28 倍。在割缝后两个月内，单个割缝钻孔的累计抽采量是非割缝钻孔的累计抽采量的 2.0 倍（图 5.4.11）。针对屯留煤矿

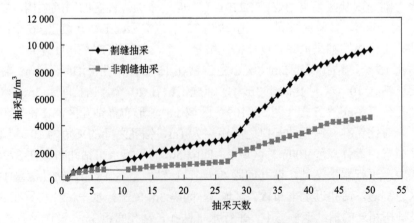

图 5.4.11 钻孔抽采和割缝抽采瓦斯抽采量曲线

$3^{#}$煤层,平均钻孔间距 4.28m,割缝后第一个月单孔累计抽采量为 2947m^3,抽采率达到 15.9%,第二个月单孔累计抽采量为 6702m^3,抽采率达到 36.4%,两个月的累计抽采率达到 52.3%。

5.5 低渗透煤层注热改性强化煤层气开采

5.5.1 温度作用下煤层气吸附-解吸特性的实验研究

温度是影响煤吸附瓦斯的一个重要的因素,在温度作用下,煤样吸附瓦斯的能力下降,使得煤样中吸附瓦斯的解吸量提高。相关研究温度均低于 100℃,为了较全面地研究温度对煤吸附性的影响,我们研制了"高温吸附解吸实验系统",研究了多种煤样在加温过程中的瓦斯解吸规律。实验系统主要由吸附装置、轴向加载装置、气体循环加热装置、精密温控装置、集气装置、甲烷贮气瓶、氦气贮气瓶、ACD-2 型数字压力表(精度 0.001MPa)以及相应的配套阀门管线组成。辅助设备是 DHG-9035AD 型鼓风干燥箱、2XZ-0.5 型真空泵和 TD3001 型精度 0.1g 的电子天平。系统原理如图 5.5.1 所示,实验系统如图 5.5.2 所示,辅助设备的组成和结构如图 5.5.3 所示。

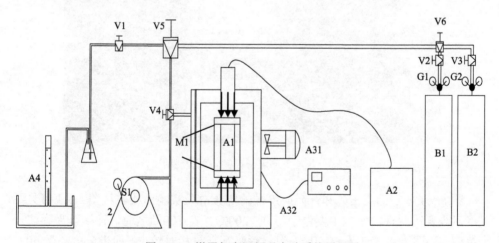

图 5.5.1 煤层气高温解吸实验系统原理图

A1. 试样;A2. 轴向加压泵;A31. 气体循环加热装置;A32. 精密温控装置;A4. 集气装置;B1. 甲烷储气瓶;B2. 氦气储气瓶;M1. 吸附仪;S1. 鼓风干燥箱;V1,V2,V3. 普通针阀;V4,V5,V6. 三通阀门

本实验采用大型圆柱形煤样(ϕ100mm×150mm),保持了煤体本身的裂隙、节理结构。实验用煤样取自潞安矿区屯留煤矿 $3^{#}$煤层和阳泉矿区开元煤矿 $9^{#}$煤层(分别记为 TL 和 KY),分别进行了定压加热解吸实验和定容加热解吸实验。理论分析表明,自由体积中的瓦斯气体膨胀逸出量与瓦斯解吸量相比,其相对值不大

于 1%，因此，实验结果可以清晰反映在等压条件下，温度对煤样吸附能力的影响规律（赵东等，2011a, 2011b）。

图 5.5.2　煤层气高温解吸实验系统

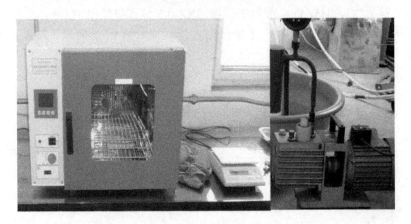

图 5.5.3　煤层气高温解吸实验系统辅助设备

图 5.5.4 分别为屯留矿和开元矿煤样的定压解吸实验曲线。从图 5.5.4 可见，温度对煤样吸附性的影响主要位于 100～200℃，在 100℃之前，瓦斯解吸存在一个突变点，即当温度低于 60℃时，煤样解吸瓦斯量相对较少；而当温度高于 60℃时，煤样解吸瓦斯量迅速增加。在 100～200℃，瓦斯的解吸以近似直线形式增长；而当温度大于 200℃时，瓦斯解吸量减小，瓦斯解吸累计量曲线斜率减小。

由于不同煤种对瓦斯的吸附能力不同，即使在相同温度和压力下，瓦斯的吸附量亦不相同，为便于比较，假定 270℃时瓦斯达到极限解吸量，定义解吸率为 100%，则任意温度的解吸量与极限解吸量的比值为该温度下的解吸率。将屯留矿和开元矿两种煤样的解吸率曲线汇总，得到图 5.5.5。从图 5.5.5 可见，所有曲线均呈"S"形。温度达到60℃时,解吸速度增加,曲线向上翘起;达到200℃时,解吸速度减缓,曲线逐渐平缓。

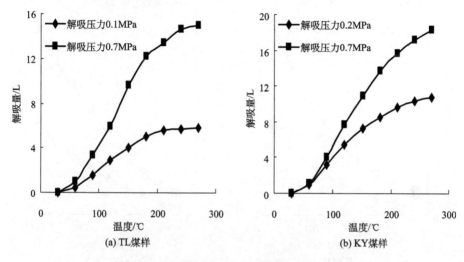

图 5.5.4 定压解吸曲线(解吸量随温度的变化)

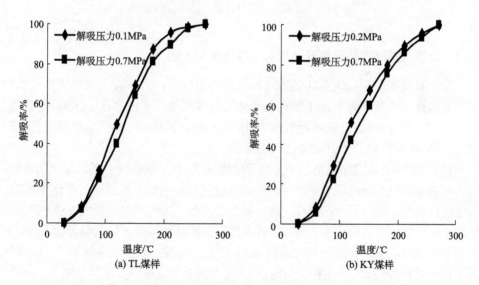

图 5.5.5 煤样解吸率随温度的变化曲线

定容解吸实验结果分析:定容解吸实验是在煤样达到吸附平衡以后,对密闭的吸附装置进行加热,促使吸附装置中的煤样进行解吸。随着温度升高,煤样中吸附的瓦斯不断解吸,吸附装置中的游离气体量增加,压力逐渐升高。因此,定容解吸实验反映了不同温度和压力下,煤对瓦斯的吸附能力。图 5.5.6 是定容解吸实验中气体压力随温度的变化曲线（Zhao et al., 2011, 2012, 2018a, 2018b）。

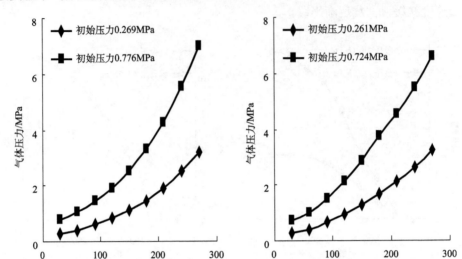

图 5.5.6 定容实验中气体压力随温度的变化

5.5.2 低渗透煤层注热改性开采煤层气的技术与工艺

在大量温度对煤层气强化解吸实验研究的基础上，太原理工大学采矿工艺研究所赵阳升、冯增朝等发明了系列的注热强化煤层气开采的方法，主要分为三大类：① 地面注热地面开采煤层气的方法；② 井上下联合注热强化煤层气开采的方法；③ 井下注热井下开采煤层气的方法。

我们认为：无论地面还是地下注热开采煤层气，都是集约化开采煤层气的方法，因为它完全靠注入煤储层的热水或热蒸汽的温度和注入量实现煤层气强化排采的，与传统煤层气负压开采方法相比，是一种主动式和正压式煤层气开采方法，因此开采速度和开采率更易实现人工控制。开采煤层气的钻孔间距可以大幅度加大，井下注热排采煤层气的钻孔间距可以达到 30m 以上，与常规的低渗透煤层井下煤层气开采钻孔间距 2m 相比，钻孔间距增加 15 倍，从而大幅度减少了钻孔施工、固管、抽排系统等大笔费用，同时可靠地消除了多孔排采和负压排采中系统泄漏，避免了开采过程导致的煤层气中混入大量空气而劣化，开采出优质的煤层气。地面注热方法的预计钻孔间距在 300m 以上，较常规煤层气开采也有大幅度增加。

1）地面注热地面开采煤层气的方法（冯增朝等，2008）

首先在煤层中建立一个井网，钻井从地面直至煤层，钻井的数量不少于 2 个。然后选择其中一眼井为热源注入井，其他井为采气生产井。从热源注入井向煤层中注入150~300℃高温高压水蒸气,将煤层加热到100~250℃以上。煤层被加热后,其中吸附的瓦斯将迅速解吸成为游离瓦斯,气体从吸附状态变为游离状态后,体积增加2~3个数量级,因此,煤层中瓦斯压力10~100倍。在水蒸气的驱动作用下,游离瓦斯迅速向低于常压的采气生产井流动,从而实现迅速、高效开采煤层气的目的。由于水蒸气的热容系数大,携带热的能力强,因此采用高温高压水蒸气加热煤层的速度快。

具体步骤如下:

(1) 由地面向抽采煤层施工多个钻井,钻井距离在100~1000m,钻井布置可以是单排或多排分布。

(2) 如果煤层的渗透率低于1~10mD时,通过水力压裂技术连通井群,反之无须进行压裂。

(3) 选择热源注入井向煤层内注入150~300℃高温高压水蒸气加热煤层,并驱动游离的煤层气向采气生产井流动。

(4) 从采气生产井中一方面利用水泵提取冷却、凝结的水,另一方面抽取产出的煤层气与未凝结的水蒸气的混合气体。

(5) 对混合气体进行冷却和干燥处理得到煤层气,冷却水经过沉淀、过滤处理重复使用。

2) 井上下联合注热开采煤层气的方法(赵阳升等,2008)

从地面实施垂直钻井进入煤层,在井下沿煤层实施抽采用通道,然后密闭抽采用通道,形成井下抽采系统,由地面垂直井向煤层注入过热水蒸气或过热水,使煤层气快速解吸,并沿煤层流动进入井下抽采用通道,然后再将抽采的煤层气输送到地面煤层气系统,如图5.5.7所示。

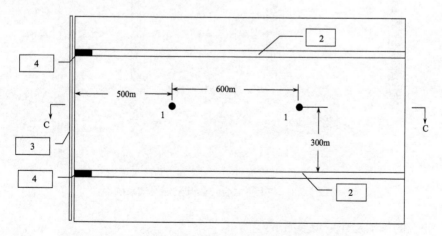

图 5.5.7 地面注热钻井和地下抽采系统平面布置图

1. 注热井;2. 巷道;3. 大巷;4. 大巷入口

具体技术参数如下:

(1) 所布置的垂直钻井至少有一口,如果在两口以上时,需要单排布置,并且位于两条抽采用通道的中部区域,垂直井间距在200～1000m。

(2) 采用的过热流体是过热的水蒸气或过热水,温度在80～270℃。

(3) 垂直钻井的结构是,垂直钻井进入煤层后,煤层段布设花管,煤层顶底板布设双层环空管,且采用耐高温水泥进行固井。

(4) 对于单一煤层,从煤层的主采大巷沿煤层走向施工至少两条平行的抽采巷道或抽采钻孔,用于排采煤层气。

注热开采煤层气的施工方案如图5.5.8和图5.5.9所示,进行井上下联合注热抽采单一煤层煤层气的方法和工艺,假定煤层的厚度是10m,煤层的埋藏深度是100m,煤层的倾角小于5°,在地面指定区域布置两口垂直的注热井(1),井的间距是600m,与井下的大巷(3)垂直,各个钻井钻至煤层(6)中,顶板岩石层段(5)下设双层的环空管(8),煤层段(6)下设花管(10),沿双层环空管(8)的外层采用耐高温的水泥(9)固井。施工两条抽采巷道(2),使之与两口注热井(1)的连线平行,并与大巷(3)垂直,在大巷入口处(4)密闭抽采巷道(2)。按照煤矿的常规方法,通过密闭的抽采巷道安设煤层气的专用泵站和专用的排水系统,以及相应的监控系统。

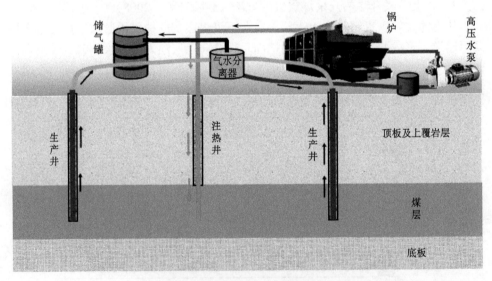

图5.5.8 井上下联合注热开采煤层气系统

相应的施工及开采步骤如下:

(1) 将200～300℃的过热水蒸气通过注热井注入煤层。

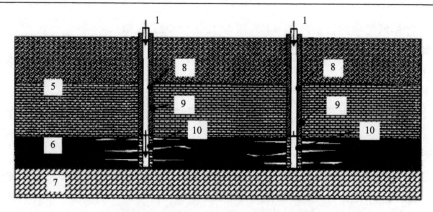

图 5.5.9 地面注热钻井及煤层的剖面图

（2）注入煤层中的过热水蒸气遇到煤层后，沿煤层的孔隙和裂隙渗流，对流加热煤层，同步使煤层压裂和热破裂，煤层渗透性增加。煤层瓦斯迅速解吸为游离瓦斯，煤层游离瓦斯压力极速升高，通过扩散和渗流的双重作用，流向煤层瓦斯抽采通道，而抽采出来。

（3）经过抽采巷道的冷凝和气水分离后，煤层气经过抽采专用泵排到了地面的煤层气储集系统，水则排至大巷复用。

（4）随着过热水蒸气的不断注入煤层，注热井和抽采巷道控制区域的煤层会被快速加热，煤层中的煤层气被快速开采完毕，即可停止注热。

5.5.3 注热开采煤层气的技术经济分析

1）热量衡算

以西山煤电集团屯兰矿为例分析计算：

$2^{\#}$煤层厚度 3m；$8^{\#}$煤层厚度 4m；按实验结果，煤层需注热温度 200℃，煤的热容系数为 0.25kcal/(kg·℃)，则吨煤需热量 0.25kcal/(kg·℃)×1000kg×(200–20)℃=45 000kcal，考虑热量损失 20%，则为 45 000/0.8=56 250kcal。

标煤的热值按 7000kcal/kg 计算，则有 56 250kcal/(7000kcal/kg)=8.04kg 标煤。

采用 250℃过热水注入煤层强化煤层气开采，则 250℃水的热焓值为：(250–20)×1.0kcal/(kg·℃)=230kcal/kg，则加热吨煤需过热水量为 56 250kcal/(230kcal/kg)=244.6kg 水，即每吨水可加热 4 吨煤。

2）工程及费用计算

$2^{\#}$煤层厚度 3m，$8^{\#}$煤层厚度 4m，邻近层累厚 3m。

吨煤瓦斯含量 12m³，则采取措施的煤层区域内的煤量为：1000m×2000m×10m×1.35=2.7×10⁷ 吨煤。

则含瓦斯气量为：$2.7×10^7×12=32.4×10^7 m^3=3.24$ 亿 m^3。

解放可采煤量：$1.4×1.35×10^7=1890$ 万 t。

工程费用：每个钻孔 15 万元×3=45 万元。

巷道施工费用：300 元/m×4000m=120 万元。

上下邻近层，瓦斯抽放孔施工费：30m×2×20×100 元/m=1200m×100 元/m=12 万元。

巷道入口处密闭费：300 元/m×50m×2 个=3 万元。

累计工程投入为：3 万元+45 万元+120 万元+12 万元=180 万元，折合吨煤投入 180 万元/1890 万吨煤=0.095 元/吨煤。

锅炉煤耗费用：0.00804 吨煤×300 元/吨=2.412 元。

注气、采气、烧锅炉等工程、人工、折旧费用 2 元/吨煤。

则吨煤需增加费用：2.412+2+0.095=4.507 元/吨煤。

3）收益分析

煤层气销售：煤层气产率 $10 m^3$/吨煤，售价：1 元/（Nm^3），该区域产煤层气销售收入为：3.24 亿 m^3×1 元/m^3=3.24 亿元。

煤层气超前预采，可使双巷通风变成单巷通风，则该区域可减少巷道掘进费：8 条×2000m×2500 元/m=4000 万元。

煤柱减少可减少煤炭损失量：每减少一条巷道，可减少煤柱 30~40m，则 30m×8 条×2000m×7×1.35=453.6 万吨煤，可多采煤量 453.6 万 t，按吨煤的利润 100 元计算，达 4.536 亿元。

减少通风费用：减少通风风量2.1 亿 m^3/0.5%=420 亿 m^3 风量，节电 0.5 亿 kW·h，电价 0.6 元/（kW·h），则可节省电费 3000 万元。再考虑风机运行管理及投资等，需按 2 倍考虑，则为 6000 万元。

收入合计：3.24+0.4+4.536+0.6=8.776 亿元。

支出合计：4.507 元/吨煤×18 900 000t=0.85 亿元。

赢利：8.776−0.85=7.926 亿元。

吨煤增收：79 260 万元/1890 万 t=41.9365 元/吨煤。

通过工程和技术经济分析，可以清楚看到，通过注热开采工程的实施，在全面避免矿井瓦斯危害，大幅度减小环境污染的前提下，增加资源回收率，节省通风费用，使洁净的煤层气资源得以安全高效开采，综合经济效益可达 42 元/吨煤。

第 6 章　盐类矿床原位溶浸开采与油气储库建造

　　盐岩矿床是氯化物、硫酸盐、碳酸盐等盐类物质在地质作用过程中，在适宜的地质条件和干旱的气候条件下，水盐体系由于蒸发、浓缩而形成的天然卤水和化学沉积矿床。由于盐（氯化钠）是人类日常生活中的必需品，其开采利用历史悠久，而其他盐类矿物（硫酸钠、氯化钾、碳酸钠等）是重要的化工原料，被广泛开发与利用。与此同时，由于地下盐类矿床特殊地质条件及其孔隙率低、蠕变性强、能够损伤自愈合等优良的物理力学特性，其开采后形成的巨型溶腔还是石油、天然气地下储存与废物处置的理想场所，并在国际上已有广泛应用。

　　利用盐类矿物易溶于水的特性，盐类矿床开采方法主要为水溶开采，包括地面钻井地下水溶开采、坑道开挖地下溶浸与地面堆浸相结合的开采方法。对易溶盐矿，如氯化钠或硫酸钠矿床，一般采用钻井水溶开采；而对钙芒硝难溶盐矿床，在埋深较浅条件下，多采用坑道开挖、地下爆破、硐室溶浸与地面堆浸相结合的溶浸开采方法。

　　钻井水溶开采方法早在 1000 多年前中国四川自贡就有应用。利用盐类矿物易溶于水的原理，通过地面钻井至地下盐岩矿床，注入淡水溶解盐岩，用压力驱动法采出盐水（俗称卤水），在地面通过蒸发结晶回收盐类物质。

　　早期的水溶开采方法主要采用单井对流法，即单一井中布设同心管串，内管注水、同心管串环隙出卤（此为正循环），或同心管串环隙注水、内管出卤（此为反循环）。根据流体动力学与传质理论，正反循环法在溶腔内所形成流场与溶液浓度分布有很大差别。正循环一般应用于溶解建腔初期，有利于底部盐岩的快速溶解；而反循环一般应用于溶解中后期，有利于底部高浓度盐溶液的高效采出。但是，由于重力作用，在溶腔内盐溶液浓度分布呈"顶部低、底部高"的特征，而盐岩的溶解速率或溶解速度与溶液浓度呈反比关系，即浓度越低溶解越快。为控制溶腔内盐岩顶部向上的溶解速度，扩展溶腔水平侧向空间，通常在溶腔内注入比卤水质量轻的分隔剂——轻质油品或气体，称为单井油垫法或气垫法。

　　20 世纪 90 年代，随着石油工程定向钻井技术的成熟，该技术在盐类矿床开采中也逐渐应用，即定向对接连通的双井对流法。在矿床井田内，先钻一口垂直井（目标井）至盐类矿床，然后在数十米至数百米之外，再钻一口造斜井+水平井进入矿层并在其中水平穿行至目标井底，实现双井连通、对流水溶开采。与单井对流法相比，定向对接连通双井对流法初期造腔时间更短，由于盐岩矿床内水平段盐岩溶解面积更大，生产能力大为提升，该技术被广泛应用并逐渐取代传统单井水溶法。但在薄层盐类矿床开采中，由于盐层厚度严重制约盐岩溶腔的向上扩展，单井与双井对流法都受到严重制约。

2000 年，太原理工大学赵阳升教授团队发明了群井致裂控制水溶开采方法，在薄层及难溶盐类矿床溶浸开采中应用，克服了传统单井对流与双井对接连通对流水溶法的制约。该方法利用了层状盐岩矿床存在层理界面的地质特征，并利用水力压裂裂缝易于沿抗拉强度最低的层理界面扩展的原理，在层状盐岩矿床中进行群井水力压裂连通、科学调控群井注水与采卤生产，从而实现该类盐岩矿床的高效回采与地层均匀沉陷控制。

由于盐岩自身结构致密的物理特征，以及在一定温度压力下具有极强的流变性，溶浸开采后形成的盐岩溶腔通常用来做油气储库或废物处置场所。根据不同用途，对溶腔的基础地质与几何特征均有不同要求。如储气库必须满足一定的储量要求，并在最大与最小压力之间波动运行时，能够保持储气库的长期稳定与最小容积。要满足这些基本要求，储气库必须在地下一定深度处，一般至少 500m 以下；同时，储库空间容积必须在一定量以上，如 20 万 m^3；储库建造必须避开地质活动带与地层软弱界面，以防止自然与人为活动造成储库失稳与气体泄漏；等等。以美国墨西哥湾盐丘中建造的储库为例，垂直型油气储库高度可达数百米乃至上千米，直径为数十米至百米。

中国盐矿资源丰富，盐矿开采历史悠久，原位溶浸开采方法多样。近年来，随着国家能源战略储备需求发展，以及西气东输大型能源转移工程实施，利用盐岩溶腔进行油气安全储存工程也在逐步施行。本章重点介绍几类盐类矿床原位改性开采方法，并对国际上常用的垂直型油气储库，以及由太原理工大学发明提出的、适合于中国层状盐岩矿床的水平型油气储库建造进行详细介绍。

6.1　单井对流溶浸改性开采技术

对深部盐类矿床开采最早使用的方法——单井对流法，如图 6.1.1 所示，为单井油垫控制水溶开采法。在溶浸改性开采过程中，固体的盐类矿物溶于水溶液或低浓度盐溶液，由固态转变为流动的液态，发生了相态的转变。研究表明，盐类矿物的这一相态转变特性或溶解特性，与溶浸流体的浓度、温度、流速等参数密切相关，其作用原理或机制分为传质与对流两个方面。根据对流传质理论，流速越快，浓度差越大，溶质对流扩散速率越大，在溶浸作用的表面固体溶解或转化的速率相应越高。静态溶解试验结果表明，溶腔顶部盐岩向上溶解速度最大，是侧面及底部盐岩溶解速度的 2~4 倍。因此，在水溶开采过程中，为控制顶部盐岩的快速上溶，同时保障溶腔在水平方向一定的扩展，注入一定量的小比重流体（一般为油品或气体),作为溶液与顶部盐岩的隔离垫层,俗称油(气)垫法。同时,在垂直型溶腔单井水溶开采过程中,根据重力作用原理,溶腔下部溶液浓度高于中上部,顶部溶液浓度最低。为加快盐岩溶解,提高开采效率,一般采用反循环方式进行生产,即从中间管与中心管环隙(位于溶腔中上部)注入淡水,从伸出中间管底端一定尺寸的中心管(位于溶腔中下部)抽出高浓度盐溶液(俗称卤水)。但在水溶开采初期,为加快建腔速度,一般采用正循环方式进行生产,注水、采卤方向与反循环正相反。

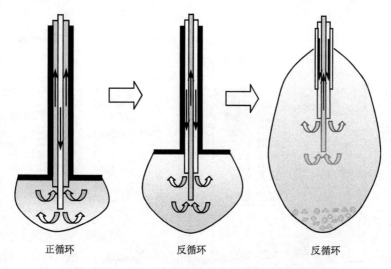

图 6.1.1 盐类矿床单井油垫控制水溶开采示意图

在单井油垫水溶开采过程中,为保障套管的稳定性以及生产效率,随着溶腔尺寸的不断扩大以及油垫抬升,需要周期性提升管串。在提升过程中,两个尺寸需要把握,其一为中间管伸出套管底部的长度,其二为中心管底端口与中间管端口的长度,决定该两尺寸参数的主要因素是腔体内流场与浓度场分布。根据注入淡水溶液量的大小以及腔体形状尺寸,可以模拟计算出不同管柱组合条件下,中心管出卤井底端区域溶液浓度高低,取与注入水量相匹配的出卤井底端浓度最高的最佳组合尺寸,即可保障高浓度溶液的高效采出。

如图 6.1.2 所示为地下 1000m 深处(设定出口压力为 10.1MPa)盐岩矿床中,当溶腔直径扩展为 40m 时,反循环对流溶解方式下,不同注水量(压差)与不同管柱间距尺寸条件下,单井对流溶解垂直型溶腔内右半侧溶液流场分布规律与特征模拟结果。从图 6.1.2 可以看出,在右半侧溶腔的中心部位存在低速甚至零流速区,而在最右侧边界处存在与溶腔中心(即注出水管沿线)速度相近的高流速区,但流场方向正好相反。在恒定压差条件下,随着中心管底端口与中间注水管底间

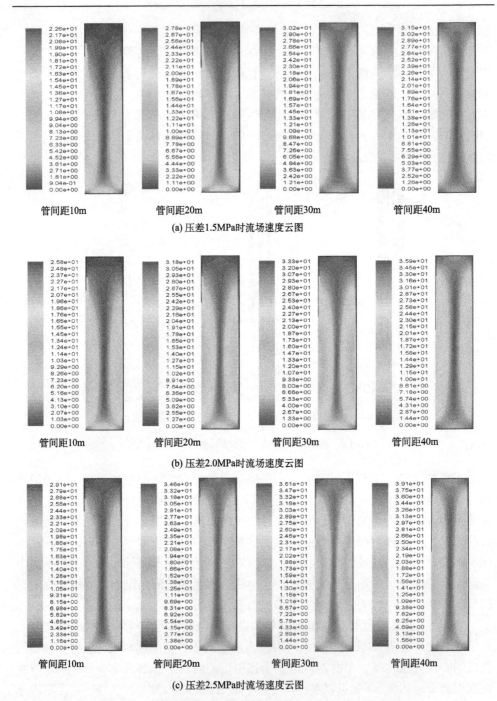

图 6.1.2 反循环对流溶解垂直型溶腔内流场速度分布云图

距（简称管间距）的增大，该流场影响范围相应变化，如在压差为 1.5MPa 条件下，管间距为 20m 时，高流速流场范围较大；而在 2.0MPa 压差条件下，管间距为 30m 时达到最大影响范围。宏观理解为管间距与注入压力（或流量）共同影响溶腔内流场分布与盐岩溶解效率。这要求，在工程实践中，随着溶腔腔体的逐渐扩大，为保障生产效率，提高高浓度卤水产出率，必须不断调整优化两管柱间距及注水量大小。

6.2 双井对接连通溶浸改性开采技术

这是以两口井为一个开采单元，通过定向钻井对接或压裂连通方式，在地下矿层中建造溶解通道，从其中一口井注入淡水溶解盐岩矿床，利用注水余压使溶解盐岩之后的卤水从另一口井输运到地面的开采方法。其工艺是：首先通过地面向矿层钻两口竖井，一口为目标井直接钻至矿层，另一口为定向井，从地表向地下钻入一定深度后，开始以一定斜率向近水平方向的矿层钻进，进入矿层后沿水平方向钻井直至与目标井底对接连通。图 6.2.1 为水平井定向对接连通原理图。

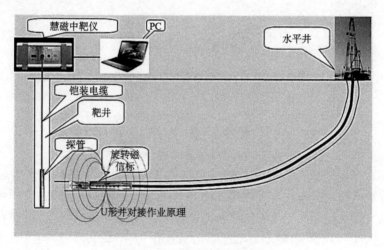

图 6.2.1　定向对接连通原理图
来源：中国地质调查局

双井定向对接连通之后，从其中一口井注入淡水溶液，溶解盐岩成高浓度卤水后从另一口井采出，如此快速循环，有利于提高初期采盐生产效率。根据溶解作用原理，在注水井端由于注入水溶液浓度低而盐岩溶解快；而在出卤井一端则相反，由于溶液浓度高而盐岩溶解缓慢。由此长时间溶解会造成水平溶腔呈两端大小不均匀状,需要周期性对调注出水井,以保障水平溶腔均匀发展,同时也提高对井使用与生产效率(图6.2.2)。

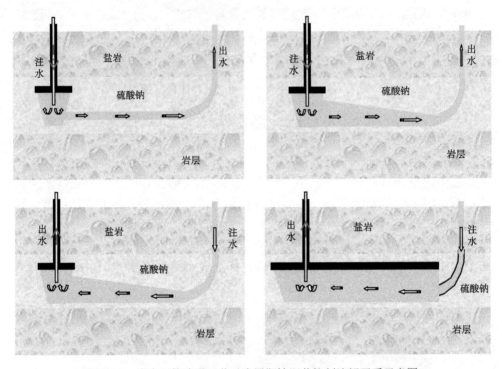

图 6.2.2 定向对接连通双井对流周期性调井控制溶解开采示意图

6.3 单井水平后退式溶浸开采技术

单井水平后退式溶浸开采是适用于在层状盐岩矿床中进行水平溶腔建造的另一种方法,相比于双井对接连通水溶开采技术,少建造一口竖井,而且后退式溶解可以更好地保障水平段长距离建造高度方向尺寸均匀的溶腔,该技术方法由太原理工大学与加拿大滑铁卢大学(University of Waterloo)共同发明提出。如图 6.3.1 所示为正循环注入溶解建造过程示意图,该方法利用了双井定向对接对流法和单井对流法的优势,淡水经过中心管盲端的侧壁花孔注入盐岩矿床,高浓度卤水从中心管与中间管环隙经管串系统排到地面,周期性分阶段后退式溶解盐岩,该方法是一种大型水平盐岩溶腔快速建造的有效方法。

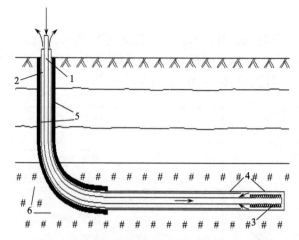

图 6.3.1 水平盐岩溶腔储库的建造方法示意图

1. 注水管；2. 出水管；3. 盲端侧壁花孔射流段；4. 水平井；5. 中间管与固井套管环隙；6. 盐岩层

图 6.3.2 为实验室相似模拟结果，表现为正循环注水管出口与采卤管端口不同间距条件下，水平段溶腔内流场分布的不同。在给定注水量情况下，随管间距增大，流场影响范围增大并波及腔体上部边界，有利于顶部盐岩的对流与溶解。

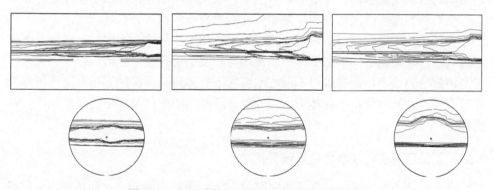

图 6.3.2 不同套管间距条件下腔内流场分布图

通过对套管间距、注水流量、盐水浓度、循环方式和射流方式五种工艺条件下盐岩水平溶腔流体运移影响的相似实验研究发现，盐岩水平溶腔在造腔过程中的流体运移具有一定的规律。如图 6.3.3 所示，根据腔体内流场规律特征，可以将水平溶腔垂直界面内流场划分为三个区域：对流扩散区、缓冲扩散区和饱和沉淀区。

对流扩散区：在入射流惯性力作用下，淡水从中心管沿水平方向注入腔体，沿射程方向向前运动，速度较大。受边界条件影响，在管柱周围容易形成对流漩涡，流体的流动状态多为紊流，该区域是高浓度卤水与低浓度卤水相混合的主要区域。

缓冲扩散区：在对流扩散区域流体运移的影响与高浓度盐水的浮力作用下，在靠近腔体上部位置流体运移缓慢，在重力与溶解共同作用下，竖向存在明显的浓度差，溶质传递以溶解与扩散为主。

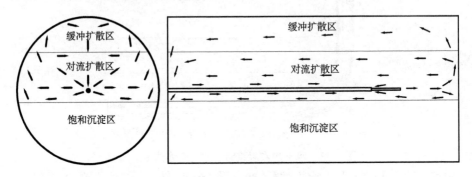

图 6.3.3　流场区域分布示意图

饱和沉淀区：在腔体的中下部，由于受重力作用，腔内盐水浓度会在该区域由上至下逐渐增大。注入淡水在惯性力与浮力作用下，流场处于相对稳定状态，溶质运动以浓度差驱动作用下的扩散为主，甚至在局部存在卤水浓度接近饱和状态，盐岩溶解速度较低，饱和结晶晶体伴随部分难溶物质会在底部沉淀。

为加快盐岩溶腔建造，需要定期对不同腔体形状尺寸、不同注水流量、不同管柱间距以及其他不同工艺条件下的流场与浓度场进行模拟分析，以优化工艺，提高溶解造腔效率。课题组对不同注水流量下腔体内流场、浓度场与温度场进行了耦合模拟，同时分析了腔体形状尺寸随溶解时间的变化及其中的流场状态。结果如下所述。

6.3.1　正循环溶浸时注水量的影响分析

在正循环溶浸方式下，套管间距取为 20 m，采用不同的注水流量注水，对溶采效率和溶腔形状有较大影响，我们选择 90 m³/h、120 m³/h、150 m³/h 和 180 m³/h 几种注水量进行分析。

1）流场模拟结果分析

不同注水流量条件下的流场矢量图如图 6.3.4 所示。

由图 6.3.4 可以看出，不同注水流量条件下的水平溶腔的流体运移规律相似。由于盐水的浮力作用，注入的淡水明显地向腔体上部偏转运移，然后遇到腔体上壁面限制后，沿上壁面运移，在壁面运动过程中，不断与高浓度的盐水混合，速度逐渐降低，一直运动到腔体出水口附近，在出水口卷吸力的作用下，流体进入对流扩散区，由于腔内的盐水浓度越向下越大，所以此过程中，盐水的浮力对向下运移的流体形成阻力,速度逐渐减小为 0,然后在浮力的作用下,流体微粒折回到对流扩散区,此过程中,在腔内会形成一个漩涡,向右继续运移的流体一部分经出水口流出,一部分继续向右运移,一直运动到中心管管口,与中心管注入的淡水混合,之后的运移重复上述的运动。

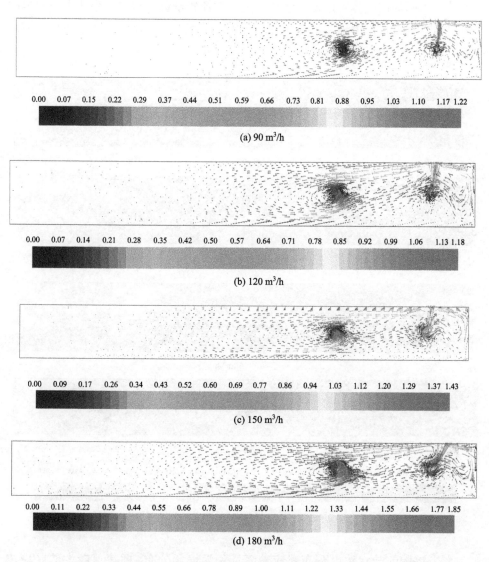

图 6.3.4　不同注水流量条件下的流场矢量图

2）浓度场模拟结果分析

由图 6.3.5 可以看出,不同注水流量条件下的腔内浓度场分布规律相似,整个腔内浓度的左端部比右端部的高,上半部分的浓度较下半部分的浓度低,下半部分的盐水浓度保持在较高的水平,将近达到了盐水的饱和浓度,进水口处的盐水浓度为腔内最低的位置,随着注水流量的增加,腔内低浓度区域的面积明显增大,腔内整体的平均浓度明显降低。在腔内高浓度盐水的浮力作用下,从进水口注入的淡水明显向腔体上部偏转运移,进入对流扩散区,该过程中淡水与腔内的高浓度盐水混合,浓度逐渐增大,到达腔体上部壁面后,混合盐水向两端扩散,浓度继续增大,最后随着流体继续运移,浓度相对保持稳定。

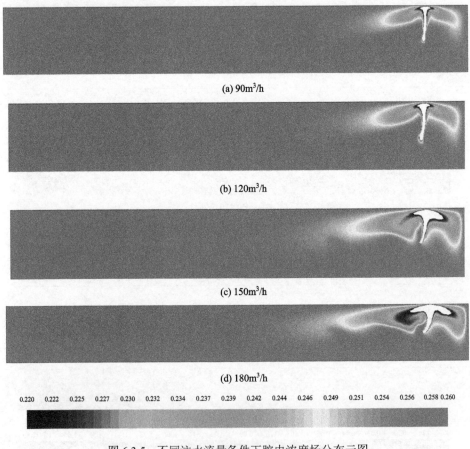

图 6.3.5 不同注水流量条件下腔内浓度场分布云图

水平溶腔的盐水浓度分布对应着流场和温度场分布,即流速较大的区域浓度较低,流速较小的区域浓度较高;温度较大的区域浓度较高,温度较小的区域浓度较低,因此盐岩水平溶腔内的浓度场是流场与温度场耦合作用产生的结果。

3）温度场模拟结果分析

由图 6.3.6 可以看出，不同注水流量条件下的水平溶腔内温度场分布规律相似，整个腔内除了注水口上部区域的流体温度较低以外，其他区域的流水温度均处在较高的水平。这主要是因为中心管注入的低温淡水在盐水浮力的作用下，迅速向腔体顶部运移，在此区域内低温淡水与高温饱和盐水经过混合变为浓度相对较低的盐水，下半部分的盐水温度在较高的水平，达到了所在岩层的温度，进水口处温度为腔内最低，随着注水流量的增加，腔内低温区域的面积明显增大，腔内平均温度明显降低。在腔内高浓度盐水的浮力作用下，从中心管注入的低温淡水明显向腔体上部偏转运移，进入对流扩散区，该过程中低温淡水与腔内的高温盐水混合，温度逐渐增大，到达腔体上部壁面后，混合盐水向两端扩散，温度继续增大，最后随着流体继续运移，温度相对保持稳定。

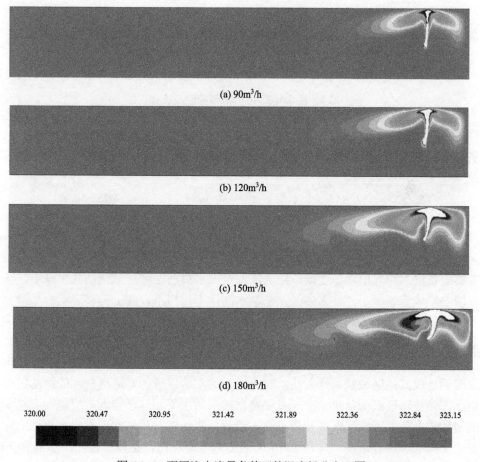

图 6.3.6　不同注水流量条件下的温度场分布云图

6.3.2 溶浸过程中腔体形状、流场、浓度场及温度场变化

1）溶浸开采 40 天后的溶腔

采用 Fluent 数值模拟软件，进行分析得到盐岩水平溶腔注水开采 40 天后的流场、浓度场和温度场，见图 6.3.7～图 6.3.9。

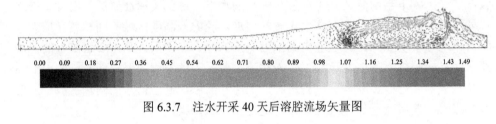

图 6.3.7　注水开采 40 天后溶腔流场矢量图

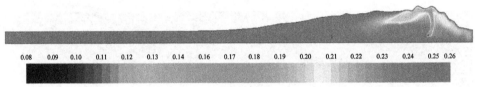

图 6.3.8　注水开采 40 天后溶腔浓度场分布图

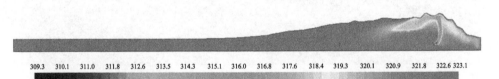

图 6.3.9　注水开采 40 天后溶腔温度场分布图

由图 6.3.7 可以看出，经过 40 天的注水开采，水平溶腔内的流体流动还是主要集中在进水口与出水口之间，注入淡水对出水口的左端区域扰动几乎很小，该区域的流体流速极小。注入的淡水在盐水的浮力作用下，向上偏移运动后，沿上壁面运动，对上壁面的盐岩进行溶解，因此进水口与出水口之间对应的上壁面溶盐高度明显较注水 10 天的高，同时注水口对应的上壁面位置的溶盐高度最大。

由图 6.3.8 可以看出，经过 40 天的注水开采，水平溶腔内进水口上部的盐水浓度明显较其他区域低，注入淡水对出水口的左端区域的高浓度盐水的扰动仍然很小，导致该区域的盐水浓度一直保持在较高的水平，几乎接近对应温度下盐水的饱和浓度值。因此该区域盐岩不会被溶解，注入淡水对进水口与出水口之间对应的上部区域进行溶解。与注水 10 天后的浓度场相比，整体而言，注水溶解 40 天后腔内盐水的平均浓度明显增加。

由图 6.3.9 可以看出，经过 40 天的注水开采，水平溶腔内温度较低的区域还是主要集中在进水口上部区域，这主要是受到淡水对流的影响，由于注入的淡水相对于腔内的盐水温度较低，对流快的区域带走高温卤水的同时，又不断地补充低温淡水，因此该区域的温度较低，注入淡水对出水口的左端区域扰动几乎很小，导致该区域的盐水温度较高，与溶腔所处地层的温度保持相同。与注水 10 天的腔内温度场相比，40 天后的腔内盐水温度明显增加。

盐岩水平溶腔在 40 天的注水溶解时间内，盐岩溶腔的壁面溶解位置还是主要集中在注水口与出水口之间对应的上壁面区域，进水口上部区域溶盐高度开始明显大于其他区域的溶盐高度，从进水口到出水口，腔内上部的溶盐高度逐渐递减，由于腔体形状的变化，出水口左端的上部区域逐渐开始溶解。

2）溶浸 100 天后的溶腔

盐岩注水开采 100 天后的流场、浓度场和温度场见图 6.3.10～图 6.3.12。

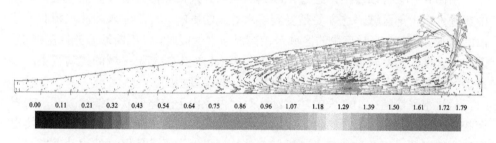

图 6.3.10　注水开采 100 天后溶腔流场矢量图

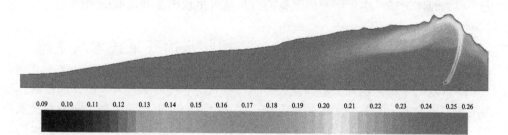

图 6.3.11　注水开采 100 天后溶腔浓度场分布图

由图 6.3.10 可以看出，经过 100 天的注水开采，腔内流体运移的范围继续扩大，在流体运移的影响下，左端面区域的上壁盐岩逐渐开始溶解。注入的淡水在盐水的浮力作用下，向上偏移运动后，沿上壁面运动，运移过程中，逐渐对上壁面的盐岩进行溶解。因此，进水口与出水口之间对应的上壁面溶盐高度仍然成为溶腔溶解的主要区域，同时保持注水口对应的上壁面位置的溶盐高度最大的规律不变。

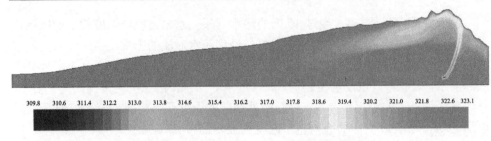

图 6.3.12 注水开采 100 天后溶腔温度场分布图

由图 6.3.11 可以看出，经过 100 天的注水开采，进水口上部的盐水浓度明显较其他区域低，注入淡水对出水口左端区域的高浓度卤水的影响较小，导致该区域的盐水浓度很大，注入淡水主要针对进水口与出水口之间对应的上部区域进行溶解。

由图 6.3.12 可以看出，经过 100 天的注水开采，腔内温度较低的区域主要集中在进水口上部区域，这主要是受到淡水对流的影响，由于注入的淡水相对于腔内的盐水温度较低，对流快的区域带走高温卤水的同时，又不断地补充低温淡水，因此该区域的温度较低，注入低温淡水对出水口的左端高温区域的扰动较小，导致该区域的盐水温度较高，与溶腔所处地层的温度相同。

盐岩水平溶腔在 100 天的注水溶解时间内，由于腔体形状的继续改变，盐岩溶腔的上壁面溶解区域开始大范围增加，溶腔的左端面区域的上壁面盐岩开始出现较少的溶解，但是进水口上部区域溶盐高度仍然大于其他区域的溶盐高度，从进水口到腔体两端，水平溶腔内上部的溶盐高度呈现出逐渐递减的趋势。

6.4 易溶硫酸钠矿床群井致裂控制水溶开采技术与工程

尽管人们早已认识到易溶的盐类矿床可以采用水溶方法开采，但长期停留在溶浸效率极为低下的单井水溶开采方法。在 20 世纪 90 年代，随着定向钻井技术在石油工程中逐渐成熟，才被引进到盐矿水溶开采领域，逐渐形成了对接井水溶开采新工艺，使水溶开采效率成倍提高，并较广泛使用。但靠水平井穿越矿层，实现溶采，其溶解面积较小，因此必须采用很长的水平井长距离的溶解，才能保证生产井连续产出合格的高浓度的卤水。此外，沿水平井溶采的过程，是一个圆形结构逐渐扩大的过程，当硐室高度一旦大于矿层厚度，其顶底板的杂盐就会被溶解，则该对接井溶采井组失效停产。其结果决定了对接井水溶开采技术的高额的成本和较短的服务年限。

为了克服对接井水溶开采技术的缺点，作者于 2000 年提出易溶盐矿群井致裂控制水溶开采方法，并于当年在山西运城南风化工集团深层硫酸钠矿层试验成功，投入大规模工业使用。所谓群井致裂控制水溶开采方法，其核心是建造巨型的沿矿层层理的裂缝，沟通多井，选其中几口井注入淡水，其他井排采卤水。与对接井不同，钻井间是靠面积巨大的裂缝连通，溶采的过程是沿裂缝的大面积溶解，溶解效率大幅度提高，在较短距离即可产出高浓度卤水。溶采过程中可以调换注入井和生产井，即可实现矿层的均匀溶采。因此，与单井水溶开采、对接井水溶开采方法相比，群井致裂控制水溶开采方法是盐矿开采方法的重大变革。

群井致裂控制水溶开采技术是在盐类矿床内同时布置多眼井（图 6.4.1），选择靠近中央的一口井或几口井作为压裂井，其余全部为目标井，采用水力压裂工艺，使群井沿矿层底部压裂连通，形成开采井网。开采井网形成之后，开始生产卤水，选择部分钻井注淡水、周围井作生产井采卤水；在生产过程中，根据盐岩矿层的溶解厚度、盐溶液浓度、注出水井压力、井间对流溶采时间等参数，实时轮换注水井和生产井，实施对盐岩矿层的控制溶解开采。

图 6.4.1　群井致裂控制水溶开采方法示意图

1. 目标矿床；2. 注入井；3. 生产井

与其他开采方法相比，群井致裂控制水溶开采方法可大幅降低生产成本、提高资源回采率；同时，由于它可以控制盐岩溶腔的发展，所以，对防止地表不均匀沉陷、保护地表生态环境也具有十分重要的意义。

6.4.1　群井致裂技术

根据水力压裂原理，在地层内形成水平向水力压裂裂纹的条件是：压裂压力大于（或等于）岩层铅垂方向的地应力和该方向岩层自身的抗拉强度之和，即

$$P_{\text{break}} = \sigma_v + \sigma_t \tag{6.4.1}$$

式中：P_{break}为岩层破裂压力（MPa）；σ_v为铅垂向地应力（MPa）；σ_t为铅垂方向岩层的抗拉强度（MPa）。

由于盐岩矿层的强流变性和盐矿层含有软弱的夹层，其夹层的抗拉强度近似为零，或小于矿层本身的抗拉强度，因此在矿层中进行水力压裂，当压裂压力高于式（6.4.1）的破裂压力 P_{break} 时，岩层即发生破裂，形成水平裂缝。随注水过程的不断延续，如图 6.4.2 所示，裂缝会沿矿层的软弱层理破裂扩展，最终形成以注水井为中心的圆盘状水平裂缝。当水力压裂裂缝扩展到目标井时，两井通过水力裂缝即贯通。由于层状地层横向广泛展布的特性，在压裂压力合适的情况下，距中央注水井等距离的所有周边目标井，原则上都会与压裂井贯通。如图 6.4.2 所示的周边 $1^{\#}\sim 4^{\#}$目标井，会与中央 $0^{\#}$注水井同时通过水力压裂裂缝贯通。

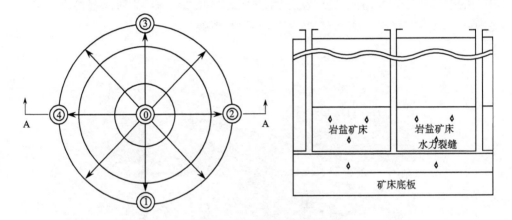

图 6.4.2　群井压裂连通示意图

水力压裂连通初期，连通注出水井的水平裂缝宽度很小，裂缝中水的流动可视为渗流，用 Darcy 定律来求解裂缝中水流运动规律：

$$V_i = -\frac{K}{\mu}\frac{\partial p}{\partial x_i} \tag{6.4.2}$$

式中：V_i为水流速度（m/s）；K为裂缝渗透率；μ为流体黏度（Pa·s）。

随着注水过程的延续，盐岩被溶解，裂缝宽度逐步增大，当达到一定宽度时，其中的水流运动不再是低速的渗流，Darcy 定律不再适用，应用纳维-斯托克斯（Navier-Stokes）方程来求解水流运动规律：

$$-\frac{1}{\rho}\frac{\partial p}{\partial x_i} = \frac{\partial V_i}{\partial t} + V_j\frac{\partial V_i}{\partial x_j} \tag{6.4.3}$$

式中：V为溶液流速（m/s）；p为水压（Pa）。

由方程（6.4.2）和方程（6.4.3）可知，在水流通道上，只要存在压力梯度，就必然会有水流运动。因此，在水力压裂裂缝连通的群井中，通过调节注出水井间的水流量，来调节两井之间的水力梯度，即可实现控制水溶开采的目的。

6.4.2 运城盐湖深层硫酸钠矿床

山西省运城盐湖系第四纪自析湖，为硫酸钠亚型、化学沉积盐类矿床。矿体以固、液两相形式并存，资源比较丰富，据山西省地质矿产局 214 地质队 1988 年的地质勘探报告，所探明的矿石总储量为 25 561.55 万 t。其中，界村矿段矿石储量 4713.47 万 t，深部硫酸钠及钙芒硝矿层储量为 3894.76 万 t。

界村硫酸钠矿床：位于盐湖东北部，旧盐化五厂—东郭一线之北，长 5km，宽约 2km。固体矿层赋存于下更新统—全新统含盐岩系中，呈层状、似层状，共有大小 28 个矿体，其中以 1、2、3、6 号矿体为主，位于地表以下 69.30～113.06m，层状、层位稳定，规模大，为优良的晶质硫酸钠矿层，顶底板为泥质钙芒硝。主要矿体分述如下：

1 号矿体：层状，似水平，分布于 2～22 线，有 80 个钻孔控制，长 4500m，宽 1600m，最大厚度 5.44m，最小厚度 0.50m，平均厚 2.60m。各组分含量分别为：Na_2SO_4 39.96%，$MgSO_4$ 3.34%，$NaCl$ 0.93%，B+C 级组分储量为 779.76 万 t，占该矿层总储量的 46.33%。

2 号矿体：为泥质钙芒硝，局部夹白钠镁矾，是 1 号矿体的顶板，呈层状，有 65 个钻孔控制，长 4500m，宽 1600m，最大厚度 4.96m，最小厚度 0.5m，平均厚 1.63m，可采面积 4.16km^2。各组分含量分别为：Na_2SO_4 27.27%，$MgSO_4$ 1.74%，$NaCl$ 2.07%，B+C 级组分储量为 318.93 万 t，占该矿层总储量的 18.95%。

3 号矿体：为泥质钙芒硝，是 1 号矿体的底板，有无矿天窗，长 2800m，宽 1600m，可采面积 2.68km^2，平均厚度 1.79m。各组分含量分别为：Na_2SO_4 27.54%，$MgSO_4$ 2.62%，$NaCl$ 4.04%，B+C 级组分储量为 227.82 万 t，占该矿层总储量的 13.54%。

6 号矿体：由晶质石盐组成，似层状、近水平，平面形如哑铃，长 2200m，宽 1200m，面积 1.18km^2，埋深 13.50～24.50m，平均厚 1.93m。各组分含量分别为：Na_2SO_4 2.94%，$MgSO_4$ 0.95%，$NaCl$ 45.83%，B+C 级组分储量为 195.2 万 t，占该矿层总储量的 11.60%。

运城盐湖盐类矿层赋存于下更新统—全新统含盐岩系中，呈层状、似层状、透镜状产出。含盐岩系为一套由黏土、亚黏土、亚砂土、粉细砂和淤泥组成的湖相地层。成盐旋回清楚，水平层理明显，具有薄层理、纹层理和季节性的韵律层理，为静水环境沉积（图 6.4.3）。

换层深度/m	分层厚度/m	岩性描述	地质时代	柱状图	深度标尺/m
65.10	4.15	含石膏亚黏土，深灰色，黏性塑性弱，主要成分为黏土，含10%~15%的石膏，呈无色透明薄板状，分布不均，偶见结核状石膏，粒径2cm			70
66.65	1.55	黏土，土褐棕色，具黏性和塑性，贝壳状断口，主要成分为黏土，含少量石膏，下部石膏含量达10%，为无色透明薄板状，分布不均			
70.05	3.47	亚黏土，灰褐色，夹灰绿及深灰色，黏性局部较差，主要成分为黏土，含少量粉砂，偶见黑色有机质亮点，含少量白色粒状石膏			
73.82	3.77	亚黏土夹泥灰岩，青灰深灰色，上部为灰绿色，局部含石膏，分布不均，下部含量较高，可达20%~30%，呈无色透明或半透明，白色片状及粒状分布，并含有少量粉砂，70.06~70.18m，72.64~72.73m为白云质泥灰岩，呈灰白色、坚硬			
74.20	1.38	含石膏亚黏土，灰绿色、灰色夹黑色，成分为黏土，含5%~15%石膏，呈白色粒状，下部呈针状、烟柱状，分布不均，局部夹薄层粉砂，水平层理发育			
77.43	2.23	泥质钙芒硝，灰黑色夹黑色、灰绿色亚黏土，约含15%~20%晶质芒硝，分布均匀，呈无色巨粒状及短柱状，针状，具玻璃光泽，清凉苦味			
79.50	2.07	晶质芒硝，呈无色或白色，巨粒，粗粒，镶嵌结构，块状及层状构造，具玻璃光泽，主要成分为晶质芒硝，偶夹纹层黏土，具清凉苦味，易溶于水，脱水后为白色粉末			
80.20	0.90	泥质钙芒硝，灰黑色夹绿色亚黏土，钙芒硝，呈无色白色透明，半透明，菱形板状，不均匀分布，粒径0.5~1.5cm			80
84.20	3.80	含钙芒硝亚黏土，灰黑色夹绿色，黏性塑性差，成分以黏土为主，含有芒硝，粉砂，芒硝呈白色、无色透明半透明，下部含少量白色粒状石膏，81.40~81.80为泥质钙芒硝			
86.03	1.83	含石膏亚黏土，呈灰黑色，灰色，黏性弱，成分为黏土、石膏，呈白色无色粒状，小片状，分布不均，偶见白色粒状芒硝			
91.63	5.60	亚黏土，灰色土棕色，黏性塑性弱，成分主要为黏土，含少量的粉砂及石膏，上部夹有石膏砂，局部见有灰白色粗-巨晶石膏			90
92.43	0.80	粉砂，土灰色，性松散，成分为石英，含少量石膏黏土及暗色矿物			
93.63	1.20	含石膏黏土，土棕色，具黏性和塑性，贝壳状断口，成分为黏土，含10%~15%石膏，呈无色透明板状，分布不均			
95.13	1.50	亚黏土，灰色，黏性塑性较弱，成分为黏土，含少量粉砂			

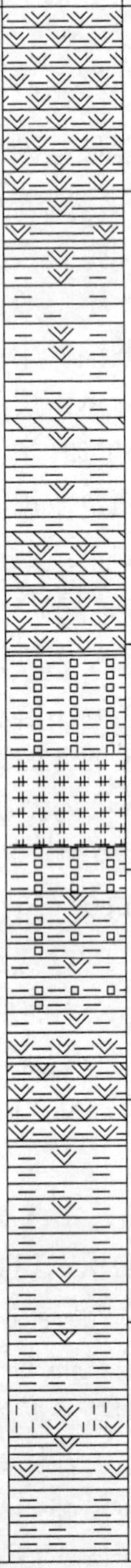

图 6.4.3 界村硫酸钠矿段局部钻孔地质柱状图

深部矿体赋存于下更新统含盐岩系中，埋深 69.30～113.06m，最大厚度 10.44m。盐类矿物为硫酸盐、硫酸钠镁盐。矿体呈层状，规模大，层位稳定，厚度可观，分布集中，连续性好，产状近似水平。矿层分层发育，小分层厚度 50～150mm，中间夹泥层，一般都较薄，厚度 2～3mm，但局部也有厚度达 300mm 左右者（见图 6.4.3 钻孔柱状）。

硫酸钠矿层埋藏于深厚土层中，顶板为 $2^\#$ 泥质钙芒硝矿，底板为 $3^\#$ 泥质钙芒硝矿层。整个运城盐湖湖面宽阔，位于中条山前缘的大地堑，土层厚度 2000m 以上。根据地应力分布规律，可以判定，盐湖 300m 以浅地层不存在构造应力，仅有自重应力，而且水平应力等于垂直应力，三个方向的地应力相等。

6.4.3 矿层控制水压致裂

详细分析 $1^\#$ 晶质硫酸钠矿的赋存特征，发现其矿层顶底板均为泥质钙芒硝层，这些层相对松软，在地质上可作为相对隔水层，但无法作为矿层形成水平裂缝，以实施控制压裂的绝对隔水层。因此，要在 $1^\#$ 晶质硫酸钠矿层通过控制致裂的方法形成水平裂缝，只能依赖本矿层中的部分分层做绝对隔水层，用它来实现矿层控制压裂，以形成水溶采矿的溶解通道。考虑到矿层溶解过程中，容易实现上溶这一特点，选择矿层下部，距底板 0.5～0.8m 处的分层作为压裂段。

钻孔底部进入该分层段，通过分隔器或水泥注浆固管，在矿层下部形成一封闭的压裂环境，在合适的水压作用下，矿层沿水平分层开裂，形成水平裂缝。在水压作用下，淡水沿水平层理向外扩展，其形状基本是以钻孔为圆心的圆。当然，因为矿层及软弱夹层的不均匀性，压裂渗流的区域不一定是绝对的圆。在无泄漏点的情况下，水一直向外渗流扩展，圆盘形水平裂缝逐渐向外扩展，扩展的结果使圆盘形裂缝越来越大。裂缝扩展过程中，在遇到泄水处，即目标井，水就会迅速向"汇"，即泄水处集中，边渗流边溶解，最后溶解形成很好的水溶采矿通道。

通过分析，在 $1^\#$ 矿层可以较好地形成水平裂缝，只有水平裂缝才能沟通注水井和目标井，而垂直裂缝则无法达到这一目的。但由于矿层特征，再加工程控制等复杂因素，有时也可能形成跨越小分层的垂直裂缝，根据岩体裂缝扩展规律，裂缝扩展遇到软弱夹层，裂缝扩展就会终止。因此，不必担心水压致裂过程中形成垂直裂缝的问题。

1）控制水压致裂技术方案

根据运城盐湖地层埋藏特征、地层应力分布特征，以及 $1^\#$ 晶质硫酸钠矿层物理力学特性及其结构特征，理论研究和工程实践证明，完全可以用水力压裂技术使矿层形成水平裂缝，连通钻井，实现水溶开采。

在技术实施过程中，主要技术要点为：钻孔间距控制在 70～100m，可以较好地使钻孔通过压裂技术连通，形成水溶采矿通道，构成开采井网；钻孔下直径

89mm 或 114mm 钢管即可；裸孔直径应尽量小，保证几层泥灰岩层不被破坏，通过注浆可以很好地固孔，可靠地服务于整个开采期；矿层必须取芯，钻孔深入矿层，至矿层底部留出 0.8m 即可；采用一次注浆与二次注浆技术，固管与封闭矿层，形成水压致裂环境，注浆必须达到相应的技术要求；水泥浆凝固 7 天后开孔，用钻扫孔，并出井管 0.2~0.3m，进入裸露矿体 100~150mm，作为水压致裂段；采用孔口注水压裂系统与技术，实施矿层控制水力压裂，孔口注水压力严格控制在使矿层形成水平裂缝，而不产生垂直裂缝为止，对埋深为 80m 的矿层，孔口注水压力控制在 0.8~0.95MPa，并以此为依据，确定注水流量；当目标井有出水显示时，应坚持注水，直到溶解形成很好的通道，孔口压力降至 0.2MPa 以下为止；通道形成以后，用压力返水系统采矿，即一个钻孔注水，另一些钻孔借余压排出卤水；逐渐形成大型井网开采系统，从而可以有效地调节卤水浓度，有效地控制采矿区域，使矿层较均匀的溶解。

2）群井水压致裂连通工业实施

经过认真的地质资料、岩体力学特性及地层应力场分析，在上述水力压裂及注浆固井技术研究的基础上，制订了详细而周密的群井致裂连通技术方案。于 2000 年 6 月 5 日开始进行工业性试验，截至 2000 年 11 月，已钻井 11 眼，全部采用水压致裂技术与目标井连通，取得了很好的效果。

2000 年 6 月 3 日，第一口试验井在百里盐湖开钻。该井命名为 ZK01 号井，并选择位于 ZK01 号井东侧的井（东井）和西侧的长沙院试验井作为压裂连通的目标井。

6 月 16 日晚 6：00，一切工作就绪后，将经严格过滤的清水压入矿层。实际孔口注水压力 0.8MPa，注水流量 2.5t/h，一直持续注水 14h，共计注入水量 35t，到次日上午 9：00 停泵。注水期间压力变化很小，使 ZK01 号钻孔与相距 20m 的东井连通。

水压致裂使 ZK01 号钻孔与东井连通后，继续注水，使连通通道溶解，形成完好的水溶采矿通道。6 月 17 日下午 6：00，直接采用大排量注水。运行 2 天，使孔口注入压力由 0.5MPa 逐渐降低至 0.1~0.15MPa，这说明水溶采矿通道已完全做好，遂采用扬程 50m、排量 $30m^3/h$ 的水泵，转入正常水溶采矿运行。

水压致裂形成水溶采矿通道的过程，大致可以分为 2 个阶段，分别叙述如下：

第一阶段：低浓度水在压力驱动下，使矿层沿夹泥层破裂，形成近似的以注入井为圆心的一个圆盘形裂缝，压裂水沿裂缝水平运移，同时溶解裂缝面上下矿体，使矿层产生不均匀溶解，形成较好的渗流通道，直到压裂水通过目标井排出，水逐渐地收缩到注入井与目标井间形成的压裂裂缝的范围运移，注水压力降低至低于矿层开裂压力，压裂过程结束。这一阶段我们称为压裂溶解阶段，其目的是形成钻井连通裂缝。

第二阶段：压裂通道形成后，继续注入低浓度水，使压裂通道进一步溶解，形成较大、较通畅的水溶采矿通道，这一过程，直观的表现是注水压力逐渐降低，反映了水溶通道逐渐形成，最终使孔口注入压力降低至 0.1~0.2MPa，这一阶段我们称为低压溶解阶段，其目的是形成完好的水溶采矿通道。

6.4.4 S 井网群井致裂控制水溶开采工业实施

2000 年 6 月，在二工段门前，开辟了一个新的试验区，简称 S 井网试验区，如图 6.4.4 所示。先后施工了 0001、0002、0003、0004、0005、0006、0007、0008 号等 8 口井，进行了较大规模的工业性试验，均取得了良好效果。并针对界村 1# 晶质硫酸钠矿地质特征，大胆改革具体的技术与工艺，形成了较定型的、实用的、可靠方便的施工工艺，形成开采井网，大幅度降低了采矿成本。

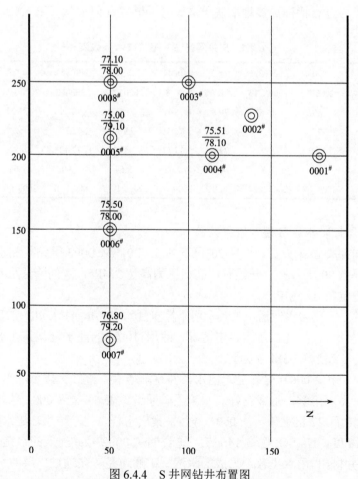

图 6.4.4　S 井网钻井布置图

钻井上侧为见矿深度和终孔深度（单位：m），下侧为钻井号

1）钻孔及揭露地层情况

在 S 井网试验区，从 2000 年 7 月 5 日到 8 月 26 日，先后施工 0001、0002、0003 号 3 个井，钻进至 $1^{\#}$ 矿层后，矿层全部取芯。从取芯情况看，该处矿层厚度为 3.0～3.5m。

0002 号井，矿层上部 1m 左右，分层夹泥较厚，最厚者达 200～300mm，下部为纯晶质硫酸钠矿，分层厚度 50～150mm，分层间夹有很薄的夹泥层。基本呈近水平。

0003 号井，矿层全部为纯净的晶质硫酸钠矿，分层厚度 50～150mm，分层间夹有很薄的夹泥层。矿层上部约 1m 厚度，倾角很大，为 30°～45°，矿层下部，倾角很小，基本呈近水平分布。

0002、0003 号两个井，相距 28m，但矿层埋藏与分布特征变化如此之大，充分说明 $1^{\#}$ 矿层分布特征更多地取决于成矿时的湖底几何形状（表 6.4.1）。

表 6.4.1　S 井网各钻井施工技术参数表

参数	0001	0002	0003	0004	0005	0006	0007	0008
施工时间	2000/7/5	2000/7/15	2000/8/5	2000/8/15	2000/9/13	2000/9/25	2000/10/15	2001/5/3
终孔深度/m	80	80.5	79.8	78.10	79.10	78.00	79.20	78.2
见矿深度/m	77	77.3	76.7	75.51	75.00	75.50	76.80	77.10
下管深度/m	79.0	79.8	79.0	77.53	78.54	77.40	78.48	78.00
套管进矿深度/m	2.0	2.5	2.3	2.02	3.54	1.90	1.68	1.1
连通时间	2000/9/20	2000/8/27	2000/8/27	2000/9/20	2000/10/6	2000/10/15	2000/11/5	2001/5/13

2）矿层控制水压致裂及溶采试验

井管固井凝固 7 天后，8 月 26 日下午 3：20，从 0002 号钻孔注水，压裂矿层，目标井为 0001 号孔。开始时，孔口压力高达 2MPa，瞬间降低至 0.85MPa，以后一直稳定在 0.85MPa。

刚开始，钻孔渗水通道不畅，采用小排量注水，4t/h，注水 4h。然后改用 6t/h 的注水量，以后根据孔口压力稳定情况，改用 10t/h 的注水量，其注水量掌握在使孔口压力不超过 0.95MPa 为宜。

下午 6：40，0001 号孔显示出水，并逐渐增大，继续大排量注水，从 0001 号井排水，注水溶解，形成良好的水溶采矿通道。表 6.4.2 为 0002 号井注水压力变化情况。8 月 27 日上午，从 0001 号井采集出水样，化验结果，进水浓度 4 度，出水浓度 18 度，Na_2SO_4 含量 146g/L，这说明从 0002 号井注入的水完全经矿层，由 0001 号井排出。用水压致裂形成的水溶采矿通道是一条通过矿层的水平裂缝式的通道（表 6.4.2）。

表 6.4.2　0002 号井注水压力变化情况

时间	孔口压力/MPa	注水速度/(t/h)	总注入水量/t	备注
8月26日15:20	2.0	4		瞬间开裂压力
15:22	0.80	4		
19:20	0.85	6	16	0001号井显示出水
23:20	0.85	10	40	
8月27日17:00	0.78	15		压裂基本完成
22:00	0.55	15		溶解通道
8月28日7:00	0.35	15		与0001号井连通
9:00	0.30	15	300	
16:00	0.28	15		
20:00	0.17		450	与0001号井完全连通

3）水溶采矿试验

从 8 月 29 日，换用普通水泵注水，注水量 15t/h，一直持续从 0002 号井注水，0001 号井排水，截至 10 月 7 日，共计生产卤水 10 000 多 t，浓度始终保持在 15 度以上，充分说明这次试验是很成功的。

4）0003、0004、0005、0006、0007、0008 号井致裂连通与控制溶采

鉴于 0001 号与 0002 号井的成功，9 月先后施工了 0003、0004、0005、0006、0007、0008 号等井，与 0001 号、0002 号井形成了 S 井网，成功地实现了群井致裂连通水溶采矿，S 井网压裂连通作业参数见表 6.4.3。

表 6.4.3　S 井网各井压裂作业参数表

压裂井	目标井	压裂井与目标井距离/m	压裂时间/h	破裂压力/MPa	泵正常压力/MPa	停泵前泵压/MPa
0004	0003	42	9.0	1.5	0.80~0.85	0
0005	0004	29.5	1.4	1.2	0.75	1
0006	0005	39.2	3.0	1.2	0.80	1
0007	0002	120.2	27.0	1.0	0.70~0.80	0
0002	0001	26.54	49.0	1.4	0.80	0.2
0008	0003	22.5	0.5	1.0	0.80	0.1

鉴于 2000 年试验成功群井致裂控制水溶采矿法，从 2001 年开始，在运城盐湖硫酸钠矿区开始进行大面积的工业实施推广，先后在一工段布置 I 号井网，钻井 14 口；三工段布置 III 号井网，钻井 11 口。全部采用群井致裂连通技术，形成控制溶采井网。2002 年又在 I 号井网与 III 号井网的基础上，扩展井网，到 6 月底，

Ⅰ号井网已施工 0201、0202、0203、0204、0205、0206、0207 等 7 口井，Ⅲ号井网已施工 0201、0202、0203、0204、0205、0206 等 6 口井。并全部通过压裂连通，并网运行。到 2008 年，已经完成 70 余口井的施工，并且全部成功水力压裂连通，控矿量 104 万 t。成功实现了运城盐湖深部硫酸钠矿的高效、高回采率、低成本开采，为企业和社会创造了巨大的经济效益和社会效益。

6.4.5 易溶盐矿群井控制水溶开采实施技术

1) 群井控制水溶开采方案

在群井水力压裂连通完成之后，即可开始进行群井间的控制水溶开采。在水溶开采的初期，为形成良好的溶腔雏形，确保溶腔在水力裂缝的基础上均匀发展，必须选择合理的注出水生产系统方案，并严密监控各注出水井的生产运行状况，包括各井口水压力、注出水量、溶液的浓度及温度等。通常，在注水泵流量满足的情况下，可以选择中央井注水、四周井同时出水的开采生产系统。也可以采用单井注、单井出周期性循环调控的生产方案。在本次运城盐湖硫酸钠矿开采过程中，两种方案均被采用。

（1）中央井注水、周围井出水的控制溶解开采方案。在选择中央井注水、周围井出水的生产过程中，观测各出水井口的运行参数，包括井口压力、出水流量、溶液浓度等。在井距相当的情况下，各出水井口上述运行参数接近时，说明各方向溶解状况相当，溶腔发展均匀。当某一井口压力偏高、出水浓度偏低或出水量偏小时，说明该出水井和注水井之间溶解状况不良。此时，需要关闭或关小其他出水井，加强该出水井和注水井之间的溶解贯通，运行一段时间之后，继续比较观察，直至各出水井运行参数接近，溶腔发展均匀。

（2）不同注出水井间周期性循环的控制溶解开采方案。这是一对注出水井间周期性调控的双井对流生产方案，在水溶开采的后期，由于溶腔空间已经发展到一定程度，溶腔空间比较大，原注水泵排量明显不足，单井注、多井出的生产方案不能满足。同时，延长矿物在溶腔内的静溶时间可以提高溶液浓度，所以采取多个出水井间循环出水的调控方案。每隔 24 h 或 48 h，调换一次，各出水井循环启闭，同样保证溶腔的均匀发展。对于出水情况较差的井，开启流通溶解的时间可以适当放长。

2) 群井控制水溶开采实录

在水溶开采初期，为加快溶解空间的建造，群井间的注出水调控主要考虑时间因素，因此在一个井网内有两口井同时注水、其余井同时产卤的情形。为保证矿层的均匀溶解，一般情况下，注出水井调换的时间循环为一周左右。

在实际的控制溶解中，除按时间周期性的调井外，还要综合分析各井口观测的运行参数结果，决定井的关停与注出。另外，可以根据井口所测的井网运行参数,进行矿床溶解溶腔的反演分析,对井下溶腔的发展变化情形有个粗略的认识,以便增强群井控制水溶开采的科学性。

6.5 难溶钙芒硝矿床压力溶浸控制水溶开采技术与工程

钙芒硝矿是一种以硫酸钠、硫酸钙和泥质为主要成分的矿物,在我国四川、湖南、广西等省区分布极广,是我国硫酸钠化工原料的主要来源。

如第 3 章所介绍的,钙芒硝矿天然状态是致密的、不渗透的矿层,通过水的缓慢溶解后,会残留完整的骨架,残留骨架的渗透率也较低。而全世界广泛采用的水溶开采方法的氯化钠、纯硫酸钠矿床,溶解后不再残留骨架,持续的溶解更加容易,其机理更加直观。因此,迄今为止,钙芒硝矿的采矿工艺一直采用坑道开挖、大爆破作业后,硐室浸泡水溶开采的技术,这是一种劳动强度大、开采成本高、建设周期长、环境污染严重、作业危险事故多发的开采方法。该技术在采场建设过程中,提升出总矿量的15%尾矿,在地面上堆积如山,露天浸泡过程中对周围环境植被造成了严重的破坏,回采率及生产效率均很低。

太原理工大学从 2002 年起,就持续地进行了钙芒硝矿原位压力溶浸水溶开采的科学和技术方面的系统的研究,发明了"钙芒硝矿群井致裂压力浸泡水溶开采方法",并于 2004 年进行了四川彭山钙芒硝矿原位水溶开采的工业试验和小规模工业运行。遗憾的是,由于非技术的原因,该技术至今未能在钙芒硝矿开采工业中得以推广使用。

6.5.1 四川彭山同庆南风公司钙芒硝矿床地质特征

工业试验地址选在四川同庆南风集团青龙镇矿区,该矿区钙芒硝矿床埋深 160m 左右,主要可采 7_1、7_2、7_3、8_1 四个矿层,累计钙芒硝矿厚度 7.82m,在相应的含矿地层中,含矿系数为 70%,其富含钙芒硝的矿层段含矿情况见钻孔柱状图(图 6.5.1)。采集钻孔岩芯进行水溶试验和细观结构分析。

2003 年 10 月,针对四川同庆钙芒硝矿样,进行了溶解实验,实验历时 350h,共 4 块试件,溶解实验中,每天至少测量一次溶解重量,其实验结果如图 6.5.2 所示。由图可见,矿物的溶解率随溶解时间呈非线性变化,前期溶解速度较快,后期稍慢。溶解 336h 后,溶解硫酸钠达 30%以上,而矿体内硫酸钠原始含量仅 35%左右。实验明确表明:可以用水溶方法从钙芒硝矿中顺利溶解出硫酸钠矿物。

2003 年 10 月,我们对钙芒硝矿样溶解进行了细观分析,采用正交偏光分析技术,放大 100 倍,分别观测了不同溶解时间钙芒硝内部细观结构变化(图 6.5.3),清楚地看到:①钙芒硝矿存在明显的解理和非均匀的矿物颗粒;②在 20min 内,钙芒硝沿矿体的解理,先发生水化反应,并逐渐扩大,硫酸钠与硫酸钙分离,硫

四川·同庆致裂水溶压裂井（目的段）地质柱状图

钻孔编号：YK10#（目标井）　钻孔坐标：X=　　Y=　　H=　　比例尺：1∶100

深度/m	层底标高/m	层厚深度/m	层厚/m	地层柱状剖面	岩性描述	钻孔结构图	备注
150.0					粉砂质黏土岩，浅棕红色含硬石膏团块，及三层灰绿色条带		
		151.95	1.95				
					钙芒硝矿层，灰绿色，含硬石膏团块		
		152.85	0.90				
					粉砂质黏土岩，浅棕红色，含硬石膏团块		
		153.80	0.95				
					钙芒硝矿层，灰绿色，菊花状，质纯	φ110mm	
		154.65	0.85				
155.0					粉砂质黏土岩，浅棕红色，含硬石膏团块		
		155.76	1.10				
					石膏质黏土岩，含菊花状产出的钙芒硝矿		
		156.60	0.85				
					粉砂质黏土岩，含硬石膏层及灰绿色泥质条带	φ89mm	
		158.23	1.63				
160.0					钙芒硝矿层，上部含泥质，中下部质纯		
		160.60	2.37				
		160.73	0.13		石膏质黏土层		
		161.28	0.55		石膏质黏土岩夹多层灰绿色泥质条带		
					上部0.90m粉砂质黏土岩，偶含菊花状产出的钙芒硝矿，含硬石膏团块，中下部1.60m为少量菊花状钙芒硝矿镶在黏土岩中，底部含硬石膏团块	φ75mm	
		163.78	2.50				
					粉砂质黏土岩，石膏质黏土岩含少量灰绿色条带层		
		164.73	0.95				
165.0					钙芒硝矿层，浅灰绿色		
		165.23	0.50				
					石膏质黏土层，色杂，含石膏层		
		166.13	0.90				
					钙芒硝矿层，顶部青灰色质纯，下部菊花状产出含少量硬石膏团块		
		167.43	1.30				
					石膏质黏土岩，含少量钙芒硝矿		
		168.23	0.80				
170.0					钙芒硝矿层，大部质纯，下部含少量红黏土（未揭露矿层底板）		图例
		170.18	1.95				粉砂质黏土岩
							石膏质黏土层
175.0							钙芒硝矿

工地负责　　　　　　　拟编　　　　　　　审核

图 6.5.1　同庆南风钙芒硝矿层钻孔柱状及钻井开采方案

第 6 章　盐类矿床原位溶浸开采与油气储库建造

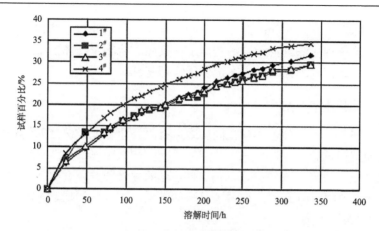

图 6.5.2　钙芒硝矿溶解曲线

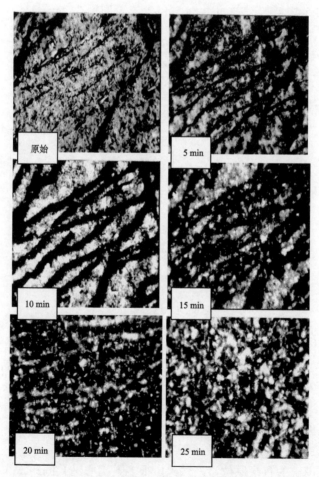

图 6.5.3　钙芒硝矿不同溶解时间的细观结构照片（放大 100 倍）

酸钠排出矿体之外。③20 min 之后，硫酸钙重新结晶，并与不溶物颗粒形成残留多孔骨架。这些规律深刻揭示了钙芒硝水化反应、溶解及结晶的细观变化规律。为科学地制订钙芒硝地面溶解方案提供了物理基础。

6.5.2 工业试验技术方案

2004 年 5 月，太原理工大学在同庆南风有限公司青龙矿区展开钙芒硝矿原位水溶开采的工业试验。

试验阶段，共施工 5 口井，均用 ϕ89mm 的井管固井，并直接作为注入井和生产井。到 2004 年 10 月底，取得了显著的效果，试验获得成功。

1）钻井布置方案

钻井布置如图 6.5.4 所示，共 6 口井。井间距设计：$1^\#$ 与 $2^\#$ 井间距 32m，$1^\#$ 与 $3^\#$ 井间距 43.5m，$4^\#$ 与 $5^\#$ 井间距 84.5m，$2^\#$ 与 $4^\#$ 间距 84.5m，$4^\#$ 与 $6^\#$ 井间距 90m。

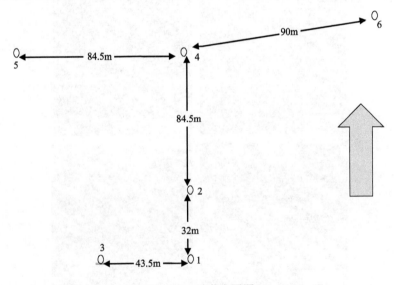

图 6.5.4　钻井布置图

2）各钻井结构及功能

$1^\#$、$2^\#$、$3^\#$ 钻孔进入 7_1 矿层固管，仅开采 7_1 矿层，$4^\#$、$5^\#$、$6^\#$ 孔进入 8_1 矿层固管，裸孔进入 7_1 矿层中下部，7_1、7_2、7_3、8_1 四个矿层同时开采。各钻井均下井管 ϕ89mm，均可作注入井，也可作生产井。钻井固井方案采用二次注浆固井，采用自流排采卤水。

3）群井致裂方案

作为钙芒硝矿的首次原位溶采试验，很多人担心钻孔间距太大，无法在开采前实施压裂连通。因此，前期先布置了 $1^\#$、$2^\#$、$3^\#$ 钻孔，并布置在单一矿层，选

择 $1^{\#}$ 井作压裂井。孔间距分别为 32m 和 43.5m，$2^{\#}$ 和 $3^{\#}$ 井作目标井。根据地质情况，确定初次开裂压力为 5~7MPa，稳定压裂压力为 3~4MPa。

多矿层同时溶采，选择 $4^{\#}$ 井作压裂井，$3^{\#}$、$5^{\#}$、$6^{\#}$ 井作目标井，孔间距为 84.5m 和 90m。主要研究多矿层同时开采的水力压裂和溶采的合适间距。

4）溶采方案

单一矿层溶采方案，注入井和生产井均在 7_1 矿层段裸孔，仅下花管护孔，防止钻孔坍塌，无法进行溶采。则整个溶采过程的水溶液流动仅在 7_1 矿层中进行，如 $1^{\#}$、$2^{\#}$、$3^{\#}$ 钻井均布置在 7_1 矿层。

多矿层同时溶采，即邻近的 7_1、7_2、7_3、8_1 四个矿层同时溶采。主要选择 $4^{\#}$ 井作注水井，$3^{\#}$、$5^{\#}$、$6^{\#}$ 井作生产井，实施原位水溶开采。

压力自流采卤方案，即依靠水在矿层中形成的卤水压力，自流返卤，也可以采用邻井驱替方案。

6.5.3 群井致裂与溶采试验

1）群井致裂连通实施

$1^{\#}$ 与 $2^{\#}$ 井间距 32m，根据地质及理论分析，预计初张压裂压力为 5~7MPa，正常工作压强为 2~4MPa，压裂连通压力小于 2.4MPa。

7 月 30 日上午，采用小排量高压水泵，从 $1^{\#}$ 井压裂注水，$2^{\#}$ 井作目标井。实际记录的压裂井泵压及注入水量见图 6.5.5。

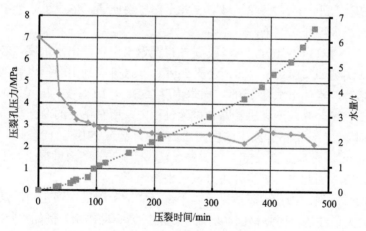

图 6.5.5　$1^{\#}$ 与 $2^{\#}$ 井压裂曲线

根据 $1^{\#}$ 与 $2^{\#}$ 井注水压裂的实际情况，大致对压裂过程给出如下描述。7 月 30 日上午 9:50 开始压裂，初张压裂压力为 5~7MPa，此压力持续时间 20min 左右，然后逐渐降落，大约持续 2h，即转变为正常压裂过程，在井间距 30m 左右，压裂连通 1#与 2#井的时间为 9h，12h 已完全连通。但由于使用的压裂泵排量较小，压裂时间相对长一些。

7 月 31 日下午，2#井排卤浓度达 11Be'，8 月 1 日至 8 月 2 日，2#井间隔排卤水 20m^3，8 月 1 日出卤水浓度 15Be'，8 月 2 日早 9：00，2#井排卤浓度 17.5 Be'，化验卤水化学组分为：Na_2SO_4 172.5 g/L，NaCl 4.09 g/L。8 月 2 日下午 16:00，2#井出卤水浓度达 20 Be'，化验卤水化学组分为：Na_2SO_4 194.94 g/L，NaCl 8.19 g/L，$CaSO_4$ 2.65 g/L。至此，1#与 2#井顺利压裂连通，并产出高浓度卤水。

3#井压裂过程描述：10 月 4 日上午 9：00，用 15MPa 的高压水泵，用 3#井作压裂井实施压裂，最高压强 5MPa，以后稳定在 4.7MPa，注水速度 1m^3/h。到上午 11：00，注水速度达 3m^3/h。此时，孔口压力降至 3.5MPa，以后稳定注水 3h，孔口注水压力降至 2.8MPa，1#与 2#井均有压力显示，表明 3#井已压裂成功。10 月 4 日下午 3#井改用大排量多级水泵注水，至 10 月 5 日早 8：00，共计注水 650m^3，1#井压力达到 1.5MPa，2#井压力达到 2MPa。

4#井压裂过程描述：10 月 5 日下午 3：00，用 15MPa 的高压水泵对 4#井压裂，井口压力为 3.2MPa，排量 3.0m^3/h；以后降低至 2.8MPa，到晚 7：00，停止注水。10 月 6 日下午 4：00，用多级泵对 4#井实施进一步压裂注水，井口压力 2.5MPa，注水速度 30m^3/h，至 10 月 7 日晚 8：00，4#井共计注入水量 500m^3。此时，5#出水浓度达 8Be'，表明 4#井与 5#井已完全连通。

2）原位控制溶浸开采试验

自 10 月 7 日，1#、2#、3#、4#、5#井全部压裂连通，形成了一个小的开采井网。开始原位水溶开采试采。

10 月 7 日中午 12：00，1#、2#、3#井自流返出卤水，出水浓度 22Be'，化验结果，Na_2SO_4 含量 210 g/L；NaCl 含量 5 g/L。一直排卤到 10 月 8 日，晚 12：00，硝水结晶堵管，累计出水量 15m^3，卤水浓度 23Be'。10 月 9 日早 9：00，4#井排卤，浓度 22 Be'，并入产卤总管路。试验过程中，所有钻井的产卤质量很高，稳定在 20Be'以上，几个钻井卤水浓度高达 23Be'，甚至 24Be'。阶段试验期间，产卤量 130 多 m^3。卤水主要来自 4#与 5#井。1#、2#与 3#井产卤量很小。因此，由于单一矿层较薄，因此单一矿层开采方案效果不理想。

试验同时发现，钙芒硝矿溶采不同于纯硫酸钠矿溶采，钙芒硝矿是孔隙通道溶采，因此无论注水，还是采卤，均需一定的压力驱动作用。例如，向矿层注水，在矿层整个开采期间，注水压力均较高，其注水压力在 2.3MPa 以上。由于通过孔隙通道采卤，卤水在矿层中渗流，阻力较大，压力损失较大，因此单井产卤速度较低，预计在多矿层同采的情况下，单井产卤速度在 4m^3/h，因此，欲维持较高的产量，只有同时有较多的井产卤。

前期试验的几点结论：

（1）单一矿层开采生产卤水浓度较高，但产卤速度难以满足工业生产需要。

（2）多矿层同采是一种理想的高效溶解开采方案，不仅生产卤水率高，而且出卤速度快。实测表明，单井出卤速度可达 $4m^3/h$。

（3）压力溶浸超过 10h，即可达到满足生产的高浓度卤水，所有井出水的浓度均可达到 20Be'，多数情况下可达到 23~24Be'，完全可以满足生产要求。

（4）通过压力返出产卤水是一个较好的采卤方案，可以在工业中使用。

6.5.4 钙芒硝矿原位水溶开采小规模工业应用

根据前期试验，确定井间距为 100m，7_1、7_2、7_3、8_1 四个矿层同采，累计厚度 7.82m。2004 年 10 月起，在同庆南风青龙矿区又布置 7 口井，累计 13 口井，全部采用压裂连通技术，使 13 口井压裂连通，形成一个完整的开采井网。

从 2004 年 12 月到 2005 年 6 月，连续进行注采生产，单井平均产卤水 $4m^3/h$，最高 $23.36m^3/h$。持续注入 40℃以上的工业余热水，产卤浓度均在 23~24Be'，采注比 40%以上。

经详细的成本核算，钙芒硝矿原位水溶开采，卤水的成本仅 4 元/m^3，而现行井工开采的成本为 8~10 元/m^3 卤水，开采成本减少一半以上。还省去地面储矿场的购置费、环保费、井下工人伤残费等。

工业试验证明，钙芒硝矿的原位水溶开采技术在科学层面、技术层面、经济层面均是完全可行的。遗憾的是，由于该分厂规模较小，环保要求停产。之后由于人事变动，该技术至今未能大规模的推广使用。

6.6 盐岩溶腔油气储库建造技术及理论基础

盐岩由于其有利的地质条件及优良的物理力学特性，被公认为是油气储备的理想场所。有利的地质条件表现为：盐岩分布广、规模大、类型多，其次构造和水文条件简单，地层完整、产状平缓、少有断裂构造，埋藏深度大，盖层隔水性能好，地壳稳定无破坏性地震等。优良等的物理力学特性则为：与其他岩石相比，孔隙率低、渗透率小、含水少或不含水、结构致密等。另外，利用现有的多种水溶开采技术，建造盐岩矿床油气储库，具有投资省、施工易以及盐岩综合利用的好处。图 6.6.1 为在巨厚盐丘中采用单井水溶法建造地下油气储库的过程示意图，美国墨西哥湾巨厚盐丘中建造的油气储库为此典型代表。

迄今为止，世界上共有 36 个国家和地区建设有 630 座地下储气库，地下储气库总的工作气量为 3530 亿 m^3，全球天然气消费量为 3 万亿 m^3，工作气量约占天然气消费量的 11.7%。全球地下储气库总工作气量的 78%储存于气藏型储气库，

5%储存于油藏型储气库，12%储存于含水层储气库，5%储存于盐穴储气库，另有约 0.1%储存于废弃矿坑和岩洞型气库中。

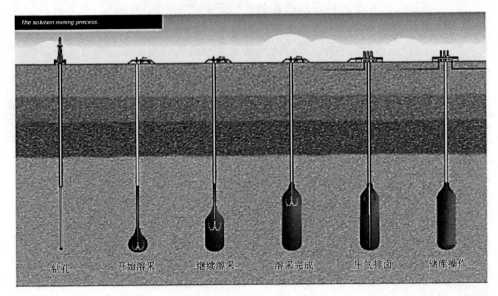

图 6.6.1　单井水溶法建造垂直型油气储库过程示意图

在国外，盐穴作为储气库的历史最早可追溯到 20 世纪 50 年代，世界上第一座盐丘/盐层储气库是苏联于 1959 年建成的，其后该技术在北美和欧洲得到推广，法国、德国、英国和丹麦等国相继建成盐穴储气库。美国已经建设了约 400 座地下储气库，主要有枯竭油气藏型、含水构造型和盐穴型储气库等，用于平衡天然气市场的供需，特别是在天然气的调峰需求方面起到了非常关键的作用。根据美国天然气协会对统计数据的分析预测得出：从 2009 年到 2030 年的这二十几年的时间，北美地区需要增加的地下储气库工作气量约为 128 亿 m^3，相当于目前地下储气库工作气总量的 110%，才能满足不断增长的天然气长输管网系统和消费市场的需要。目前，美国、俄罗斯、乌克兰、德国、意大利、加拿大和法国等都是储气库大国，这些国家的地下储气库工作气总量约占全球地下储气库工作气总量的 85%。

中国对盐穴储气库的研究起步较晚，开始于 1999 年，主要是针对国内的盐矿进行调查，并评价了各盐矿的地质条件。随着"西气东输"战略工程的建设，2001 年启动了建设天然气地下储气库的可行性研究项目，确定了将江苏金坛作为中国第一个盐穴储气库的建库目标；2006 年 8 月完成了金坛第 1 批 15 口新井的钻井施工作业；2006 年 7 月对 6 口老腔改造与利用的施工作业顺利完成，形成了具有 1.1 万 m^3 的储气能力的储气库。

源于单井油垫较好的溶腔发展控制技术，一般盐穴储气库均为垂直型储气库，即溶腔腔体跨度纵向大于横向。但是，大量盐岩层地质资料表明：中国盐岩矿床普遍为近水平层状分布，总厚度比较大，但单层厚度相对较小，且存在一定数量难溶夹层，如石膏层、钙硫酸钠层、泥岩层等，少数夹层厚度超过 2m。在此类地质条件下，建造垂直型油气储库不可避免地要穿越夹层甚至是多个夹层。夹层的存在不仅影响腔体溶解建腔进程，而且不利于腔体形状的控制，甚至在建腔过程中由于软弱夹层的垮落导致管道的破坏及溶腔容积的减少。更为严重的是，在未来作为储气库运营过程中，储气库的稳定性和致密性也存在一定隐患。

在国家自然科学基金以及中石油西气东输项目资助下，自 2000 年以来，太原理工大学先后进行了层状盐岩力学特性研究、在层状盐岩矿床中控制性溶解建造水平储库研究以及废弃水平型老腔储库再利用调查研究等方面内容。揭示了层状盐岩矿床内建造油气储库存在盐岩与夹层变形不协调及沿层理面存在潜在滑移的重要影响，并于 2004 年在国内最早提出了水平型油气储库的建造技术与方案，先后发明了多项相关专利技术。

关于水平型溶腔建造技术同前述双井对接连通控制溶解开采及单井水平后退式溶解开采技术。在溶解建造过程中，需要结合腔体形状测量并根据建造进程进行溶解工艺及参数调整，保障设计腔体形状尺寸的完美实现。其溶解建造机理与多场耦合过程分析同前述溶浸开采。更为重要的是，水平型油气储库建造完成并投入运行后，层状盐岩矿床中夹层以及界面对储库长期稳定性的影响及其控制。如图 6.6.2 所示为水平溶腔顶部存在夹层界面及应力分布情形。

为了分析交界层面的滑移破坏，可以采用莫尔-库仑准则。根据莫尔-库仑准则，在夹层界面内不产生滑移破坏的条件为

$$|\tau_n| \leqslant \sigma_n \tan\varphi + c \tag{6.6.1}$$

式中：φ，c 分别为薄夹层界面上的内摩擦角和黏聚力。

假设水平型溶腔断面为椭圆形，进行夹层界面的强度条件分析。由于溶腔埋深较大，可假设溶腔处于静水压力状态，即侧压系数 $\lambda=1$，由平面弹性理论可知，图 6.6.2（b）所示单元体中，σ_α、σ_r、$\tau_{r\alpha}$ 与 σ_n、τ_n 的关系为

$$\begin{aligned} \sigma_n &= \frac{\sigma_r + \sigma_\alpha}{2} + \frac{\sigma_r - \sigma_\alpha}{2}\cos 2\beta - \tau_{r\alpha}\sin 2\beta \\ \tau_n &= \frac{\sigma_r - \sigma_\alpha}{2}\sin 2\beta + \tau_{r\alpha}\cos 2\beta \end{aligned} \tag{6.6.2}$$

式中：$\beta = \dfrac{\pi}{2} - \alpha$。

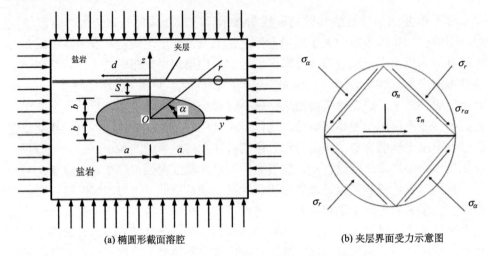

(a) 椭圆形截面溶腔   (b) 夹层界面受力示意图

图 6.6.2 水平盐岩溶腔顶板交界层面及应力分析示意图

根据弹性理论的 Kirsch 解，椭圆形溶腔储库周边应力分布为

$$\sigma_r = \frac{1}{2}\rho gh\left[(1+\lambda)\left(1-\frac{R^2}{r^2}\right)-(1-\lambda)\left(1-4\frac{R^2}{r^2}+\frac{3R^4}{r^4}\right)\cos 2\alpha\right]+\frac{R^2}{r^2}p$$

$$\sigma_\alpha = \frac{1}{2}\rho gh\left[(1+\lambda)\left(1+\frac{R^2}{r^2}\right)+(1-\lambda)\left(1+\frac{3R^4}{r^4}\right)\cos 2\alpha\right]-\frac{R^2}{r^2}p \quad (6.6.3)$$

$$\sigma_{r\alpha} = \frac{1}{2}\rho gh\left[(1-\lambda)\left(1+2\frac{R^2}{r^2}-\frac{3R^4}{r^4}\right)\sin 2\alpha\right]$$

式中：R 为溶腔半径。

将式（6.6.3）代入式（6.6.2），可得夹层界面的应力 σ_n、τ_n，即

$$\sigma_n = \rho gh\left[1-\frac{R^2}{r^2}\cos(2\beta)\right]+p\frac{R^2}{r^2}\cos(2\beta)$$
$$|\tau_n| = (\rho gh - p)\frac{R^2}{r^2}\sin(2\beta) \quad (6.6.4)$$

将式（6.6.4）代入式（6.6.3）可得

$$p \geqslant \frac{\rho gh\left[\frac{R^2}{r^2}\sin(2\beta)+\frac{R^2}{r^2}\cos(2\beta)\tan\varphi-\tan\varphi\right]-c}{\frac{R^2}{r^2}[\sin(2\beta)+\cos(2\beta)\tan\varphi]} \quad (6.6.5)$$

式（6.6.5）即为由内压、埋深、溶腔半径、内摩擦角、黏聚力以及夹层至溶腔顶部距离表示的水平薄夹层界面不产生滑移的条件表达式。从而可以给出溶腔深度、内压以及夹层至溶腔顶部距离对薄夹层界面滑移的影响关系以及限制条件。

若考虑夹层走向,即倾斜薄夹层的情况,则只需在式(6.6.5)的基础上增加夹层倾角即可,式(6.6.5)变为

$$p \geqslant \frac{\rho g h \left[\dfrac{R^2}{r^2} \sin(2(\beta-\vartheta)) + \dfrac{R^2}{r^2} \cos(2(\beta-\vartheta)) \tan\varphi - \tan\varphi \right] - c}{\dfrac{R^2}{r^2} [\sin(2(\beta-\vartheta)) + \cos(2(\beta-\vartheta)) \tan\varphi]} \qquad (6.6.6)$$

式中:ϑ 为夹层与水平方向即 y 轴正方向的夹角。

$$k_i \frac{\partial^2 p}{\partial x_i^2} = p \frac{\partial n}{\partial t} + n \frac{\partial p}{\partial t} + I \quad (\text{渗流区域})$$

$$-\frac{1}{\rho} \frac{\partial p}{\partial x_i} = \frac{\partial V_i}{\partial t} + V_j \frac{\partial V_i}{\partial x_j} \quad (\text{非渗流区域})$$

$$\frac{\partial C}{\partial t} = \frac{\partial}{\partial x_i} \left(D_{ij} \frac{\partial C}{\partial x_j} \right) - \frac{\partial}{\partial x_i} (CV_i) + I$$

$$\frac{\partial (\rho_w c_{vw} T_w)}{\partial t} = \lambda_w \nabla^2 T_w - (\rho_w c_{pw} T_w k_{fi} p_{,i})_{,i} + Q(x,y,\eta)$$

$$(\lambda(p,\eta) + \mu(p,\eta)) u_{j,ij} + \mu(p,\eta) u_{i,jj} + F_i + (\alpha p)_{,i} = 0$$

$$\sigma'_n = k_n \varepsilon_n$$

$$\sigma'_s = k_s \varepsilon_s$$

$$\sigma'_n = \sigma_n - p$$

针对不同条件工程及开采技术问题,依据上述数学模型进行精细建模,辅以一定边界条件,进行求解,可获得相应的工程模拟结果,并为相应工程实践提供指导。

第7章 油页岩原位热解改性开采

油页岩（oil shale）是一种富含有机质的高灰分的固体可燃有机矿产，油页岩中有机质的绝大部分是不溶于普通有机溶剂的成油物质——干酪根（kerogen），其含量一般约3%～15%。干酪根由复杂的高分子有机化合物组成，富含脂肪烃结构，而较少芳烃结构。油页岩通过干馏可获得页岩油，页岩油加氢裂解精制后，可获得汽油、煤油、柴油、石蜡、石焦油等多种化工产品，是重要的能源战略物资。

全世界已发现拥有油页岩矿藏的国家42个以上，其生成的地质年代，自寒武纪到第三纪的所有地层均存在。全世界有丰富的油页岩资源，其储量折算成页岩油高达4110亿t，较世界探明原油储量1700亿t大，也较世界原油资源3000亿t大。

中国的油页岩资源十分丰富，油页岩矿床生成的地质年代范围很宽，从古生代的石炭纪、二叠纪，中生代的三叠纪、侏罗纪、白垩纪到新生代的第三纪都有赋存。2003～2006年，中国国土资源部委托吉林大学开展了全国油页岩资源评价工作。初步调查结果表明，中国油页岩资源丰富，囊括了全国范围内共计47个盆地中的80个含矿区，主要分布在吉林、辽宁、广东、山东、新疆、内蒙古等省区。中国油页岩预测资源量约为7200亿t，折算为页岩油资源约476亿t，排名世界第二位。我国油页岩含油率中等偏好，其中含油率5%～10%的油页岩资源为2664.35亿t，含油率>10%的油页岩资源为1266.94亿t，分别占全国油页岩资源的37%和18%。我国油页岩埋藏深度较浅，埋深在0～500m的油页岩资源为4663.5亿t，埋深在500～1000m的油页岩资源为2535.9亿t，分别占全国油页岩资源的64.78%和35.22%。

在天然状态下，油页岩中的干酪根完全处于固态，而且本身也不是油和烃类气体，只有经过绝氧干馏（热解），油页岩中的干酪根发生热解反应，才能转化成气态的页岩气或液态的页岩油。油页岩干馏技术分为地面干馏和地下干馏技术两大类。地面干馏技术就是在地面建立大型装置和系统，形成高温和绝氧环境，然后将从地下采出的油页岩矿石破碎到一定块度，送入地面干馏系统，进行干馏，即可获得油页岩油和烃类气体（Peter et al.，2008；Pan et al.，2012）。地下干馏技术又分为就地人工破碎干馏、真正的地下原位干馏两类。

就地人工破碎干馏技术指的是在地下构筑人工工程，将油页岩矿破碎，搬运到邻近的地下空间区域堆积成一定形状，封闭空间进行干馏的一种技术（Grawford and Killen，2010）。这种技术在美国、欧洲授权有几百项发明专利（Rex et al.，1985；Persoff and Fox，1979；Greg and Robert，1984），也进行过一些工业试验，但技和经济性都很差,早已停止工业试验。

真正的地下原位干馏技术指的是钻井从地面钻入矿床的原位,或者将电加热器送入钻孔,进行绝氧加热,使油页岩在地下原位干馏产出油气(Vinegar, 2006);或者将高温载热流体(气体、水)注入地下使油页岩矿体干馏而获得油气(Crawford and Killen, 2010; Zhao et al., 2005);还有在矿床地下原位构造通道,注入空气点燃,类似煤炭地下气化一样,通过部分油页岩燃烧而获得干馏的热能,从而产出油气(Branch, 1979; Persoff and Fox, 1979)。

油页岩地面干馏技术由采矿和干馏两大部分组成,采矿部分与一般的固体采矿方法相同,分为露天开采和井工开采两种,主要的区别是地面干馏工艺和与干馏工艺对应的干馏系统。全世界在100多年的油页岩工业生产中,长期受世界原油产业波动影响和打压,经历了痛苦的不断的技术变革,旧的落后工艺和装备系统被淘汰,新的先进工艺和设备系统诞生。长期运转至今的有中国抚顺式炉、爱沙尼亚基维特(Kiviter)炉和巴西佩特罗瑟克斯(Petrosix)炉,在我国还有曾经长期运转但已停运的中国茂名圆炉和茂名方炉。

抚顺式干馏炉技术已有80多年的历史,它的发展经历了4个阶段:始创时期(1920~1940年)、发展时期(1950~1960年)、停滞时期(1970~1990年)、复兴时期(2000年至今)。这是一类块状油页岩的干馏工艺,在20世纪50年代,产量达50万t/a,之后由于大庆油田和其他大型油田的发现,抚顺式干馏技术由于成本高昂而逐渐停止。2000年以后,我国原油产量难以满足需求,而逐渐转向纯进口,加之国际石油价格的飙升,抚顺式干馏技术开始复兴,并逐渐改进技术,在2000~2010年获得快速发展,国内产能达到百万t/a,在运行的有抚顺炼油厂、桦甸炼油厂、山东龙口干馏厂、新疆宝明成大干馏厂。该技术由于采矿环节成本较高,大量废弃物的排放造成环境污染,生产成本高,初期建设投资大,因而全世界均未能大规模运行。

国内外油页岩原位开采技术种类很多,根据热量传递方式不同,可分为直接传导加热、对流加热和辐射加热3种方式(见表7.0.1)。

表 7.0.1 国内外油页岩原位开采技术

加热方式	发明单位	技术名称	加热载体
直接传导加热	壳牌公司	ICP	电加热棒
	埃克森美孚公司	Electrofrac	导电介质
	美国独立能源公司	GFC	地热燃料电池
	EGL能源公司	EGL	密闭管道
对流加热	太原理工大学	MTI	高温流体,水蒸气加热

续表

加热方式	发明单位	技术名称	加热载体
对流加热	雪弗龙公司	CRUSH	高温 CO_2
	美国地球科学探测公司	高温空气加热	高温空气
	美国新能源公司	IGE	高温烃类气体
辐射加热	劳伦斯利弗莫尔国家实验室	射频加热	射频
	斯伦贝谢公司	RF/CF	射频
	怀俄明凤凰公司	微波加热	微波

20世纪80年代，荷兰壳牌公司开始进行油页岩原位加热开采技术的工业研究，并形成了ICP专利技术，1996年在美国科罗拉多的里奥布兰科开始，进行了多次小型现场试验研究，但至今未走到工业开发水平。

美国的几家公司是通过高温空气、高温 CO_2、烃类气体等加热开采油页岩的，但由于气体压缩的高额成本和其他技术缺陷，至今未能工业化，因此本书不拟介绍其技术细节。

辐射加热技术主要采用射频和微波加热技术，也由于技术本身存在的缺陷，至今未能工业化开发油页岩。

油页岩资源作为重要的、巨大的后备战略资源，在近百年的油页岩干馏开发研究和工业生产中，探索了无数技术方向，也形成了若干类可行的技术，但受页岩油的价格波动影响及对环境保护的要求，时而生产，时而停产，生产企业经常挣扎于生死线上。许多学者进行了油页岩开发的能量收益、政策、发展趋势等技术经济分析，有些乐观，有些过于悲观（Yang et al., 2014; Cleveland and O'Connor, 2011; Brandt, 2008; Brendow, 2009）。作者带领团队，从事油页岩原位干馏理论和技术研究20余年，对油页岩干馏的机理、理论、工业开发技术做了深入系统的研究，本章拟从深刻的科学、技术层面对油页岩原位干馏的各个主要技术的科学原理和技术方案进行系统的介绍。

7.1 油页岩热解机理

无论地下原位热解，还是地面干馏油页岩，始终有两个至关重要的问题：外部热量如何使油页岩内部加热到油页岩干馏温度；油页岩矿块中干馏产出的液态、气态油气产物如何输运到矿块之外。基于对此机理不同的理解，形成了完全不同的工业工艺，地面干馏技术是将油页岩矿体破碎到较小粒径的块度（Khalil, 2013）进行干馏，中国抚顺式干馏炉使用的矿块为8~75mm（侯祥麟，1984），中国茂名干馏炉使用的矿块为15~75mm，爱沙尼亚的Kiviter炉使用的矿块为25~

125mm，巴西 Petrosix 炉使用的矿块为 6～75mm（Qian and Yin, 2008）。基于地面干馏炉的认识，早期的油页岩原位开采技术企图将油页岩矿采用各种破碎和爆破等技术，在矿体原位或移位破碎到较小块度而实施干馏（Greg and Robert,1984；Sresty et al., 1984；John and George, 1985；Rex et al., 1985）。壳牌公司很早提出的电加热方式进行油页岩原位开采，则是认为油页岩加热和热解过程中，会产生许多新的裂隙、裂缝与孔隙，热解产出的油气可以通过产生的孔隙、裂隙运移到生产井而排采到地面（Crawford and Killen, 2010）。

因此无论何种干馏工艺，油页岩加热与产物的输出的核心问题均是热解过程中孔隙、裂隙是如何发展演化的。在各个加热与热解阶段，孔隙与裂隙发展演化规律与演化结果对干馏工艺有何影响呢？

1）油页岩热解失重规律

油页岩在绝氧状态下热解的升温的全过程中，随温度增加，其内部水分、干酪根等有机质分解排出，油页岩的质量不断减小。如图 7.1.1 所示，当温度从常温到 110℃，油页岩中水分被蒸发失去，质量减少较为剧烈；从 110℃到 350℃时，油页岩质量稍有减少；从 350℃到 550℃，油页岩中的有机质干酪根被热解，产出页岩油气，其质量急剧减少；550℃以上温度段，油页岩中的固定碳被气化排出，质量较缓慢减少。从图可见，在常温到 550℃区间，油页岩内部水分及干酪根固态有机质热解后生成大量油气，失重量可达 20%。这就是所有油页岩干馏热解的本质和事实所在。

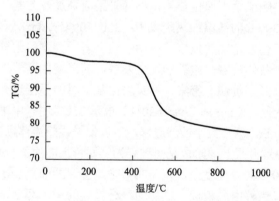

图 7.1.1 油页岩热解失重的 TG 曲线（抚顺油页岩）

2）油页岩中有机质干酪根的分布特征

油页岩是一种含丰富有机质的沉积岩，天然状态下是致密的，不渗透的，孔隙、裂隙极少。原岩状态下，油页岩中的有机质干酪根以一种扁长条体散布于细粒泥岩颗粒中，其大小为几微米到几十微米（图 7.1.2），可以通过原位热解转化为页岩油气。油页岩矿床是一种显性或隐性层理片理十分发育的沉积岩矿床，在原位过程中，沿层理可以形成微米尺度的层状张开裂隙，构成了油页岩热解工艺中热解流体与产物的进出通道，这种特征是油页岩地面或原位热解开采的科学基础。

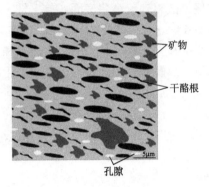

图 7.1.2　油页岩的组成（Eseme et al., 2007）

油页岩中含有微量的金属元素，如抚顺油页岩含有铁、钾、钠等，茂名油页岩含有铁、钾、钠等，绿河油页岩含有镍、钒、铬等，爱沙尼亚油页岩含有钴、镍、铬等，这些微量金属元素在油页岩热解中具有明显的催化作用（Qian and Yin, 2008）。Zheng 等（2012）发现油页岩中的金属离子存在催化作用，加剧了热解反应的活性。

3）油页岩热破裂、热解孔隙裂隙演化特征

油页岩地面热解或地下原位热解，不管采用何种加热方式，油页岩都会经历两个阶段：常温~300℃的低温加热阶段Ⅰ；300~500℃高温热解阶段Ⅱ。

Ⅰ阶段中，不会发生热解反应，但由于油页岩矿物颗粒组分的不均质性，从较低温度开始，不断伴随着热破裂的发生发展，随温度由常温增加到 300℃，裂纹起裂、扩展、分叉、贯通、密集，油页岩由常温时的不渗透介质演变为渗透介质，发生了质的变化。Kang 和 Zhao（2011）揭示 350℃时，中国抚顺油页岩的渗透率已达到 0.176mD，这一大小的渗透率，足以使得载热流体顺利进入矿层内部，实施油页岩原位热解开采。该阶段是热破裂为主要特征的油页岩热解准备阶段。

Ⅱ阶段为 300~500℃温度段，在 300℃时，普遍的油页岩矿床开始发生热解反应，它是油页岩热解中最积极、最主动、最重要的一个环节，具有如下特征：①油页岩的干酪根固态有机质热解转化为油气流体，由于干酪根有机质的性态不同，其热解转化温度也不同，一般来说，含轻质组分的干酪根热解温度较低，含重质组分的干酪根热解温度较高，故而油页岩热解温度范围较大，一般为 300~500℃。②油页岩干酪根热解是一个化学反应过程，其反应环境的含氢量对油气产品质量影响很大，此环境分为"富氢"和"缺氢"两类，"富氢"环境可获得高品质的产品。③伴随着油页岩干酪根的热解反应，油页岩产生了大量孔隙裂隙，其渗透性变得非常好,为载热流体的持续注入和热解产物油气的排采提供了通道。

油页岩的热破裂和热解特征为油页岩地面热解与原位热解,提供了科学支持。它说明在技术层面无须人为破碎成很小矿块才可实现油页岩热解,若没有上述科学规律的支配,即使破碎的块度再小,也无法实现微米级孔隙的油气排采。

7.2 油页岩地下原位传导加热开采技术

原位传导型加热开采油页岩技术中影响较大、工业前景较好的有壳牌公司的 ICP 技术和埃克森美孚公司的 Electrofrac^{TM} 技术,以下分别介绍和讨论这些技术。

荷兰壳牌公司于 20 世纪 70 年代最早提出了油页岩原位电加热开采方法,并先后申请了许多国家的发明专利(Brandt, 2008;Prats and Van Meurs, 1969;Prats et al., 1977;彼得·万·米尔斯等,1992;Cummins and Robinson, 1972)。该技术是从地面施工垂直钻井,进入矿层,然后在矿层的处理层段中布置电加热器,对矿层加热,主要通过矿层传导的传热方式,使井周矿体加热到 600~700℃,使油页岩中干酪根经干馏转化为油气流体,在加热干馏过程中,致密的、不渗透的油页岩矿体发生热破裂和热解反应,形成了新的孔隙、裂隙,干馏产出的油气流体沿这些孔隙、裂隙流入生产井,而排采到地面。按 ICP 技术的原理,干馏产出的油气流动过程实现了对流传热,而使矿层较快加热。

ICP 技术主要是垂直钻井,井间距小于 30m,用正方形或菱形网格布井。1992 年,壳牌公司在中国申请授权的发明专利中,特别对钻井开采井网的布井形式和间距提出了专利保护,采用菱形形式的布井,1 口生产井由 4 口加热井或 12 口加热井所包围,注热井和生产井间距约 9~30m,等距离布置。在美国科罗拉多绿河油页岩矿区工业试验中(图 7.2.1),采用了如图 7.2.2 和图 7.2.3 的几种布井方式和布井间距。由图 7.2.2 可知,在 1996~1998 年的试验,加热井的间距仅 2.5m,

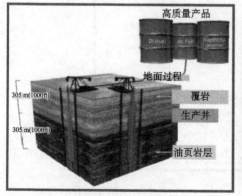

图 7.2.1　美国油页岩 ICP 技术开发现场

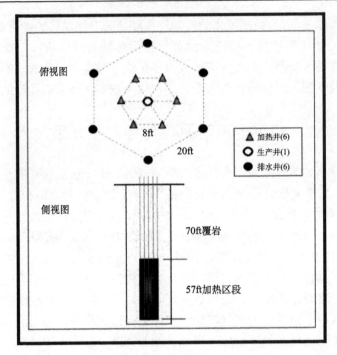

图 7.2.2 Mahogany Demonstration Project（1996～1998 年）的钻井布置形式

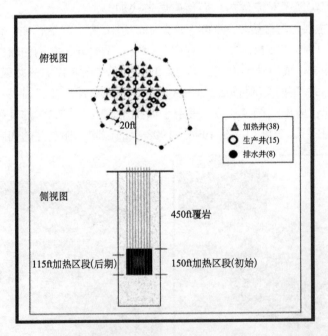

图 7.2.3 Mahogany Demonstration Project（1998～2005 年）的钻井布置形式

6口井加热，中间井生产，生产井与加热井也是等间距，距离为2.5m。在1998～2005年的较大规模工业试验中，依然采用菱形井网，注热井和生产井的距离均为6.08m（20ft），多个菱形井网组合形成了15口生产井和38口加热井，生产井均位于菱形的中心。

壳牌公司的电加热原位开采油页岩的技术对油页岩矿层的品位（品位：每吨矿含油，gal/t）及矿层厚度（单位：m）的乘积提出了要求，至少为900。表7.2.1为ICP技术适用的品位。

表7.2.1 ICP技术适用的油页岩矿层条件

品位/（gal/t）	厚度/m	品位×厚度
30	30	900
20	45	900
10	90	900

但在专利实施例中，认为ICP技术更适合的矿层条件见表7.2.2。

表7.2.2 ICP技术专利实施例的油页岩矿层条件

品位/（gal/t）	厚度/m	品位×厚度
30	150	4500
25	60	1500
20	300	6000
15	600	9000
10	225	2250

ICP技术的发明专利给出的实施例中，电加热速率为单位处理层段每天所加热量为1.2×10^4～1.7×10^4kcal/(m·d)。为了防止水进入加热开采区域，同时为了保护含水层，壳牌公司长期研究冷冻墙防护技术，这一直是壳牌公司独特的技术。

壳牌公司持续研究35年，总投资35亿美元，在美国科罗拉多绿河油页岩现场试验8次（Fowler，2009；Vinegar，2006），第4次采出了1860bbl轻质油，采收率接近60%（Ryan et al.，2010）。壳牌公司 2003～2005年实施的Mahogany Demonstration Project（MDP），长期加热温度315℃（650℉），操作压强0～250psi[①]，产品的API密度均在40°以上，说明长期低温热解可以产出高质量的页岩油（White et al.，2010）。但须特别注意，MDP计划仅采出了60% FA的页岩油，因为低温干

---

① 1psi=6.89476×10^3Pa。

馏产出的是轻质组分的油品,重质组分的油品一般需要更高温度才能热解产出,应该引起研究者的关注。

近年来,壳牌公司研究了大量新的电加热控制方式和布井方式,其目标是确保加热温度是一个低温环境,产出高品质的页岩油。为实现大规模的工业化,采用水平井进行电加热,2013~2014 年,研制成功大功率长井段电加热器。

埃克森美孚公司发明了 Electrofrac^{TM} 原位热解技术,它是在油页岩矿层的设计位置施工 2 口水平井,采用压裂技术,沿油页岩矿层水平井进行压裂,然后向压裂裂缝注入电导材料,两个水平井裂缝电导体作为两个电极,裂缝间油页岩矿体作为加热的电阻单元,加热油页岩矿体热解产出油气,然后通过水平井裂缝间的生产井排采到地面(Crawford and Killen, 2010;Tanaka et al., 2011)(图 7.2.4)。Electrofrac^{TM} 原位热解技术采用盘状电加热器,加热效率较高,可以适度减少钻井数量,从而节约成本,在深部矿层开采中会有更大的优势。该技术的核心是要求在压裂裂缝中注入电导材料,其材料和注入技术都有相当的技术难度。对于较厚的矿层而言,依然是依赖传导方式加热,因此,传导加热的缺点难以改变。

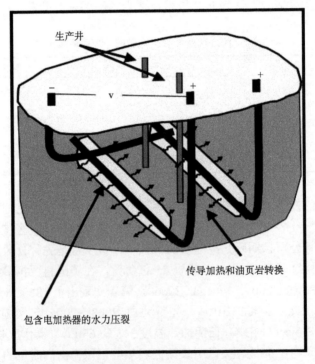

图 7.2.4 Electrofrac^{TM} 方法示意图

针对 ICP 的技术方案,我们进行了传导加热开采油页岩的数值模拟,该工程方案为:在地面并排布置有 25 口井,其中加热井 10 口,采油井 15 口,所有井间距都为15m。根据模型的对称性，取虚线框中的4口井作为计算模型（图7.2.5）。模型中间60m为油页岩层，其顶部和底部分别为20m厚的顶底板岩层，原始地层温度为30℃，加热井温度为700℃。

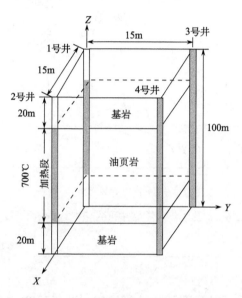

图7.2.5　ICP技术加热开采计算模型图

图7.2.6～图7.2.8为加热1年、3年和5年的温度分布等值线，从图可见，加热1年时，仅有注热井周围1.5m范围的温度达到400℃以上；加热3年时，也仅有注热井周围4m范围温度达到400℃以上，这些高温的区域才可以干馏热解出页岩油，但由于其他区域温度较低，不能使油页岩破裂形成流动通道，即使有部分区域干馏产出页岩油，也无法运移到生产井排采到地面；加热5年时，1号注热井和4号生产井连线的区域才达到400℃以上，才可以顺利采出页岩油，在井间距仅为15m的小范围，开采周期长达5年以上。油页岩的主要热解温度范围在400～500℃，由此可见，ICP技术开采油页岩的预热期在3年左右。从图7.2.6～图7.2.8可见，其顶底板的温度梯度很大，说明在油页岩热解期间，会散失大量热能。

由于岩石是热的不良导体，因此电加热方式原位热解油页岩技术加热十分缓慢，加热效率相对较低，一般需要加热1年以上才开始产出油气。电加热开采油页岩技术的另一个原理是热解产出的页岩油气可以实现对流形式加热，但细致分析，若按500℃热解温度热解的气体产生流动，其单位质量产出的气体可携带的能量仅是单位质量油页岩热解需要能量的5%左右。因此，电加热技术95%的能量由传导供给，仅有5%的能量由对流供给，这是电加热技术缓慢的根本原因。

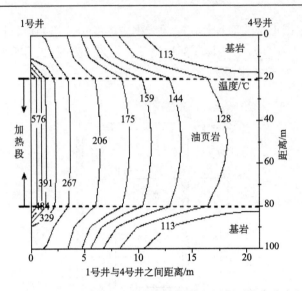

图 7.2.6 加热 1 年，注热井和生产井之间剖面温度分布

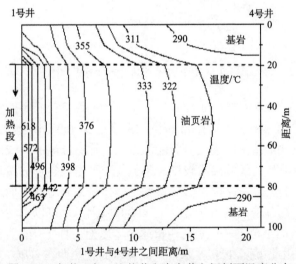

图 7.2.7 加热 3 年，注热井和生产井之间剖面温度分布

电加热方式需要很大的电能供给，而且要消耗高品位的电能，在大规模商业化运行中，其经济性较差，成本会很高，是需要特别关注的。电加热干馏简单成本核算如下：假设油页岩加热到 550℃可完全热解，按有效能量理论耗能值，每吨油页岩矿石加热到550℃需要耗电243.3kW·h，按中国的工业电价 0.6 元/(kW·h)计算，则每吨油页岩热解需要耗电费 145.98 元，按产油率 4%计算，25t 矿石可产 1t 页岩油，则每吨页岩油耗电费为 3649.58 元。即使电价按 0.4 元/(kW·h)计算，每吨页岩油电费消耗为 2433 元。中国页岩油售价近年一般在 2500 元/t，可见从

经济性角度而言,电加热几乎是不可行的。

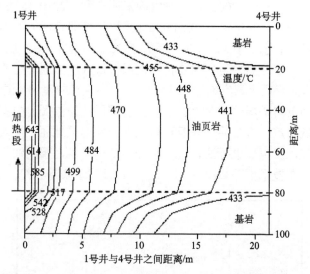

图 7.2.8 加热 5 年,注热井和生产井之间剖面温度分布

ICP 技术的基本原理是:利用安装在地下的电加热装置,把热量直接引入地下加热地下油页岩层,使油页岩中有机质受热裂解形成油气后从生产井产出。对 ICP 技术流程进行详细分析,发现其存在如下缺点:

(1)利用电加热装置加热油页岩矿层,传热方式以热传导为主,传热效率非常缓慢。所以 ICP 技术井间距较小,仅为 15m 左右。康志勤等(2008)和 Han 等(2016)对 ICP 开发过程进行了理论分析和数值模拟,发现需连续电加热 10 年,加热井和采油井区域内油页岩地层平均温度才到达 330℃,大量油页岩仍未达到完全热解。

(2)油气的主动迁移能力小,大量油气难以采出,致使回采率较低。

(3)电加热元器件在常年加热过程中极易发生故障,使用寿命低,维修成本高。

(4)电能为高级能源,常年不断加热,电耗费用很高,导致开发成本升高。

上述缺点限制了 ICP 技术的推广,目前仍处于试验论证阶段。因此,采用何种施工方法、何种热量传输方式能从根本上提高油页岩原位开发的效率、降低成本、简化生产步骤,是油页岩地下原位干馏技术所要重视和研究的关键内容。

7.3 油页岩原位注蒸汽开采技术研究

7.3.1 MTI 技术

太原理工大学采矿工艺研究所赵阳升团队 20 多年来一直从事油页岩地下原

位干馏方面的工艺、理论及实验研究工作。2005 年发明了"对流加热油页岩开采油气的方法"（该方法于 2005 年申请中国发明专利，2010 年获得授权），简称 MTI 技术，是 Mining Technology Institute（采矿工艺研究所）的缩写。该方法的具体实施步骤是：首先在地面布置井间距大于 30m 的群井，钻井进入油页岩矿层，采用群井压裂技术使注热井与生产井相互连通，形成地面地下完整的开采井网系统。然后通过地面管网将蒸汽锅炉中产生的高温高压过热蒸汽（温度大于 550℃）沿注热井注入油页岩矿层中，对流加热油页岩矿体，使油页岩中有机质热解后形成油气，并由低温蒸汽携带油气的混合物从生产井排至地面，进入低温余热发电系统发电并冷却，发电后进行油、气、水分离处理，从而得到油气产品，水净化后循环利用，主要技术原理如图 7.3.1 所示，该技术的实施系统如图 7.3.2 所示。

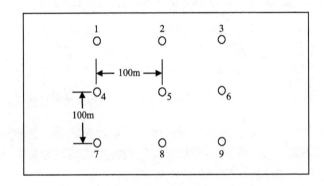

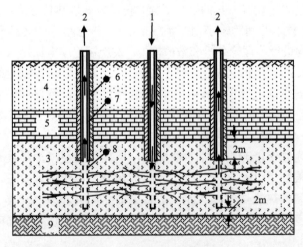

图 7.3.1　MTI 方案示意图

上图是平面图，5 是注热井，其余为生产井

下图为垂直剖面，1. 注热井；2. 生产井；3. 油页岩层；4,5. 顶板；

6. 固井水泥；7. 井管；8. 花管；9. 底板

第 7 章 油页岩原位热解改性开采

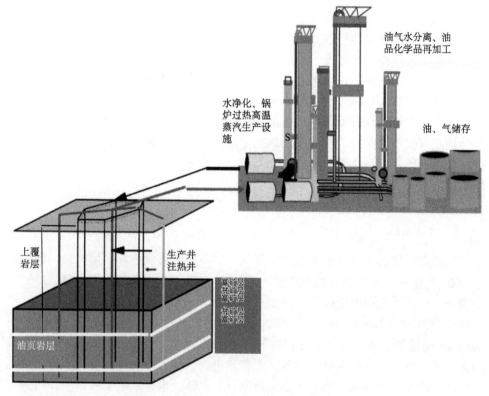

图 7.3.2 MTI 技术工业实施系统示意图

MTI 技术现场实施期间，随时根据油页岩矿层温度，间隔轮换注热井与生产井进行注蒸汽，即原注热井作为生产井，原生产井作为注热井。可见，利用 MTI 技术可对地下油页岩矿层进行大规模快速开采。油页岩常与煤相伴生，伴生煤层多是不具开采价值的薄煤层。薄煤层一直是煤炭开采的薄弱环节，许多条件复杂的薄煤层只能弃而不采，资源损失严重。因此，也利用 MTI 技术对与煤互层的油页岩矿床进行联合注蒸汽开采油气，提取薄煤层在高温下热解生成的焦油和气体，可实现废弃矿产资源的开发利用。

详细分析 MTI 技术的原理，可知其在现场实施过程中具有诸多技术优势：

（1）MTI 技术通过初期压裂连通通道，从注汽井到生产井，利用高温蒸汽的对流传热方式，快速加热油页岩矿层，几天即可产出油气产品，而不像 ICP 技术需要几年的时间才可产出油气。热量传输速度快，并能把热量直接输入到油页岩的孔隙、裂隙中，增大受热面积，使油页岩地层温度快速均匀地上升，从而缩短了有机质从升温到热解完毕的时间，节约了能耗。

（2）高温蒸汽可以迅速携带走热解生成的油气产物，使油气具有很强的迁移能力,获得较高的油气采收率。

(3)根据油页岩地层温度有选择地间隔轮换注热井与生产井注蒸汽,有效提高了油页岩地层的加热速度。

(4)注蒸汽结束后,由于油页岩地层中存在剩余的固体半焦骨架,不会造成明显的地面沉降,环境危害小。

(5)水和水蒸气较易获得、成本低、环境污染小、具有稳定的热力学参数和化学性质等优点,成为广泛应用的理想热载体,简单净化后可循环利用。且利用低温发电系统进行余热发电,提高了能源利用效率。

7.3.2 大块油页岩水蒸气热解试验研究

1. 试验系统

为深入研究大块油页岩在过热水蒸气气氛下的热解规律和热解效果,课题组于 2005 年研制了过热蒸汽高温热解试验系统,该系统主要由蒸汽发生器、过热管、干馏釜、冷凝系统和温度监测系统组成,如图 7.3.3 所示。蒸汽发生器实际上是一个生产过热蒸汽的小型锅炉,蒸汽温度可达 650℃,压强 4MPa,蒸汽产率 10kg/h。干馏釜是放置块状油页岩的釜体,可以容纳约 10kg 的油页岩,在干馏釜的前、中、后三处安装有高精度压力表和热电偶,其顶部还安装有安全阀。冷凝系统用于冷却回收干馏产物,主要由冷凝管、水泵、水管、水箱和温度计组成。通过循环水箱中的冷水使热解产生的油气冷凝从而使气体产物和液体产物分离。通过控制排气阀和排油阀收集冷凝产物。温度监测系统主要用于试验系统各处温度的监测。

图 7.3.3 过热蒸汽高温热解实验系统

2. 试验描述

从 2005 年起，我们先后进行了辽宁抚顺西露天矿油页岩、内蒙古巴格毛德油页岩和新疆吉木萨尔油页岩的大块油页岩的热解罐高温水蒸气热解试验研究，每个矿区油页岩都进行了 3 次以上大型试验，抚顺和新疆油页岩采自露天矿采场，所用试样为 100mm 大小块度的油页岩块，巴格毛德油页岩为现场钻孔岩芯，直径 89mm，长度 100～200mm。将其装入水蒸气热解系统的干馏釜，将锅炉产出的过热蒸汽不断输入干馏釜，加热热解油页岩后，残留蒸汽和干馏气一起排入冷凝系统，经冷凝将油、气、水分离，获得油气产品。在不同热解温度时，采集气体进行色谱分析，获得不同热解温度时的气体组分含量。除去辅助工作，每次试验时间为 3～4h。以新疆吉木萨尔油页岩热解温度、压力随加热时间的记录数据为例（图 7.3.4），介绍其试验情况。由图 7.3.4 可见，整个试验期间，干馏釜压力始终保持在 2～3MPa，用 20～30min 时间，使干馏釜温度迅速提升到 300℃；从 300℃起，较缓慢升温，即可获得比较细致的确定的温度点的热解产物的和品质，持续缓慢升温到 500℃；从 500℃升温到 580℃用 40min 时间，稳定在 580℃热解 1h 左右，至油页岩不再有产物产出，停止试验。

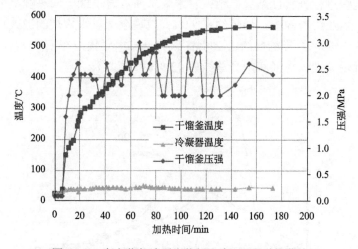

图 7.3.4 吉木萨尔油页岩热解温度-压强-时间曲线

图 7.3.5 为吉木萨尔油页岩热解试验前后的照片，清晰可见，热解使油页岩完全层理化，其层状裂纹非常密集，层与层间距仅 1～2mm，甚至更薄。这和我们在现场看到的经过漫长时间自然热解分化的油页岩矿体形态几乎完全一致。这一结果，非常好地支持了原位注热开采油页岩的可行性，使我们清楚看到，油页岩热解过程中，油页岩热解改性产生的裂缝和孔隙为水蒸气的注入和产物的排采

提供了非常好的通道。

图 7.3.5　吉木萨尔油页岩水蒸气热解后的照片

3. 热解页岩油的分析

将吉木萨尔油页岩热解后采集好的页岩油送往鄂尔多斯大路煤化工研究所进行碳数分布分析，所得结果如图 7.3.6 所示。对 C_{35} 以下的正构烯、正构烷、异构烯和异构烷进行分析，结果显示：吉木萨尔油页岩干馏蒸汽热解所得页岩油碳数分布中，烷烃约占 69%，烯烃约占 31%；烷烃全部以正构烷的形式存在，烯烃中正构烯约占 79%，异构烯约占 21%；碳数分布主要集中在 $C_7 \sim C_{25}$，此区间内的烷烃和烯烃分别占烷烃和烯烃总数的 93.8% 和 96.7%。

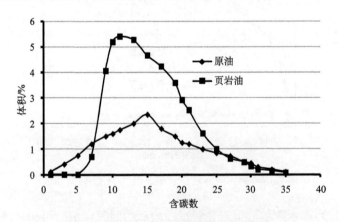

图 7.3.6　吉木萨尔页岩油含碳分布曲线

比较图 7.3.6 给出的原油和页岩油含碳数分布对比曲线可以发现：原油和页岩油的碳数分布规律基本符合正态分布，其中，页岩油中 $C_7 \sim C_{25}$ 的体积百分数明显大于原油的对应部分，碳数峰值出现在 C_{11} 附近，峰值约为 5.4%。由于汽油

的碳数主要分布在 $C_4 \sim C_{12}$，柴油碳数主要集中在 $C_{10} \sim C_{22}$，对于 C_{25} 以上的碳数分布，页岩油和原油类似。因此，可以得出如下结论：在不加催化剂的前提下，相同体积的页岩油干馏得到的汽油和柴油要比原油多，页岩油的品质显然高于原油。

4. 热解气体分析

用气相色谱分析法分析不同温度收集到的气体——甲烷、乙烷、乙烯、丙烷、丙烯、氢气、一氧化碳和二氧化碳的体积百分数随温度的变化趋势，结果见图7.3.7。

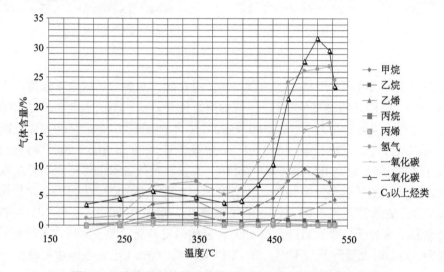

图 7.3.7 吉木萨尔油页岩热解气体组分随蒸汽温度变化趋势

由图 7.3.7 可以看出：甲烷、乙烷、乙烯、丙烷这四种有机气体呈现出相同的变化趋势，都是先升高后降低，且初始含量都不高，在 500℃ 以后乙烷、丙烷、乙烯几乎降低为零，其中以甲烷相对含量最高，乙烷、丙烷次之，乙烯最低。氢气、一氧化碳、二氧化碳则分别表现出了与以上有机气体完全不相同的变化趋势，氢气含量基本表现为逐渐上升的趋势，而且始终在总量中占有较高的比例，含量始终维持在 30% 以上；一氧化碳刚开始为零，在 250℃ 逐渐升高，在 350℃ 以后又逐渐降低，但在 520℃ 以后急剧升高，最后达到 8% 左右；二氧化碳含量在开始时占有相当高的比例，随后逐渐降低，在 350℃ 的时候达到最低值，然后一直维持在 33% 左右波动。

试验期间，将产出气体点燃，在 322℃ 点燃气体时发出黄色明亮火焰（图 7.3.8（a））；500℃ 气体中氢气含量明显增高，在 520℃ 点燃气体时，热解气体燃烧表现为蓝色火焰（图 7.3.8（b）），这些现象均与上述气体组分含量是相符的。

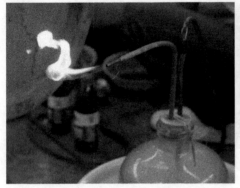
（a）320℃产出气体为红色火苗

（b）520℃产出气体为蓝色火苗

图 7.3.8　产出气体燃烧火苗

图 7.3.9 为抚顺和巴格毛德油页岩高温过热蒸汽热解气体组分随温度的变化图，由图可见，随热解温度的升高，甲烷的组分逐渐降低。例如，抚顺油页岩 300℃以下温度段，甲烷含量为 12%，300~500℃时含量降低为 10%，500℃以上降低为 4% 左右；巴格毛德油页岩 300℃以下，甲烷含量为 20%，300~500℃时含量降低为 16%，500℃以上降低为 6%。碳数 C_2 及以上气体含量总体不高，且随温度增加而降低。H_2 的含量一直很高，两个地区的油页岩在 300℃以下，H_2 含量均在 50% 左右，随热解温度升高，H_2 含量快速增加，500℃以上时，达到 70% 左右，这是高温下水分子分离为 H_2 所致。CO_2 含量随温度升高而缓慢降低，抚顺油页岩常温到 500℃时含量降低为 17%，500℃以上降低为 6%，巴格毛德油页岩由 19% 降低为 15%。而 CO 在缓慢升高，抚顺油页岩 CO 的含量在 500℃以下时平均 3%，500℃以上升高为 9% 左右，巴格毛德油页岩 CO 的含量随温度升高有微弱降低。

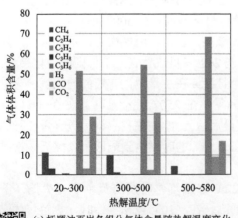
(a) 抚顺油页岩各组分气体含量随热解温度变化

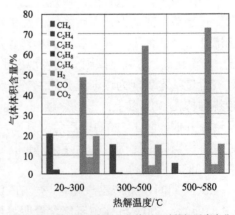
(b) 巴格毛德油页岩各组分气体含量随热解温度变化

图 7.3.9　抚顺、巴格毛德油页岩热解气体组分含量随热解温度的变化趋势

气体及页岩油油品的变化,均是由 500℃以上过热蒸汽在复杂的油页岩矿物及少量金属离子催化作用下的化学反应规律所决定。

5. 水蒸气干馏釜热解油气回采率分析

为了深入了解水蒸气热解油页岩的页岩油和气体的回采率情况,试验结束后,取干馏釜不同位置的油页岩残渣样品,委托山西省地质矿产研究院对油页岩试样实验后残渣样品进行化验分析,分析结果如表 7.3.1 所示。由表 7.3.1 可见,干馏釜的任何位置页岩油的回采率均高于 90%,气体回采率偏低,但也在 85%以上(仅有一些水蒸气循环较差的特殊位置更低)。可见高温水蒸气热解方法对油页岩中有机成分的回采率极高。

表 7.3.1 油页岩水蒸气热解回采率分析表

产地	分析样品		水分/%	灰分/%	页岩油/%	页岩油回采率/%	气体+损失/%	气体回采率/%
抚顺西露天矿		原样	5	83.22	8.2	—	3.58	—
	干馏后采样	进口处	0.85	98.5	0.15	98.17	0.5	86.03
		中部	0.88	98.7	0.2	97.56	0.22	93.85
		出口处	4	94.18	0.58	92.93	1.24	65.36
内蒙古巴格毛德		原样	4.25	87.9	4	—	3.85	—
	干馏后采样	进口处	0.72	98.92	0.2	95.00	0.16	95.84
		中部	1	98.18	0.38	90.50	0.47	87.79
		出口处	1	98.12	0.25	93.75	0.63	83.64

7.3.3 油页岩原位注蒸汽开采的数值模拟

在进行油页岩原位注蒸汽对流加热开采油气技术(Zhao et al., 2005)的深入研究时,现场专家提出了如下问题:①热采工艺中注入的高温流体会否仅沿压裂裂缝通道而始终短路运行,导致开采过程的失效?②在原位地层应力状态下,注热开采过程中岩体温度、压力、流体运移规律如何呢?我们采用数值模拟研究了上述问题。

1. 油页岩原位热解的固流热化学耦合(THMC)数学模型

油页岩原位注蒸汽开采的 MTI 技术的核心技术内容是:首先在地面布置、施工群井,钻井进入油页岩矿层处理层段,采用群井压裂技术使注汽井与产油井相互连通,然后将温度大于 500℃的过热蒸汽沿注汽井注入油页岩矿层,加热矿体,使油页岩矿层中的有机质受热分解后形成油气,并通过低温蒸汽携带油气从生产井排采至地面,然后经冷凝使油、气、水分离,获得油气产品。本模拟仅研究过热水蒸气从注汽井注入地下到低温水蒸气和气态的油气从生产井排采出的完整过程中的传热、渗流、油页岩热解化学反应、油页岩矿层孔隙裂隙演变和变形的作用规律。

岩体变形的控制方程：
$$(\lambda(T)+\mu(T))u_{j,ji}+\mu(T)u_{i,jj}+F_i-\beta_T T_{,i}-\alpha p_{,i}=0$$

岩体热传导方程：
$$\rho_r c_{pr}\frac{\partial T_r}{\partial t}=\lambda_r T_{r,ii}+W_s$$

气体温度场方程：
$$c_{pg}\frac{\partial(\rho_g T_g)}{\partial t}=\lambda_g T_{g,ii}-c_{pg}\left(\rho_g k_i p_{,i} T_g\right)_{,i}+W_g$$

气体渗流方程：
$$\left(k_i p_{,i}^2\right)_{,i}=\rho_g\frac{\partial p^2}{\partial t}+2p_g\frac{\partial e}{\partial t}+W_o(T)$$

方程中 W_s、W_g、$W_o(T)$ 为相应源汇项，其他各物理量的含义及各物理量耦合作用方程见第 4 章。

2. 计算模型简化

油页岩地层计算模型剖面见图 7.3.10，各分层厚度等工程情况如下：底板 0～40m；油页岩矿层 40～80m；顶板 80～100m，即 100m 处为地面；矿层 50～50.5m、60～60.4m 设定为压裂层，是为实施油页岩原位开采先期施行的沿油页岩矿层层理方向的压裂裂缝。

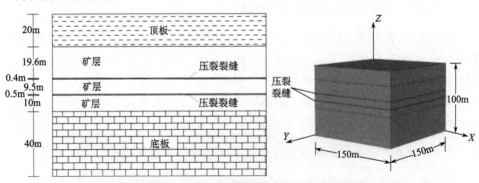

图 7.3.10 数值模拟计算模型

注热井坐标（0,0,Z），生产井间距 40m，布置 2 排。按照对称性，取 1/4 模型计算，计算模型中共有 9 口井，呈正方形布置，如图 7.3.10 所示，注热井和生产井仅在矿层处设置花管，即仅在矿层处有流体流进或流出。

3. 渗流场分析

图 7.3.11 为不同热解时间，$X=0$、45°斜线垂直剖面的气体压力分布等值线图，由图可见，在蒸汽热解的过程中，在注热井的 10m 左右的矿层区域中，蒸汽压力梯度较大，变化快速，注热井压力由 2.3kg/cm^2 快速降低到 1.2kg/cm^2，在生产井

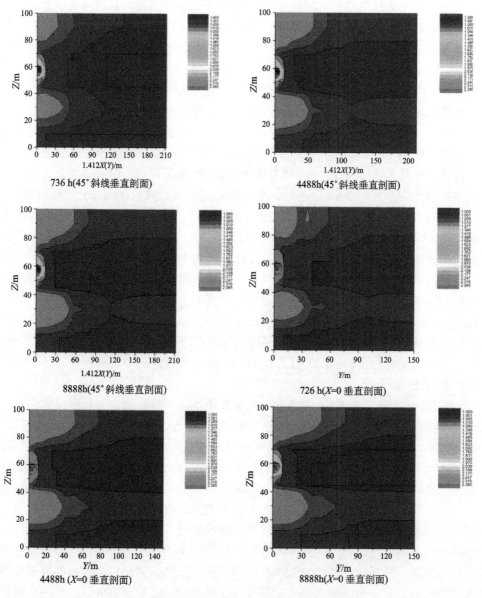

图 7.3.11　热解过程中，$X=0$ 和 45°斜线垂直剖面的流体等压力线分布

附近蒸汽压力降低到 1.05kg/cm², 沿油页岩层方向, 蒸汽基本是水平层状大流量快速流动, 热解矿层。而在顶底板中, 亦有一个最高压力 1.2kg/cm² 的缓慢流动趋向。

4. 温度场分析

图 7.3.12 为注蒸汽热解过程中, 45°斜线垂直剖面的温度场分布图。注汽 24h 时, 清晰地看到蒸汽沿两条压裂裂缝流动, 形成油页岩加热的高温区带, 即注热井沟通的裂缝区域, 温度达 460℃以上。两条裂缝形成两个尖突状低温度梯度区, 在 0~30m 的范围内, 由 530℃降低到 436℃, 到 56m 处的生产井, 温度以大梯度衰减, 降低到 50℃左右, 在裂缝两侧和裂缝尖端也形成大降温梯度衰减。这说明注蒸汽原位热解油页岩技术从刚开始注汽就可以干馏产出油气。

注汽 238h 时, 在注热井和生产井之间两条压裂裂缝形成一个高温热解区域, 温度达到 530℃。在注热井和两条裂缝外侧 5~10m 的区域, 由于主要靠传导传热, 形成大降温梯度, 由 530℃迅速降低到 100℃左右, 降温梯度达 43℃/m。从注热井到生产井的 30m 范围内, 分别距矿层顶板、底板 10m 的区域温度均在 530℃左右, 此时, 油页岩被稳定快速干馏热解, 在该区域之上下的 10m 范围内温度由 530℃降低到 410℃, 是初热解或预热解区域, 在该区域之外的 20m 范围内, 温度由 410℃快速降低到 80℃, 降温梯度为 15℃/m。

注汽 736h 时, 在注热井和生产井之间的高温区, 首先在两条压裂裂缝之间的区域继续扩大, 最低温度也达到 498℃, 同时也向矿层顶板、底板两侧扩展, 550℃到 500℃的区域扩展到距底板 5m、距顶板 8m, 该区域是油页岩稳定干馏区。由于热传导作用, 矿层底板 40m, 温度由 400℃降到 140℃, 降温梯度 6.5℃/m, 在矿层及顶底板的热解区域扩展的外侧, 形成一个约 20m 宽的隔热带, 该带中降温梯度为 25℃/m。

从注汽 1459h、2157h、4274h 的几幅图中, 清晰地看到如下几点: ①由于生产井的排采, 注热区域沿矿层远处并未延伸; ②沿矿层顶板、底板方向逐渐扩展, 在 2157h 时, 矿层顶板侧 72~80m（坐标位置）范围, 温度由 540℃降低到 440℃, 矿层底板 46~40m, 温度由 540℃降低到 420℃, 从 2157h 到 4274h, 530~550℃的高温热解区域扩展范围不太大, 其原因是生产井的位置与两条压裂裂缝的位置限定了矿层顶板和底部, 尤其是顶部, 由于高温蒸汽流动不畅, 因而传热较慢; ③上述现象说明, 只有通过调控实现蒸汽通畅流动, 才可实现快速的不留死角的加热和高效的矿层热解, 这种调控方法包括实时关闭较近的生产井, 开启较远的生产井排采; ④从注汽热解的 4274h 图看, 矿体压裂裂缝在初期具有明显的导流蒸汽的作用, 对于沟通注热井和生产井, 实现顺利初采是至关重要的。在开采初期的 20 天左右, 先从两条压裂裂缝及交界处热解, 以后逐渐向全矿层扩展, 除去在开始注汽的前几天,明显沿裂缝加热外,之后均是沿矿层相对均匀地加热,蒸汽并不是沿裂缝短路直接从注热井到生产井流出,之所以如此是因为油页岩矿体一经热解,就会形成十分发育的孔隙、裂隙,不断地产生新的蒸汽运移通道。

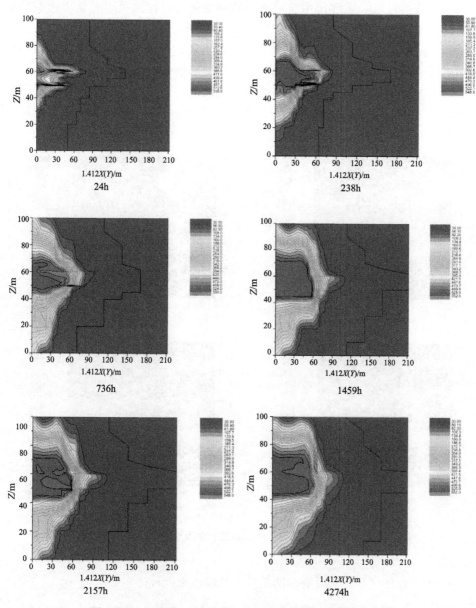

图 7.3.12 注蒸汽过程中,45°斜线垂直剖面温度场分布图

5. 热解过程渗透系数演化分析

图 7.3.13 为油页岩热解过程的渗透系数演化图,数学模拟过程中,根据试验揭示的油页岩热解温度作用与渗透系数的变化规律,油页岩矿体渗透系数实时演化。在高温热解区内,渗透系数达到 0.001m/s,在隔热带中,渗透系数由 10^{-3}m/s 降低到 10^{-7}m/s 量级。隔热带构成油页岩地下干馏热解的封闭圈,在顶板和底板中,封闭圈的厚度约 10m,在油页岩矿层中,其宽度约 30m,从地下原位干馏区建造到干馏区圈闭,油页岩顶底板的隔热带封闭性更好,它的厚度约 10m,更好地说明注蒸汽干馏在顶底板中流失量很小,仅有极其微弱的渗流导致热量的微量散失。

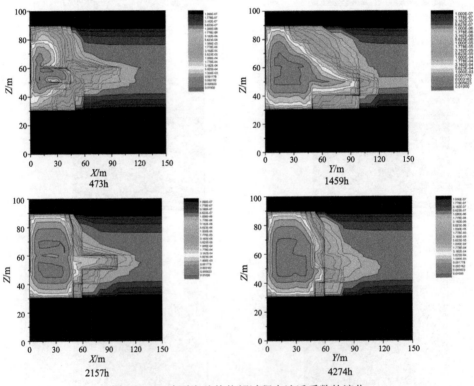

图 7.3.13 油页岩矿体热解过程中渗透系数的演化

6. 基于数值模拟的油页岩水蒸气原位热解的分析讨论

通过数值模拟分析可以清晰看出,油页岩原位注蒸汽开采对流加热热解,就像在地下原位建造了一个大型的干馏炉,在热解矿层的区域之内,500℃以上高温均匀分布运行,流动阻力很小,区域之外 20~30m 的范围,构成了一个隔热带或隔渗带。本数值模拟中，注热井和生产井之间形成边长 40m、高 40m 的立方体区域，该区域含矿体 14.7 万 t，吨矿采油按 4%计算，该区域可采油 5000t，一个注热井同时覆盖 4 个同样的立方体区域，则可采出 2 万 t 页岩油，在实际工程中，生产井和注热井的间距在 80m 以上，则该热解区域含矿 235 万 t，可采油 9.42 万 t，足可以与地面一个年产 10 万 t 页岩油的干馏化工厂相比，但其投资、环保、低成本等方面所具有的优势是地面干馏无法可比的。

7.4 大尺度油页岩试样水蒸气热解中试研究

MTI 技术工业实施前，仍有若干问题亟待研究与解决：①热采工艺中注入的高温流体会否沿压裂或热解形成的通道而始终短路运行，导致开采过程的失效？②MTI 工艺实施布置的群井之间采用何种工艺沿矿层连通呢？是什么样的压裂工艺，其压裂过程中压力是如何传播呢？巨型的矿层是如何递进破裂呢？③在原位地层应力状态下，注热开采过程中岩体温度、压力梯度、高温流体运移规律如何呢？实际运行中，由生产井排出的流体热焓、温度特性如何？如何进行余热发电的利用呢？

为回答和解决上述诸多问题，我们于 2014~2016 年持续进行室内大尺度的中试研究。2014 年 12 月从辽宁抚顺西露天矿采样 15t，共计 5 块，选择其中 3 块进行试验（表 7.4.1）。

表 7.4.1 试验油页岩样的尺寸、重量和三轴压力室尺寸

试件编号	岩样尺寸（长×宽×高）/mm	重量/t	刚性三轴压力室尺寸/mm	（油页岩体积/总体积）/%
1#	2200×1700×1100	8.23	ϕ2200×1270	85.2
2#	1700×1050×700	3.213	ϕ1700×910	60.49
4#	1150×800×650	1.346	ϕ1280×750	61.96

7.4.1 试验系统

为实施油页岩原位注蒸汽压裂热解开采的中试研究，我们研制了"油页岩原位压裂热解开采油气试验系统"（图 7.4.1），该试验系统由 9 个子系统组成：①大型试样刚性三轴压力室；②1000t 压力机与稳压变形测量系统；③水处理及锅炉系统；④试样注蒸汽及排采井网和供排调控系统；⑤中试过程温度压力全自动检测系统；⑥油、气、水冷却分离系统；⑦管道保温及测试系统；⑧排采流体温度检测系统；⑨岩体破裂检测系统。

图 7.4.1 油页岩原位压裂热解开采油气试验系统

7.4.2 试验方案及试验过程描述

中试研究共进行了三块大型试件的试验，按照试验时间顺序，分别为 $4^{\#}$、$2^{\#}$ 和 $1^{\#}$，为研究埋藏深度对油页岩压裂热解开采油气的影响，我们选择了不同的埋藏深度进行模拟研究。考虑到有些油页岩矿层厚度很大，需要分层实施开采，本中试选择了单层和分层两种开采方式（图 7.4.2），根据试件尺寸，也选择了不同的钻孔间距布井。针对不同试件具体的试验方案见表 7.4.2。

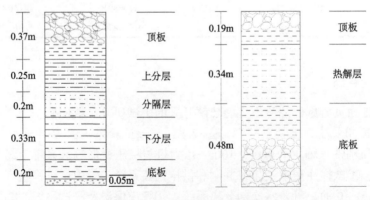

图 7.4.2 $2^{\#}$试样、$1^{\#}$试件柱状图

表 7.4.2　油页岩压裂热解试验方案

试件编号	模拟埋深/m	分层开采情况	井网钻孔间距/mm	试验时间（不含准备时间）
1#	84	分 2 层开采，下分层厚度 0.33m，上分层厚度 0.25m，上下分层间距 0.2m，做上下层间分割层	300~500	2015 年 12 月 17 日~2016 年 1 月 4 日
2#	154	单层开采，开采厚度 0.34m	200~300	2015 年 9 月 11 日~2015 年 9 月 25 日
4#	100	单层开采，开采厚度 0.30m	200~400	2015 年 6 月 2 日~2015 年 7 月 26 日

7.4.3　热解过程中温度场分布及变化特征

下面以 1# 试件试验过程为例，说明油页岩中试期间的温度、压力等变化情况。2015 年 12 月 20 日到 2015 年 12 月 29 日，先进行下分层热解开采，在此时间段内，下分层钻孔轮流间隔注汽和排采，2015 年 12 月 23 日，上分层的部分钻井也适当排采。2015 年 12 月 29 日，开始开采上分层，至 2016 年 1 月 12 日上午 10:00，上分层停止注汽，改由下分层注汽，到 2016 年 1 月 14 日中午结束开采，期间，上下分层钻孔轮流排采。在整个热解中试期间，进行了各钻孔内部温度和压力的实时测量，根据实测数据的反演绘制了试件内部温度、压力等值线图。1# 试件上、下分层各施工 10 个钻孔，其编号与位置见图 7.4.8[①]。

图 7.4.3 为 2015 年 12 月 20 日 10:38~13:49 时间段，采用 S3、S4 孔注汽，S1、S2、S5、S8、S9 共 5 个孔通过开闭，调控开采的温度分布图。从图可见，注汽孔周围形成环状等温线，向生产井一侧凸出，呈现环状曲线的椭圆化，且长轴沿注热孔和生产孔的连线上。从图 7.4.3 的 10:38、11:46、13:30 三个时间点的温度分布等值线图可见，在 S4 注汽孔外侧靠近试件边缘，封闭较弱，热量迅速流向外侧，等温线向外侧凸出，在 10:38 到 13:30 的 3h 内，形成了近似椭圆形的等温线，S4 注汽孔位于椭圆孔的长轴的一个焦点，另一个焦点位于试件边缘侧。

S4 和 S3 注汽孔较近，随着注汽的持续，逐渐连通形成哑铃状等温线。然后随 S8、S9 孔的排采，S4 与 S9 之间、S3 与 S8 孔之间较近，在持续注热 3h 后，形成了向 S8、S9 孔侧凸出的等温线。尤为有趣的是，在 S9 生产孔和 S8 生产孔中间，有一个 S6 孔未生产，因而在 S8、S6、S9 之间，形成了 1 个以 S6 孔温度最低，S8、S9 孔温度较高的一个马鞍形等温线。

从图 7.4.3 的 13:49 的图可见，由于 S1、S2 孔生产，形成了一个以 S3 注热孔

---

① 1# 试件试验时，分成上、下分层分别开采，下分层钻孔编号统一加"深"，上分层钻孔编号统一加"浅"。为清晰方便起见，下分层钻孔统一加"S"，上分层钻孔统一加"Q"。

为高温点的较大的椭圆形注热区域。图 7.4.3 四个时间段的温度分布与变化,说明了注热井和生产井的调控,可以快速控制热解区域的走向,实现注蒸汽热采的高效调控。这种现象与机理清晰说明,热解区域完全靠蒸汽的流动规律控制。

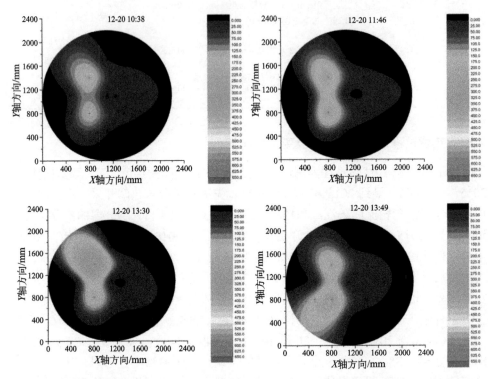

图 7.4.3　1#试件下分层,S3、S4 孔注汽,S1、S2、S5、S8、S9 孔排采(12 月 20 日)

图 7.4.4 为 2016 年 1 月 13 日 22:48 采用 S7、S8 孔注汽、图 7.4.5 为 2016 年 1 月 14 日 11:46 采用 S3、S5 孔注汽开采下分层时的等温度线。由图可见,通过原位注蒸汽热解开采油气的中试试验研究,对注汽井和生产井轮换和调控,从而对油页岩矿体温度场发展规律进行分析,得到如下结论:①以钻孔温度和压力参数、岩体温度场分布特征、油气产出量等作为判据,通过注汽井和生产井的轮换和调控,可以快速控制热解区域的走向,实现注蒸汽高效热解油页岩的目的,这些规律也清晰说明,热解区域完全靠蒸汽的流动规律控制。②当注汽孔的相邻钻孔温度达到或超过有机质主要热解温度区间后,应尽早关闭该孔的排采阀门,停止该孔产油气,如此操作,可以避免大量高温蒸汽无效排出,节约能源,提高蒸汽驱动力,并使升温区迅速跨过该钻孔向外延伸,进而扩大了有效加热范围。③在现场油页岩原位注蒸汽开采油气工业化实施过程中,高温蒸汽只在油页岩储层中沿着平行于层理的方向流动,而油页岩储层顶、底板岩层中散失的热量仅源于

热传导方式，传热效率缓慢，能量散失小。因此，油页岩储层的顶、底板岩层具有明显的保温隔热效应，可保证蒸汽在油页岩储层向前流动过程中维持较高的驱动力和传热效率。

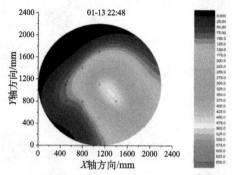

图 7.4.4 1#试件下分层，S7、S8 孔注汽，S4、S5、S6、S9、S10 孔排采（1 月 13 日）

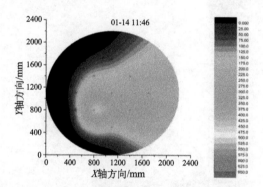

图 7.4.5 1#试件下分层，S3、S5 孔注汽，S1、S2、S4、S6、S7、S8、S9、S10 孔排采（1 月 14 日）

7.4.4 热解过程孔隙压力变化特征

同样以 1#试件下分层开采为例，研究注热开采中油页岩层的温度分布和变化特征。

图 7.4.6 为 12 月 20 日下分层注蒸汽压力变化情况。12:11 时，S3、S4 孔注汽，S3 孔压力高达 1.7MPa；14:22 时，S3 孔压力降低到 0.8MPa；18:56 时，S9 孔压力仅为 0.4MPa；21:25 时，S4 孔的注汽压力 0.5MPa。从 12:11 到 18:56，在 6 个多小时的注汽热采过程中，随着油页岩被热解，其矿体孔隙、裂隙逐渐增大，渗透阻力减小。注汽压力由 1.7MPa 降低到 0.4MPa，降低约 3/4。此外，随注汽孔和生产孔的调整，总体上，注汽孔和生产孔之间形成了明显的压力梯度降低的等压力线。油页岩注蒸汽热解开采的过程，完全受控于注排采孔之间的渗流场或压力场分布特征，对照温度场分布，可见二者呈完全对应的关系。

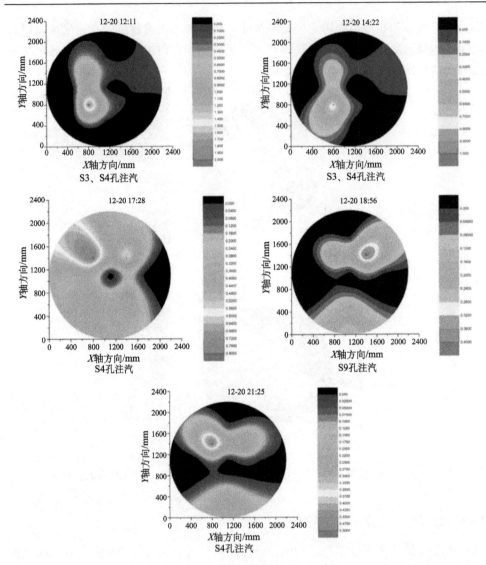

图 7.4.6　$1^{\#}$试件下分层注蒸汽热采的矿层压力分布图（12月20日）

从12月23日19:55到12月25日12:25的6幅等压力线图（图7.4.7），可见注汽压力整体持续降低，如S3、S2孔注汽压力为0.3MPa，到25日注汽压力基本在0.2～0.3MPa之间。25日15:22，调整到S5孔注汽，注汽压力也基本在0.3MPa。这说明注蒸汽热解开采的过程是一个明显的低压运行过程，上覆地层应力靠岩体骨架支撑，良好的孔隙、裂隙通道正好构成一个巨大的热解开采环境。

通过试验，清晰地看到，在整个注蒸汽热采时，蒸汽完全处于低压运行状态，其压力分布完全受渗流场控制。

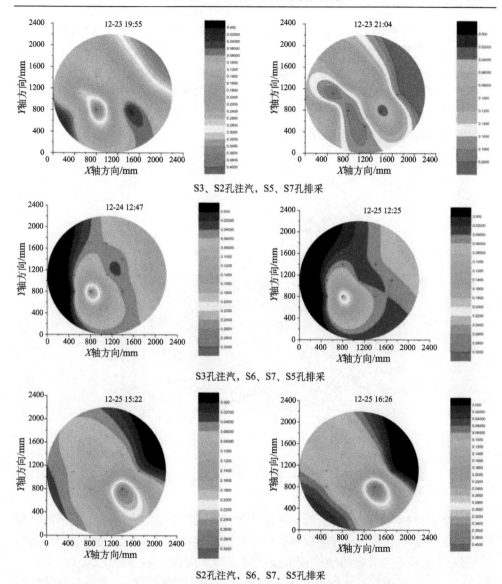

图 7.4.7 $1^{\#}$试件下分层注蒸汽热采的矿层压力分布图（12月23日到12月25日）

7.4.5 油页岩热解过程热破裂声发射检测与破裂特征

同样以 $1^{\#}$试件注蒸汽开采过程中油页岩矿体破裂为例进行分析。图 7.4.8 为 2015 年 12 月 21 日 9:16 至当日 15:16，以 S4 孔注蒸汽，对 $1^{\#}$试件进行水力压裂连通的声发射累积能量等值线图，S5、S6、S7 和 S9 为生产孔。从图可见，在此段时间，S4 孔周围的 Q1、Q2、Q3、Q5、Q4 的一大片区域，由于注入蒸汽的辐射状径向流动热解油页岩,该区域声发射能量最高点处2200mV·s,绝大部分区域声发射累积能量在1400~2000mV·s,在S4与S5、S4与S6、S4与S7、S4与S9的连线区域,声发射累积能量由2400mV·s逐渐降低到800mV·s,充分说明油页岩热解过程的破裂与注入温度密切相关,温度高的区域热破裂剧烈,温度低的区域,热破裂相对缓和一些。图7.4.8也清晰说明,注热热解区域的发展演化完全受控于注热孔与生产孔之间的蒸汽流动特征。

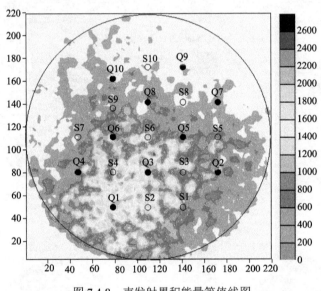

图7.4.8 声发射累积能量等值线图

7.4.6 油页岩热解过程中变形特征

油页岩热解过程中,有机质被热解,矿体孔隙、裂隙增加,抵抗变形能力减小,因此,变形增加,一方面反映矿体热解过程的特征,另一方面可了解油页岩矿层原位热解开采引起的地面变形或沉降规律。因此在整个中试试验期间,对整个试件的变形进行了实时的采集,同样以 1#试件为例分两个阶段进行试验:第一阶段,累计热解时间17280min,累积产气57303L,累积热解变形量14.36mm(图7.4.9);第二阶段,累计热解时间15000min,气体产量56650L,变形3.11mm。其中第一阶段试验到第二阶段试验中间停止 5 天,试件冷却弹性恢复变形1.31mm,实际热解引起的变形为16.16mm,下分层热解厚度0.33m,上分层热解厚度0.25m,累积热解厚度0.58m。油页岩矿层热解引起的变形率为16.16/580＝0.02786。考虑到大型油页岩试样不规则,在圆筒型三轴压力室中的空隙部分,采用水泥充填,油页岩样实际面积为 $2.8m^2$,与三轴压力室面积之比为 0.7368。对该变形率应适度修正，即 0.02786/0.7368=0.03781。

该数值基本是大型油页岩样热解的实际变形率，即其变形为矿层的 3.757%。$1^{\#}$试件上下分层开采的实际矿体厚度为 0.58m，取油页岩矿体的比重为 2300kg/m^3，则开采的油页岩矿体重 3735.2kg，按矿体重量计算的平均采油量为 3.1%。油页岩矿体热解引起的变形的本质是矿体中页岩油和气体被热解，而形成新的孔隙和裂隙，导致矿体弱化，因此将热解引起的变形率与矿体的实际采油率相对应，对判断矿层热解引起的变形更科学，也更富有指导价值。按油页岩矿体质量计算的产油率 1%相应的热解变形量为 3.757%/3.1%=1.212%，即从油页岩矿体中采出其质量 1%的页岩油，其热解引起的应变即为 1.212%。

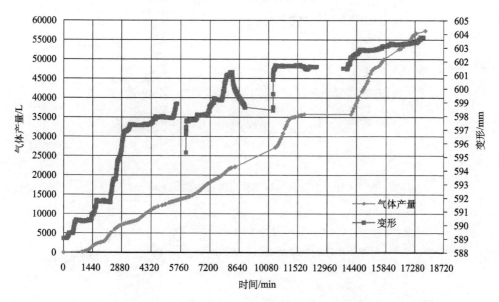

图 7.4.9 $1^{\#}$试件第一阶段热解期间的实测变形

7.4.7 油页岩热解过程热能利用和余热分析

在整个油页岩热解中试过程中，测量了注入井注入的水量和温度、生产井排采出的流体的流量和温度、冷凝器排采流体的温度，并重点分析了 3 个非常稳定的注汽热解时段（各个分析时段时长 60~80h）的试验数据，得到柱状图 7.4.10 和图 7.4.11。从图 7.4.10 可见，三个时段测试获得的热解直接消耗的热能为 40%~46%，从生产井排采的流体能量为 53%~60%，可见水蒸气热解油页岩无效能量所占比例较高。试验发现，水蒸气的温度和压强越高，无效能量就会越少，因此在工业生产中要设法提高水蒸气温度和压强。但不论如何，其热能利用率很难超过 50%。因此，油页岩原位注汽热采中，余热的利用就成为一个重要的问题。为此，在试验过程中，详细研究了从生产井排采出的流体的温度和流量以及从冷凝器排采的流体的温度，获得图 7.4.11 的能量分布。由图 7.4.11 可见，从生产井排采出的余热仍可以进行余热发电，并获得高品质的电能，低温余热发电技术平均热能利用率 13.19%，最高可达 16.51%。低温余热发电应该作为原位注过热蒸汽开采油页岩油气项目回收余热的首选，会对原位注蒸汽开采油页岩工程增加很大收益。

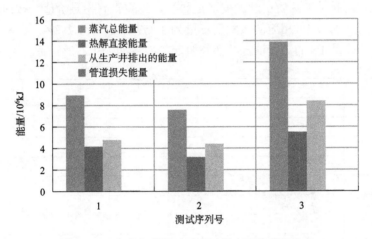

图 7.4.10　水蒸气热解油页岩过程中能量利用分布

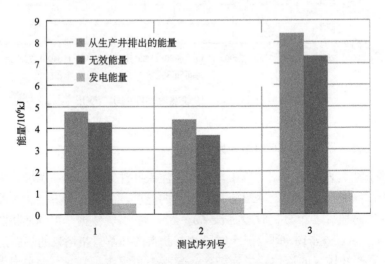

图 7.4.11　热解油页岩余热发电利用分布

7.4.8 蒸汽热解开采区油页岩特征及回采率分析

试验结束后,将试件从伺服试验机内搬出,然后将油页岩试样凿开,使油页岩试件显露出非常明显的钻孔间注蒸汽开采剖面。图7.4.12为4#试件的油页岩钻孔间注蒸汽开采的剖面。

图7.4.12 4#试件油页岩钻孔间注蒸汽开采油气剖面

从图7.4.12可见,原始状态下致密的油页岩经过高温过热蒸汽加热后,由于不均匀热膨胀性、蒸汽渗流和化学反应的综合作用,油页岩内部产生了大量各级别平行于层理方向的裂隙,油页岩颜色由原始的灰黑色变化为黑色(图7.4.12中底板油页岩仍为灰黑色),仔细观察发现,4#试件钻孔间注汽段剖面完全布满了大小不一的各级别裂隙,表明蒸汽对钻孔注汽段范围内矿体加热非常均匀,并没有出现蒸汽仅在单一裂缝中渗流而导致出现加热短路的现象。

油页岩热解后残留矿体中含油率可以直接评价油页岩开采技术的优劣。为此,在两钻孔连线的中部位置按垂向间隔100mm采样(如图7.4.13),并包含油页岩顶、底板岩样,送山西省煤炭地质研究所检验中心测定残渣含油率。

4#试件残渣化验结果按照取样高度绘制图7.4.14。从图7.4.14可见,4#试件垂向0~400mm是蒸汽注入段,油页岩残渣中残留含油率为0.1%~0.3%,可知,蒸汽注入段采油率均可达到95%以上,有机成分所剩无几,达到非常高的油气采收率。另外,4#试件垂向−100mm位置是底板油页岩,其剩余含油率为3.5%,仍有大部分有机质没有采出,采油率仅为24.1%。4#试件垂向500mm位置是顶板油页岩,其剩余含油率为3.2%,仍有部分有机质没有采出,采油率仅为30.7%。

图 7.4.13 钻孔间残渣含油率检测取样位置

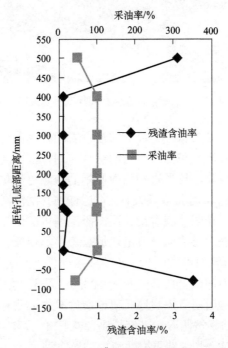

图 7.4.14 4#试件残渣含油率

残渣含油率检测结果充分说明高温过热蒸汽对油页岩具有非常好的热解驱油效果，采油率可达到95%以上，而顶、底板油页岩中基本没有蒸汽渗入，仅靠热传导方式很难提高油页岩的采油率。

7.4.9 原位注水蒸气热解开采的产物分析

在 1#、2#、4#大型油页岩试件进行的热解中试过程中,实时冷却分离收集气体产物和油品产物,试件的产油量和产气量结果见表 7.4.3。

表 7.4.3 产油量和产气量统计结果

试件编号	尺寸/mm	干馏矿石量/kg	产油量/kg	产气量/m³	采油率/%
2#	1700×1050×700	1385.0	36.0	39.27	2.60
1#	2200×1700×910	3735.2	115.0	105.00	3.08
4#	1150×800×650	359.0	8.0	11.63	2.23

对油页岩热解获得的气体进行取样,采用气相色谱仪对其成分和含量进行化验分析,结果见表 7.4.4。

表 7.4.4 热解气成分和体积浓度 （单位：%）

气体	1#	2#	3#	4#	平均体积浓度
甲烷	8.1092	7.7191	7.6539	7.9913	7.87
乙烷	2.2491	2.175	2.1765	2.2409	2.21
乙烯	0.5588	0.5792	0.5511	0.6043	0.57
丙烷	0.9191	0.9038	0.9156	0.9359	0.92
丙烯	0.6375	0.6543	0.7279	0.6562	0.67
氢气	70.14	66.53	67.99	70.80	68.87
其他 C_3 以上及 CO、CO_2	17.38	21.43	19.98	16.78	18.39

从表7.4.4可见,氢气在热解气中占最高比例,体积浓度平均占比达到68.87%,其余气体成分均为烃类气体,其中,CH_4比例次高,体积浓度平均占比为7.87%。乙烷、乙烯、丙烷、丙烯均有一定量,但体积浓度较低,合计占比 4.37%。在油页岩原位注蒸汽大规模工业开发中,应设置专门的气体分离系统,使各气体高纯度分离,即可成为非常好的化工原料。

高温蒸汽热解油页岩所得产物与普通直接干馏、抚顺式炉、辽宁成大炉所得热解气相比,过热水蒸气原位热解所得气体氢含量是其他方案的2~3倍。同时,我们也对过热水蒸气方案所得页岩油进行化验分析,表 7.4.5 是几种方案所得页岩油的密度比较。

表 7.4.5　各种油页岩干馏方案所得油品的密度比较（20℃）（单位：g/cm³）

原位水蒸气热解法	辽宁成大炉法	抚顺式炉法
0.8591	0.9043~0.9048	0.9033

可见原位水蒸气热解方案所得油品和气体成分更好。

原位水蒸气热解之所以可以得到比较好的油品，其主要原因是 500℃以上高温水蒸气在碳的环境下分离成氢气，并在高温富氢的环境下，使页岩油发生部分加氢反应，从而所得页岩油产品轻质组分增加（图 7.4.15），气体中所含氢气增加。

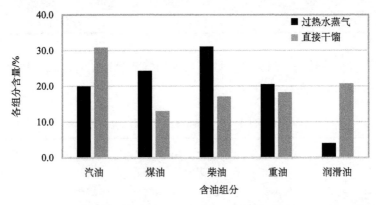

图 7.4.15　原位水蒸气热解工艺和直接干馏热解工艺的产品品质比较

7.5　新疆博格达山油页岩原位注蒸汽开采的示范工程方案

准噶尔盆地油页岩矿床呈弧形带状分布于盆地与博格达山盆山转换部位，油页岩分布于盆地边缘。该矿带西起乌鲁木齐市妖魔山，东至奇台白杨沟，断续延长 143km，宽 10~20km。分东西两段，西段西起乌鲁木齐市妖魔山、红雁池，经水磨沟、芦草沟到三工河，长 65km，呈北东向展布；东段西起吉木萨尔白杨沟，经黄山街、西大龙口、水西沟、石长沟、小龙口、韭菜园子（东大龙口）至奇台白杨沟，长 69km，呈北西向分布，各区油页岩的质量与厚度分布见表 7.5.1。沉积中心在芦草沟一带，沉积厚达 1850m。西段聚矿中心在三工河一带，厚 210m，东段在韭菜园子一带，厚 172m，成矿时代为晚二叠世。吉木萨尔韭菜园子油页岩，产于矿带的东段，呈单斜状产出，构造方向 300°，倾角 60°，含矿地层为上二叠统芦草沟组，油页岩产于该组中部，共 36 层，单层厚 0.6~1m，累积厚度 34m。

表 7.5.1 博格达山各区油页岩质量及厚度特征

矿区	含油率/%	有机碳/%	厚度/m
乌鲁木齐雅玛里克山	6.00~8.00	9.25	53~71
乌鲁木齐水磨沟	0.65~15.75	—	44
米泉芦草沟	5.00~12.00	—	66
阜康三工河	3.70~5.10	18.91	205
吉木萨尔韭菜园子	5.81~13.70	1.64~35.50	54

7.5.1 设计方案

生产规模 本项目可处理油页岩 30 万 t/a（最大 42 万 t/a），消耗低热值煤 6.8 万 t/a，获产品燃料气 330 万 Nm^3/a、页岩油 1 万 t/a，年操作 8000h。

产品 页岩油和页岩气。

技术方案 采用太原理工大学的发明专利技术"对流加热油页岩开采油气的方法"，这是一种对流加热油页岩开采油气的方法，其步骤是：首先在地面布置、施工群井，钻井进入油页岩矿层处理层段，采用群井压裂方式，产生巨型的沿矿层展布方向的裂缝，使群井内所有井眼沿油页岩层连通，然后间隔轮换选择注汽井与生产井，将过热蒸汽沿注汽井注入油页岩层加热，使油页岩层中的干酪根热分解后形成油气，通过低温蒸汽或水携带油气从生产井排至地面。

锅炉产生的高温高压蒸汽通过管道直接从注汽井注入矿层，加热矿体热解生成油气，并随蒸汽及冷凝水从产油井自流出地面。根据太原理工大学矿业工程学院的试验，并参考其他类似矿床的理化参数，油页岩的最佳热解温度在 350~500℃之间，热容为 1.08kJ/(kg·K)左右。锅炉蒸汽的不断供给，足可以逐步将岩层加热到较理想的热解温度。产油井产出的是蒸汽、水、原油、石油气及天然气的混合物，必须进行分离才能作为产品进行销售。我们拟采用物理方法进行分离，即利用各物质的比重将其分离。原油在热态时予以灌装，部分蒸汽冷凝后与水一并回收利用，对可燃气体进行降温压缩液化，液化部分装罐出售，不可液化部分送锅炉燃烧。图 7.5.1 为油页岩开采方框流程示意图。

本项目由如下 9 个系统组成：锅炉系统，钻井系统，低温预热发电系统，油、水、气分离系统，原水处理系统，废水处理及回用系统，蒸汽管网系统，生产调度控制系统，产品储存和装载系统。

7.5.2 锅炉主要设计性能参数

本示范工程拟使用太原锅炉集团有限责任公司生产的高温高压污水锅炉，锅炉的基本技术参数如下：

锅炉型号：　　　　　TG-45/17-M
锅炉型式：　　　　　单锅筒、自然循环、∏型布置、循环流化床
设计煤种：　　　　　当地煤种，低位发热值 19830kJ/kg
燃煤粒度：　　　　　0~10mm
额定蒸发量：　　　　45t/h
额定蒸汽温度：　　　570℃
额定蒸汽压力：　　　17MPa
给水温度：　　　　　104℃
锅炉设计水质：　　　页岩油开采回用软化水及新鲜补充水
锅炉排烟温度：　　　140℃
锅炉设计热效率：　　89%
锅炉排污率：　　　　10%
点火燃料：　　　　　油点火

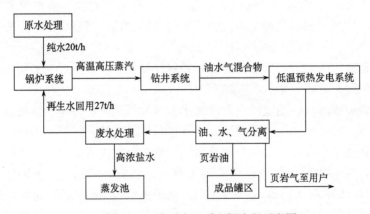

图 7.5.1　油页岩开采方框流程示意图

7.5.3　开发矿层条件及井网布置

初步设计注热井与生产井采用相同的结构，采用四边形井网对划定采矿区域进行井网布置，油页岩按照埋深 200m、厚 60m 考虑。采用分层开采，每个分层厚度 30m，自下而上分层开采。

设计原则为：钻孔施工进入油页岩矿层下分层 3m 后，下复合井管作为注热井管的基座，然后依次下入波纹管和隔热井管至孔口，各井管之间采用焊接方式连接，最后在井口安设真空泵，实施壁后注浆加固，待达到凝固时间后，换小直径钻头继续钻进至距油页岩底部 2m 的位置停钻，下入花管，在井口安设阀门仪表完井。

按照太原理工大学的油页岩原位注热开采油气的技术，其注热开采油气的井网布置如图 7.5.2 所示。

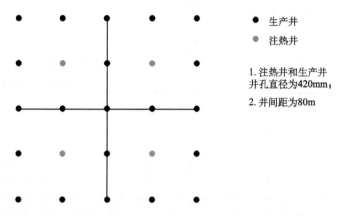

图 7.5.2　注热开采油页岩油气的钻井布置设计图

共设计 25 口井，按正方形网格布置，井间距为 80m。各个中心井都可以做注热井，所有井都可以作为生产井，注热井和生产井可交替运行。

7.5.4　低温余热发电系统

本项目拟采用低温余热发电技术——螺杆膨胀机发电机组。

螺杆膨胀机是一种依据容积变化原理工作的双轴回转式螺杆机械。它的结构与螺杆压缩机基本相同，主要由一对螺杆转子、缸体、轴承、同步齿轮、密封组件以及联轴节等零件组成，结构简单，其气缸呈两圆相交的"∞"字形，两根按一定传动比反向旋转相互啮合的螺旋形阴阳转子平行地置于气缸中。做功介质先进入机内螺杆齿槽，推动螺杆转动，随着螺杆转动，该齿槽旋转，逐渐加长、容积增大，介质降压降温膨胀（或闪蒸）做功，最后从另一齿槽排出，功率从主轴阳螺杆输出。

来自钻井的油气流量约为 50t/h、温度约为 109℃，压力约为 0.143MPaA，其中 70%（体积）为蒸汽，15%（体积）为氢，余下为甲烷、油气。

螺杆膨胀发电机组的技术参数

进口参数：压力 0.143MPaA，温度 109℃，流量 2×22.7t/h

出口参数：压力 0.103MPaA，温度 69℃，流量 2×22.7t/h

发电功率：2 套×540kW

表 7.5.2 为低温余热发电初步经济效益分析情况。

表 7.5.2 低温余热发电初步经济效益分析

具体指标	参数	备注
总装机功率/kW	1200	
额定发电功率/kW	1080	
净发电功率/kW	750	扣除自耗电功率 330kW
年供电量/(万 kW·h)	600	按年运行时间 8000h 计算
年节约标准煤/t	2424	节约标煤指标 0.404kg/(kW·h)

7.5.5 主要技术经济指标

表 7.5.3 主要技术经济指标

序号	项目	单位	数量	备注
1	生产规模	万 t/a	1.0	
2	产品方案			
2.1	主产品 油页岩油	万 t/a	1.0	
2.2	副产品 油页岩气	万 Nm^3/a	330	
3	年操作日	d	333	8000h
4	燃料煤用量	万 t/a	6.8	
5	化学品用量	t/a	10	
6	新鲜水消耗量	万 t/a	6	
7	全厂三废排放量 废气	万 Nm^3/h	1.37	主要为锅炉气
	废渣、灰	万 t/a	1.02	主要为锅炉废渣
8	运输量	万 t/a	8.82	
	运入量	万 t/a	6.8	
	运出量	万 t/a	2.02	
9	全厂定员	人	100	
	其中：生产工人	人	80	
	管理和技术人员	人	20	
10	占地面积	亩	800	
11	工程项目总投资	万元	18020.95	
11.1	基建投资	万元	17051.00	
11.2	铺底流动资金	万元	105.10	
11.3	基建期利息	万元	864.86	
12	项目固定资产投资	万元	17915.86	

第 7 章　油页岩原位热解改性开采

续表

序号	项目	单位	数量	备注
13	资本金	万元	5480.00	
14	基建贷款	万元	14671.00	

在项目计算期内可能变化的因素有产品价格、建设投资、生产负荷、可变成本等。

计算结果表明，产品价格的变化对财务内部收益率影响最大，即产品价格的变动是影响本工程效益最敏感的因素（如图 7.5.3），其次为可变成本的增减。表 7.5.4 为原油价格变化对投资效益的预测分析。

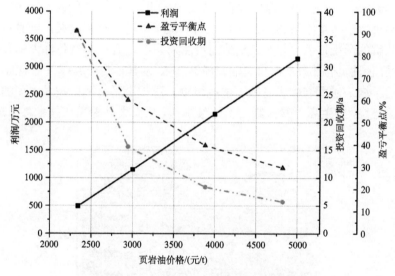

图 7.5.3　油价变化，本项目的收益变化图

表 7.5.4　原油价格变化对投资效益的预测分析表

页岩油价格/（元/t）	利润/万元	投资回收期/a	盈亏平衡点/%
2340.00	492.58	36.58	91.09
3000.00	1152.58	15.64	60.14
4000.00	2152.58	8.37	39.70
5000.00	3152.58	5.72	29.63

以上经济指标和不确定因素表明，本示范项目作为油页岩开发的全新技术，在当前油价极低的市场情况下，尚可略盈利运行，在市场稍好一些的情况下，其财务内部收益率和投资利润率均高于行业基准收益率，表明盈利能力高于行业平

均水平,清偿能力能够满足贷款机构的要求。因此项目建成后能够使企业扭亏为盈,盘活资产,有较好的经济效益,且有一定的市场竞争力和抗风险能力,故本工程财务评价结论是可行的。

7.6 油页岩原位气体加热技术

7.6.1 雪弗龙公司(Chevron)的 CRUSH 技术

2006年,雪弗龙公司提出了原位开采油页岩的 CRUSH 技术(图7.6.1),其技术工艺细节包括:①从地面施工垂直钻井进入油页岩矿层,首先采用爆破、压裂等技术使油页岩矿层破裂,生成许多水平状裂缝,期望其破裂的水平区域接近 $4000\sim20000m^2$,可在60m厚的油页岩矿层中部形成15m高的破裂范围,剩余未破裂的油页岩矿体是不渗透的,可用于封隔地下水进入热解区域,同时也防止了油页岩热解的污染扩散。②然后从地面沿注入井将高温 CO_2 气体注入油页岩矿层的破裂区,使油页岩热解产出页岩油和烃类气体,从其他生产井排采至地面。③CO_2 热解过的区域,油页岩中仍有残留的有机物,进一步采用燃烧技术,使油页岩中的有机物燃烧,产生高温气体给 CO_2 连续加热,从而大大提高该技术总的热效率。

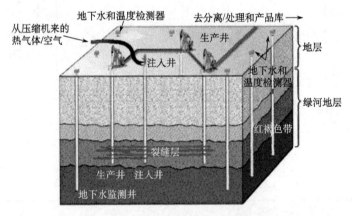

图7.6.1 雪弗龙公司 CRUSH 技术(Biglarbigi,2007)

按照 CRUSH 技术,雪弗龙公司在美国的科罗拉多油页岩矿区,设计了含有 2~5 个四点井网单元的工业试验模型,进行实验室室内试验和小规模的现场试验。

7.6.2 美国页岩油公司(AMOS)的 EGL 技术

EGL 技术(图 7.6.2)由美国页岩油公司发明并申请了专利,目前仍处于小型试验阶段,未进行大规模的商业化开采。

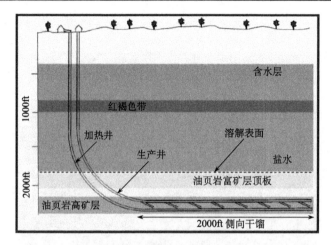

图 7.6.2　AMSO 的 EGL 技术

该技术与定向水平井钻完井技术结合，闭环加热和水平向干馏主要利用热破裂、对流和回流传热原理来加热油页岩层，实现最大的能量利用率和最小的环境扰动。

该技术主要由加热系统和采油系统两部分组成。加热系统是一个封闭的环形系统，主要由几个平行的水平井组成，当干馏启动以后，直接用油页岩干馏所得气体燃烧加热天然气、干馏气，然后注入水平井系统加热干馏油页岩层，进而获得页岩油和干馏气，油气分离后，干馏气用于燃烧加热，如此循环，则无须消耗外部能量就可实现油页岩矿层的原位干馏。热解生成的油气由垂直井输送到地面上来。

该技术的优点为：①采用闭路循环，未向地层注入其他流体，减少了对环境的影响。②能量自给自足。除了启动装置时需要天然气等燃料外，一旦该工艺正常运转后就可利用自身产生的干馏气来作为加热的燃料。

作者详细分析了油页岩热解过程的气体产率和能量平衡，认为单纯油页岩自身干馏所得气体燃烧的能量远不够油页岩热解所需能量，这也为大量的地面干馏系统的实践所证实；此外，将干馏气体作为热载体，循环注入油页岩矿层加热，该种气体实际上是一种糟粕气体，在干馏油页岩时会劣化页岩油油品，这也为我们的研究所证实。这大概就是该技术长期未能规模工业化的真正原因所在。

7.6.3　美国地球探测公司（Petroprobe）的空气加热技术

该技术（图 7.6.3）是先将压缩空气与干馏气通入燃烧器进行燃烧加热，加热到一定温度，消耗掉部分氧气，然后注入油页岩地层中加热油页岩使其中的有机质生成页岩油和烃气，页岩油和烃气从生产井排采到地面分离。页岩油进入产品系统，烃气与压缩空气进一步燃烧获得高温气体注入矿层，连续加热干馏油页岩矿层。

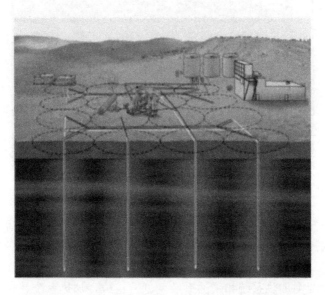

图 7.6.3 Petroprobe 方法（Crawford et al., 2008）

该技术与 EGL 技术有很多相似之处，同样采用热解气作为燃料加热，实现了能量自给，不同的是该技术用压缩空气燃烧作为载热流体注入矿层干馏油页岩，而 EGL 技术仅采用干馏气体。此外，该技术没有采用水平井等技术。

有些学者认为（Crawford and Killen, 2010），该技术有如下优点：①通入的高温压缩空气在地层中可压裂油页岩，增加油页岩的孔隙度，使生成的烃气很容易地从油页岩地层中导出来；②该工艺有 4 种产品，分别为氢气、甲烷、45°API 的轻油、水；③可开发深层（深可达 900m）的油页岩矿。

7.6.4 西山能源公司（MWE）的 IVE 技术

西山能源公司（Mountian West Energy Inc.）提出了原位蒸汽开发技术（图7.6.4），这是一个低成本的、快速地从油页岩、油砂、稠油储层开采原油的技术，其工艺流程是先将高温载热气体注入油页岩矿层中，加热油使其气化，载热气体携带气化油到地面，然后冷凝分离，获得产品油，载热气体重新加热循环注入储层。

IVE 技术可处理 90～1800m 埋深的油页岩矿层，可用于开发很多非常规油藏的石油，具有如下工艺特点：①工艺只涉及气态流动，避免了液态石油的黏滞；②利用单一垂直中心井，减少了操作成本，提高了经济效益，降低了环境影响；③高压蒸汽只在油页岩层内循环，减少了向采油区渗透的地下水。

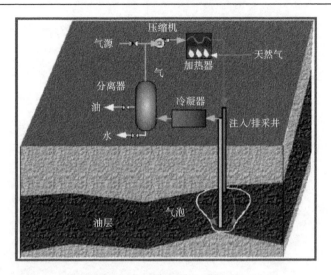

图 7.6.4　MWE 的 IVE 技术

7.7　油页岩原位辐射和燃烧加热干馏技术

7.7.1　辐射加热技术

利用辐射加热方式加热页岩层的技术主要有 LLNL 的射频技术和 Raytheon 公司的 RF/CF 技术等。20 世纪 70 年代后期，美国伊利诺理工大学提出利用射频加热油页岩。该技术利用垂直组合电极缓慢加热大规模深层的页岩层。后来由 Lawrence Livermore 国家实验室（LLNL）进行开发。LLNL 提出利用无线射频的方式加热油页岩，克服了传导加热缓慢的缺点，具有穿透力强、容易控制等优点。

Raytheon 公司的 RF/CF 技术（图 7.7.1）是将射频加热干馏和超临界流体做载体干馏油页岩的专利技术组合形成的新的技术，其工艺为：先将射频发射装置置于地下油页岩层中进行加热，然后通过注入的超临界 CO_2 流体将热解生成的油气驱替携带到采油井，再被抽到地面上冷凝、回收。冷凝后的 CO_2 重新加热注入油页岩矿层，循环利用。

由于辐射加热具有传热快、体积加热、选择性加热、无环境污染和容易自动控制等优点，辐射加热油页岩具有较大的发展空间。有研究者认为（刘德勋等，2009），辐射加热技术具有诸多优势：①采油率高，每消耗一个单位的能量有 4～5 个单位的能量被生产出来，相对于 ICP 技术的 3.5 个单位，更具有经济效益；②传热快，加热周期短，只有几个月；③用于油页岩开采时，生产的石油含硫低，还可通过调节装置来生产不同的产品；④选择性加热，可使指定加热目标区域快速达到目标温度。

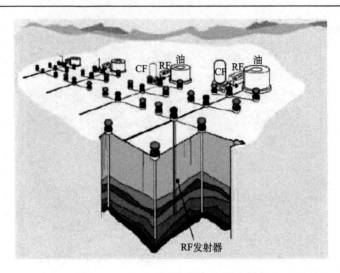

图 7.7.1　Raytheon 公司的 RF/CF 技术

Harfi 等（2000）研制了微波加热装置，并进行了摩洛哥（塔尔法亚）油页岩微波热解的试验，获得了一定的页岩油产率，揭示出微波热解技术页岩油产物中硫氮含量比常规方法少，认为微波加热是可行的。Yang 等（2017）研究了微波加热开采油页岩的技术，他声称比传统的热转化方法获得了更高的油产率和更好的油品，最终的反应温度达到 950℃。从理论角度评价，这个结果可能有一定的特殊性。

但作者认为不论如何，该技术仅处于探索阶段，离真正的工业化尚很远，其优缺点的讨论尚为时过早。

7.7.2　燃烧干馏技术

Branch（1979）以及 Persoff 和 Fox（1979）很早就研究了油页岩地下原位燃烧干馏的相关问题。Jiang 等（2007）比较了热解失重与燃烧失重曲线的性态，热解失重阈值温度下限为 400℃，上限为 500℃，而燃烧为 300℃到 500℃，随温度变化油页岩燃烧失重率较热解小一些。Kök 和 Bagci（2010）研究了土耳其贝帕扎里油页岩储层的燃烧热解过程，分为两个温度区间，即燃烧分解区和高温氧化区，作者认为该油页岩矿层适合于原位燃烧技术开采。Bauman 和 Deo（2012）研究认为热解和燃烧共同作用，可取得比油页岩原位热解更好的效果。Zhao（2013）探讨了油页岩燃烧-气化干馏的技术方案。Kar 和 Haascakir（2017）的研究发现油页岩中的水分和催化物使燃烧方法在低加热速率时有更低的干酪根分解温度，他认为燃烧方法是一个比传统热解方法更有效的从油页岩中开采油气的方法。

中国吉林众诚油页岩投资开发有限公司研发了"气体热载体内燃式油页岩

原位地下干馏"技术,并于 2013 年 8 月在吉林扶余市三骏乡苗胜村开展油页岩原位开采现场试验,施工了 2 口注气燃烧井、4 口生产井和温度及地下水源监测井,研发了原位燃烧器和防爆装置,成功对油页岩层进行压裂,建立了油气通道。2014 年 7 月 17 日点火,10 天后开始出油,3 个多月的试验期内共产油 5.2t,正常生产时单井平均日产 60kg 左右,单井最高日产 355kg。该技术是将产出的干馏气混合空气后直接注入油页岩矿层,在矿层内燃烧加热干馏油页岩层,采出油页岩。这是一个典型的燃烧干馏技术,该试验也是全世界不多见的燃烧干馏法的工业试验。

油页岩燃烧干馏技术完全处于设想和探索阶段,存在太多的缺陷:①有人认为这项技术非常雷同煤的地下气化,但煤在气化过程可以形成大型孔洞,不断构成燃烧空间,使燃烧持续进行,而油页岩是不可能形成这类空间的;②油页岩产出的干馏气燃烧所产生的热量,不能满足油页岩干馏所需热量,因此必须补充额外的天然气,势必增加成本;③由于原位燃烧过程的控制难度很大,当温度超过干馏温度时,造成干馏所得页岩油炭化,使页岩油的产率降低。总之,该技术要发展到工业规模尚有极其漫长的路要走,且夭折的概率非常高。

第8章 放射性及有色金属矿产原位改性开采

有色金属及放射性矿产资源原位改性开采是建立在化学反应和物理化学作用的基础上,利用某些化学溶剂,有时还借助微生物的催化作用,以溶解、浸出和回收矿床或矿物中的有用成分的新型采矿方法。这种采矿工艺涉及地质学、水文地质学、地球化学和化学工艺科学等学科,又称溶浸采矿。随着放射性矿物和有色金属矿物需求量的激增,富矿、开采条件较好的矿床大都被开采殆尽,开采矿石的品位大幅下降。原位改性采矿方法能够较好地回收常规采矿方法不能回收的低品位矿石、难采矿石、常规选矿方法难分选的矿石以及被公认的废石中的有用成分。

8.1 铀矿原位改性开采

8.1.1 铀矿的资源特征

锕系元素是重要的战略金属元素,主要在原子能工业中用作核燃料。铀广泛分布于自然界,在地壳中的平均含量为$(3\sim4)\times10^{-4}\%$,与钼、钨、砷、铍的含量相近,高于金、银、镉、铋等的含量。据测算,地壳表层(地表下 20km 以浅)内所含铀的总量为10^{15}t,但铀的存在相当分散,真正具有工业开采价值的铀矿床并不多。目前已知的含铀矿物近 200 种,具有工业价值的只有 20~30 种。主要的工业铀钍矿物列于表 8.1.1。

表 8.1.1 主要工业铀钍矿物

矿物名称	英文名称	化学式	比重	莫氏硬度
沥青铀矿	Pitchblende	$xUO_2 \cdot yUO_3 \cdot zPbO$	6.7~7.7	3.5
晶质铀矿	Uraninite	$x(U, Th)O_2 \cdot yUO_3 \cdot zPbO$	7.5~10.9	5~6
钙铀云母	Autunite	$Ca(UO_2)_2(PO_4)_2 \cdot 10\sim12H_2O$	3.05~3.2	2
铜铀云母	Torbernite	$Cu(UO_2)_2(PO_4)_2 \cdot 12H_2O$	3.2	2~2.5
钒钾铀矿	Carnotite	$K_2(UO_2)_2(VO_4)_2 \cdot 3H_2O$	4.7	1~2
水硅铀矿	Coffinite	$U(SiO_4)_{1-x}(OH)_{4x}$	2.2~5.1	5~6
铀黑	Uranium black	$\left(U\dfrac{4x}{1-x}, U\dfrac{6x}{x}\right)O_2$	3~4.8	1~4

续表

矿物名称	英文名称	化学式	比重	莫氏硬度
方钍石	Thorianite	$(Th, U)O_2$	9.3~9.8	1~4
钍石	Thorite	$ThSiO_4$	4.3~5.4	1~4
独居石	Monazite	$(Ce, La, Th, \cdots)PO_4$	4.3~5.4	1~4

铀矿物具有如下特征：化学成分组成中含有氧，而不含硫、卤素或氮。沥青铀矿、晶质铀矿和铀黑均为UO_2和UO_3的混合物。沥青铀矿和晶质铀矿为原生铀矿物，铀黑则属次生铀矿物，是由沥青铀矿或晶质铀矿原地氧化生成。矿石中的铀品位低，1948年以前仅开采高于1%的铀矿石。1958~1959年，90%的采出矿石中铀含量低于0.3%，而现在一般处理含铀约0.1%的铀矿石。铀矿物在脉石中嵌布细小而分散，呈细浸染状，通常小于10~100μm的铀矿物颗粒被脉石矿物所包裹。

8.1.2 铀矿原位改性溶浸开采中的化学反应

主要的铀矿石有沥青铀矿、铀石、钙钛铀矿、钙铀云母、铜铀云母、铝铀云母、钒钾铀矿、钒钙铀矿等，并可分为次生六价铀氧化矿物和原生四价铀化合物两大类。次生六价铀氧化矿物易溶于酸性或碱性介质，而原生四价化合物则必须先氧化成六价才能溶解于酸或碱中。常用的氧化剂有氧、过氧化氢、氯酸钠、软锰矿、高锰酸钾、硼酸及Fe^{3+}离子等。

铀矿的浸出视矿石的矿物组成和脉石性质不同，可选用酸浸或碱浸。由于酸浸流程简便，成本较低，获得广泛应用；但若脉石中含有较多的碳酸盐或其他碱性成分，采用酸浸将使酸耗过高时，则只能采用碱浸法。

酸浸时，四价铀被氧化成六价铀后，与硫酸反应生成可溶性硫酸铀酰并进入浸出液：

$$UO_3 + H_2SO_4 \rightarrow UO_2SO_4 + H_2O \tag{8.1.1}$$

$$U_3O_8 + \frac{1}{2}O_2 + 3H_2SO_4 \rightarrow 3UO_2SO_4 + 3H_2O \tag{8.1.2}$$

碱浸反应式则为

$$UO_3 + 3Na_2CO_3 + H_2O \rightarrow Na_4UO_2(CO_3)_3 + 2NaOH \tag{8.1.3}$$

8.1.3 铀矿原位改性溶浸开采工艺

1. 铀矿的堆浸

由于铀矿石大多数属于致密且孔隙极不发育的矿体，开采出来的铀矿石在浸出前必须进行破碎与细磨以后将铀矿物从矿石中部分暴露出来。一般磨细到0.3～0.7mm的最佳粒径，则可以保证浸出时能提取90%～98%的铀。湿法冶金中最常用的铀矿浸取工艺是粉碎、选矿，进而在水冶厂冶炼。水冶又分为常压碱浸与酸浸、加压热酸浸与加压热碱浸。加压热浸取的工艺可以较大幅度地降低酸碱的消耗，并缩短时间，而且铀的浸取率还可以适当提高，这一类已完全属于湿法冶金工艺了。铀矿堆浸是一个渗流-扩散的耦合过程。

近年来，堆浸法广泛应用于低品位铀矿、含铀表外矿和铀矿在尾矿中的提取。堆浸法适用于处理含铀0.01%～0.08%的矿石。1987年，我国在铀矿石堆浸方面取得成效，该铀矿石为花岗岩类（碎裂花岗岩）和变质类矿石。铀以沥青铀矿为主，充填于岩石裂隙中，矿石易破碎、渗透性能好，含铀品位为0.12%，矿石中SiO_2和Al_2O_3的含量大于75%。矿石破碎至300mm，在堆浸场地垫层上筑堆，平均堆高约5m。浸取剂为10～100g/L的H_2SO_4溶液，平均流量$50m^3/d$。布液方式为旋转式喷淋器自动均匀布液，浸至温度为16～36℃、铀浓度大于1g/L的浸出液即作为堆浸成品液。用溶剂萃取提取铀，制取铀的化学浓缩物。铀浓度小于1g/L的浸出液经补加酸后返回堆浸循环。堆浸尾渣含铀0.0104%，铀浸出率达到91.1%。与常规酸浸工艺相比，堆浸成本降低40%左右，耗酸节省50%～60%。

现代堆浸的规模不断扩大，堆高一般达10～12m，个别高达30m，每堆处理矿石量万吨以上，甚至高达百万吨。实践证明，堆浸是处理低品位矿石的较好方法，尽管如此，铀矿的浸出机理与理论研究尚很少。

姜元勇和徐曾和（2006）研究了均匀填充床气固反应的渗流传质问题，其模型为图8.1.1。均匀大小的颗粒或块状物填充形成了大量的填充孔隙，溶剂流体以均匀速度流过，与固体颗粒发生化学反应，该化学反应作用机理见图8.1.2。颗粒溶浸速率可以参照动力学方程式决定。溶剂流体以渗流方式浸入颗粒内部，与固体中的铀矿物反应生成最高浓度的铀溶液，以分子扩散的方式迁移到颗粒表层，以渗流方式经过床层，以对流扩散的方式使床层流体浓度趋于均匀，最后排到填充床外部。这就是完整的填充床反应过程。

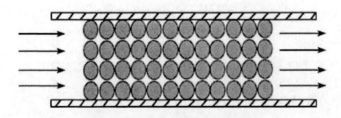

图8.1.1　填充床气固反应模型

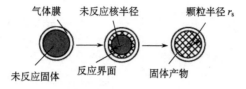

图 8.1.2　气固缩核模型

参照姜元勇和徐曾和（2006）的工作（气体反应物 A），做适当的修改，即可给出铀矿堆浸的渗流扩散数学模型：

$$n\frac{\partial C_A}{\partial t} = \frac{\partial}{\partial t}\left(D_b \frac{\partial C_A}{\partial x}\right) - \frac{\partial}{\partial t}(VC_A) + Q_A \quad (8.1.4)$$

式中：Q_A 是填充床中的单位体积气体反应生成速率，由实验获得，一般取决于颗粒直径、反应后残留固体的孔隙发育情况、反应界面的反应速率以及颗粒表面的液体膜性态等因素，十分复杂。Q_A 也称为扩散方程的源汇项。

不可压流体的溶剂传输的渗流方程为（不考虑固体骨架变形）

$$n\frac{\partial \rho_A}{\partial t} + \mathrm{div}(\rho_A V_A) = I_A \quad (8.1.5)$$

溶剂流体的密度是溶剂扩散的函数，也是压力的函数：

$$\rho = C_A \rho_A + C_I \rho_I$$

$$\rho = n/3p$$

$$V_A = -k\frac{\partial p}{\partial x}$$

代入式（8.1.5），即可得到流体在堆浸固体矿堆中的流动方程：

$$S\frac{\partial p}{\partial t} + \rho\left(\frac{\partial^2 \rho}{\partial x^2} + \frac{\partial^2 \rho}{\partial y^2} + \frac{\partial^2 \rho}{\partial z^2}\right) = I_A \quad (8.1.6)$$

方程（8.1.4）～方程（8.1.6）组成了铀矿堆浸的 HC 耦合数学模型。经过数值求解，可以给出铀矿堆浸的化学反应、渗流传质的规律，并有效地指导工程实施与工艺参数优化。姜元勇和徐曾和（2006）给出了填充床中气固反应浓度变化曲线，也揭示出耦合与非耦合的差异（图 8.1.3）。从图可见，气体反应溶剂在填充床中运行，浓度有不同的衰减规律，也表明了反应的速率随距离变化。

2. 铀矿的原位改性溶浸开采

铀矿原位改性溶浸开采是集开采、选冶于一体的新型开采方法，该方法将溶浸剂直接注入地下含矿岩层中，利用矿物与水溶液的化学反应来获取有用组分。目前国内外在一些有色金属、贵金属、稀有金属矿床中都在逐渐应用该技术，其对低品位矿产资源的开采和环境保护具有重大作用和意义。原位改性溶浸开采是

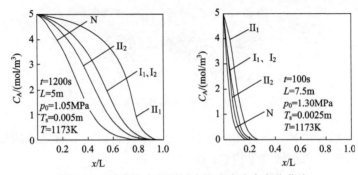

图 8.1.3　填充床中气固反应的渗流速度变化曲线

Ⅰ. 耦合模型Ⅰ；Ⅱ. 耦合模型Ⅱ；N. 非耦合模型

一个典型的孔隙介质中流体流动与化学反应的问题，可反应流体在孔隙介质中流动时产生的化学波，可以用反应前锋的传播来描述。并且流动与反应间存在强烈的耦合与反馈作用，特别是它们之间的正反馈作用可以导致复杂的反应前锋运动形态，如分形和指状化。

原位溶浸采铀的基本要求是矿体、矿石有较高的渗透性。我国第一个采用原位浸取的铀矿山其铀矿层是含砾砂岩和砂砾岩层，以石英和长石为主，其次是黑云母、水云母和绿泥石，还有黄铁矿、泥质、碳质和有机质等。铀矿物为沥青铀矿和铀黑。矿石的渗透系数大于 0.72m/d，埋藏深度几十米到几百米。溶浸液用硫酸、过氧化氢和地下水配制。孔间距 15m，按三角形和长方形布置。

苏联开发原位溶浸采矿始于 20 世纪 70 年代，用酸法地浸铀，回收率一般为 70%～75%，碱法一般为 60%～70%。乌其库都克铀矿山地浸矿床总共有钻孔 5000 个，其中注液孔 3500 个，抽液孔 1500 个，钻孔深 120～130m，间距 15m，钻孔抽液能力平均为 5～10m³/h，矿石品位为 0.021%～0.07%（平均 0.03%），含矿岩石属浅海相沉积岩，矿层埋深从几十米到 200m，厚度十几米到几十米，矿层渗透系数 1.6～4m/d。用 5～15g/L 的 H_2SO_4 溶液作溶浸剂，采出 15～30mg/L 的浸出液，输送到集液池提取铀。

原位溶浸开采的数学模型包含了渗流、扩散与固体变形的相互作用，若存在溶解或反应热，则需考虑热量传输，即为 THMC 相合，相关的理论模型非常类似于钙芒硝矿原位开采，具体的理论与分析方法研究工作甚少，还待开展相关研究。

8.2　铜的原位改性开采

8.2.1　铜矿的资源特征

世界铜矿类型多样，按其地质工业类型可分为斑岩型、砂页岩型、镍硫化物型、黄铁矿型、铜铀金型、自然铜型、脉型、碳酸岩型、矽卡岩型。已知的斑岩型铜矿多分布在环太平洋带,包括南北美洲大陆边缘狭长的斑岩铜矿带,如加拿大的洛涅克斯、伐利科帕,美国的宾厄姆、比尤特、伊利、圣里塔,墨西哥的卡纳内阿、拉卡里达德拉。砂页岩型是世界上铜矿的主要工业类型之一,占世界铜储量30%左右,矿床以其规模大、品位高、伴生组分丰富为特点。该类矿床在世界上分布很广,除上述铜带外,俄罗斯乌多坎铜矿、哈萨克斯坦杰兹卡兹甘铜矿、美国怀特潘以及美国蒙大拿州西部一直延伸到加拿大西南部的贝尔特铜带均属于此型。黄铁矿型铜矿是指与海底火山作用有一定联系的含大量黄铁矿和一定数量铜、铅、锌的矿床,西方多称该类矿床为块状硫化物矿床。目前,世界上至少发现了 420 个这种类型的矿床,加拿大、美国、俄罗斯、西班牙、葡萄牙、塞浦路斯、南非和日本等是该类矿床的重要产地。除上述几类外,还有脉型、自然铜型、碳酸岩型、矽卡岩型等占世界铜总储量的 36%,但是对不同的国家来说这些类型也许是重要的,如矽卡岩型对我国来说就是一个非常重要的工业类型,占我国铜总储量的 28%。

目前,在地壳上已发现铜矿物和含铜矿物约计 250 多种,主要是硫化物及其类似的化合物和铜的氧化物、自然铜以及铜的硫酸盐、碳酸盐、硅酸盐类等矿物。其中,适合目前选冶条件且可作为工业矿物原料的有 16 种,自然铜(含铜近 100%)、铜的硫化物黄铜矿(含铜 34.6%)、斑铜矿(63.3%)、辉铜矿(79.9%)、铜蓝(66.5%)、方黄铜矿(23.4%)、黝铜矿(46.7%)、砷黝铜矿(52.7%)、硫砷矿(48.4%);铜的氧化物:赤铜矿(88.8%)、黑铜矿(79.9%);铜的硫酸盐、碳酸盐和硅酸盐矿物:孔雀石(57.5%)、蓝铜矿(55.3%)、硅孔雀石(36.2%)、水胆矾(56.2%)。当前,我国选冶铜矿物原料主要是黄铜矿、辉铜矿、斑铜矿、孔雀石等。按选冶技术条件,将铜矿石以氧化铜和硫化铜的比例划出三个自然类型,即硫化矿石,含氧化铜小于 10%;氧化矿石,含氧化铜大于 30%;混合矿石,含氧化铜 10%~30%。

8.2.2 铜矿原位改性开采中的化学过程

1. 铜的氧化矿物的溶解

1) 碳酸铜类

蓝铜矿[$2CuCO_3 \cdot Cu(OH)_2$]和孔雀石[$Cu_2CO_3(OH)_2$]这两种碳酸铜类矿物,常见于硫化矿体上部的氧化带或覆盖层里,它们易溶于稀硫酸,并产生 CO_2,其溶解化学反应如式(8.2.1)和式(8.2.2)所示:

$$2CuCO_3 \cdot Cu(OH)_2 + 3H_2SO_4 \rightarrow 3CuSO_4 + 4H_2O + 2CO_2 \quad (8.2.1)$$

$$Cu_2CO_3(OH)_2 + 2H_2SO_4 \rightarrow 2CuSO_4 + 3H_2O + CO_2 \quad (8.2.2)$$

碳酸铜类矿石的天然 pH 约为 8，为了进行溶解，必须把 pH 降到 2 以下。反应速度同酸度和矿物颗粒有关，而且还受酸向矿物表面扩散或 CO_2 的迁移所限制，在室温下反应迅速。

2）氧化铜类

黑铜矿（CuO）易溶于稀硫酸（如反应式（8.2.3）），但赤铜矿（Cu_2O）则比较难溶解，其反应式如式（8.2.4）及式（8.2.5）。

$$CuO+H_2SO_4 \rightarrow CuSO_4+H_2O \tag{8.2.3}$$

$$Cu_2O+H_2SO_4 \rightarrow CuSO_4+Cu+H_2O \tag{8.2.4}$$

$$Cu+\frac{1}{2}O_2+H_2SO_4 \rightarrow CuSO_4+H_2O \tag{8.2.5}$$

第一阶段（式（8.2.4）），赤铜矿里一半的铜容易溶解，另一半则形成元素铜。元素铜必须先氧化才能溶解（或同时发生氧化和溶解）。氧化可以靠溶解于水中的氧缓慢地进行（式（8.2.5）），或者靠三价铁盐以下列化学反应式迅速地进行：

$$Cu+Fe_2(SO_4)_3 \rightarrow CuSO_4+2FeSO_4 \tag{8.2.6}$$

总的反应速度决定于粒度和药剂浓度，但在室温下的反应是相当快的。

3）硅酸铜类

硅孔雀石（$CuSiO_3 \cdot 2H_2O$）在稀硫酸里很短时间内可以溶解得相当好，如式（8.2.7），透视石（$CuSiO_3 \cdot H_2O$）也以同样方式溶解，但速度较慢。

$$CuSiO_3 \cdot 2H_2O+H_2SO_4 \rightarrow CuSO_4+SiO_2+3H_2O \tag{8.2.7}$$

硅酸铜类矿石溶解时，释放出游离二氧化硅，它往往呈胶状，有阻碍反应进行的趋向，而且可能有一部分进入溶液重新沉淀，造成不良影响。其反应速度取决于矿物粒度和酸浓度。硅孔雀石在室温下的溶解速度是相当快的。

4）金属铜

金属铜在开采前就可能存在（可呈大颗粒），也可在其他矿物溶解过程中形成，如式（8.2.4）所示。它在充气酸液中的溶解（式（8.2.5））反应是缓慢的，而在硫酸铁溶液中（式（8.2.6）），则能快速溶解。

2. 铜的硫化矿物的溶解

铜的硫化矿物在酸性氧化条件下溶于水溶液，但一般较氧化矿物的溶解速度缓慢，并且不同硫化物之间的溶解速度和对各种溶浸液的反应有很大差别。它们的溶解化学反应是放热反应，能为浸出提供有用热量。

硫化矿物可分为两类。一类有足够的硫，能在溶液中形成硫酸盐，如铜蓝（CuS）和黄铜矿（$CuFeS_2$）。它们对氧化虽有一定的抗力，但只要有氧化剂（氧、硫酸、硫酸铁和细菌），就可以形成可溶性产物。另一类必须从外界取得一部分硫才能在溶液中形成硫酸盐，如辉铜矿（Cu_2S）和斑铜矿（Cu_5FeS_4）。它们除了需要氧化剂外，还需要溶液里有游离酸才能溶解。

1）氧的氧化作用

上述几种硫化物都能和氧起反应，其反应方程式列举如下。

铜蓝（CuS）和黄铜矿（$CuFeS_2$）可以认为是按式（8.2.8）和式（8.2.9）氧化的：

$$CuS+2O_2 \rightarrow CuSO_4 \qquad (8.2.8)$$

$$CuFeS_2+4O_2 \rightarrow CuSO_4+FeSO_4 \qquad (8.2.9)$$

就是说，主要反应产物是水溶性的，但式（8.2.9）所产生的硫酸亚铁有可能进一步氧化和水解。

辉铜矿（Cu_2S）的反应比较复杂，如下式：

$$2Cu_2S+5O_2+2H_2O \rightarrow 2CuSO_4+2Cu(OH)_2 \qquad (8.2.10)$$

$$4Cu_2S+O_2+2H_2O \rightarrow 4CuS+2Cu_2(OH)_2 \qquad (8.2.11)$$

$$Cu_2S+2O_2 \rightarrow CuSO_4+Cu \qquad (8.2.12)$$

$$4Cu_2S+9O_2 \rightarrow 4CuSO_4+2Cu_2O \qquad (8.2.13)$$

这些反应式表明，主要反应产物中，部分是水溶性的，如 $CuSO_4$，而另一部分是不溶性的，如 $Cu(OH)_2$、CuS、Cu 和 Cu_2O。这些不溶性产物要进一步氧化，或需要酸，或氧气和酸都需要，才能按式（8.2.4）、式（8.2.5）或式（8.2.8）使它们溶解。

斑铜矿（Cu_5FeS_4）的氧化也比较复杂，它按下式进行：

$$Cu_5FeS_4+8\frac{1}{2}O_2 \rightarrow 3CuSO_4+FeSO_4+Cu_2O \qquad (8.2.14)$$

即形成水溶性的硫酸铜和硫酸亚铁的同时，还产生 Cu_2O。

2）硫酸铁的氧化作用

在硫化铜矿的浸出过程中，通常都使用硫酸铁，因为它在室温下比氧更容易侵蚀硫化铜矿物，而且能在硫化铜矿物的浸取过程中获得，无须另行购买。

铜蓝和黄铜矿分别按式（8.2.15）和式（8.2.16）溶于 $Fe_2(SO_4)_3$ 溶液：

$$CuS+Fe_2(SO_4)_3 \rightarrow CuSO_4+2FeSO_4+S \qquad (8.2.15)$$

$$CuFeS_2+2Fe_2(SO_4)_3 \rightarrow CuSO_4+5FeSO_4+2S \qquad (8.2.16)$$

在反应过程中，产生硫酸铜和硫酸亚铁的同时，还产生硫。硫酸铁和氧联合进行氧化作用，被认为是按式（8.2.17）进行的：

$$CuFeS_2+2Fe_2(SO_4)_3+2H_2O+3O_2 \rightarrow CuSO_4+5FeSO_4+2H_2SO_4 \qquad (8.2.17)$$

辉铜矿按式（8.2.18）和式（8.2.19）分两段进行反应：

$$Cu_2S+Fe_2(SO_4)_3 \rightarrow CuS+CuSO_4+2FeSO_4 \qquad (8.2.18)$$

$$CuS + Fe_2(SO_4)_3 \rightarrow CuSO_4 + 2FeSO_4 + S \qquad (8.2.19)$$

反应式（8.2.19）和反应式（8.2.15）相同，但它们的反应速度各异，且式（8.2.19）的反应速度较式（8.2.15）要快，其原因是从 Cu_2S 中的铜扩散出去以后留下的 CuS 的结构与天然的 CuS 的结构不一样。

斑铜矿（Cu_5FeS_4）的溶解比较复杂，产生硫酸铜、硫酸亚铁和元素硫，如式（8.2.20）所示。由于有那么多分子参加反应，显然是分阶段进行的。

$$Cu_5FeS_4 + 6Fe_2(SO_4)_3 \rightarrow 5CuSO_4 + 13FeSO_4 + 4S \qquad (8.2.20)$$

3）细菌的氧化作用

细菌对硫化矿物的氧化作用，在矿石溶浸过程中是很重要的。其氧化作用机理有直接作用和间接作用之分。

8.2.3 铜矿原位改性流体化开采工艺

湿法浸取是铜的主要冶炼方法，由于铜矿的品位一般很低，因此多采用破碎浸取的方法。堆浸是处理低品位铜矿的主要方法。

矿块堆浸的浸出过程中，浸取液经过矿块间的空洞和矿石的孔隙向矿块内渗透，溶解金属也要经矿石的孔隙向外扩散，以及沿矿块间的空洞向外传输。因此，矿石的原生孔隙和溶浸产生的新孔隙决定了矿石的浸取速度。试验证明，渗透速度不是恒定的，而是随时间呈指数下降，即越往矿块内渗透越慢，用硫酸浸矿块，起始速度可达到 0.2mm/h，在离表层 50mm 处仅为 0.03mm/h，而在 100mm 处为 0.005mm/h，渗透一块直径 200mm、孔隙率 1% 的矿块约需一年时间。智利大型铜矿厂圣曼纽尔采用 90%、约 10cm 的矿块堆浸，堆高 3m；而美国青浩矿山采用 60%、约 15cm 的矿块，堆高 9m。喷淋速度 5～10t/($m^2 \cdot h$)，堆浸 300 天左右，铜的回收率可达到 90% 左右。浸取率与时间的关系如图 8.2.1 所示。

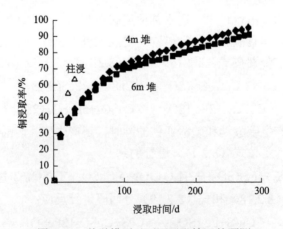

图 8.2.1 数学模型对不同浸取情况的预测

原位溶浸也是铜提取的主要技术之一,其优点是省去了采矿的所有成本,不破坏地表,也不需要大量输送矿石。缺点是铜回收率低,工艺较难控制,溶浸剂(硫酸、强碱)对地下水污染严重。

美国玛格玛公司的圣曼纽尔矿做了较好的原位溶浸铜矿的试验。1988年开始原位浸出试验,1989年重新设计布井方式,井场中井的分布采用七井一组,集液井在中间,六个注液井以六边形分布在周围,如图8.2.2所示,注入井间距12m,注液井直径38cm,集液井直径15.25cm,井深100~150m,注入速度1147L/min,集液井流速1000L/min,以13.5%的溶液流失。而在浸取后期,矿体渗透率增大,是矿物被溶解的结果,但靠近集液井的渗透率反而下降,其原因可能是溶液中的沉积物沉淀。浸取551天,获取铜1000t,耗酸5900t,酸溶铜回收率60%左右。

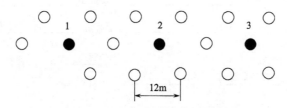

图 8.2.2　圣曼纽尔矿地浸井场布置

这都是典型的渗流–变形–传质(HMC)耦合作用过程,其理论模型可用铀的原位溶浸采矿模型来分析求解。

溶浸采铜具体工艺引用以下实例来说明。东同矿业有限责任公司井下矿石总量有1800万t,其中铜金属量10.8万t,用传统的采选工艺难以从井下经济开采。为此,经江西铜业集团公司、东同矿业责任有限公司、长沙矿山研究院、中国有色工程设计研究总院联合调研审查,决定采用井下原地破碎、生物溶浸湿法冶金采铜新工艺技术方案,并于2002年开始建设了一个年产铜50t的试验工厂。该厂的工艺流程如图 8.2.3 所示,由井下原地挤压爆破形成堆场、细菌浸出、萃取、电积四部分组成。

1. 堆浸

井下铜矿石采用中深孔挤压爆破形成堆场,爆破原矿石块度大于 400mm 的低于 10%,小于 200mm 的占 80%以上,堆高约 25m。在堆场上部布置布液巷道并在其中采用井下露天化均点喷淋布液,喷淋面积约 $800m^2$,喷淋强度井下低品位黄铜矿为 6~8L/$(m^2 \cdot h)$;底部对断层处做注浆防渗;利用导流孔和收液巷集液,浸出液回收量大于 90%。

细菌的初期培养由实验室完成,菌种主要采集于井下废巷的氧化铁硫杆菌与氧化硫硫杆菌。细菌通过直接作用以及其代谢产物 $Fe_2(SO_4)_3$ 与 H_2SO_4 复合作用于

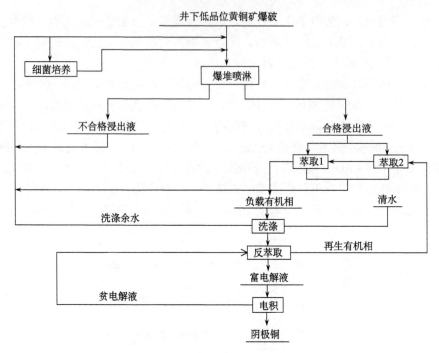

图 8.2.3　东同矿业溶浸采铜工艺流程

含铜矿石中,从而使矿物中的铜离子由固态相转化到溶液中去,完成浸出作业。

含菌浸出剂与萃余液供浸矿作业,每天约 $180m^3$ 从地面经总管、支管至各喷淋管。浸出液从爆堆底部或导流孔汇入集液池。浸出液返回爆堆循环 2~3 次/天,保证含铜质量浓度 0.8g/L 以上,合格的浸出液经泵扬送至地表萃取厂原液池,自流进入萃取箱中。

2. 萃取

萃取作业在混合澄清萃取箱中进行。设计试验采用 1 级萃取、1 级反萃、1 级洗涤。萃取剂为 Lix984N,稀释剂为 260 号煤油,萃取在常温下进行,相比(萃取剂与浸出剂体积比)$V_O:V_A=1:1$,混合 2.9min,澄清速率为 $3.6m^3/(m^2·h)$,萃余液经澄清并回收有机相后由地面自流至堆场喷淋。

用 pH 为 6~8 的清水洗涤负载有机相中夹带的铁离子,洗涤液与负载有机相之比 $V_O:V_A=(3~4):1$,洗涤余水与萃余液混合用于井下喷淋。用 $C_m(Cu)=30~35g/L$、$C_m(Fe)\leqslant 8g/L$、$C_m(H_2SO_4)=175g/L$ 的电解贫液反萃取。反萃取后液中 $C_m(Cu)=42g/L$、$C_m(Fe)\leqslant 8g/L$、$C_m(H_2SO_4)=160g/L$,经泵送到电解槽进行电积。

萃取过程中产生的絮凝物(第三相)用勺子捞取至盆中或池子中,经破乳、膨润土吸附处理后,将回收的有机相返回萃取箱,残渣外排。

3. 电积

4个电解槽,每槽阴极板8片,每片有效尺寸为0.8m×0.7m,厚度为3mm,材质为不锈钢;每槽阳极板9片,每片有效尺寸为0.75m×0.65m,厚度为6mm,材质为Pb-Ca-Sn合金。电解液单槽循环,循环量按每平方米阴极30L/h供给。

电解液由萃取厂房反萃后(富液)自流至电解供给液池,用泵扬送到电解槽进行电积,电解贫液返回用于反萃取剂,电解阴极铜含铜量达99.97%以上。

根据电解液中铁离子的积累情况,定期抽出一定量的电解贫液送至原液池中,相应补充清水与浓硫酸配制电解液。为了提高阳极板使用寿命,电解液内定期添加少量的硫酸钴(约100g/t)。为了提高电积铜质量,添加少量的硫脲(约为40g/t),从而保证电解铜一直保持在国际标准A级以上。

8.3 金矿的原位改性流体化开采

8.3.1 中国金矿的资源特征

金具有特殊的地球化学特征,能在几乎所有地质年代、各类岩石、各种地质环境中富集成矿,也能参与各种地质作用,金矿床产出形态具有多样化的特点,因此金矿类型的划分方案也多种多样。总的来说,以往金矿类型分类方案主要基于以下考虑:①以成矿温度和深度作为划分依据,分为深成高温、中温中深、浅成低温等;②以矿体形态、矿化类型作为划分依据,分为石英脉型、破碎带蚀变岩型、细脉浸染型等;③以含金建造为划分依据,将金矿床划分为六大类,与太古宙变基性火山岩(绿岩)建造有关的金矿床(简称广义的绿岩型金矿床)、与元古宙—古生代变泥质碎屑岩建造有关的金矿床(简称变碎屑岩型金矿)、与显生宙粉砂质-泥质-碳酸盐质沉积岩建造有关的金矿床(简称沉积型金矿床)、与显生宙钙碱系列火山岩建造有关的金矿床(简称火山岩型金矿床)、与元古宙—古生代浅变质中基性火山岩有关的金矿床和产在花岗岩类侵入体接触带内外的金矿床;④以成矿物质来源作为划分依据;⑤以构造环境作为划分依据(王成辉等,2014)。

我国金矿在区域上广泛分布,但又具有空间分布不均匀的特点,通常某一种类型金矿主要集中在某一区域,如花岗-绿岩型金矿主要集中在华北地台周缘,而卡林型金矿集中在滇黔桂和陕甘川两大金三角。根据金矿这一自然集中的特点,重点考虑金矿类型、典型矿床成矿条件及其区域分布特征,参照区域成矿要素,全国可划分出32个金矿矿集区。金矿矿集区是按照矿产资源集中分布的自然状况圈定出来的区域。从成矿预测的角度出发,提出了"成金带"的概念。成金带是根据主导金矿成矿作用及其所依托的地质背景的基本特征圈定出来的区域。我国金矿划分为 53 个成金带,其中 14 个为重要级别,19 个为次要级别,20 个为一般级别(王成辉等,2014)。

8.3.2 金矿溶解化学反应

含金矿石普遍用氰化物溶液来溶解。自 1887 年开始用氰化法提金以来,这一直是世界上主要的提金方法。在有氧或氧化剂存在时,金能在较低浓度的氰化物溶液中溶解,生成一价金的络合物,其溶解反应如下:

$$2Au+2CN^-+O_2+2H_2O \rightarrow 2Au(CN)+H_2O_2+2OH^- \quad (8.3.1)$$

$$4Au+8CN^-+O_2+2H_2O \rightarrow 4Au(CN)_2^-+4OH^- \quad (8.3.2)$$

实际上,溶解金的过程是金属从表面的阳极区失去电子,与此同时,氧从表面的阴极区获得电子,发生电化学溶解。大部分金按反应式(8.3.1)溶解,只有极少部分的金按式(8.3.2)溶解。

从上述两个反应式可以看出,要使金溶解,必须有氧存在。所以在地浸过程中,当溶液喷淋到矿堆上面时,氧就进入到氰化液中,金的溶解速度与氰化物浓度、氧的浓度、温度和氧的气压等有关。当氰化物浓度低时,金的溶解速度取决于氰化物溶液的浓度。大量的实验证明,当槽液中游离氰化物的浓度与溶解氧浓度之比$[CN]/O_2=6$ 时,金的溶解速度达到最大值。

8.3.3 金矿钻孔地浸法

根据钻孔地浸法对矿床自然条件的要求(具有天然渗透性、矿体全部或部分充水和呈自然金状态存在),有两类典型的适合于运用钻孔地浸法开采的金矿床:一是广泛分布于哈萨克斯坦的氧化带矿床,二是俄罗斯东北部和滨海地区的砂金矿床。钻孔地浸法开采金矿床的困难在于选择金的回收率达 75%~80%和对生态无危害的浸金试剂,以及选择冻结层解冻和提高中硬矿石渗透性的技术方法。为进行金的地浸试验,详细拟定了上述两种工业类型金矿床地浸工艺试验方案。

1. 氧化矿地浸试验

图 8.3.1 为氧化矿地浸试验区基本原理图。试验区由地下浸出工艺区和产品溶液加工处理区两部分组成。地浸工艺区包括 12~18 个工艺钻孔、6~8 个注水钻孔、4 个观察钻孔和 1~2 个供水钻孔。钻孔总数为 18~24 个。注水钻孔用于不含水矿体的试验。工艺钻孔按 10m×(20~25)m 网格布置,抽液钻孔生产能力为 3~5m³/h,注液钻孔注入能力为 2.5~3m³/h。为了防止溶浸液流失,规定抽出量要大于注入量。产品溶液综合处理设施由产品溶液净化、吸附、吸附后溶液净化、溶液再生、溶液泵送和溶浸液制备等部分组成。综合加工处理能力为 30~

50m³/h，试验费用为 75 万～90 万卢布。还拟定了离子交换树脂和活性炭吸附方案。在试验工作结束后，对试验区地下水和地表进行复原（恢复到试验前状态）并钻进钻孔检查金的回收情况。浸出时间为 6～8 个月，金的回收率为 60%～70%。

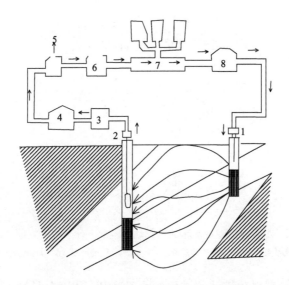

图 8.3.1　金矿地浸试验区基本原理图

1, 2. 注液和抽液钻孔；3. 产品溶液净化设施；4, 8. 泵站；5. 产品溶液处理设施；6. 吸附后溶液净化设施；7. 溶液制备设施

2. 钻孔地浸砂金矿床试验

根据稀有金属部门科研实践经验和对俄罗斯西伯利亚、乌拉尔、东北部和滨海地区砂金矿床自然条件的初步分析，拟定出地浸砂金矿床的主要构成，其中包括：揭露含矿层的技术方法、工艺钻孔固孔、溶液提升设备、开采方法、运输设备和开采解冻岩层砂金矿床的环境保护措施。在开采多年和永久冻结地区砂金矿床时，需要研究选择围岩解冻的技术方法和在低温试验区条件下溶液提升的主要技术方法。图 8.3.2 为永久冻结砂金矿床钻孔地浸试验区采准、开采、恢复顺序示意图。试验工作的规程包括用(30～35)m×(10～15)m 网格的工艺钻孔揭露矿体、钻进观察钻孔、利用水力压裂或其他解冻方法进行地浸矿层采准、再注入加温溶液后可直接从矿层中浸出金。在这种情况下，要在注液钻孔中形成剩余压力差，从抽液钻孔中把含金溶液抽送到地表。开采区的地下恢复工作与所用溶浸液有关，恢复方法是：将残余溶液中和（或）从开采区范围内将残余溶液排出而后注入净水。在后一种方法时，将排出的残余溶液添加一定量的新溶浸剂后可用于溶浸新的矿块。

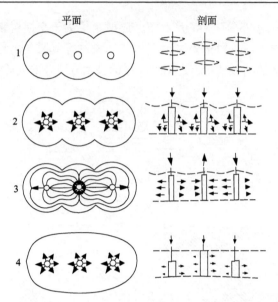

图 8.3.2 永久冻结砂金矿床的钻孔地浸采准、开采和恢复顺序示意图
1. 钻进工艺钻孔、水力压裂；2. 用加温的溶浸液融化；3. 融化区的地浸；4. 排除残余溶液注入净水进行复原

用水力压裂裂隙融化矿体的过程与地下浸出有用组分是同时进行的。抽液钻孔的生产能力为 $7\sim 10m^3/h$，注液钻孔的注入量为 $5\sim 7m^3/h$，整个浸出区的生产能力为 $30\sim 50m^3/h$。

可用热传导扩散方程、浸出动力学和渗透的连续性与经济标准的综合方法确定永久冻结地层中地浸作用的最优参数。在开采解冻的砂金矿床时，其工序大为减少。试验工作费用约为 50 万～80 万卢布，该方案在西伯利亚地区的一个砂金矿床进行试验。

第9章 天然气水合物原位改性开采

9.1 概 述

天然气水合物（可燃冰，以下简称水合物）是继煤层气、页岩气与致密气之后最具潜力的非常规气体能源之一，它主要是由甲烷等烃类气体与水在特定热力学条件下形成的结晶状"笼形结构体"。天然气水合物主要分布在陆地永久冻土区和海洋深水环境 [美国地质勘探局（United States Geological Survey，简称USGS）于2008年定义其水深大于1000m]，总量达到$7.6×10^{18}m^3$，碳含量相当于全球已探明化石能源（包括煤、石油和常规天然气等）含碳总量的2倍，其中蕴藏于海洋中的水合物储量约为陆地永冻土区的100倍。因此，天然气水合物特别是海洋深水水合物的安全与高效开发是当前世界能源的前沿创新技术领域。美国、加拿大、德国以及中国周边的日本、印度、韩国等国家都制订了水合物长期研究开发计划。相关国家先后于2002年、2008年在加拿大MARLIK冻土区，2012年在美国阿拉斯加冻土区域进行了天然气水合物的短期测试生产；日本于2013年3月在其近海成功实施海域水合物的试采；中国于2017年7月在南海神狐海域试采水合物获得成功。

9.1.1 天然气水合物

天然气水合物（gas hydrate）是一种白色固体结晶物质，外形像冰，有极强的燃烧力，故也称为"可燃冰"，是优质的清洁能源。天然气水合物由水分子和烷烃类气体分子构成，外层是水分子笼格，核心是气体分子（图9.1.1）。气体分子可以是低烃分子、二氧化碳或硫化氢，但主要是低烃类的甲烷分子（CH_4），所以天然气水合物亦称为甲烷水合物（methane hydrate）。据理论计算，$1m^3$的天然气水合物可释放出$164m^3$的甲烷气和$0.8m^3$的水。这种固体水合物只能存在于一定的温度和压力条件下，一般它要求温度低于15℃，压力高于10MPa，一旦温度升高或压力降低，甲烷分子就会逸出，固体水合物便趋于崩解。

天然气水合物分布于深水的海底沉积物中或寒冷的永冻土中。埋藏在海底沉积物中的天然气水合物要求该处海底的水深大于400m，依赖巨厚水层的压力与特定的地温来维持其固体状态。但其仅存于海底之下500m或1000m的范围以内，由此往深则由于地热梯度升高使其热力学条件偏离相平衡区而不能存在。储藏在寒冷永冻土中的天然气水合物则大多分布在四季冰封的极圈或高寒地区。

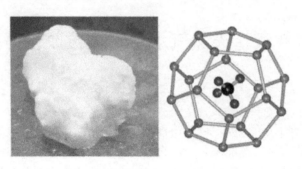

图 9.1.1　天然气水合物外形及结构

9.1.2　全球资源分布

天然气水合物的生成必须同时具备低温、高压与充足的气源 3 个条件。由于形成条件的制约，天然气水合物通常仅分布在海洋大陆架外的陆坡、深海和深湖底部的沉积层以及永久冻土区。图 9.1.2 为典型的海底沉积层及永久冻土区天然气水合物稳定存在示意图。

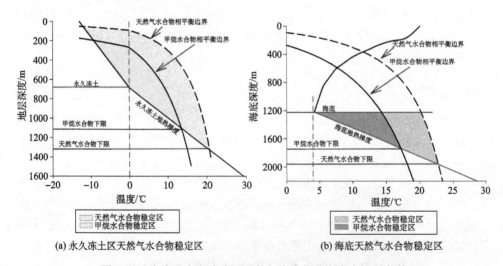

图 9.1.2　海底及永久冻土区天然气水合物稳定存在温压条件

从图 9.1.2 可见，在海底沉积层中，海底平面高于地热梯度和水合物相平衡交点的区域为水合物藏潜在区；而对于永久冻土区域，地热梯度与相平衡曲线之间的交集区域为水合物藏潜在区。

第 9 章 天然气水合物原位改性开采

世界上绝大部分的天然气水合物分布在海洋里，储存在深水的海底沉积物中，分布在常年冰冻的陆地上的天然气水合物比例非常有限。到目前为止，世界上已发现的海底天然气水合物主要分布区有大西洋海域的墨西哥湾、加勒比海、南美东部陆缘、非洲西部陆缘和美国东岸外的布莱克海台等，西太平洋海域的白令海、鄂霍茨克海、千岛海沟、日本海、四国海槽、日本南海海槽、冲绳海槽、南中国海、苏拉威西海和新西兰北部海域等，东太平洋海域的中美海槽、加州滨外、秘鲁海槽等，印度洋的阿曼海湾，南极的罗斯海和威德尔海，北极的巴伦支海和波弗特海，以及大陆内的黑海与里海等。陆上寒冷永冻土中的天然气水合物主要分布在西伯利亚、阿拉斯加和加拿大的北极圈内。自 20 世纪 60 年代，苏联科学家们在麦索亚哈气田偶然发现了天然存在的天然气水合物之后，苏联、美国、日本、加拿大以及德国等国相继开展了对全球天然气水合物的勘探和地质调查研究，对天然气水合物的潜藏区域进行地质取样，并采用地震波海底反射 BSR （bottom simulating reflection）技术，对全球的天然气水合物可能储藏区进行了研究和认定。

在自然界发现的天然气水合物多呈白色、淡黄色、琥珀色、暗褐色等轴状、层状、小针状结晶体或分散状，它可存在于零下，又可存在于零上温度环境。图 9.1.3 所示的是根据已有的钻探取芯资料及勘探地质资料获取到的不同赋存形式的水合物。Boswell 和 Collett（2006）提出的"水合物资源金字塔"（the Gas Hydrates Resource Pyramid）模型（图 9.1.4）将水合物资源的储量规模和开采难度进行分类，从较小资源量和最具有资源潜力的塔顶到储量巨大而开采潜力最差的塔底，依次分为①极地冻土带砂质储层；②海底砂质储层；③海底非砂质及裂隙型储层；④块状与结核状储层；⑤海底孔隙型储层。其中低渗透孔隙型储层水合物开采作业十分困难；而高渗透砂质非砂质储层未发现高储量水合物藏。

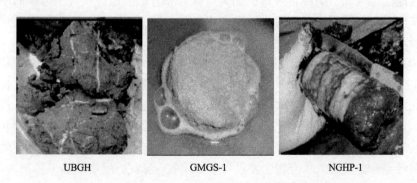

UBGH　　　　　GMGS-1　　　　　NGHP-1

图 9.1.3　自然界部分天然气水合物赋存形式

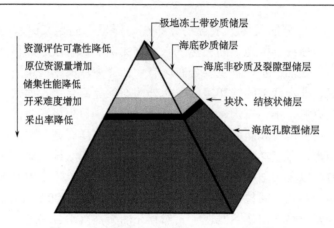

图 9.1.4 天然气水合物藏资源分布金字塔模型

9.1.3 中国的天然气水合物藏分布及特征

据初步调查,中国在海域与高原冻土地区有丰富的天然气水合物储量,目前已经在南海北部海域、青海省祁连山冻土带、珠江口盆地东部海域等地发现较大储量的水合物矿藏,但鉴于勘探程度相对较低、评价参数不确定,对国内天然气水合物储量的估算还不精确,不同研究机构和专家之间的估计差异很大。据不完全估计,中国天然气水合物总储量约为 84 万亿 m^3,主要分布在东海、南海、青藏高原多年冻土和东北多年冻土层。其中,东海、南海、青藏高原和东北地区冻土带天然气水合物储量分别为 3.38 万亿 m^3、64.96 万亿 m^3、12.5 万亿 m^3 和 2.8 万亿 m^3。另外,初步估算的中国仅永冻土地区天然气水合物储量可达 38 万亿 m^3。这些数据的准确性将随着更多的勘探研究和评估信息而增加。

图 9.1.5 为四个天然气水合物主要地区的资源比例,图中显示南海是储量最丰富的地区。因此,中国目前正在加大对南海和青藏高原天然气水合物的研究力度。在南海北部地区,广州海洋地质调查局 Tan 等(2016)对四个深水区进行了勘查活动,宣布天然气水合物储量为 18.5 万亿 m^3。

2017 年 9 月 3 日,国土资源部正式批准将天然气水合物列为新矿种,成为中国第 173 个矿种。中国天然气水合物在成藏、赋存方式等方面具有其特殊性。目前勘探发现的天然气水合物与其他能源矿产在赋存、成因、成藏等方面有很大不同:①天然气水合物一般产出于深水海底浅层未固结成岩的松散沉积物中和陆域冻土区岩石裂隙或孔隙中,受温度、压力和气源综合因素影响,具有典型的区域性分布特点。②天然气水合物主要以块状、层状、脉状、浸染状等多种形态产出。在中国南海神狐海域,天然气水合物以浸染状产出为主。在祁连山冻土区,天然气水合物以脉状和浸染状产出为主。③天然气水合物分为生物成因气型、热解成因气型和混合成因气型。中国南海神狐海域天然气水合物的甲烷气体主要为生物成因气或混合成因气,而祁连山冻土区天然气水合物的甲烷气体则以热解成因气和混合成因气为主。④天然气水合物成藏受气源、构造、沉积作用条件所控制,地层中有机质经热演化产生甲烷等气体并运移至天然气水合物稳定带聚集成藏,或在天然气水合物稳定带内有机质于原位聚集生成矿藏。依据气体来源、运移方式和储层环境存在扩散型、渗漏型、复合型等多种成藏模式。

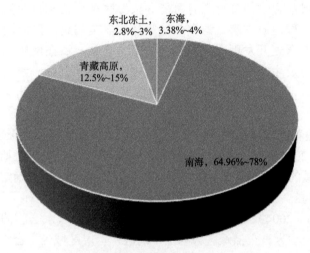

图 9.1.5　中国天然气水合物资源量分布比例

9.2　开采方法

天然气水合物固然给人类带来了新的能源希望,但它也可能会对全球气候与生态环境甚至人类的生存环境造成严重的威胁。目前大气中的二氧化碳以每年 0.3% 的速率在增加,而大气中的甲烷气体却以每年 0.9% 的速率在更为迅速地增加着。更为重要的是,甲烷气体的温室效应为二氧化碳温室效应的 20 倍。全球海底天然气水合物中的甲烷总量约为地球大气中甲烷量的 3000 倍,这么巨大量的甲烷气如果释放,将对全球环境产生巨大的影响,严重地影响全球的气候与海平面。

另外,固结在海底沉积物中的水合物,一旦条件发生变化,释放出甲烷气体,将会明显改变海底沉积物的物理性质。其后果是降低海底沉积物的工程力学特性,引发大规模的海底滑坡,毁坏该区域海底的重要工程设施,如海底输电或通信电缆、海洋石油钻井平台等。水合物的崩解造成海底滑坡,而海底滑坡又进一步激发水合物的崩解,如此连锁反应,将造成雪崩式的大规模海底滑坡,并使大量的甲烷气体逸散到大气中去,造成极大的灾难与经济损失。

9.2.1 天然气水合物储藏方式及开采方法

海洋环境中大部分脉状、块状水合物和细粒沉积物中的水合物都属于非成岩水合物，一般没有像常规油气藏和砂岩水合物储层那样的稳定圈闭构造，并且其没有岩石构架作为储层骨架，水合物本身即为储层骨架，储层不稳定，水合物层受到外界影响容易分解，储层易垮塌溃散且水合物分解难以控制。与此同时，海洋浅层水合物的分解还有可能导致海底结构物基础的失稳，引发海底滑塌等潜在的工程地质灾害、温室效应等环境安全问题。深海浅层非成岩的弱胶结水合物如不合理开发则有可能造成灾难性事故，潜在地质风险、生态破坏和环境温室效应及生产控制和装备风险、安全风险一直以来都是水合物开发中备受关注的热点，因此必须采取安全有效的科技创新方法对此类水合物资源进行绿色开采。

近年来，随着能源需求的急剧增长，天然气水合物的商业开采也已提上日程。目前 Moridis（2004）在加拿大西北区的 Mallik 区、美国的阿拉斯加北坡区以及日本的东南海域的 Nankai 区对水合物储藏区进行了研究，大致确定了水合物储藏区的面积和储量，对水合物层进行了钻井取样，同时进行了试开采研究，Pooladi-Darvish（2004）在这些区域的研究发现，天然气水合物的储藏区主要有三种情形：第一类为整个储藏区分为上下两区，上层区域为水合物和水或者自由气储层区（区域内水合物饱和度较高，水、气渗透率低），下层区为含游离天然气的气、水两相区，这种情形下，水合物层的底部温度压力条件与其相平衡条件相一致；第二种情形同样是两层区，不同之处在于水合物储藏区下方为含水层区，不包含游离自由气；最后一类情形为整个储层区为水合物存在区。图 9.2.1 为三种分布情形示意图。

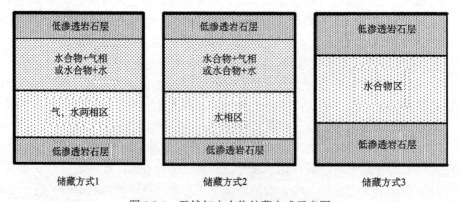

图 9.2.1 天然气水合物储藏方式示意图

天然气水合物储藏方式不同，开采方法也不同，一直以来关于天然气水合物开采方法的研究从来没有停止过，这些方法可以归纳为降压开采、注热开采和注入化学抑制剂开采或这些方法的任意组合。图 9.2.2 为相应的三种天然气水合物开采方式示意图。其中，降压法是通过泵吸作用使生产井的压力保持在储藏区温度相应的平衡压力之下，储藏区内自由流体在压差作用下流出井口，导致储藏区域内压力下降，当压力低于平衡压力时，水合物开始分解。因此降压法不需要额外的设备投入，是最直接经济的开采方法，适合于水合物藏长期开采。水合物降压开采技术的应用取决于以下两个因素：一是相对较高的渗透率以保证生产井的低压能够较快地传递到水合物藏中；二是水合物分解是一吸热过程，应该维持足够的热量输入以保证水合物持续的分解。另外两个水合物开采方法是注热和注入化学抑制剂。在注热开采中，将水合物藏的温度升高到水合物储藏压力相应的平衡温度之上，造成水合物的分解。Sloan 和 Koh（2007）研究发现，对 SI 型水合物，在不考虑热量损失的基础上，从水合物藏开采产生的天然气的热量是水合物分解所需热量的 15 倍。近年来关于注热开采的研究也取得了一定的进展，如 Tang 等（2005）注热水和李栋梁（2004）微波加热以及 Castaldi 等（2007）地热开采等。注热开采的困难在于从操作边界到水合物藏内的热量传递过程。例如，当采用注热水开采时，必须存在较高渗透率的区域以保证热水的流动而不产生异常的高压区。注化学试剂开采是通过注入抑制剂（如甲醇、乙二醇、氯化钙等）以改变储层温压平衡，造成部分水合物的分解，改变水合物稳定层的温压条件，天然气水合物失稳而分解。注化学试剂法使用方便，但缺陷是费用昂贵，作用缓慢，且可能对海底生态环境造成污染，因此不宜开采海底沉积层水合物。

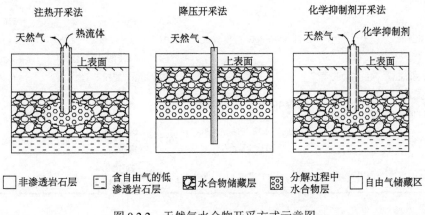

图 9.2.2 天然气水合物开采方式示意图

9.2.2 天然气开采研究现状

天然气水合物开采研究计划目前已在美国、日本、中国、韩国、印度和加拿大等国家提出和实施，并取得了多项重要进展。世界上最重要的现场生产测试项目是加拿大麦肯齐河三角洲 Mallik 地区和美国阿拉斯加北坡 Eileen 储层以及日本南海海槽。日本近海进行了世界首次天然气水合物开采生产试验，同时也对天然气水合物有关的地质灾害等重要方面进行分析。

目前基于传统的注热、降压、注剂等开采方法已经开展了大量系统的室内模拟，并建立了针对天然气水合物藏开发的多相渗流数值模拟系统。与此同时，加拿大马更歇永久冻土、阿拉斯加永久冻土、墨西哥湾海域、新西兰海域等 4 个天然气水合物勘探试采的工业联合项目吸引了诸多国家和研究机构参与。加拿大马更歇永久冻土已于 2002 年、2007~2008 年实施了降压、注热等天然气水合物试采方法验证，美国于 2012 年在阿拉斯加永久冻土成功实施了降压和 CO_2 置换开发天然气水合物试采技术验证，墨西哥湾已经实施了勘探和取样以及试采方案的制订，日本也于 2013 年实施了海域试开采技术验证工程。表 9.2.1 为目前世界各国天然气水合物试采项目概况。

表 9.2.1 世界各主要天然气水合物试采技术状况

井田	位置	储层	年份	方法	生产时间	累积产气量/m^3
Messoyakha	俄罗斯西西伯利亚	深 700~800m；厚 84m	1968	砂岩降压，注化学剂	30a	$12.6×10^9$
Mt. Elbert Well	阿拉斯加北坡	厚 40~130m；饱和度 75%	2007	减压法	9h	—
Mallik site	加拿大麦肯齐河三角洲	深 800~900m；厚 90m	2002	热激法	5d	516
			2007	降压+注热	12.5h	830
			2008	减压法	139h	13000
Ignik Sikumi	阿拉斯加北坡	—	2012	CO_2 置换	约 6 周	24085
Nankai Trough	日本南海海槽东部	水深 1000m；埋深 300m	2013	减压法	6d	120000
神狐	中国南海	厚 50m，水深 1266m；埋深 203~277m	2017	地层流体抽取法	60d	$30.9×10^4$
荔湾	中国南海	水深 1310m；埋深 97~196m	2017	固态流化开采法	—	—

由表 9.2.1 可看出，各国常见的试采技术中仍采用常规的降压开采法、注热开采法、置换法等。2001 年，加拿大首次通过注热式开采法生产出天然气，但开采过程中消耗的能量超过获得的热能，入不敷出，如注入试剂其成本也很高；2012

年，美国阿拉斯加北坡普拉德霍（Prudhoe）湾区的 Ignik Sikumi 现场生产测试检验了储层 CO_2-CH_4 置换的潜力，试采显示气体置换法反应速度太慢；2013 年日本采用降压法在海上提取出甲烷，开采成本较低，但仍存在产气速度、产气持续时间以及开采范围等技术问题。这些天然气水合物短期试产测试虽然证实了有关天然气水合物开采技术的可行性，但这些技术经济指标远不及当前天然气商业开发要求。天然气水合物分解过程中将产生大量的水，从而面临地层出砂风险，不论何种地下开采水合物分解相变过程必然吸收大量热，这是任何原位生产不可逾越的环节，强制的热量吸收会引起地层和井筒内水合物二次生成、砂堵等问题。加拿大与日本海域试采过程中均遇到类似问题，同时水合物开采过程安全监测也是一个巨大挑战。

中国已经在南海北部陆坡东沙、神狐、西沙、琼东南等 4 个海区开展了天然气水合物资源调查，初步圈定 9 个远景资源区，资源量约 680 亿 t 油当量，分别于 2007 年、2013 年在中国海域进行了天然气水合物取样，成为世界上第 5 个获取海域天然气水合物样品的国家，初步证实中国海域具有广阔的天然气水合物资源前景。然而，对于海域天然气水合物试采而言，中国目前所发现的天然气水合物区域试采难度大，主要表现为：

（1）埋深浅。2007 年中国 3 口井获取天然气水合物样品点埋深在 199～299m；2013 年中国海域 13 口井获取天然气水合物取样点埋深在 13～199m。

（2）弱胶结。目前世界范围内海域天然气水合物有约 80%储存在深水浅层未胶结的泥岩中，中国 2 次多口井取样的样品即呈现出这类性质，一旦降压分解，整个样品的骨骼结构几乎完全破坏。

（3）非成岩水合物开采技术还是空白。目前为止，在中国海域取得的天然气水合物样品均为非成岩天然气水合物，全球成功获取的天然气水合物绝大多数也是非成岩天然气水合物。深水非成岩天然气水合物具有储量大、弱胶结、稳定性差的特点，一旦所在区域的温度、压力条件发生变化，就可能导致海底非成岩天然气水合物的大量分解、气化和自由释放，存在潜在的风险。

在近年来的研究中，中国学者针对水合物矿藏特点提出了更多的可行开采方案。广州能源研究所唐良广等（2006）结合已有的深海金属锰结核开采技术，提出了一种针对海洋渗漏型天然气水合物藏的水力法提升水合物开采模式，并对其能量效率及产量进行初步评估；中南大学徐海良等（2015）针对天然气水合物深海开采系统中管道的水力输送过程分析以及参数选择等进行模拟优化；周守为院士等（2014）提出了深水浅层天然气水合物固态流化开采技术，即将深水浅层不可控的非成岩天然气水合物藏通过海底采掘、密闭流化、气液固多相举升系统变为可控的天然气水合物资源，从而保证生产安全，减少浅层水合物分解可能带来的环境风险，达到绿色可控开采的目的。

2017年7月29日上午10:00，南海神狐海域天然气水合物试采工程全面完成了海上作业，我国首次海域天然气水合物试采圆满结束，截至7月29日关井，我国天然气水合物试开采连续试气点火60天，累计产气 $30.9 \times 10^4 m^3$，平均日产 $5151 m^3$，甲烷含量最高达99.5%，获取科学试验数据 647×10^4 组。我国的这次海底天然气水合物试采是全球首次实现泥质粉砂型可燃冰的安全可控开采。2017年5月，中国海洋石油集团有限公司在南海荔湾海域采用"固态流化开采技术"实现了对深水浅层非成岩天然气水合物的开采。为进一步推进我国海底天然气水合物开采的发展，2017年8月国土资源部、广东省人民政府、中国石油天然气集团有限公司在北京签署《推进南海神狐海域天然气水合物勘查开采先导试验区建设战略合作协议》，预计在2030年初步建成天然气年生产能力10亿 m^3 以上的资源勘查开发示范基地。

9.3 多孔介质水合物的结构特征 CT 实验研究

自然条件下的天然气水合物是多孔介质中的水和天然气在温度和环境压力变化的条件下以及流动过程中形成、发育、聚集、移动与分解等复杂过程中形成的。科学界对此进行了多年理论和实验研究，对这一过程有了许多深刻的认识。自然界中，天然气水合物主要赋存在浅海陆架陆坡区的海底沉积物和多年冻土区沉积物中，除了满足温度、压力以及气体条件外，还需要满足水分条件。只有在以上条件都满足的情况下，天然气水合物才有可能形成。由于自然环境的影响因素复杂，完全了解和认识这一科学问题是十分困难的。同时，实验手段难于模拟复杂的自然条件，测试方法不便直观检测相关数据，缺乏揭示多孔介质的天然气水合物生成与分解机理的良好分析手段。为了揭示沉积物中天然气水合物的赋存机制，在实验室中进行多孔介质中甲烷水合物的形成及模拟实验是有意义且是必要的。早期多数纯水-天然气水合物的形成试验基本是在透明的反应釜内进行，通过反应釜可以观察到天然气水合物的形成和分解。然而，想要通过肉眼准确观察反应釜内部多孔介质中天然气水合物的形成与分解过程存在一定的困难，因此出现了通过声波与光学等探测技术来研究天然气水合物在多孔介质中的形成与分解的方法。Zhao等（2016c）利用X射线扫描系统（CT）对物质结构在细观密度变化敏感的特点，进行了天然多孔介质中甲烷水合物的形成和分解研究。

9.3.1 多孔介质水合物结构 CT 实验

1. X 射线断层扫描试验原理

由于X射线断层扫描系统可以在不扰动试验过程中穿透非金属试验装置看到

样品内部，用 CT 数来反映样品断层逐点的密度信息，通常写为

$$H =(\mu- \mu_W)/\mu_W \times 1000$$

式中：μ_W 为纯水的吸收系数；μ 为待测体积元的吸收系数，与物质的原子组分及密度相关。在水合物反应釜内，X 射线断层扫描获得的甲烷气体、水、水合物和冰的密度信息差异极大，水为正值，介于 0～50；甲烷水合物介于–800～–150；甲烷气体介于–1000～–850；冰介于–50～0。因此通过 CT 可以非常清晰地得到甲烷水合物生成和分解过程中各相迁移与变化特征。

2. 实验材料与装置

采用太原理工大学的 μCT225kVFCB 高精度显微 CT 测试系统。具体参数为系统成像放大倍数：$1<m<400$，系统穿透能力：$T<40mm$（Fe），空间分辨率：≤5μm。

分析在多孔介质中形成的天然气水合物，水合物样品直径为 50mm，高度为 150mm。将样品放入保温容器中进行 CT 扫描并保持在室温下（图 9.3.1）。选择不同时间的分解图像，以适合于研究水合物的结构，其中砂的粒径分别为：2.8～4.75mm、1.18～2.8mm 和 0.85～1.18mm，砂粒在水饱和状态下与甲烷在 6.0MPa、274K 条件下生成水合物。

图 9.3.1　水合物分解 CT 扫描实验装置图

扫描前确保 CT 设备已开启并正确设置，形成的砂粒天然气水合物快速从反应器中排出。将样品装于密封绝热的玻璃容器并置于 CT 转台装置上，根据图 9.3.2 所示的图像定义调整焦点，在 70kV 电压和 70μA 电流下扫描样品，每次扫描历时约 20min，包括 400 帧 1024×1024 图像矩阵和 1024 倍的精度，放大 5.6 倍。

为了避免 CT 扫描过程中水合物样品过快分解，使用隔热容器并密封。然而，在这个过程中，少量的水合物仍然会动态分解。由于天然气水合物和水的密度非常相似，应尽快排出分解的水。因此，在容器的底部安装金属网过滤器，用于即时排出分解的水分，以获得良好的扫描精度。直接扫描后所得的断面图如图 9.3.2 所示，图中不规则红色为砂粒，绿色为水合物，蓝色为孔隙。

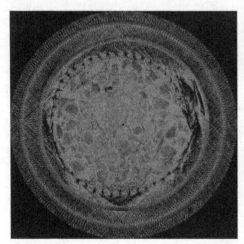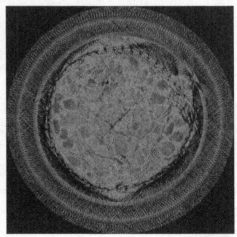

图 9.3.2　砂粒中水合物 CT 扫描图像

9.3.2　多孔介质水合物结构特征

1. 颗粒尺寸 0.85～1.18mm 的多孔骨架水合物的微结构

CT 扫描数据采用我们开发的分析软件重建处理，然后绘制三维灰度或彩色图。图 9.3.3 为天然气水合物在多孔介质中的数字三维图。砂粒和水合物的分布可以明显分辨出来。根据砂粒、空气和天然气水合物的 CT 衰减系数和水合物的三维图进行多层提取，空气的衰减系数区间取 0～0.025，得到图 9.3.3（b），其孔隙率仅为 4.143%，可见多孔介质水合物的孔隙部分体积非常小，且是均匀分布的。天然气水合物衰减系数区间取为 0.025～0.065，得到图 9.3.3（c），其体积占 20.96%，可见纯水合物在孔隙中是均匀分布的，多孔介质中生成水合物并不是仅限在试件表面，而是在试件内部的孔隙中全部生成和赋存。这是多孔介质天然气水合物的一个重要特征，它对研究天然气水合物矿床特征具有参考价值。

图 9.3.3 多孔介质水合物孔隙结构 CT 图（0.85~1.18mm）

2. 颗粒尺寸 2.8~4.75mm 的多孔骨架水合物的微结构

从粒径为 2.8~4.75mm 的多孔骨架水合物的微结构 CT 图 9.3.4 可见，随粒径的增加，水合物的孔隙率和体积增加，而固体颗粒的比例随着砂粒粒度的增加而减小。两种粒径多孔介质中水合物的微观结构特征如下：当砂粒粒径由 0.85~1.18mm 增加到 2.8~4.75mm 时，由这些砂粒组成的多孔骨架体积比由 74.897% 降至 63.287%，骨架孔隙率增加了 46.25%，水合物增加了 50%，水合物未占据的孔隙占总孔隙容积的 5.3%（表 9.3.1）。

表 9.3.1 不同粒径多孔介质中水合物孔隙结构比较

孔隙参数	粒径/mm			比较粒径
	3.775（2.8~4.75）	1.99（1.18~2.8）	1.015（0.85~1.18）	（3.775~1.015）
砂粒体积比/%	63.287	66.706	74.897	84.5
砂粒孔隙比/%	36.713	33.294	25.103	146.25
水合物/%	31.427	27.751	20.96	149.94
非水合物/%	5.286	4.568	4.143	127.44

图 9.3.4 多孔介质水合物孔隙结构 CT 图（2.8～4.75mm）

从图 9.3.3 与图 9.3.4 可见，水合物明显均匀分布在孔隙中。水合物不仅存在于测试样品的表面上，而且存在于其内部孔隙中。这是天然气水合物在多孔介质中的一个关键性质，与天然气水合物矿床的研究有关。

9.4 多孔介质水合物分解过程多孔骨架的变形特征

基于上述扫描与建模方法，使用显微 CT 对多孔介质水合物进行测试，使用连续扫描来适应水合物的快速分解和高精度显微 CT 扫描的缓慢之间的矛盾。每个样品连续扫描 6 次，每次 20min，因此扫描每个样品需要 120min。对得到的 CT 扫描数据进行重建和分析，对三个测试样品分析得出水合物分解过程不同的粒径变化的各种数据。

9.4.1 粒径 1.18～2.8mm 多孔介质水合物的分解

水合物在具有这种粒度的多孔介质中的分解过程连续扫描到 CT 系统中。对中间 CT 图像的 XZ、YZ 断面进行分析，得到各断面特征区域的 CT 衰减系数。如图 9.4.1 所示，在 0～120min 的分解图中，在每个剖面的上侧设置四个属性块，以获得分解过程中不同时刻的相对位置坐标。在水合物分解过程中，颗粒水平运动和垂直运动同时发生，垂直运动占主导地位。最大的水平移动是 8 个像素单位或大约 0.2771mm。垂直方向上的最大位移为 36 个像素单位，即大约 1.2471mm，这比最大水平移动大 3.5 倍以上。从图 9.4.1 中可以看出，水合物的分解主要发生在 20~100min，这是粒子发生垂直位移的时期。

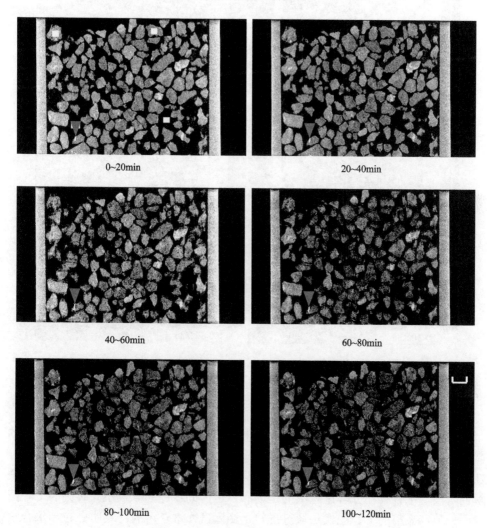

图 9.4.1　多孔介质水合物分解 YZ 方向位移（1.18~2.8mm）

9.4.2　粒径 2.8~4.75mm 多孔介质水合物的分解

图 9.4.2 为粒度为 2.8~4.75mm 的多孔介质中水合物的分解图。分解过程与砂粒运动同时发生。在 40~100min 的 CT 断面上可以看到二值图像和移动轨迹，这表明水合物在这个阶段迅速分解。

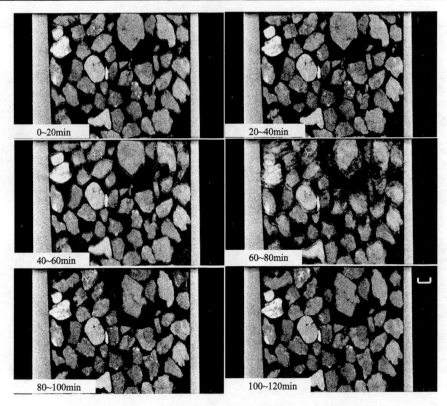

图 9.4.2　多孔介质水合物分解 YZ 方向位移（2.8～4.75mm）

9.4.3　粒径 0.85～1.18 mm 多孔介质水合物的分解

图 9.4.3 为扫描四次的 XZ 剖面的结构演变的 CT 图像。多孔介质中水合物的微观结构在 0～20min 的 CT 图像中清晰可辨，可以看出，当时水合物很少分解。在 20～60min 时，图像相对不清晰，并显示出明显的迹线，表明这正是水合物分解的阶段。水合物在分解过程中的运动和砂粒的同步运动导致不同时刻的 CT 图像不一致，完整的 CT 图像是通过旋转一圈测试样本获得的，表明砂粒和水合物在不同的位置。40～60min 内可见明显的移动痕迹。60～80min 的分解图非常清晰，水合物分解基本完成，粒子停止运动。衰减系数表现出较大的变化，总体上呈下降趋势，这反映了水合物晶体的分解。分解后，气体逸出，水流到容器底部。然而，由于毛细作用力的作用，水在孔隙中的迁移非常缓慢。

9.4.4　水合物分解引起的变形

根据三种颗粒尺寸的多孔介质中水合物分解过程中颗粒的垂直位移，将多孔介质中水合物的分解引起的颗粒垂直变形定义为

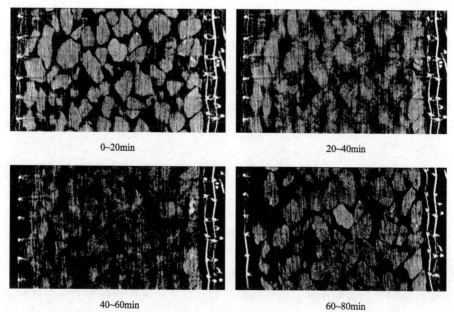

图 9.4.3　多孔介质水合物分解 XZ 方向位移（0.85～1.18mm）

$$U_z = \frac{\Delta U_i}{H_i}$$

式中：ΔU_i 是颗粒 i 的垂直位移；H_i 是来自分解底面的颗粒 i 的初始高度。随着颗粒粒径的增大，水合物分解引起的垂向位移逐渐增加，相应的颗粒尺寸分别为 0.85～1.18m、1.18～2.85m 和 2.85～4.8mm，变形量分别为 0.52%、0.658% 和 1.68%，平均为 0.953%。这些是由粒状砂组成的多孔介质中水合物分解期间发生的垂直变形的数量。由颗粒物质组成的多孔介质中天然气水合物分解引起的颗粒粒径与垂直变形之间的关系呈指数变化（图 9.4.4），相关系数为 0.9678。

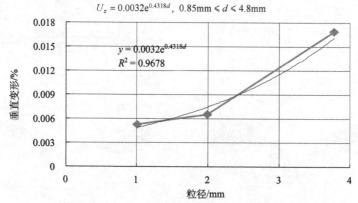

图 9.4.4　多孔介质水合物分解垂直位移变化与颗粒直径拟合曲线

9.5 多孔介质水合物原位分解温度场分布实验

前述天然气水合物主要有四种生产方法：减压、注热、二氧化碳（CO_2）驱替与化学注入降压。最近，很多天然气水合物勘探和生产项目由于其丰富的潜力已被实施（Arora et al., 2015；Merey and Sinayuc, 2016）。加拿大 Mallik 油田减压和注热生产方法的几个生产钻井和注入井已经钻探完毕。同样，2013 年，在日本的 Nankai 区第一个海上天然气水合物井也进行了减压生产方法测试，6 天生产了 12 万 m^3 甲烷（Takahashi et al., 2001）。CO_2 注入生产方法首先在阿拉斯加 Ignik Sikumi 区进行测试，通过注入 77.5%的 N_2 与 22.5%的 CO_2 组成的 CO_2-CH_4 混合气体，替代物甲烷被检测到，在测试期间，生产了 855 Mscf 的 CH_4 和 936.5 桶水（Saeki, 2014；Kvamme, 2016）。同时，一些国家（如美国、日本、印度、韩国、中国和土耳其）的天然气水合物储层的生产测试目前主要进行了天然气水合物勘探、地震勘测、钻探勘探井、取芯与测井等，但不论采取何种开采与测试方法，钻井仍然是不可缺少的环节与工艺，井孔的布置对多孔介质中水合物分解的影响也是至关重要的因素。

Chong 等（2018）进行了一个单一的垂直井和一个单一的水平井生产条件相同的水合物沉积物分解实验，在每个实验中使用相同的多孔介质水合物体积组成与相同的合成条件。圆柱形部分的外半径 r_{max}=51mm，高度 L_y=120mm。这两类多孔介质水合物系统的钻井配置如图 9.5.1 所示。水平井被设置在水合物藏的顶部，

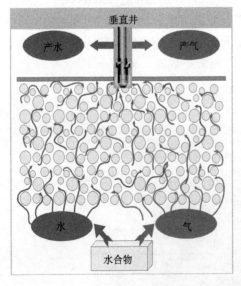
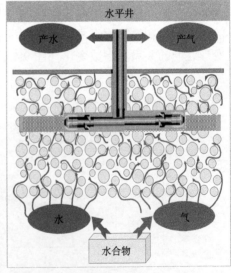

图 9.5.1　多孔介质水合物在水平井与垂直井分解配置图

利用这个地点的气体浮力和积聚,最大限度地减少水的产生。垂直井和水平井的半径 $r_w = 3$mm。

9.5.1 材料与实验仪器

研究中使用的 CH_4 气体(99.9%)由 Air Liquide Singapore Pte Ltd. 提供。粒径为 $0.1 \sim 0.5$mm 的未固结的硅砂由 River Sands(W9)供应。使用去离子水形成水合物并在水合物形成过程中产生富水环境。

在实验研究中使用的装置如图 9.5.2(a)所示,该装置包括一个由 316 不锈钢制成的 980mL 固定床反应器,安装两个 Omega-康铜 T 型 6 点热电偶(±0.1K),从而获得沉积物内不同位置的温度,如图 9.5.2(b)所示。两台 SMART 压力变送器(±20kPa)测量反应器顶部($P_{C_{top}}$)和底部($P_{C_{bot}}$)的压力读数。在水合物形成阶段,水注入使用 Teledyne ISCO 500D 注射泵通过端口 V_2 完成。如图 9.5.2(a)所示,2 个球阀 V_{top} 和 V_{bot} 直接连接到反应器,以分离反应器体积和结晶器部分中的管体积。阀门(V_3)和一个减压控制阀(Fisher-Baumann)连同一个自调节 PID 控制器(OMEGA CN2120)控制减压过程中的井孔压力,并将反应器分开。图 9.5.2(b)为在多孔介质水合物内的水平井,导管是一个外径为 1/4in 的不锈钢多孔管,由不锈钢网(200 目)覆盖以防止涌砂,穿孔直径为 2mm,每 5mm 有一对钻孔,垂直排列方向,穿孔长度为 90mm。

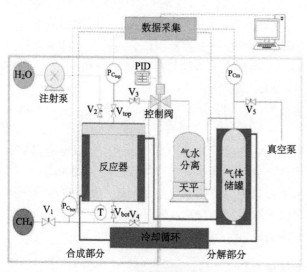

(a) 实验装置流程图

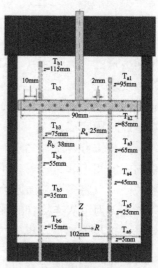

(b) 反应器内部布置图
(包括水平井与12个温度传感器)

图 9.5.2 多孔介质水合物生成与分解装置图

分解水气接收系统由 400mL 不锈钢制成的气液分离器（GLS）和 316 不锈钢制成的 1L 气体接收器（GR）组成。GLS 设计用于在生产阶段捕集产生的液态水，同时允许气体进入。GR 系统设计用于收集减压阶段（±0.1g）产生的甲烷气体，GLS 用于量化分解过程收集的水量。收集前使用真空泵确保 GR 在减压阶段之前处于真空状态。所提供的数据采集系统（PGR）和热电偶分别用于测量 GR 的压力和温度，利用 National Instruments 的数据采集系统与 LabView 软件集成在计算机上记录实验数据。

9.5.2 甲烷水合物的形成

多孔介质水合物采用过量水的方法形成约 40%的水饱和多孔介质水合物。简言之，980mL 的反应器用细砂填满，由于在反应器中设置的钻井占据了一定的体积，相应地调整砂的用量以确保垂直井和水平井构造之间的空隙差异空间。因此，垂直井和水平井配置的细砂添加量分别为 1480.5g 和 1451.2g。随后，将反应器用甲烷气体以 1.0MPa 的压力吹扫三次，以除去砂粒孔隙中的残留空气。之后，用甲烷气体将反应器加压至 6.5MPa，并使其稳定在 288.2K，使反应条件先保持在水合物相平衡稳定性区域之外，根据计算，反应器内甲烷气体的量为 1.565mol。

在压力和温度稳定之后，以 50mL/min 的速率注入去离子水使反应器加压至 9.5MPa。为了诱导孔隙中水合物形成，将反应器冷却至 274.2K。甲烷水合物形成是一典型的放热过程，其特征在于伴随着剧烈的压降与温度升高。当压降降至 10kPa/h 以下时，进一步注水，使多孔介质内加压至 9.5MPa，以提高形成水合物的驱动力以及形成含水相水合物沉积物。在所有实验中，共进行 3 次注水以达到预期数量的去离子水（~412.5mL）。当反应器内的最终压力为 8MPa 时，沉积物的温度缓慢且周期性地增加至 281.5K，相当于~130m 海底的温度条件。一旦反应器内的压力和温度稳定在设定点附近，达到所需的水合物饱和度，可认为水合物形成阶段完成。

在减压分解阶段之前，我们量化了连接管线内的气体和水量，以准确确定沉积物中的相饱和特征。为了实现这个目标，两个直接连接反应器的阀 V_{top} 和 V_{bot} 被关闭，以将多孔介质水合物从连接管中分离出来。控制阀被编程为在管排气阶段打开。为了从连接管的顶部和底部取回气体与水，将 V_3 和 V_4 打开约 5min，并且量化接收器部分收集的气体和水的量。

9.5.3 水合物减压分解过程中的温度变化

水合物分解是吸热过程，吸收沉积物的潜热并导致降压期间的温度降低。然而，温度下降的程度取决于许多因素，如水合物的数量、沉积物的综合热性质、局部压力和位置周围的流体流动等。因此，沉积物内不同位置处的温度变化与分布信息对于描述多孔介质内水合物分解的传热过程至关重要。如图 9.5.2（b）所示，在沉积物中的不同位置安装了 12 个温度传感器，使我们能够描述多孔介质内水合物减压分解过程中温度条件的空间变化，如图 9.5.3～图 9.5.5 显示了井底压力分别为 3.5MPa、4.0MPa 和 4.5MPa 时不同时刻温度场的分布。从这些图中可以看出，在水合物分解过程中不同位置的温度是不同的。

为了定量比较不同生产压力下的温度分布和钻井布置结合情况，表 9.5.1 总结了 12 个测温点的最低平均温度（T_{avg}）以及每个实验运行情况下最低温度的出现时间（t_{LT}）。可以看出，通常引入水平井导致平均温度的最低值要高于同等条件下垂直井的平均温度。例如，在 3.5MPa 的井压下，水平井中沉积物的最低平均温度为 278.2～278.4K，明显高于垂直井（两个运行时为 277.5K）的情况。在井压为 4.0MPa 和 4.5MPa 情况下，也出现了相似的趋势，因此加入水平井之后，最低温度平均值确实明显升高。此外，在水平井存在的情况下，最低温度出现的时间（t_{LT}）明显较长，沉积物达到最低平均沉积温度在 7.17～9.33min，这比垂直井的情况要晚得多，除了 N2b 情况之外，垂直井通常不到 5min 就能达到最低平均温度，这将在后面的章节中进一步讨论。这突出表现为在多孔介质水合物减压分解过程中，水平井对沉积物水合物分解过程中的传热和传质的显现效果。

表 9.5.1　水平井（H1～H3）与垂直井（N1～N3）条件下水合物减压分解实验条件与结果

实验编号	井压/MPa	最低温度 T_{avg}/K	t_{LT}/min	t_{dis}/h	最终压强 P_{GR}/kPa	V^G/SL	$t_{90,h}$/h	CH$_4$产出率/%
H1a	3.5	278.2	9.33	5.13	1970	28.01	1.76	98.10
H1b	3.5	278.4	7.67	8.72	2020	28.79	3.35	99.44
H2a	4.0	278.7	9.67	7.08	1840	26.38	3.46	95.55
H2b	4.0	279.0	7.17	8.67	1890	26.98	3.72	97.69
H3a	4.5	279.1	7.50	19.99	1890	27.22	6.21	99.09
H3b	4.5	279.4	10.50	40.33	1860	26.61	4.74	99.35
N1a	3.5	277.5	2.83	10.33	1930	26.51	1.68	98.59
N1b	3.5	277.5	2.17	13.88	1940	26.57	1.40	98.68
N2a	4.0	278.5	3.83	24.04	1850	25.92	2.62	99.60
N2b	4.0	278.5	7.33	22.82	1800	24.72	5.86	97.34
N3a	4.5	279.1	0.83	13.72	1760	24.48	1.85	99.00
N3b	4.5	279.0	0.83	40.33	1770	24.57	2.26	99.06

为了描述不同井压生产情况下沉积物水合物分解过程中温度场的变化，图 9.5.3～图 9.5.5 给出了水合物分解过程中 5 个不同典型时间点的温度空间分布。

在相同的生产条件下，所选择的是达到最低平均温度较短 t_{LT} 的实验，因为温度瞬态响应在水合物分解的较早阶段更敏感。在图 9.5.3～图 9.5.5 中，第一个时间点（a 和 f）描述了水合物分解前的温度条件；第二（b 和 g）和第三（c 和 h）时间点分别对应于垂直井和水平井的 t_{LT}；而第四个（d 和 i）和第五个（e 和 j）时间点分别是第 1 和第 5 小时的温度条件。

在 3.5 MPa 的井压条件下，水平井（H1b）和垂直井（N1b）构型之间沉积物内温度演化的比较如图 9.5.3 所示。在 $t=0$min 时，两次实验的温度分布基本相似，顶部区域由于上部边界效应而导致温度更高。在减压开采过程中，尽管速度不同，两种情况下在所有测量位置都观察到温度降低。在垂直井的情况下，N1b 的平均温度需要大约 2.2min 达到 277.5K 的最低值。在这种情况下，在 T_{b6} 位置（$r=38$mm，$z=15$mm）检测到的最低温度为 276.2K，接近 3.5 MPa（276.1K）的甲烷水合物相平衡温度。在水平井 H1b 同样的情况下（图 9.5.3b），这样的低温还没有达到，平均温度在 279.8K 左右。对于水平井 H1b，最低平均温度出现在 $t=7.7$min（图 9.5.3c），平均沉积物温度为 278.4K。然而，如图 9.5.3c 所示，沉积物中的温度高于平衡温度。在这种情况下，在 T_{a5} 位置（$r=25$mm，$z=25$mm）处的最低检测温度是 277.2K，比平衡温度高约 1K。这个温度高于平衡的可能原因是①测量位置周围的水合物含量较低；②随着水平井的加入，减压前沿不能在整个测量位置传播，造成局部地区的压力较高，因此温度下降的程度较小。Yang 等（2017）在最近的一项研究中，使用 MRI 来描述降压诱导的水合物分解过程中的水分布，发现液体流动通道分布于孔隙壁附近。与水平井相比，这可能是因为垂直井构造减压前沿扩散速度较快，导致 t_{LT} 和温度条件较低。此外，Seol 和 Kneafsey（2011）认为，40%以上的水合物饱和度可以显著降低主体沉积物的渗透性，阻断流体通过多孔介质的流动路径。由于沉积物中水合物的非均质性，水合物饱和度大于 40%区域可能存在于沉积物中，阻塞流体流向水平井。减压 1h 后（图 9.5.3d），温度通过周围的热传导径向内缓慢增加，这与使用降压方法的各种能量回收研究是一致的。另外，从顶部和底部的边界传热导致一些高温区域也被观察到。在这种情况下，对于 H1b 和 N1b，在 T_{a4} 的相同位置（$r=25$mm，$z=45$mm）检测到的最低温度分别为 279.7K 和 278.4K。在不同时间点（$t=2.2$min、7.7min 和 60min），随着温度的降低，预计垂直井构造的水合物分解速率比水平井要高。尽管这一发现似乎与常规经验相反，因为设计钻孔有利于流体在沉积物中流动，但应注意的是，该研究中，形成水合物之前将钻孔并入，导致水合物有可能在钻孔周围积聚，限制了钻孔周围沉积物的渗透性，并对减压前沿的扩散产生了负面影响。最后在分解 5h 后，温度缓慢增加约 0.1K，朝向初始温度分布（即稳态温度）。

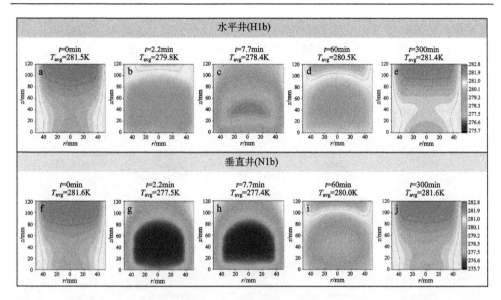

图 9.5.3　不同时间点水平井（H1b, a～e）与垂直井（N1b, f～j）多孔介质水合物在 3.5MPa 井压下的温度分布

图 9.5.4 和图 9.5.5 分别为 4.0MPa 和 4.5 MPa 的 BHP 井压条件下，水平井和垂直井之间沉积物内的温度演变。类似于图 9.5.3 中观察到的趋势，在每种减压情况下都看到温度下降，与水平井相比在垂直井构造中可获得更快的分解速率。比较图 9.5.4b、g 之间的温度分布，除了多孔介质水合物中心温度下降程度的差异，沉积物顶部温度分布也显著不同。随着水平井（图 9.5.4b）的加入，沉积物顶部温度显著高于垂直井（图 9.5.4g），且温度分布相当平缓。在图 9.5.4g 中，顶部的温度向顶部中心区域明显倾斜降低，这对应于垂直井构造的流体出口。在图 9.5.3b、g 和图 9.5.5b、g 中也得到了类似的观察，这清楚地表明了流量钻孔对多孔介质水合物内热流的影响。在水平井的情况下，达到最低平均温度状态需要 7min，在图 9.5.4c、g 中检测到的最低温度（即每种构型中最低平均温度的实例）分别为 278.0K 和 277.4K，两者均在 T_{b6} 处检测到。在垂直井构造中，这个最低温度与 4.0MPa（277.4K）的水合物平衡温度相同，意味着减压前沿在整个沉积物中的扩散。在 t=60min 时，平均沉积物温度上升到 280.3K 和 280.5K，两种情况下在 T_{a4} 位置检测到最低温度。

类似地，在 4.5MPa 压力下的多孔介质水合物，在垂直井和水平井结构下分别在 0.8min 和 7.5min 获得最低平均温度。在这些实例中检测到的最低温度分别是在 T_{b6} 处检测到的 278.3K（图 9.5.5g，垂直井）和 278.0K（图 9.5.5c，水平井）。值得注意的是，这些温度稍低于 4.5MPa 水合物的平衡温度（278.5K），这是水合物分解开始时的压力波动的影响。如图 9.5.5 所示，由于压力的突然变化和流体快速流入井筒，井温在水合物分解开始（前15min）内波动。Yang 等（2017）也报道了减压初期的压力波动伴随着水通过 FOV 的剧烈运动和 MRI 信号的波动。类似于以前的情况，在 t=60min 时（图 9.5.5d、i），沉积物温度在径向和轴向方向上缓慢增加，分别达到 N3b 和 H3a 的平均温度 280.0K 和 280.8K。在这种情况下，T_{a4} 检测到的最低温度在 N3b 和 H3a 分别为 278.7K 和 280.0K。

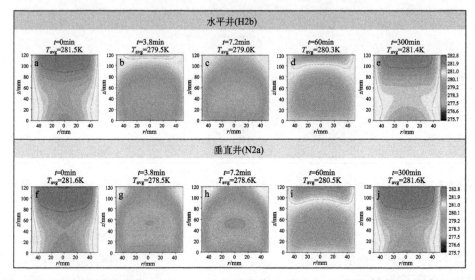

图 9.5.4　不同时间点水平井（H1b，a～e）与垂直井（N1b，f～j）多孔介质水合物在 4.0MPa 井压下的温度分布

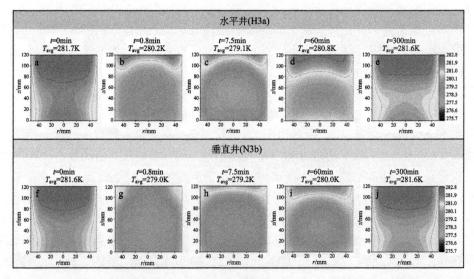

图 9.5.5　不同时间点水平井（H1b，a～e）与垂直井（N1b，f～j）多孔介质水合物在 4.5MPa 井压下的温度分布

从图 9.5.3 至图 9.5.5 可以清楚地看到，多孔介质水合物内的最低温度位于沉积物下部中心附近。另外，对于图 9.5.3～图 9.5.5 中所示的 6 个情况，在 t=60min 时，在 T_{a4} 处发现最低温度的位置。因此，为了比较不同生产构造和井压的温度响应，我们在图 9.5.6 中绘制了不同生产情况 3.5MPa、4.0MPa 和 4.5MPa 下 T_{a4} 的温度变化。可以清楚地看出，T_{a4} 在 t=0min 时，温度瞬间降低。在垂直井中，T_{a4} 检测到的温度与在 4.5MPa 的较高井压下的平衡温度相同；而对于较低的井压（4.0MPa 和 3.5MPa），在 T_{a4} 处检测到的最低温度高于平衡温度。这一发现证实了 Chong 等（2017a）以前的研究，在不同的减压程度下温度降低趋势相似。然而，随着水平井的加入，需要较长的时间才能达到温度低谷。此外，观察到 H1b（277.3K）和 H2b（278.1K）的温度波谷远高于 3.5MPa（276.1K）和 4.0MPa（277.4K）的平衡温度。这意味着这些地方的局部压力高于井压，这可能是由于产生的气体和水从沉积物中流出的阻力增加。

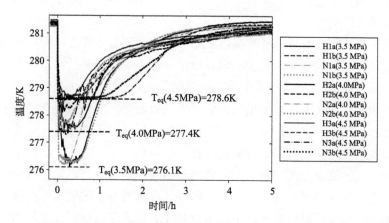

图 9.5.6 T_{a4} 位置（r=25mm，距离顶部 z=45mm）多孔介质水合物分解过程的温度变化

总之，我们观察到在减压诱导下水合物分解过程中存在水平井阻碍热传递响应的现象。从图 9.5.3～图 9.5.5 还可以观察到，水平井布置之后，温度下降的程度不太明显。这种效应归因于井筒周围水合物的浓缩降低了井孔周围的渗透率，并因此阻碍了从多孔介质水合物流出的气体和水的流动，同时限制了减压前沿的传播。在相关模拟研究中，Moridis 和 Reagan（2011）发现在井筒附近低温产生大量气体可能会导致水合物快速重建和流动阻塞。同样的研究提出使用井筒加热来防止流动阻塞，这可以用作指导未来的研究工作。

第 10 章 低变质煤原位注热脱水提质改性开采

中国低变质煤资源丰富，其储量占全国已探明煤炭储量的 50%以上，产量占目前总量的 30%，在地域分布上，储量大部分集中在内蒙古、陕西、新疆、甘肃、山西、宁夏六个省（自治区）。按中国煤的形成时代看，以侏罗纪煤储量最大，约占全国已探明保有储量的 45%左右，由这一时代形成的煤除极少数无烟煤以外，其余大多数为褐煤、长焰煤、不黏煤和弱黏煤等低变质煤。变质程度低的煤种往往具有高挥发分、低发热量和容易自燃的特性，这些煤开采的利润往往较低，而且由于自然发火期短，煤的运输成了一个难以解决的问题。对于褐煤而言，这些方面的问题更为突出。

褐煤是煤化程度最低的矿产煤，它是介于泥炭与沥青煤之间的棕黑色、无光泽的低阶煤，富含挥发分，易于燃烧并冒烟。世界褐煤资源量约占世界煤炭资源总量的 1/3。中国褐煤储量亦占全国煤炭总储量的 1/8 以上，主要分布在内蒙古东部、云南中西部和黑龙江东部地区，这 3 省（自治区）的褐煤保有储量占全国的 96%，辽宁、河北、广西、山东、吉林、甘肃、四川、新疆等省（自治区）有少量分布，其余省（自治区）仅有零星赋存。

目前，通过高温热解获得大量可燃气体和焦油的技术在煤化工工业中得到了广泛的应用，技术相对成熟，并取得了较好的经济效益。比较典型的技术有大连理工大学开发的褐煤固体热载体干馏多联产工艺、北京煤化所开发的 MRF 热解工艺、浙江大学和清华大学开发的以流化床热解为基础的循环流化床热电多联产工艺、北京动力经济研究所和中国科学院工程热物理研究所的以移动床为基础的热电气多联产工艺、济南锅炉厂的多联供工艺、中国科学院山西煤化所和中国科学院过程工程研究所的"煤拔头工艺"等。但这些方法都是以煤炭的采出为前提的，属于煤的深加工技术。对于受开采方法局限性、瓦斯等因素制约造成大量煤被迫遗留而引起的回采率低、污染严重的问题，以及由于煤的自燃引起的运输难题，仍然无法找到一个很好的解决方法。

利用原位注热开采煤层中的可燃气体和焦油产物的方法，为解决上述问题（低回采率和高污染问题，开采、储存和运输过程中自燃问题）提出了一个崭新的思路。

10.1 褐煤原位注蒸汽开采油气与提质改性技术

中国的褐煤资源虽然丰富,但这类煤层含水率很高,一般都达到20%~30%,而且很多是内水,不容易脱除,且煤质不好,发热量低,自然发火期短,销售差,远距离运输成本高,以致这些企业效益很差。因此,寻求褐煤等低变质煤种的改性技术与原位开采褐煤煤层中的煤焦油和可燃气的技术是我国煤炭资源洁净开发与利用迫切需要的研究方向。2000 年以来,太原理工大学原位改性采矿教育部重点实验室对褐煤在原位应力状态和高温热解作用下的变形特性、渗透特性、热解特性、产气特性及其与温度的关系进行了深入的研究,揭示出相关的科学规律与工艺技术条件,并结合多年来原位改性采矿理论与技术的积累,提出了完整的褐煤原位注热开采油气与脱水提质改性的技术。

褐煤原位注热开采油气与脱水提质改性的技术可以简要地概述如下:在地面施工群井,进入煤层,通过水力压裂技术使群井沿煤层内部连通,首先选择其中若干井作为注热井,另外一些井作为生产井,沿注热井注入 600℃的高温过热蒸汽,对流加热煤层,使煤层热解,产出大量烃类气体和煤焦油,并将其从生产井排到地面,然后经过换热器使油、气、水分离,即可进入销售环节,而换热器交换的热量变成了更低沸点流体的驱动力,驱动汽轮机带动低温发电机发电,而使能量有了非常充分的利用和更好的经济收益。煤层原位注热开采油气工艺生产群井布置见图 10.1.1,群井注热开采褐煤油气与提质改性的技术原理见图 10.1.2。

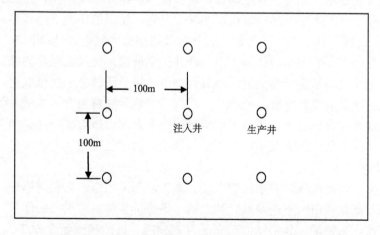

图 10.1.1 煤层原位注热开采油气工艺生产群井布置图

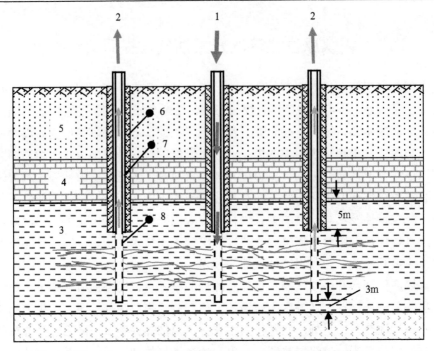

图 10.1.2 群井注热开采褐煤油气与提质改性的技术原理
1. 注热井；2. 生产井；3. 褐煤煤层；4,5. 顶板岩层；6,7. 井管；8. 花管

低变质煤原位注蒸汽开采油气与脱水提质技术的工艺流程简述如下：在地面布置施工群井进入煤层，采用群井调控压裂方式，产生巨型沿煤层展布的裂缝，使群井沿煤层连通，然后群井之间轮换选择作为注热井与生产井。将 600℃过热蒸汽沿注热井注入煤层，加热煤层至 600℃左右，使煤层在地下绝氧热解后，析出以 CO、C_mH_n、H_2、CO_2 为主的混合气体及煤焦油（气态），以约 120℃的低温蒸汽与油气的混合物在压力作用下沿生产井排至地面。该低温混合物先进入低温发电厂动力生产环节进行热交换，将混合物中各物质所携带的热量放出，用以提高汽轮机工质的温度，并使自身温度降至 50℃，然后热解混合气体进入气体处理系统，而油水混合物进入分离系统进行物理分离处理，最终成为需要的产品。

该技术的工艺流程如图 10.1.3 所示，该工艺系统装备包括七个部分。

1）锅炉系统

该部分主要是指锅炉与水处理系统。本工艺所采用锅炉为燃煤锅炉，因为本工艺实施对象是煤田，不论是原煤的供给，还是价格都具有很大的优势。锅炉应采用循环流化床锅炉，其指标为蒸汽压力 10MPa、过热蒸汽温度 600℃、蒸发量 75t/h。锅炉用煤必须按锅炉操作要求进行干燥和破碎，保证其达到湿度和粒径的要求。

2）注入和生产井系统

拟布置钻井共 10 口，按正六边形布置，井间距为 80m。各个中心井都可以做注热井，所有井都可以作为生产井，生产中交替使用。

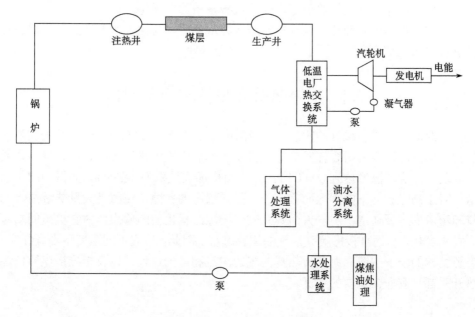

图 10.1.3　工艺流程示意图

3）压力输气管道

从锅炉过热器出口至注热井口的蒸汽管道属于压力管道，必须按压力管道规范设计施工，管道保温要非常严格，保证保温层外温度小于 40℃（室外温度 25℃）。

4）低温余热发电系统

该部分主要用于生产井出口排气余热的回收利用，以提高热量利用效率。低温余热发电系统有两个方案：①双工质双流体发电系统；②螺杆膨胀机发电系统。将生产井出口 120℃的混合气体直接送入余热发电系统，即可发电，同时可将生产井出口的混合气体温度降至 50℃。

5）气体收集处理系统

从低温余热发电系统输出的混合气体进一步冷凝分离，即可获得不同气体产品，分别输入到各自的气库，进入销售或使用系统。

6）油水分离系统

基于煤焦油与水的比重差异较大，采用重力分离的方法将水和油分离。水经进一步处理后复用；液态煤焦油进一步分离和化学处理，获得品质更好的各种轻、重油，输入储罐销售。

7）水处理部分

锅炉用水必须先经过水处理系统。原水经澄清后进行粗、精两级过滤，进入反渗透纯水处理装置处理，再依次进入阴、阳、混床进行离子交换，保证水质达到纯水要求，即电导率约等于零，其他机械杂质约等于零。

水的各指标经处理达到要求后即送入纯水储罐，再由多级泵送到预热器进行预热后进入锅炉。

10.2　褐煤热解孔隙结构演变规律

褐煤对温度具有极好的敏感性，当温度处于 300～600℃时，煤体发生剧烈的热解化学反应，煤体所含挥发分等有机质热解后生成大量煤焦油和可燃气体，具体表现为：实验温度达到 600℃时，元宝山褐煤失重率为 34.55%，如图 10.2.1 所示。对于高温状态下的褐煤而言，一方面褐煤中的孔隙、裂隙是大量热解油气储集和渗流的主要通道；另一方面其孔隙、裂隙结构也会随着煤体内有机质的热解而发生变化，从而直接影响到油气的运移过程。因此，研究不同温度下褐煤孔隙、裂隙结构的演变规律，对分析热解油气的渗流和产出过程，以及指导褐煤原位注热开采都具有非常重要的意义。

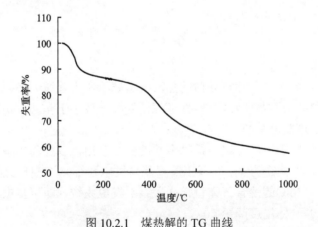

图 10.2.1　煤热解的 TG 曲线

10.2.1　孔隙率的热解演变特征

采用压汞法测试不同热解温度后褐煤的孔隙率和孔隙比表面积，获得图 10.2.2 的结果。

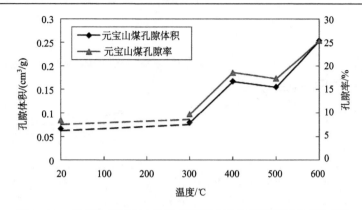

图 10.2.2 褐煤热解过程中孔隙率及总孔隙体积随温度的变化规律

从图 10.2.2 可知，元宝山褐煤原煤的总孔隙体积和孔隙率都较小。从常温到 300℃，煤中主要是水、自由气体以及吸附气体的解吸和煤中部分含氧官能团的早期变化。此时，煤体中主要发生的是物理变化，煤的孔隙结构变化不大。而当温度超过 300℃ 时，煤进入以分解和解聚为主的化学反应阶段，煤中大量挥发分的产出使得煤的孔隙数量大幅增加，煤的孔隙结构发生了根本性的改变。当温度超过 300℃ 时，挥发分大量析出引起总孔隙体积和孔隙率的快速增加，分别由 300℃ 的 0.0796 cm^3/g 和 9.7386%增加到 400℃ 的 0.1669cm^3/g 和 18.5522%。当温度超过 400℃ 时，由于温度的升高，煤表现出明显的塑性并生成胶质体，导致一些孔隙变小甚至关闭，另外煤的热收缩性也变得较为明显。这两个因素和挥发分析出的综合作用效果造成了孔隙体积和孔隙率略呈降低，分别由 400℃ 的 0.1669cm^3/g 和 18.5522%减小为 500℃ 的 0.1549cm^3/g 和 17.3137%。也就是说，该阶段对孔隙体积和孔隙率的影响方面，煤的塑性、热收缩占了主导地位。而当温度超过 500℃ 时，煤中胶质体的分解速度高于生成速度，不断生成半焦和煤气，孔隙体积和孔隙率又开始增大，分别增加至 600℃ 的 0.2536cm^3/g 和 25.3551%，这个阶段引起孔隙体积和孔隙率变化的主导因素是挥发分析出。

综上分析，褐煤的总孔隙体积和孔隙率的变化严格受热解温度的控制，热解干馏煤的总孔隙体积和孔隙率在 300~600℃ 范围内，总体上表现为增加趋势。

10.2.2 孔隙比表面积随热解温度的变化规律

孔隙比表面积随热解温度的变化规律如图 10.2.3 所示。

就试验结果而言，总孔隙比表面积表现为原煤最大。300℃ 后，随着热解温度增加表现出良好的下降趋势。元宝山褐煤由 300℃ 的 8.138m^2/g 减少到 600℃ 的 7.161m^2/g。由此可知：常规热解条件下，随着热解温度的升高，褐煤孔隙比表面积下降明显，从而造成对热解气体的吸附性能的下降，热解产气的流动性能却有所提高。

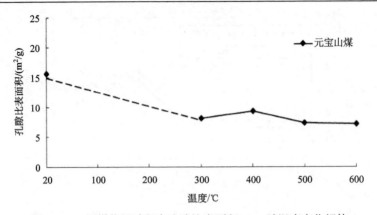

图 10.2.3　褐煤热解过程中孔隙比表面积 $A_{压汞}$ 随温度变化规律

10.2.3　褐煤热解渗透率演变规律

利用太原理工大学自主研制的高温三轴固流热化学耦合作用试验机（图 10.2.4）对元宝山褐煤原位应力状态下的高温渗透性进行实时在线测试，试验温度从室温到 650℃，与褐煤注热开采环境完全一致。

图 10.2.4　高温三轴渗透试验台

从图 10.2.5 中可以得出，褐煤的渗透率在温度的作用下呈现出较大的波动性且不同孔隙压力测试条件下渗透率变化规律呈现出一定的相似性。褐煤从室温到 650℃ 范围内的渗透曲线可以划分为三个阶段，即低温段（25～200℃）、中温段（200～400℃）和高温段（>400℃）。在 25～100℃ 区间内，褐煤渗透率的增长比较平缓,超过100℃后,渗透率急剧增大并在250℃达到第一个峰值,在第一个峰值后随着温度的不断增加出现两个连续的 V 型,即两次褐煤渗透率先降低后升高的过程,同时褐煤渗透率一直维持在较高的范围,不同孔隙压力测试下渗透率的最低值也在 110mD 以上。以孔隙压力为 0.5MPa 时为例,褐煤的渗透率在室温(25℃)时为28.77mD,并随着温度的增加而缓慢的增加,在100℃时达到45.49mD。随后渗透率随着温度的升高而急剧增大,在温度为 250℃时达到峰值 344.56mD。在中高温段的 300℃时,渗透率降低到 241.39mD 的区域低值,随着温度的升高,渗透率在 400℃时再次提升到区域极值 396.39mD。当升温至高温段后,褐煤的渗透率一直保持在较高的范围内,450℃时仍然高达 391.04mD。随着温度的继续升高,褐煤的渗透率再次表现出先降低再升高的特征,并在 600℃时渗透率达到试验温度范围内的第三个峰值 407.15mD。因此,渗透率随着温度的变化并不是单调的增加或降低,而是在一定的范围内波动变化。

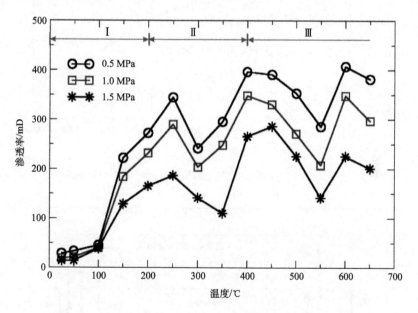

图 10.2.5　不同孔隙压力下元宝山褐煤渗透率随温度的变化曲线

10.2.4　三轴应力下褐煤变形特性随温度变化规律

褐煤在温度的作用下会经历脱水和热解等复杂的物理和化学变化,因此褐煤的热解变形完全不同于普通岩石的变形。在褐煤原位注蒸汽开采过程中,褐煤在应力作用下的变形一方面改变了作用于煤层上的应力方向和大小,另一方面也改变了物质传输的通道,即渗透性和变形之间也存在着一定的关系。

在进行褐煤三轴应力下固流热化学耦合试验时,我们同步测试了褐煤加热过程中的煤样变形。试样施加了300m埋深的原岩应力,试验温度从室温一直升温到650℃,持续时间为4116min,整个加热过程中的褐煤试样的应变与时间和温度的关系曲线如图10.2.6。

图10.2.6和图10.2.7分别为元宝山褐煤在不同温度下试样轴向变形和应变随时间与温度的变化曲线,试样加热最高温度650℃。根据应变与温度的变化关系,将

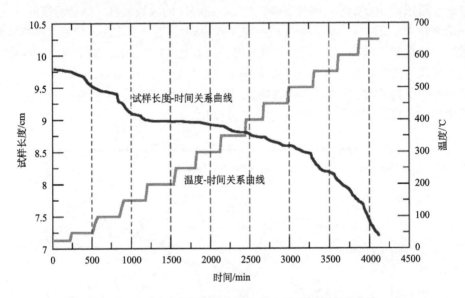

图10.2.6 元宝山褐煤轴向变形与温度随时间的变化曲线

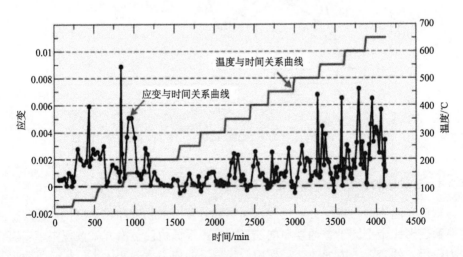

图10.2.7 不同温度下褐煤试样应变与温度和时间的关系曲线

整个热解分为三个阶段，第一阶段为室温～200℃低温段，第二阶段为200～400℃中温段，第三阶段为400～650℃的高温段。在整个试验温度范围内，测得试样轴向长度从初始的9.7896cm压缩为7.1971cm，整体压缩长度为2.5989cm，其压缩变形为26.55%。

1）室温～200℃低温段

从开始升温到1181min的时间段内，即温度由室温升高到200℃的过程中，试样由9.7896cm缩短为8.9981cm，压缩长度为0.7979cm，试样压缩率为8.15%。此阶段的褐煤变形较剧烈，尤其是在100℃左右。

伴随着温度的升高，因不同矿物与岩石颗粒的热膨胀系数的差异而导致褐煤发生热破裂。该温度段褐煤的变形规律不但与其他岩石也与其他高变质煤有明显的不同，由图10.2.6可以看到在某些温度段有热膨胀现象，但与褐煤内部水分和部分气体的逸散相比，煤体膨胀的影响远小于脱水失去的体积引起的变形。100℃以后褐煤迅速脱水，褐煤的变形也快速波动增加。

2）200～400℃中温段

该阶段对应时间段为1181min到2367min。在300℃时，褐煤试样的长度为8.9021cm，与200℃时相比褐煤轴向长度减少0.096cm，压缩率0.98%。通过应变与时间关系曲线，可以发现在250℃和300℃的保温初始阶段，试样出现膨胀现象。此阶段褐煤的变形较为缓慢，褐煤的整体变形量和变形速率都较低。其机理为：该阶段由于温度较低，部分羧基开始发生断裂，仅在孕育或发生非常少的热解反应，因此其反应的影响对褐煤整个骨架的变形影响较小。

3）400～650℃高温段

400℃以后，试样受褐煤热解的影响较为显著，根据实际变形过程又可分为两个亚段，分别为400～500℃和500～650℃两个亚段，对应的时间段分别为2367～3298min和3298～4116min。试样在650℃时的最终长度为7.1971cm。试样整体压缩长度为1.705cm，压缩率为17.42%，从图10.2.6可见，在400～500℃温度范围内试样的变形比500℃以后明显要小。

第一亚段400～500℃，以裂解反应为主，高于500℃称为第二亚段，两个亚段分别对应褐煤的一次和二次热解。结合褐煤的轴向变形可以得出，褐煤的二次热解剧烈程度远高于一次热解，同时说明一次热解时褐煤骨架仍然具有很高的强度。第二亚段以褐煤热解缩聚反应为主，该温度段褐煤发生明显的软化、熔融、流动和膨胀，最后固化，形成气、液、固三相共有的胶质体，褐煤在该亚段的变形最大，同时对应着褐煤在该温度范围内渗透率的剧烈波动。第二亚段是褐煤注热开采的关键温度段，在该高温段，通过试验后褐煤内部颗粒状态和渗透率的测试结果看，其骨架仍然具有很高的抗变形能力，见图10.2.8。

(a) 端面　　　　　　　　　　　　　(b) 内部裂隙

图 10.2.8　650℃ THMC 耦合试验后试样

10.3　褐煤高温蒸汽热解实验研究

整个实验采用太原理工大学发明的煤及油页岩高温蒸汽热解实验系统进行，具体实验原理：由高温过热锅炉产出高品质水蒸气，高温过热蒸汽进入热解反应釜，块状褐煤受热发生热解，热解产生的高温煤焦油、烃类气体和残留水蒸气的混合气体从热解反应釜进入冷却系统，经冷却系统冷凝分离，获得煤焦油、气体。实验中热解反应釜的压力保持在 3MPa，升温间隔为 100℃，温度每升高 100℃，进行该温度的恒温热解，直至该温度点无热解产物产生。当温度升至实验终温 600℃后，保持恒温直至无热解产物生成，然后停止实验。

10.3.1　高温蒸汽热解产气量分析

1. 高温蒸汽热解平均产气率

煤层原位热解工艺是以开采煤中有机质为目的，因此吨煤产气量、产油量就成为该工艺的重要参数之一，但由于该工艺实际产油量远小于产气量，加之实验方法的局限性，故本书以元宝山褐煤热解试验为例，详细介绍褐煤高温蒸汽热解产气率随温度变化规律。具体结果如图 10.3.1 所示。热解气体的体积产率随热解温度的增加而提高，当温度在 300~450℃时，热解气体产率随温度升高较缓慢增加；当热解温度为 450~600℃时，随热解温度升高，热解气体产率快速增加。由此可得，为了获得大量的热解气体，其最适宜的热解温度应该选择在 450℃以上。当热解温度达到 600℃时，元宝山褐煤热解气体产气率为 404.22m^3/t 煤，若将其换算为干基产气率，则热解产气率为 492.29m^3/t 煤（干基）。

采用同一试验方法，我们曾进行了陕北子长长焰煤和黑龙江霍林河褐煤的高温蒸汽热解试验，从常温到 600℃，子长长焰煤获得热解气体 343.86m^3/t 煤，而霍林河褐煤获得热解气体 899.6m^3/t 煤。可见低变质煤原位水蒸气热解可以获得大量热解气体,而且霍林河褐煤热解气品质更好。

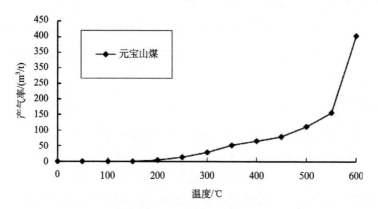

图 10.3.1　褐煤高温蒸汽热解产气率随温度的变化规律

2. 高温蒸汽热解各温度段产气率

以下是针对高温蒸汽热解各温度段产气率的研究,该研究的主要目的是从产气率的角度来分析,当热解终温为 600℃时,高温蒸汽热解的最佳工艺温度段,为实际工艺的实施提供基本参数。图 10.3.2 为褐煤高温蒸汽热解各温度段产气率。由图 10.3.2 可知,从常温到 250℃,元宝山褐煤产气率极低,仅有极少量吸附气和低温挥发气体排出。250~300℃段,产气率较大,300℃是一个峰值点,产气率约 35m³/t 煤;300~450℃,随温度升高,产气率缓慢降低,450℃最低,产气率约 10m³/t 煤;450~600℃,产气率随温度逐渐而快速增加,550℃产气率约 45m³/t 煤,600℃产气率高达 250m³/t 煤。

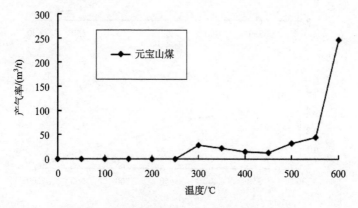

图 10.3.2　褐煤高温蒸汽热解各温度段产气率

10.3.2 热解产气组分随温度的变化分析

产气的组分直接影响到热解气体的热值,从而也影响到实际的经济效益,这里对实时采集的热解气体的组分采用气相色谱进行测试,并对其结果进行了详细分析。

1. 烃类气体的生成规律

图 10.3.3 为高温蒸汽热解气中烃类气体组分随温度的变化规律,由图可见,在 300℃时,CH_4 体积含量约为 28%,C_2H_4 体积含量约为 1.7%,C_2H_6 体积含量约为 0.25%,随温度增加,这些烃类气体组分均在不同程度减少,到 600℃时,CH_4 的体积含量仅有约 5%,C_2H_4 的体积含量仅 0.2%,而更长链烃类气体的含量接近于零。

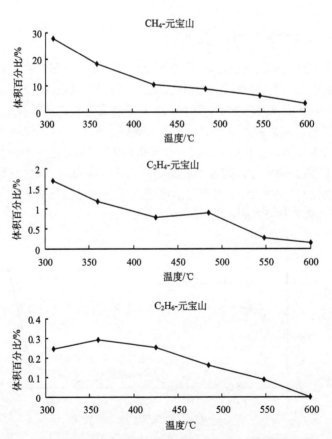

图 10.3.3 元宝山褐煤高温蒸汽热解气中烃类气体产率随温度的变化规律

2. CO、CO_2 的生成规律

图 10.3.4 为元宝山褐煤 CO 和 CO_2 含量随热解温度的变化规律,由图可知,300℃时 CO 体积含量为 8%,350℃时降低为 3%,到 600℃缓慢降低到 2%。CO_2 在 300~600℃范围内,体积含量在 20%~30%波动,随温度增加略有下降。高含量的 CO_2 直接影响到热解气的品质。所以在原位热解生产工艺中,应该加入 CO_2 处理工艺,这样可以大幅度提高热解气的热值,使经济效益最大化。

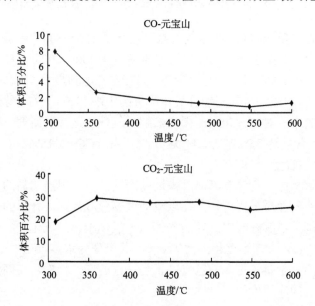

图 10.3.4 元宝山褐煤高温蒸汽热解产气中 CO、CO_2 的生成规律

3. H_2 的生成规律

图 10.3.5 为热解气中 H_2 的含量随温度的变化曲线,由图可见,在 300℃时,H_2 含量就高达 25%,且随温度升高呈增加趋势,到 600℃时,H_2 的含量高达约 65%。如此高 H_2 含量的热解气体,是过去所有热解试验从未发现的,热解气的这种特征,极有可能使热解气用于石油化工的加氢裂解,是非常有利的。

4. 高温蒸汽热解与常规热解的气体产物比较

实际上,采用常规热解的方法,国内外做过大量的研究,周仕学等(1998)应用内热式回转炉温和气化工艺对褐煤热解产气性质进行了系统研究,研究结果表明:当温度达到 600℃时,CO_2 占总产气量的 21%左右、CH_4 占 9%左右、CO 占 8%左右、H_2 占 3%左右。赵娟等(2010)以 5cm 乌兰察布褐煤为研究对象,

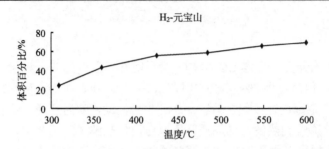

图 10.3.5　元宝山褐煤高温蒸汽热解产气中 H_2 的生成规律

采用大直径固定床反应装置，在氮气气氛下进行了 150～800℃ 范围内热解气体的形成与释放研究，结果表明，热解产气主要发生在 400～800℃，H_2 在 750℃ 左右含量达到最大，为 35% 以上；CH_4 含量在 550℃ 左右达到最大，占总产气量的 15% 以上；CO 和 CO_2 的最大值分别为总气体产量的 10% 和 5% 左右。冯林永等（2007）在褐煤干馏实验中，对 5～30mm 褐煤热解产气性质进行了研究，研究表明，在 600℃ 时 CO_2 的含量达 25% 左右、H_2 达 40% 左右、CO 达 15% 左右、CH_4 达 20% 左右，而 C_2 物质含量达 3% 左右。

与常规热解相比，高温蒸汽热解褐煤的产气性质表现出明显的不同。由前述高温蒸汽热解产气性质分析可知，在以流动过热蒸汽为热源介质的条件下，加热褐煤，促其热解，热解产气中，烃类气体、一氧化碳、二氧化碳的含量比常规热解略小，但氢气的含量却远远超出常规热解，其机理为水蒸气在高温的炭环境下，水的氧和氢分离，制备了更多的氢气。正是这样的产气特性，使高温蒸汽热解产气具有了更优良的应用价值。

10.3.3　高温蒸汽热解产气热值分析

1. 燃气热值的基本概念

燃烧一定体积或质量的燃气所能放出的热量称为燃气的发热量，也称为燃气的热值。其常用单位有千卡/标准立方米（$kcal/Nm^3$）、千焦耳/标准立方米（kJ/Nm^3）或兆卡/标准立方米（$Mcal/Nm^3$）、兆焦耳/标准立方米（MJ/Nm^3），以兆焦耳/标准立方米（MJ/Nm^3）最为常用。

燃气热值分为高位热值和低位热值：

（1）高位热值是指规定量的气体完全燃烧，所生成的水蒸气完全冷凝成水而释放出的热量。

（2）低位热值是指规定量的气体完全燃烧，燃烧产物的温度与天然气初始温度相同，所生成的水蒸气保持气相，而释放出的热量。

燃气的高、低位热值通常相差为 10% 左右。燃气燃烧时要产生水蒸气，这些水蒸气要冷却到燃烧前的燃气温度时，不但要放出温差间的热量，而且要放出水蒸气的冷凝热，所以，高位热值减去水蒸气的冷凝热就是低位热值。在实际燃烧时，水蒸气并没有冷凝，冷凝热得不到利用。我国和大多数欧洲国家习惯于用低位热值。

2. 热解产气热值计算及分析

热解产气的热值直接影响了其作为燃料的品质，进而也影响了经济效益，所以寻求一个热解产气热值较为合适的热解温度，对于整个煤层原位注热开采工艺的设计和实施具有重要的现实意义。通过对热解产气热值的基本计算，得到褐煤热解产气在不同采集温度点的热值，为了具有对比性，将这些热值换算成了折标准煤系数，并计算得到了元宝山褐煤热解产气的平均热值（表 10.3.1）。

表 10.3.1 元宝山褐煤高温蒸汽热解产气热值数据表

温度/℃	低位热值/（kcal/Nm^3）	平均热值/（kcal/Nm^3）	折标准煤系数/（kg 标准煤/kg）
309	3355.73		0.5437
360	2948.54		0.4607
425	2520.07	2328.02	0.4500
485	2431.16		0.4458
548	2303.23		0.4762
600	2120.94		0.4367

从表 10.3.1 中的低位热值可知，随着温度的提高，热解产气的热值呈明显下降趋势。这样的趋势主要是由烃类气体和 CO 的含量随温度提高持续下降造成。虽然 H_2 的含量随着温度的上升提高很多，但在总体表现上，烃类气体和 CO 的含量的下降是主要的，所以最终的结果是整体热值呈下降趋势。

从热值计算结果来看，所有气样中热值最低的可以达到水煤气的热值，而最高的可以达到焦炉煤气的热值，即便是平均热值也大于水煤气的热值。从热解气体热值上考虑，热解温度为 450℃ 左右较为理想，与赵娟等（2010）的研究比较，该热解温度低了 200℃ 以上。处于该水煤气和焦炉煤气热值范围内的这些热解产气是具有实际的民用和工业应用价值的。

10.3.4 褐煤高温蒸汽热解残留固体基本性质分析

图 10.3.6 为元宝山褐煤热解前后的照片，从宏观表象看，元宝山褐煤煤样的表面都存在不同程度的细小裂纹，有沥青光泽。对比高温蒸汽热解前后煤样的变

化可知：元宝山褐煤经高温蒸汽热解后，裂纹明显增多，裂纹宽度大幅度增加，且颜色泛青，有焦化现象，粒度明显小于原煤。

原煤　　　　　　　　　　高温蒸汽热解产物

图 10.3.6　元宝山褐煤高温蒸汽热解实验前后固体产物宏观对比图

1. 褐煤热解前后的质量损失分析

表 10.3.2 列出了高温蒸汽热解实验前后，元宝山褐煤和陕西子长长焰煤原煤和热解固体产物的质量变化。

表 10.3.2　低变质煤高温蒸汽热解失重表

煤样名称	原煤质量/g	热解残留产物质量/g	失重率/%
元宝山褐煤	6489	2306	64.46
子长长焰煤	5828	3915	32.82

从表 10.3.2 可知，元宝山褐煤蒸汽热解可达 64.46%的质量损失率，即使对陕西子长变质程度较高的长焰煤而言，其热解质量损失率也达到 32.82%。此结果说明，若采用原位注热开采的方法，可从元宝山褐煤煤层采出 64.46%质量的有机质，从子长长焰煤煤层采出 32.82%的有机质，该技术指标即使与今天的井工开采方法相比，其回采率也是非常高的，也体现了用原位热解方法开采煤炭具有明显的资源利用优势。

若采用常规热解实验方法，元宝山褐煤热解温度 600℃时，其质量损失率仅为 34.55%，可见高温蒸汽热解较常规热解的质量损失增加 86%，证明高温蒸汽热解失重率远大于常规热解，即高温蒸汽热解方式能更大程度地使煤中有机成分析出，该方法对于褐煤原位注热开采而言，具有更高的产气率和更好的可实施性。

2. 热解固体产物的工业分析与元素分析

褐煤热解固体产物的工业分析与元素分析见表 10.3.3 和表 10.3.4。

与试验前煤的工业分析和元素分析结果比较：水分、挥发分经过实验后明显下降；固定碳和发热量却有所提高。对于元素而言，氢、氧、硫的含量均减少而碳含量增加，尤以氧含量减少最为明显，由热解前的 17.23%降低为热解后的 2.51%。具体表现为：高温蒸汽热解后，元宝山褐煤水分含量由实验前的 18.9%降低到热解后的 4.7%；其挥发分含量由实验前的 41.5%降低到 9.53%；对于发热量而言，元宝山褐煤煤样经过高温蒸汽热解后，表现为增加状态，由 4957cal/g 增加到 6282cal/g。

表 10.3.3　元宝山褐煤实验前后样品的元素分析

样品	碳 Cd/%	氢 Hd/%	氮 Nd/%	氧 Od/%	全硫 St,d/%
原煤	67.88	4.36	0.99	17.23	0.76
热解后固体	73.57	2.41	1.02	2.51	0.62

表 10.3.4　不同产地褐煤实验前后样品的工业分析

煤样名称	全水量 Mt/%	挥发分 Vdaf/%	固定碳 Fcd/%	灰分/%	发热量 Qnet.ar/（cal/g）
乌兰察布褐煤原煤	25	46.88	46.8	11.89	4504
元宝山煤矿褐煤原煤	18.9	41.5	53.36	8.79	4957
霍林河煤矿原煤	22.6	48.38	48.39	6.27	4636
乌兰察布褐煤热解残留固体	1.1	5.74	53.37	40.89	4723
元宝山煤矿褐煤热解残留体	4.7	9.53	72.49	19.87	6282
霍林河煤矿褐煤热解残留体	4	8.9	68.74	24.54	5768

表 10.3.5 列出了不同热解温度时，乌兰察布褐煤工业和元素分析的结果，由表 10.3.5 可清楚看到，300℃之前基本脱除了褐煤的自由水和结晶水，350℃之前，只能热解出低温挥发分和少量游离气体，真正固态的挥发分热解从 350℃之后开始，到 600℃基本热解完成。以挥发分为煤分类的指标可知，伴随着挥发分的析出，煤质发生显著的改变，400~450℃演变为不黏结煤，500℃演变为贫煤，600℃演变为无烟煤。

表 10.3.5 乌兰察布褐煤不同热解温度后煤质的变化分析表

热解温度/℃	水分 Mad/%	灰分 Ad/%	挥发分 Vdaf/%	焦渣特征	固定碳 Fcd/%	发热量 Qgr,d/(cal/g)	氢 Hd/%	热解后煤种判断
20	27.72	9.96	48.1	1	46.73	6279	5.45	褐煤
100	26.48	7.15	47.99	2	48.29	6576	5.41	褐煤
200	9.22	6.61	45.51	2	50.89	6497	5.4	褐煤
300	5.46	6.31	45.61	2	50.95	6592	4.91	褐煤
350	2.5	9.06	44.82	2	50.18	6418	4.85	褐煤
400	2.07	10.26	31.13	2	61.8	6715	3.95	不黏结煤（21）
450	2.5	23.77	23.17	2	58.56	6900	2.99	不黏结煤（31）
500	2.22	11.17	16.52	2	74.16	7009	2.96	贫煤
600	2.5	28.33	8.47	2	65.6	7100	1.78	无烟煤

其他产地的褐煤也均改性为无烟煤，通过试验实现了煤的提质改性（钟蕴英，钱中秋，1989；顾小愚，2009；任祥军，1996）。也说明了高温蒸汽原位热解工艺开采褐煤，不仅产出了大量较高发热量的天然气，其地下残留的、并未扰动的固体煤层，恰显著提高煤层的煤化程度，将廉价的低发热量煤改性为具有较高发热量的优质原煤，可以通过井工开采方法或其他开采方法开发残留固体，对于解决我国稀缺煤种的问题，具有重要的战略意义。

3. 褐煤原煤及其热解残留固体孔隙特性比较

表 10.3.6 给出了元宝山褐煤原煤及其热解固体产物的孔隙率、逾渗概率和分形维数的基础数据，其中，孔隙率反映的是研究样品孔隙体积的占有率，逾渗概率反映的是样品渗透性能的优劣，而分形维数反映了样品内部孔隙分布的特征。分析这些数据可得：经过高温蒸汽热解，元宝山褐煤孔隙结构得到了很大的改善，孔隙分布变得更为均匀，渗透性能明显增强。从热解方式角度来看，高温蒸汽热解要优于常规热解，即注入高温蒸汽应该是褐煤原位注热开采技术实施中作为热量载体的首选。

表 10.3.6 元宝山褐煤及其热解固体产物孔隙特性比较

煤样	压汞法测得孔隙率 $n_{压汞}$/%	CT 方法测得孔隙率 n_{CT}/%	逾渗概率 $P(p)$/%	分形维数 D
原煤	8.40	2.65	0.091	2.8352
常规热解	25.36	36.53	35.405	2.5769
蒸汽热解	50.26	41.44	43.360	2.2441

10.4 褐煤煤层高温蒸汽压裂-热解数值模拟

10.4.1 褐煤煤层高温蒸汽压裂-热解 THMC 耦合数学模型

高温高压蒸汽压裂煤层过程中，煤层的温度场、渗流场、应力场同步耦合变化，同时高温作用下煤层发生热解化学反应，煤体热解过程中，其物理与力学特性显著地变化，热解将更利于压裂裂缝的形成、扩展，利于压裂顺利进行。对于这种复杂的物理过程，很难在实验室内进行大尺度的物理试验，通过数值试验能够研究现场大尺度的压裂-热解过程中煤层各物理量随空间和时间的演变规律，为此类工程技术决策提供指导。

综合考虑温度场、渗流场、应力场及热解作用得到了褐煤煤层高温蒸汽控制压裂-热解的耦合数学模型：

$$\begin{cases} \rho_c c_{pc} \dfrac{\partial T_c}{\partial t} = \lambda_c \nabla^2 T_c + W \\ c_{pw} \dfrac{\partial (\rho_w T_w)}{\partial t} = \lambda_w \nabla^2 T_w - c_{pw} \nabla (\rho_w k_f \nabla p T_w) + \dfrac{\lambda_c}{\delta}(T_{cb} - T_w) \\ \left(\dfrac{S_g M p + S_w \rho_w RTZ}{S_g \mu_g RTZ + S_w \mu_w RTZ} \right) \left(k_x \dfrac{\partial^2 p}{\partial x^2} + k_y \dfrac{\partial^2 p}{\partial y^2} + k_z \dfrac{\partial^2 p}{\partial z^2} \right) = \dfrac{\partial p}{\partial t} \left(\dfrac{n M S_g}{RTZ} + n S_w \beta \rho_w \right) \\ [\lambda(p,\eta) + \mu(p,\eta)] u_{j,ij} + \mu(p,\eta) u_{i,ij} + (\alpha p)_{,i} + (\omega T)_{,i} + F_i = 0 \\ \sigma'_n = K_n \varepsilon_n \\ \sigma'_s = K_s \varepsilon_s \\ \sigma'_n = \sigma_n - p \\ P_b = \sigma_v + \sigma_t \\ K_I \geqslant K_{IC} \end{cases}$$

(10.4.1)

式（10.4.1）再辅以初始条件和边界条件即构成了褐煤煤层高温高压蒸汽压裂-热解数学模型。

10.4.2 温度场分布规律

1. 煤层内温度分布规律

图 10.4.1 为煤层（$z=60\sim65\mathrm{m}$）内的平均温度分布规律，图中坐标轴的 0 点表示距离注热井 5m 范围内的煤层，5 表示距离注热井 $5\sim10\mathrm{m}$ 范围内的煤层，50m 处为生产井，从整体上看温度自注热井向四周不断降低。从渗流的速度和压力来

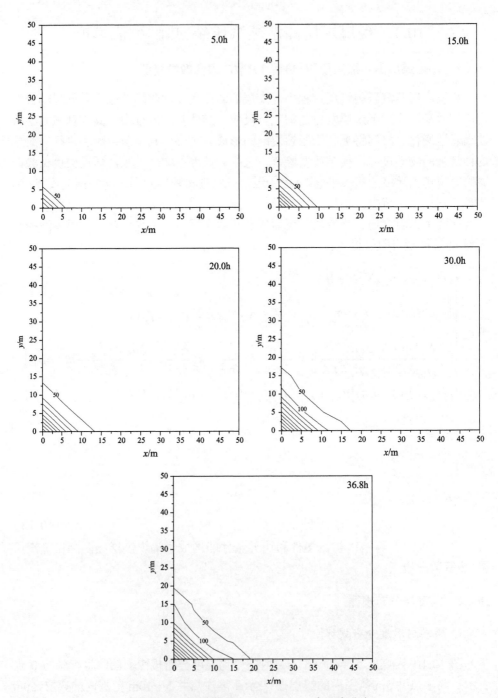

图 10.4.1 褐煤煤层（$z=60\sim65$m）内温度分布

看(图 10.4.3),此时的注热井和生产井已经连通,因此在高温蒸汽压裂过程中靠近裂缝尖端附近的煤层温度较低,但在压裂形成的裂缝内温度较高,该范围内的煤层开始发生热解,进而扩大了压裂形成的裂缝,利于压裂的进行。

2. 垂直方向温度分布

图 10.4.2 是 x-z 平面($y=0$)内温度分布,该图能够反映研究区域内整个地层的温度分布规律,图中纵坐标 z 表示距离研究区域的最下层岩层不同距离的层位,横坐标 x 表示距离注热井不同距离。z 方向的层位及注热井、生产井的位置已在 $t=5.0h$ 的图中标明。从图中可以看出,整个地层的温度呈椭球形向前发展,靠近注热井温度较高,远离注热井温度较低。

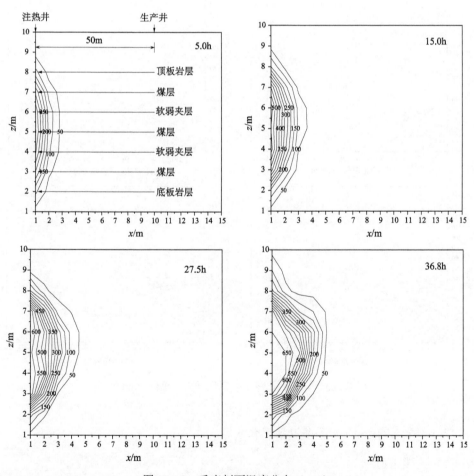

图 10.4.2 垂直剖面温度分布($y=0$)

10.4.3 渗流场动态变化规律

在高温蒸汽压裂煤层的过程中，裂缝、煤层和岩层内的渗流速度和压力将影响温度场的分布，同时渗流场中的孔隙压力也影响裂缝、煤岩体的变形。

1. 裂缝内渗流场动态变化规律

图 10.4.3 为压裂过程中压裂裂缝内孔隙压力变化规律，图中横坐标 0 点为注热井位置，50m 处为生产井位置；纵坐标 0 点为压裂裂缝的起始点，图中等压力曲线上的数字单位为大气压力（atm）。

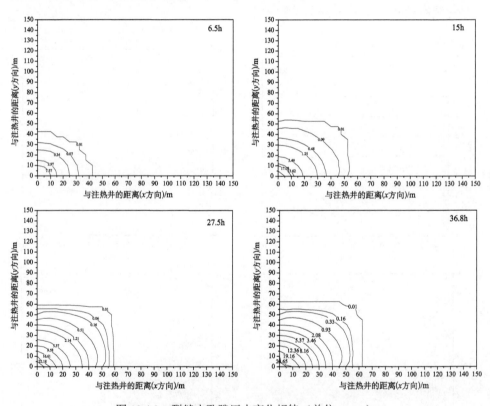

图 10.4.3　裂缝内孔隙压力变化规律（单位：atm）

2. x-z 垂直剖面（$y=0$）渗流场变化规律

1）孔隙压力

由于煤层厚度较大（25m），分两层进行压裂，压裂位置分别沿煤层内软弱的层理面进行。图 10.4.4 为 $y=0$ 处 x-z 剖面压裂过程中孔隙压力分布规律，坐标值所表示的距离同图 10.4.1。图中等压力曲线上所表示的压力为相对压力，单位为 atm。

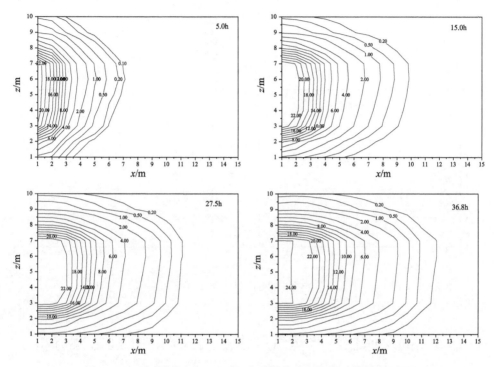

图 10.4.4　垂直剖面 x-z（$y=0$）孔隙压力分布规律（单位：atm）

2）渗流速度

图 10.4.5 为地层的垂直剖面的渗流速度变化规律，可以看出渗流速度以两压裂位置为中心，圆盘状向前发展。尽管在整个煤层内的孔隙压力基本相同，但渗流速度具有明显的差异性，压裂裂缝内的渗流速度明显大于其周围煤层的渗流速度，与煤层直接接触的岩层孔隙压力与煤层也基本相同，但是渗流速度较低。

总体而言，在煤层压裂热解过程中，靠近裂缝前端范围内为高温的水，后端是高温蒸汽，在压裂裂缝贯通时，距离注热井 20m 范围内蒸汽温度高于 300℃。在地层的垂直剖面上，温度场分布形态为椭圆形，温度从裂缝至顶底板逐渐降低；保持注热井蒸汽注入压力 2.5MPa，在地层剖面上压裂裂缝及其周围煤岩层内孔隙压力差异性较小，但渗流速度有较大区别，压裂裂缝内渗流速度明显高于围岩的渗流速度；在注热井和生产井尚未连通前，整个压裂通道上的裂缝张开度均不大，随着两井的贯通，压裂通道上的裂缝张开度迅速增加，此时已形成对流加热，高温蒸汽能够迅速地加热热解煤层。

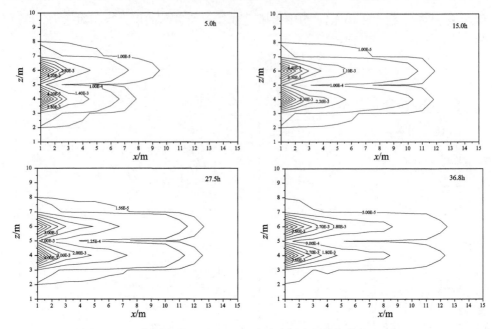

图 10.4.5 垂直剖面 x-z（y=0）渗流速度分布规律（单位：m³/h）

10.5 褐煤原位注水蒸气脱水提质改性的工业方案分析

以霍林河矿区褐煤开采为例，由实验室试验得到：吨煤原位热解可获得 899.6m³/t 煤烃类气体，其热值 2300～3900kcal/Nm³，按重量计算，原位注热采出了煤层重量的 79%，残留的 21% 的煤经工业分析为半焦或高变质的无烟煤。残留的煤孔隙率达 30% 以上，容重为 0.78g/cm³，煤焦油为试验煤量的 5%。

以一天处理 1000 t 煤，年处理 36 万 t 煤能力进行方案设计和分析。

10.5.1 工艺设计基本参数

1）煤的基本参数

发热量：以褐煤计，发热量为 4500～5000kcal/kg

比热容：0.25kcal/(kg·℃)

容重：1.3t/m³

最佳热解温度：450～600℃

全水含量：22.6%

2）煤层基本参数

煤的埋藏深度：280m

煤的厚度（9层煤）：10～15m

煤层走向长度：10km

煤层倾斜长度：2～6km

煤层埋藏倾角：5°～15°

3) 水及水蒸气的基本参数

水的比热：1kcal/(kg·℃)

水蒸气的比热：0.4kcal/(kg·℃)

水的汽化潜热：2257.6kJ/kg

水（蒸汽）饱和温度：100℃

水（蒸汽）饱和压力：101.32×10³Pa

4) 地层散热损失

30%

5) 操作条件

蒸汽压力为10MPa、蒸汽温度为600℃

6) 实验室取得的参数

产气率：899.6m³/t 煤

煤焦油产量：处理煤重量的5%

产气平均热值：2547kcal/Nm³

产气密度：0.63kg/m³

10.5.2 方案设计计算

1) 热源部分

热源部分主要是针对锅炉而言，以日处理煤量 1000t 为基础，做锅炉选型计算。

将 1kg 煤从 20℃ 加热到 600℃ 的耗热量：

$$Q_{煤} = Q_{干燥段} + Q_{干馏段} + Q_{热解反应热} = 155.369 + 96.75 + 40 = 292.119 \text{kcal/kg}$$

将 1kg 过热水蒸气从 4MPa、600℃ 降到 0.1MPa、100℃ 可释放的热量：

$$Q_{水蒸气} = 3671.9 - 2675.14 = 996.76 \text{kJ/kg} = 238.1 \text{kcal/kg}$$

考虑地层热损失为 30%，1kg 水蒸气实际可以用的热量为

$$238.1 \times 0.7 = 166.67 \text{kcal/kg}$$

处理 1kg 煤所需要的水蒸气的量为

$$292.119 \div 166.67 = 1.753 \text{kg}(水)/\text{kg}(煤)$$

按设计一天处理 1000t 煤计，所以一天消耗的水量为 1753t，那么要求锅炉的蒸发量必须达到

$$1753 \div 24 = 73.042 \text{t/h}$$

2）生产群井部分

（1）煤层基本条件：

煤层厚度为 10m

煤层埋藏深度为 280m

年工作日为 360 天

（2）生产群井：

按年处理 36 万 t 煤为准，煤层埋藏的估算面积为

$$360000 \div 1.3 \div 10 = 27692.3 \text{m}^2$$

按正六边形布置生产群井，井间距为 80m，共布置 10 口。各个中心井可以作为注热井，所有井都可以作为生产井，生产中交替使用，具体形式如图 10.5.1 所示。

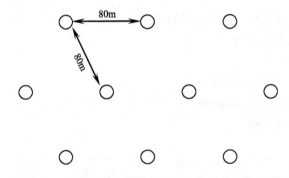

图 10.5.1 褐煤原位注热脱水提质改性开采井网布置图

3）低温发电系统

以一天处理 1000t 煤计算，需要消耗的水量是 1821t。那么，一天从生产井出口输送出来的混合气体中包括 1753t 常压饱和水蒸气（注入水）、226t 常压饱和水蒸气（煤的含水）、$899.6 \times 1000 \text{m}^3$ 的热解气体和 50t 煤焦油（气态）。这些混合物仍然带有大量的热量，尤其是水蒸气。将其输入低温发电系统，需要建立一个 1.2 万 kW 装机容量的小型电厂，用于回收利用余热。

10.5.3 生产能力核定与效益分析

1）生产能力的核定

根据霍林河褐煤试实验水蒸气热解的试验数据计算。

由试验结果可知，对霍林河褐煤而言，产气率为 899.6m^3/t，煤焦油为实验煤量的 5%。

以一天处理 1000t 煤计算，每年可以生产热解气：

$$899.6 \times 1000 \times 360 = 3.24 \times 10^8 \text{ m}^3/\text{a}$$

每年可以生产的煤焦油

$$1000 \times 360 \times 0.05 = 18000 \text{ t/a}$$

余热每年可以发电

$$275 \times 1000 \times 360 = 0.99 \times 10^8 \text{ kW·h/a}$$

2) 消耗估算（以热解气计）

（1）煤耗：0.913t/kNm^3，褐煤价格按 200 元/t，则为 182.6 元/kNm^3

（2）电耗：65.5kW·h/kNm^3，工业用电价格按 0.8 元/kW·h，则为 52.4 元/kNm^3

（3）水耗：4.091t/kNm^3，水的处理及水费按 10 元/t，则为 40.91 元/kNm^3

（4）人员工资：25.3 元/kNm^3

（5）附属材料及其他估计：10 元/kNm^3

（6）固定资产的投入：2 亿元，其中低温发电系统 1 亿元

（7）钻孔总费用：1000 元/m×10（钻孔数）×280m（煤层深度）=280 万元/a

整个生产可持续时间按 20 年计算，将固定资产（除低温发电系统）投入分摊到 20 年，低温发电系统投入分摊到 30 年，作为成本计入。

$$100000000 \div 20 = 500 \text{ 万元}$$

$$100000000 \div 30 = 330.3 \text{ 万元}$$

总的固定资产年折旧费为 830 万元/年。

其他制造费用，如水电费、办公费、折旧、保险、差旅、采暖、教育、安全劳保、消防等，预计需 20 元/kNm^3

预计生产成本

煤	182.6 元/kNm^3
电	52.4 元/kNm^3
水	40.91 元/kNm^3
工资	25.3 元/kNm^3
附属材料	10 元/kNm^3
包装物	20 元/kNm^3
其他	20 元/kNm^3
合计	351.21 元/kNm^3
固定资产作为投入估算	830 万元/a
钻孔费用	280 万元/a

3）收益分析

考虑低温发电系统，余热发电销售价格为 0.35 元/（kW·h）计算：

热解气年销售收入	$899.6\times1000\times360\times0.5=16192.8$ 万元
煤焦油年销售收入	$18000\times1950=3510$ 万元
余热发电年销售收入	$0.99\times10^8\times0.35=3465$ 万元
税前销售收入	23167.8 万元
税后收入	20502.5 万元（按 13% 计）
年生产成本	$351.21\times761\times360+8300000+2800000=10731.7$ 万元
年纯利润	$20502.5-10731.7=9770.8$ 万元

10.5.4 与井工开采比较分析

1）开采技术

从开采技术而言，煤层原位注热开采油气工艺具有开采方法简单，初期投资少，投产快等优点。该工艺没有复杂的巷道开拓布置，没有开采空间支护、上覆岩层压力控制的需要。

2）安全生产条件

从安全生产条件而言，该工艺没有井下作业，避免了现有煤炭开采方法中存在的各种难以解决的安全难题。

3）经济效益

根据资料显示：矿井设计生产能力为 0.45Mt/a，净增 0.30Mt/a，年工作日 330d，全员效率 10t/工。正常年份的年利润总额为 4225.06 万元。而采用原位注热开采工艺，可获得其两倍以上的经济效益，因此从经济效益而言，与现有开采方法相比，原位注热开采工艺利润高、抗风险能力强。

4）资源利用

从资源利用而言，该工艺用化学的方法开采油气，降低了资源的开采损失，提高了回采率。尤其是开采油气后残留在地下的高变质的贫瘦煤，可以作为一种高发热量的能源进行再次开采。

5）环境保护

从环境保护而言，该工艺开采完成后，残留固体物的骨架基本保持不变，这样就避免了地面沉陷、水系破坏等环境问题。

第 11 章　干热岩地热开采

2004 年，赵阳升团队在干热岩地热开发研究的基础上，撰写了国内第一本干热岩地热开发的专著《高温岩体地热开发导论》，详细介绍了 20 世纪国际干热岩地热开发的技术与工程各个方面的进展。该书出版后，一直被国内地热领域，特别是干热岩地热研究领域的学者、工程技术人员广泛参考。干热岩地热开发作为"原位改性流体化采矿"的一个重要工业领域，加之在近 15 年中，团队在干热岩地热领域进行了大量实验和理论研究工作，取得了颇丰的研究成果，在本书中是不可或缺的。因此，本章拟主要介绍 21 世纪初叶的近 20 年中的国内外研究新进展。

11.1　干热岩地热资源

地热能作为绿色可再生能源，其研究和应用早已被提上日程，其在地热资源丰富的国家已有充分的利用。一般将地热资源分为两种类型，即天然热水型（hydrothermal system）和干热岩型（hot dry rock system），天然热水系统包括蒸汽型、热水型和深层地热型，如图 11.1.1 所示（NEDO，1991）。

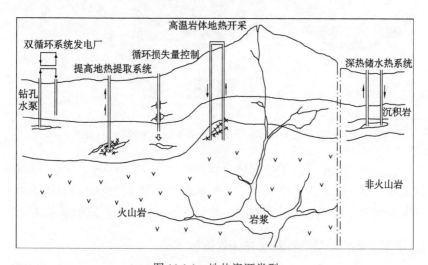

图 11.1.1　地热资源类型

干热岩地热（hot dry rock）资源是指温度在 200℃以上的高温岩体中蕴藏的地热资源，开采层温度的确定，大致是考虑人工开发时，可以从该岩体中直接提取过热水蒸气,直接用于发电。hot dry rock,中文直译为干热岩地热,其明确的科学与工程含义为:岩石是干的、无水的、致密的、不渗透的,另一层含义为岩石是热的,具有较高的温度。

11.1.1 世界干热岩地热资源

地球内部总的热量对人类来说是无限的,但就开发成本和人类现有技术而言,却仅有极少的一部分可供人类利用。国际干热岩地热专家们按照地热梯度对全世界干热岩地热资源进行了粗略的评价(Duchane,1990)。

图 11.1.2 给出了美国的地热梯度分布情况。就美国而言,30~50℃/km 或者更高地热梯度地区主要集中在美国西部,而东部地热梯度普遍低于 20℃/km。沿着东海岸人口密集的地区,发现了一些高地热梯度区。美国的干热岩地热资源总量预计在 10~13MQuad,而 1982 年全世界能源消耗总量仅 250Quad[①]。据估计,全世界的化石燃料仅 360000Quad。而仅美国,易于开发的高地热梯度区(大于 45℃/km)干热岩地热资源量已有 650000Quad,远大于全世界化石能源总量。

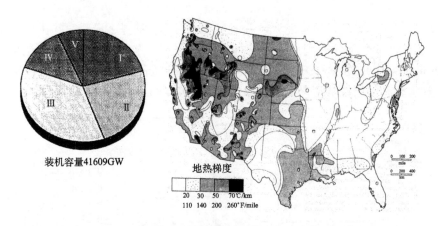

图 11.1.2 美国的地热梯度分布面积图(Duchane,1990)

全世界地壳 10km 以内干热岩地热资源总量为 40~400MQuad,相当于化石能源的 100~1000 倍。因此可以说,干热岩地热资源是巨大的、未开垦的、安全的、可供人类用上几千年的绿色能源,是全世界应该大力开发的新能源。

11.1.2 中国干热岩地热资源及优先开发选区

中国有着巨大的干热岩地热资源,利用体积法评估中国大陆地壳 3~10km 的

[①] 1Quad=1.055×10^{18} J。

总干热岩地热资源为 $20.9×10^6$EJ，相当于 $714.9×10^{12}$t 标准煤，若按可用热能的 2% 计算，该能量则相当于我国 2010 年能源消耗总量的 4400 倍（中科院地质所）。

对于人类而言，地球热能几乎是无限的，但对于人类的技术水平而言，只能开发其中极其微小的部分，近期，全世界干热岩地热资源圈定在地壳 3~10km 以内，即使再过几百年、几千年，人类技术进步了，可以开发 15km，甚至 20km 以内的地壳热能，也仅是地壳厚度的一半，因为大陆地壳的厚度平均为 39~40km。赵阳升等通过大型高温高压钻孔稳定性的实验，给出了地壳钻井的极限深度，即使不考虑地壳温度梯度的影响，最完好的花岗岩体中钻井的极限深度也仅 25km；考虑地壳地温梯度的影响，其极限深度为 20km。因此，干热岩地热资源圈定的方向，不是与上地幔较近的地壳浅的区域，而是由于地壳运动，火山喷发后残留于地壳浅层的岩浆囊或岩浆房及其围岩中的地热能，这是赵阳升教授在近几年的中国地热学术会议上讲到的。

因此，中国干热岩地热开发优势靶区，要优先从地质角度研究那些近代地壳活动剧烈，特别是火山活动的地区，作者在《高温岩体地热开发导论》一书中，已比较细致地介绍了我国近代火山活动剧烈区及干热岩地热资源分布与特征。

近代我国的活火山地区主要有：黑龙江五大连池火山、黑龙江镜泊湖火山、吉林长白山天池火山、吉林龙岗火山、云南腾冲火山、新疆阿什库勒火山、台湾岛大屯火山和龟山岛火山、海南琼北火山等。观测与研究表明，长白山、腾冲等火山区存在火山地震、高热流、水热活动等地温异常现象。

据地球物理探测资料和地质调查推断，西藏地区于 0.5~1.25Ma 之间的火山活动，在 10~20km 的地壳浅层残留有较大规模的多处局部熔融的岩浆囊，从而形成了多地多处高温地热田的存在。因此，西藏是我国干热岩地热极为丰富的地区，我们一直认为，应该将其作为干热岩开发的优先靶区，实施干热岩地热开发的示范工程。

因此，根据以上对中国区域地质构造特征、大地热流分布特点、地温分布规律、高地温梯度分布以及火山与岩浆活动的研究分析，在中国存在干热岩地热资源的地区主要是第四纪以来的火山活动区和年轻岩侵区。更具体一点讲，主要集中在青藏高原的南部、云南西部腾冲地区、东北的长白山和五大连池地区、海南琼北火山地区等。

11.2 干热岩地热开发基础研究新进展

2000 年前后，国内关于干热岩地热开发方面的研究几乎是一片空白，这是一个冷寂的荒茫的领域，赵阳升教授在教育部长江学者奖励计划中国矿业大学特聘教授期间，带领团队开始了这个国内鲜有人问津的领域的开拓与研究，2000~

2005年，利用中国矿业大学211工程建设经费，投入450万元，研制了国内外首创的"600℃ 20MN 高温高压伺服控制岩体三轴试验机"，同时在国家自然科学基金重点项目"高温岩体地热开采的基础研究"的支持下，持续进行了系列的干热岩地热开发相关的关键科学问题的大量实验研究，产出了系列的创新成果，陆续在国内外发表，成为国内外干热岩基础研究的代表性成果。

干热岩地热开发中首先需要解决的问题是深钻施工，其关键问题为高温高压下井筒围岩稳定性控制技术、高温高压下破岩技术及高温高压下钻井液技术等几个方面。

干热岩地热钻井与深层油气钻井相比，面临着以下技术挑战：

1）高温高压

施工岩层的环境温度较高，钻井深度大，地层应力高，钻井深度一般为3000～6000m，有时达10000m，温度一般在250℃以上，而温度在350℃以上的地热储层，开发的经济性才较为明显，日本曾钻至500℃的干热岩地层；随着钻井深度的增加，对钻井工艺和设备均提出了新的要求。

2）高硬度、高密度

干热岩地热井的施工对象是火成岩或变质岩，如花岗岩、片麻岩等，地层坚硬，可钻性10级，单轴抗压强度一般在200MPa以上，高温高压下钻井施工的钻具磨损严重，破岩困难，急需研究高温高压下的破岩理论和技术。

3）地层条件复杂

井筒围岩稳定性较差，在高温且超深的岩体中施工时，钻进过程中，在钻井液和地层水的作用下，井筒围岩极易发生热破裂使井筒垮塌，造成卡钻事件或致钻进无法进行。井孔围岩发生强烈流变变形，造成"缩径"，抱死钻铤，造成严重的井漏事件，致使钻进艰难或根本无法进行，如西藏羊八井ZK201井孔在钻进施工中，由于钻井的地层复杂，岩石坚硬，但裂缝、裂隙相当发育，断层也比较多，钻进时，从井深十几米开始几乎一直漏到井底。

11.2.1 高温高压下钻孔围岩变形规律

1. 实验介绍

采用课题组研制的"600℃ 20MN 伺服控制高温高压岩体三轴试验机"，试验用试件为鲁灰花岗岩，试件尺寸为ϕ200mm×400mm，在试件中心加工一个直径40mm的钻孔。钻孔变形测试分两个阶段进行：①常温～240℃采用高温位移传感器结合 TS-3800 静态电阻应变仪对钻孔的变形进行测试，方法简单，易于操作；②高于240℃，由于传感器受温度影响，高温位移传感器不稳定，课题组研制了图11.2.1所示的基于光学原理的钻孔变形观测仪，通过在试件钻孔内部的垂直高度的中部安装的金属测杆,并将照明光源放置于钻孔下部,对钻孔变形进行观测。

图 11.2.1 基于光学原理的钻孔变形观测仪

试验方法为：①依据设定的升温及加载应力方案对试件加温加压,加温速率控制在 3~5℃/h；②达到每一个设定温度（200、300、…、600℃）时,保持恒温恒压,测量花岗岩体的流变变形；③间隔 1h,测量一次钻孔变形,24h 值班,连续观测记录。

2. 4000m 埋深静水压力、400℃以内花岗岩中钻孔稳态变形规律

在 4000m 深度和 400℃以内,钻孔围岩应力均未达到流变应力阈值和温度阈值,因此,在该应力和温度范围内,钻孔围岩蠕变变形特征为：在每一个温度和应力初始状态,发生瞬态蠕变,以后逐渐进入稳态蠕变变形,在蠕变 40 多小时以后,钻孔变形基本停止。

从图 11.2.2 可见,埋深由 1000m 到 4000m,温度由 200℃到 400℃,每一个埋深和温度时,开始的初始段变形均是瞬态蠕变,后期均进入稳态蠕变变形,到

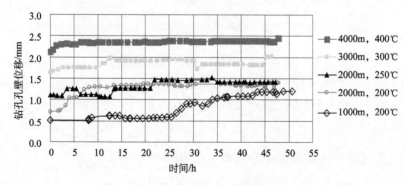

图 11.2.2 4000m 埋深静水压力及 400℃以内,钻孔孔壁变形位移随时间的变化曲线

变形停止。由于试验是连续进行的，因此，后续试验段的瞬态蠕变段相对就短了许多，但对于每一个应力和温度状态下，其变形实际上是前续试验的叠加。4000m埋深静水压力及400℃状态的试验，相当于进行了220多小时的高温高压蠕变试验，直径为40mm的花岗岩钻孔，孔壁最大位移量为1.88mm。钻孔变形为$\Delta R/R$=1.88mm/20mm=0.094，即其变形率达到10%。

3. 4000～5000m埋深静水压力，400～500℃时花岗岩中钻孔失稳变形规律

图 11.2.3 给出了在125～150MPa的静水压力和400～500℃时，钻孔变形实测结果，由图可见，$2^{\#}$试件在125MPa静水压力和500℃时，20h内，钻孔呈现了瞬态流变特征，20～46h时间段为稳态蠕变变形段，似乎要进入持久的稳态流变变形，但46h后，出现了加速变形，进入失稳变形段。$3^{\#}$试件在125MPa静水压力和500℃时，与$2^{\#}$试件的条件相同，但经历了瞬态和稳态流变变形两个阶段，而逐渐趋于稳态变形，后施加150MPa静水压力和500℃条件，$3^{\#}$试件在45h时，进入加速流变变形段，而失稳破坏。钻孔失稳变形时，靠近轴线的钻孔中间段，孔壁不断塌落，孔径不断扩大，而两端由于上下压头约束的作用，没有垮落，但钻孔蠕变变形达到5mm，孔径由40mm缩减到30mm。

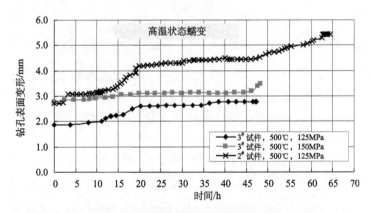

图 11.2.3 静水压力125～150MPa，温度400～500℃时钻孔流变变形

尽管两个试件进入失稳变形的条件略有差别，其是岩石的非均质性导致的，但均说明4000～5000m埋深的应力和500℃是完整花岗岩钻孔失稳破坏的临界条件，在干热岩地热开发的深层钻井时，要给以特别的重视，做好处理塌孔卡钻等事件的预案。

4. 高温高压下井筒围岩破坏特征

5000m埋深静水压力及500℃的热力耦合条件下，花岗岩钻孔失稳破坏，钻

孔剧烈缩径、塌孔，破碎的花岗岩颗粒从孔壁脱落下来，钻孔直径不断增大。

试验结束后，我们从试验机中取出试件，对其进行拍照和分析研究（图11.2.4）。从图可见，花岗岩在热力耦合作用下，钻孔围岩发生破裂，破裂碎块从钻孔孔壁上脱落。孔径扩大，而不是我们所想的钻孔逐渐收缩，形成缩径状态。

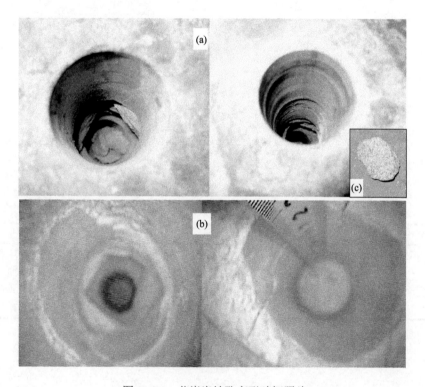

图 11.2.4　花岗岩钻孔变形破坏照片
（a）相机拍摄；（b）钻孔窥视仪拍摄；（c）掉落的块

图 11.2.5 为 $2^\#$ 试件沿钻孔高度钻孔的直径测量值，由图可见，钻孔在距离试件下端面 109mm 处孔径开始增大，在距试件上端面 95mm 处结束，破坏最严重段位于钻孔的中部 190~200mm 处，孔径最大为 52mm。

详细观测研究 150MPa 和 500℃ 的热力耦合条件下，花岗岩钻孔及整个试件的破坏特征，如图 11.2.6 所示，可见其破坏方式为压剪、压剪与张裂（表11.2.1），试件破坏形态整体呈锥型破裂，亦即 X 型破坏。由此可知，在高温高压的热力耦合作用下，即使是常温状态下表现出明显的脆性和高强度的花岗岩这样的岩石，其破坏也呈现塑性破坏方式。

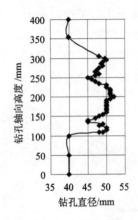

图 11.2.5 破坏后的钻孔孔径

图 11.2.6 高温高压下钻孔围岩破坏形式碎块

表 11.2.1 花岗岩试件破坏特征与临界失稳条件

试件编号	破坏方式	静水压力/MPa	温度/℃	破坏形态描述
1#	压剪	150	500	沿钻孔轴向 100~310mm 的高度处形成缩径，其缩径部分长度为 210mm，缩径处直径为 31.5mm
2#	压剪与张裂	125	500	岩体中段的钻孔直径缩径破裂塌落，钻孔扩大
3#	压剪与张裂	150	500	试件中部 200mm 一段出现明显的破裂碎块和剪切裂纹

5. 高温高压下井筒围岩失稳临界条件和地壳钻孔的极限深度

试验揭示的钻孔临界失稳的极限应变为 20%，即 $U_{rc}/U_r=0.2$，依据最大应变准则，则由钻孔蠕变公式可以给出钻孔临界失稳的条件（或称极限深度曲线）为

$$\sigma = -1.08442T + 643.5 \tag{11.2.1}$$

若取地层岩石的容重为 2.5kg/cm²，静水压力完全按自重计算，则公式(11.2.1)可以换算为临界深度与温度的曲线关系式

$$H = -43.36T + 25740 \tag{11.2.2}$$

式中：H 为深度，单位 m；T 的单位为℃。公式（11.2.1）和公式（11.2.2）是由最大主应变准则给出的，按厚壁筒孔壁变形公式，已约去了钻孔半径，因此公式（11.2.1）和公式（11.2.2）与钻孔半径无关。公式（11.2.1）和公式（11.2.2）均为钻孔无内压的情形。若考虑钻孔过程中，施工用泥浆的作用为内压，取其比重为 1g/cm³，即钻孔内压为 γ_h，按照厚壁筒模型，分别考虑岩体的泊松比为 $\upsilon=0.5$，则可得到钻孔极限深度公式：

$$H = -72.29T + 42900 \tag{11.2.3}$$

据公式（11.2.2）和公式（11.2.3）绘制出极限深度曲线（图11.2.7）。它们给出了温度和应力（埋深）耦合作用下人类通过钻孔探索地球的极限深度，是非常重要的科学与工程结论。

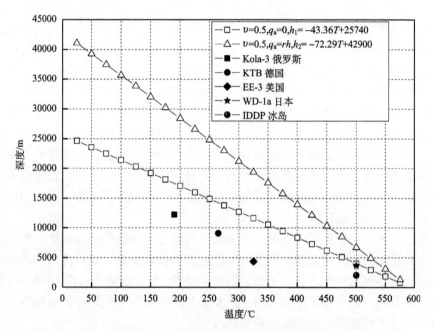

图11.2.7 钻孔极限深度和超深钻井实例

若地温梯度很低，可实施钻井的深度会很大，如俄罗斯的克拉半岛的钻孔深度11700m，就是因为其地温很低，该深度温度仅有190℃。而日本的WD-1a钻孔，孔底温度500℃，钻孔深度仅达到3729m，采取了许多工程手段，才使该钻孔勉强施工到该深度。这里提出的极限深度公式会因钻孔围岩特性而有所变化，但不会有太大差异。

11.2.2 高温高压下破岩方式研究

干热岩地热钻井施工的机械破岩方式主要有3种：冲击破岩、切削破岩、冲击-切削复合破岩。地热钻井中随着钻井深度的增加，岩石温度逐渐升高，导致岩石的性质发生变化。研究高温高压条件下以上几种破岩方式的破岩效率随着温度升高的变化规律，以及不同的温度下哪种破岩方式能取得更佳效果具有重要的工程意义。

普通温度及压力下的破岩技术已经基本成熟。随着钻探深度的增加，地应力越来越大，岩石温度也会逐渐升高，在高温高压状态下，岩石的性质会发生很大变化，如塑性增强、强度降低等。PDC 钻头一般用来钻进中等硬度以下的岩石。魏昕等（1995,1996）通过研究发现，浸水条件下切削花岗岩的切削力较干切削状态明显减小，并研究了切削花岗岩的过程中微裂纹的产生与扩展机制。张晓东等（2003）研究了切削参数与切削效果的关系，发现钻速与钻压成正比，且与转速成正比，而与井底接触面积成反比。但这些只是在室温无围压状态下的研究结果。北京、山东等地区的地热开采钻井一般是在 100℃左右、深度 2000m 以内进行的（左明星等，2006；赵光贞，2006），属于低温低压状态。日本科研人员在 20 世纪 90 年代研制了 PDC 取芯钻头用于高温地热开采，在温度 250℃、深度 1900m 的岩层中钻孔取得了较好的效果（姚冬春，1995；田志坤，1989）。但这也仅是在一种温度状态下固定钻进参数进行的现场试验，得出的数据是比较粗略的，其重点是钻头的研制，对高温下花岗岩的切削破碎规律研究较少。由此可见，位于高温高压状态下的干热岩地热开采的钻井，到目前为止，是一个研究很少且十分艰难的课题，而干热岩中钻井施工恰是干热岩地热开发的瓶颈工程，迫切需要进行深入的以试验为主的研究。

为了深入、系统地研究花岗岩在高温高压状态下的切削破碎规律，为高温地热井高效钻头的研制和新型钻探方法的改进提供技术支持，我们深入系统地研究了高温及三轴应力条件下花岗岩的切削破岩规律。整个试验历时约 40 天，耗费了大量人力物力，初步揭示了 100MPa 静水压力（约相当于地下 4000m 深度）条件下花岗岩在不同温度时的切削破碎规律。

1. 试验介绍

该试验依然采用我们研制的"600℃ 20MN 伺服控制高温高压岩体三轴试验机"，为研究高温高压下的坚硬花岗岩的最佳破岩方式，在试验机上横梁上研制配置了切削、冲击及冲击-切削联合破岩的试验系统（图 11.2.8），钻杆旋转及切削力施加由变频电机和减速机构实施，采用扭矩仪测量切削力。在活塞下端安装了质量为 30kg 特制重块，由旋转的凸轮驱动做自由落体的冲击运动，冲击行程 15mm，冲击频率可任意设定，钻压利用连接在钻杆顶上的液压缸施加，通过控制液压缸的流量来控制钻压的大小。

切削钻头采用 $\phi 30mm$ 的普通 PDC 钻头（图 11.2.9），冲击钻头采用十字头钻头，钻头与六棱杆通过螺纹连接，花岗岩试样采自山东平邑（鲁灰花岗岩），试样为直径 200mm、高 410mm 的圆柱体，使用水流排渣。

考虑到影响花岗岩脆塑性转化的首要因素是温度，其次是围压，试验在保持 100MPa 不变围压的情况下对不同温度的岩石试样进行测试。温度设定为 20、150、300℃，以 10℃/h 的加热速率加热到设定温度后保温 10h，在每个试样上采用不同的钻压和转速进行正交试验,测定不同钻进参数下的钻进速度,得出高温高压环境下的花岗岩的切削破岩规律。

 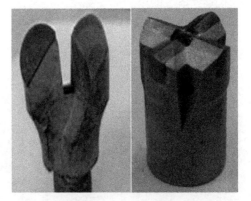

图 11.2.8　冲击-切削复合破岩系统　　　　图 11.2.9　切削、冲击破岩钻头

2. 切削破岩试验

围压为 100MPa 时,采用 15、30、50r/min 三种转速和 377、566、755N 三种钻压的不同组合条件,进行了不同温度状态下的切削试验研究。从设定的条件看,这是一个至少有 4 个变量的钻削问题,其相互影响规律极其复杂。在做了深刻的分析之后,我们采用钻头每旋转 1 周的切削深度作为评价指标,图 11.2.10 给出了转速为 15r/min 时,温度在 20℃到 300℃范围内,温度和钻压对切削速度的影响关系。从图 11.2.10(a)可见,随温度的增加,切削速度单调增加。如钻压为 755N 时,150℃的切削速度为 0.123cm/r,较常温 0.11cm/r 增加 11.8%;300℃时切削速度达到 0.148cm/r,较常温增加 34.5%。从图 11.2.10(b)可见,在相同温度下,钻压增加,切削速度随之单调增加。常温下,钻压为 755N 的切削速度 0.112cm/r,较钻压 377N 时的 0.064cm/r 增加 75%,300℃时,切削速度增加 95%。

其原因是:花岗岩是非均匀的混合结晶体,由于各种矿物颗粒的不同热膨胀率,随温度增加,花岗岩发生热破裂,颗粒间的结合力降低,从而导致切削速度的增加。而钻压的增加,使切削齿更易进入花岗岩内部,因而增加了切削速度。当花岗岩试样温度从 150℃升高到 300℃时,其断裂韧度继续下降,单轴抗压强度继续降低,但仍属脆性破裂,这种脆性坚硬岩石几乎不存在弹塑性变形区,而且一次破碎后的下部岩石并无残余变形（王靖涛等，1989）。在温度达到300℃时，377、566N的钻压仍然不足以克服此时花岗岩的单轴抗压强度，不能增加PDC刮刀刃的吃入深度，所以这两种钻压下的切削速度增幅几乎为0，755N钻压则能有效地增加PDC刮刀刃的吃入深度，切削速度增幅较大。由此可以看出，花岗岩在300℃时虽然强度降低，但必须超过一定的钻压值才能有效地提高切削速度。低于此钻压值时温度对切削速度的影响就很微弱。在相同的温度与转速情况下，切削速度随着钻压的增加而明显增大，刘泉声等（2001）在室温条件下的类似研究也得到类似的规律。

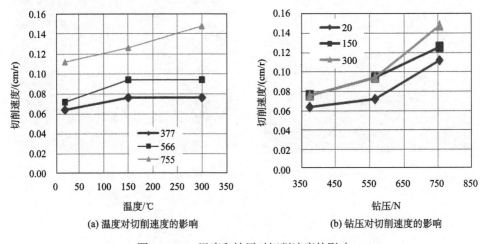

图11.2.10 温度和钻压对切削速度的影响

在相同钻压条件下，也进行了转速与温度对切削速度影响的试验研究，发现随钻速增加，切削速度增加，但破岩能耗和每转的切削破岩速度降低较多。

3. 冲击与切削复合破岩试验

在切削试验的基础上，再给钻头施加冲击载荷，冲击频率设定为1.0、1.5、2.2Hz三种，分别对应冲击功率为6、9和13W三种。由于试验的变量太多，在研究冲击破岩的作用时，我们均采用1900N的恒定钻压进行冲击切削复合破岩试验。

依然采用单转的破岩深度进行分析，试验结果绘制为图11.2.11。从图11.2.11（a）清晰可见，尽管冲击功率不同，但随温度的升高，其破岩速度呈单调增加。图11.2.11（b）表明，从常温到300℃范围，破岩速度随冲击功率的增加而单调增加。

图11.2.12为破岩速度随温度和钻杆转速的变化关系，从图11.2.12（a）可见，随温度的升高，无论切削转速如何，其每转破岩速度随温度升高呈单调增加，随

转速的增加,每转破岩速度单调下降。分析图 11.2.12(b)可知,当钻杆钻速由 5r/min 提高到 21r/min 时,钻速提高 4 倍多,常温和 300℃的两个温度时的每转的破岩深度仅降低 1 半,则折算到单位时间的破岩速度则是随转速的升高而升高。

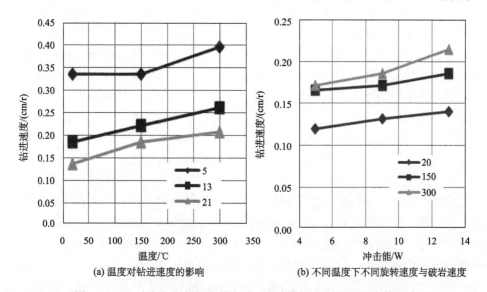

(a) 温度对钻进速度的影响　　(b) 不同温度下不同旋转速度与破岩速度

图 11.2.11　冲击与切削复合破岩时,温度和冲击对钻进速度的影响

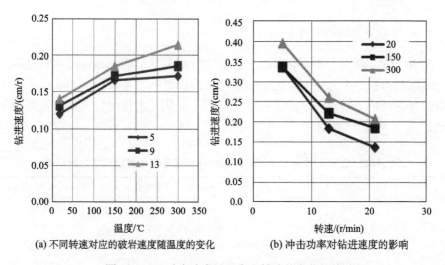

(a) 不同转速对应的破岩速度随温度的变化　　(b) 冲击功率对钻进速度的影响

图 11.2.12　破岩速度随温度和转速的变化规律

比较图 11.2.10、图 11.2.11、图 11.2.12 的破岩速度,可以清晰地看到,冲击与切削复合破岩速度要较好于单纯切削破岩速度,这就提示我们,花岗岩在 300℃以下温度时,宜采用冲击-切削复合破岩方式破岩。非常详细的技术参数和破岩方

式转变的临界温度还需要进行更深入的研究。

11.2.3 干热岩地热开发人工热储建造基础研究

干热岩地热主要蕴藏于花岗岩体中，干热岩地热开采中涉及一系列花岗岩的热破裂的科学与工程问题，例如：高温岩体钻井中泥浆及冷却液不断地使高温岩体降温，而导致高温岩体的热破裂，其结果一方面有利于钻井破岩，另一方面却不利于钻井的稳定性；在建造人工储留层时，利用水压致裂技术，实际上是岩石热破裂与水的动力作用导致岩体的复合破裂，其压裂裂缝扩展方向受岩体热破裂裂缝扩展规律的影响很大。再如，循环水在人工储留层中循环，不断地提取高温地层的热量的过程，实际上是高温岩体不断发生热破裂的过程。因此，深入细致地研究花岗岩体的热破裂规律，对于干热岩地热开采具有重要价值。

实验研究用的花岗岩样采自山东鲁灰花岗岩，所观测的花岗岩试样是在中国矿业大学"600℃ 20MN 伺服控制高温高压岩体三轴试验机"上进行了高温变形特性的试件，原试件尺寸为 ϕ200mm×400mm，该试件实验温度500℃高温，轴压200MPa，围压 200MPa（赵阳升，2008a）。从实验过的花岗岩试件上采集岩样，采用砂纸磨削的方法，以确保样品不受扰动，加工出直径 ϕ2.7mm×20mm 近似圆柱体的试件，放置于显微 CT 扫描的工作台上，试件放大倍数 105 倍，扫描单元的尺寸 1.76μm。

1. 鲁灰花岗岩颗粒尺寸分析

如表 11.2.2 所示，在 x-y 剖面上，第 700 层的花岗岩剖面，可明显地判断的岩石颗粒的面积大小为 0.02～0.3mm^2，等效的圆形半径为 0.1～0.2mm。不好明确鉴定的岩石颗粒未做统计，这里仅给出一些十分明显的密度较大的岩石颗粒的尺寸统计。

表 11.2.2 x-y 剖面第 700 层花岗岩明显的密度较大的颗粒尺寸统计表

编号	单元所占的像素个数	单元的绝对尺寸/mm	面积/mm^2	等效圆形的半径/mm
1	88×130	0.1626×0.1572	0.02556	0.09020
2	60×175	0.1109×0.2117	0.02348	0.08645
3	50×195	0.0923×0.2395	0.22106	0.26526
4	90×190	0.1662×0.3438	0.05714	0.13486
5	66×76	0.1219×0.1404	0.01711	0.07381

2. 花岗岩的高温热破裂特征分析

（1）如图 11.2.13，x-y 剖面的第 500 层、第 700 层、第 900 层的 CT 扫描图片，

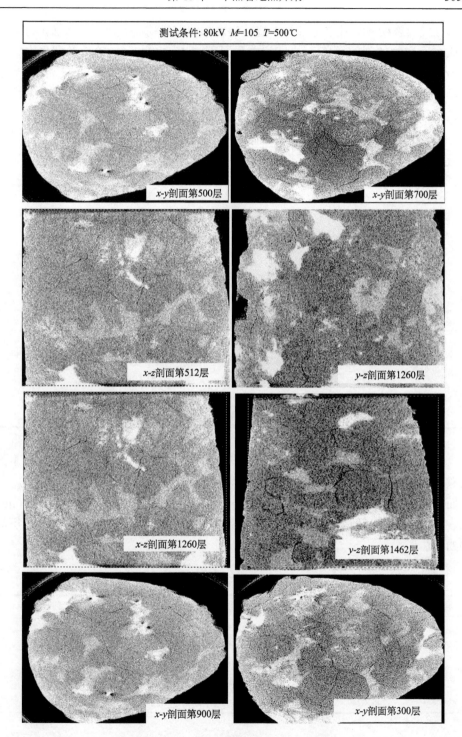

图 11.2.13　500℃花岗岩热破裂 CT 图片

其热破裂的裂纹网络几乎全部是围绕花岗岩颗粒交界的弱面闭环的多边形分布，形成一个空间的裂隙网络，热破裂单元面积 0.1～0.2mm^2，等效的圆形半径为 0.15～0.25mm，这与花岗岩颗粒尺度是十分接近的。但破裂单元的等效圆形半径较颗粒尺寸半径大 0.05mm，如表 11.2.2 和表 11.2.3 与表 11.2.4 比较所得，其原因是破裂发生在颗粒结合处的较弱区域，因此，破裂单元要大一些。

表 11.2.3　x-y 剖面第 500 层花岗岩热破裂单元尺度统计

编号	单元所占的像素个数	单元的绝对尺寸/mm	面积/mm^2	等效圆形的半径/mm
1	106×119	0.1958×0.2198	0.0430	0.117043
2	110×148	0.2032×0.2734	0.0555	0.132980
3	143×200	0.2642×0.3695	0.0976	0.176278
4	127×116	0.2346×0.2143	0.0503	0.126502

表 11.2.4　x-y 剖面第 900 层花岗岩热破裂单元尺度统计

编号	单元所占的像素个数	单元的绝对尺寸/mm	面积/mm^2	等效圆形的半径/mm
1	112×194	0.2069×0.2346	0.04854	0.12430
2	109×167	0.2013×0.2020	0.04066	0.11377
3	103×139	0.1903×0.1681	0.03199	0.10091
4	91×106	0.168×0.1282	0.02154	0.08280
5	140×200	0.2587×0.2149	0.05559	0.13302

（2）从岩石纵向剖面 x-z 剖面与 y-z 剖面的 CT 扫描图像分析，其 500℃下的热破裂依然是沿岩石颗粒之间交界的相对较弱的胶结物发生，其尺寸大致与 x-y 剖面相一致。如表 11.2.5 的 x-z 剖面第 512 层，其破裂单元的半径为 0.1～0.3mm，如表 11.2.6 的 y-z 剖面第 1260 层，其破裂单元的尺寸为 0.1～0.3mm，呈一个不规则的多边形。

表 11.2.5　x-z 剖面第 512 层花岗岩热破裂单元尺度统计

编号	单元所占的像素个数	单元的绝对尺寸/mm	面积/mm^2	等效圆形的半径/mm
1	104×257	0.3390×0.4740	0.1606	0.22616
2	113×146	0.2088×0.2697	0.0563	0.13388
3	249×228	0.4506×0.4212	0.1897	0.24579
4	169×227	0.3122×0.4194	0.1309	0.204153
5	346×249	0.6392×0.4601	0.2941	0.30596

表 11.2.6   y-z 剖面第 1260 层花岗岩热破裂单元尺度统计

编号	单元所占像素个数	单元的绝对尺寸/mm	面积/mm²	等效圆形的半径/mm
1	148×256	0.2734×0.473	0.1293	0.2028
2	180×224	0.3326×0.4138	0.1376	0.2093
3	252×184	0.4656×0.3399	0.1582	0.2244
4	120×272	0.2217×0.5026	0.1114	0.1883
5	224×240	0.4139×0.4434	0.1835	0.2416

（3）由于缺乏高精度的实验仪器，国内外长期以来对岩石破裂及颗粒分布的空间形态研究较少，通过高精度的显微 CT 系统，清楚看到花岗岩的岩石颗粒为一个 100～300μm 的不规则的空间结构体，图 11.2.13 的 x-y、x-z 和 y-z 三个方向的剖面可以清楚给出花岗岩的空间结构形状及其轮廓。

（4）500℃下，岩石的热破裂主要发生在岩石颗粒之间的胶结物。但也有一些穿过岩石颗粒的破裂，如 x-y 剖面的第 700 层右下角白色岩石颗粒左侧的热破裂就穿越了该岩石颗粒，左上角的裂纹也穿越了岩石颗粒。y-z 剖面第 1260 层的中部，一个热破裂单元也穿越了细长形的岩石颗粒，由此可见，岩石热破裂的发生还受其他因素的制约，但相对较小而已。

（5）500℃时，包围花岗岩晶体颗粒的封闭多边形裂纹几乎全部形成，使花岗岩呈现糜棱状的晶体颗粒结构体。其热破裂裂纹的 90%以上是沿岩石颗粒周边的相对弱的胶结界面发生的，因此热破裂形成了一个三维的不规则的裂隙网络。同时裂纹的搭接，也出现了较多的贯穿整个试样的裂纹。500℃下花岗岩的热破裂出现了少数穿越了岩石颗粒的裂纹，其概率在 10%以下，这是其他温度段所不曾见到的。

3. 加热过程中花岗岩的热破裂演化

常温：图 11.2.14（a）为花岗岩常温状态的显微 CT 扫描的一个剖面，该试样放大倍数为 157 倍。扫描单元的尺寸为 1.09μm×1.09μm，试样的尺寸为 1.72mm×1.447mm。从图可见，在常温下，花岗岩细观上十分致密，不存在明显的微裂纹。

200℃：由图 11.2.14（b）可见，在 200℃时，花岗岩晶体颗粒周围裂纹孕育，多数出现了较明显的弱化连线，但尚未开裂形成包围花岗岩颗粒大的封闭多边形裂纹，仅有极少数晶界微裂纹形成，如左上侧的看似一条贯通的大裂纹，是由许多间断的小裂纹组成的。自下而上，其间断裂纹的长度分别为 23、34、45、18、32、46、104、18μm。

300℃：此温度时，微裂纹进一步扩展和延伸（图 11.2.14（c）），部分搭接贯通形成更大的裂纹，裂纹长度明显增加，如右侧边界处，裂纹长度为316μm；右侧上方，裂纹长度为308μm，较200℃时，热破裂裂纹长度增加了很多，且环绕花岗岩晶体颗粒的裂纹也增加。

500℃：微裂纹进一步扩展与贯通（图11.2.14（d）），其长度贯穿整个岩石试样，包围花岗岩晶体颗粒的封闭多边形裂纹几乎全部形成，使花岗岩呈现糜棱状的晶体颗粒结构体，与此同时，还出现了一些穿晶裂纹，这是其他温度段所不曾见到的。花岗岩的热破裂达到了更高层次，相应的宏观力学实验表现出声发射数量和能量的进一步增加，这就是花岗岩热破裂的典型特征。

实验观测到，在500℃高温后的岩石，破裂的方式主要是沿岩石颗粒边界的多边形裂纹，这与一般纯加载破裂的方式完全不同。其机理解释为：首先，岩石颗粒的相对熔点较高，而颗粒之间的胶结物熔点较低，因此在温度较高时，颗粒之间的胶结物最先破裂。其次，就花岗岩的细观组成而言，其颗粒强度最高，胶结物或胶结界面强度较低，因此在热应力的作用下，沿胶结界面首先破裂。此外，胶结界面的几何形状更易于应力集中，也是胶结界面先破裂的原因之一。

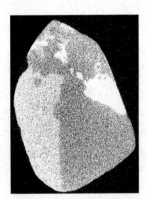 

(a) 测试条件：80kV M=157 T=20℃　(b) 测试条件：80kV M=157 T=200℃

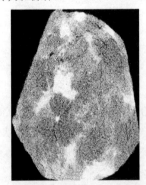 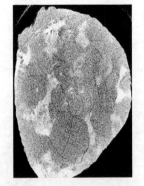

(c) 测试条件：80kV M=171 T=300℃　(d) 测试条件：80kV M=105 T=500℃

图11.2.14　不同温度时，花岗岩热破裂演化CT图

11.3　干热岩地热开采系统与增强型地热系统（EGS）

一般的干热岩体都是位于深部的火成岩体，以花岗岩为主，此类岩体致密，渗透性极低，且不含水，因此，国外将此称为干热岩地热（hot dry rock）。这就决定了干热岩型地热与地热水型地热开采方法的本质区别。干热岩地热是通过热交换介质循环来实现干热岩地热的提取的，而地热水型地热是通过直接抽取地下热水实现地热提取的。

具有商业用途的干热岩地热资源开发概念与思路最早由 Morton Smith 领导的美国洛斯阿拉莫斯（Los Alamos）国家实验室的科学家小组于 1970 年提出，其提出的专利的基本思想是：一个钻孔进入热的岩体，然后形成垂直裂缝，第二个钻孔进入裂缝带，从一个钻孔进入裂隙区的水循环后从另一个钻孔以压力热水的形式排到地面，见图 11.3.1（Nemat-Nasser,1983）。

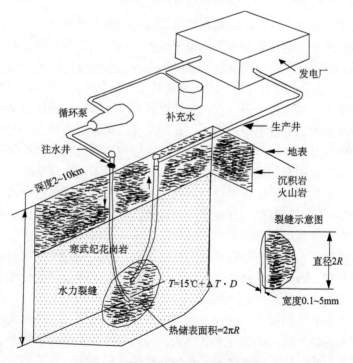

图 11.3.1　干热体地热开发概念模型

经过 40 多年的实践，干热岩地热开采已形成了较成熟的技术方案，其地热提取系统由注水井、生产井和人工储留层组成，其方法是将低温水通过注水井注入人工储留层，经换热增温，变成过热水，再从生产井排出，直接减压发电。

干热岩地热开发的核心是人工储留层的建造，人工储留层的规模、导通性决定了干热岩地热开发的规模和经济性。由于人工储留层建造方案不同，其钻井施工及相关工艺也有很大不同。在干热岩地热概念之后，美国能源部提出了增强型地热（enhanced（or engineered）geothermal system，EGS）概念，指的是通过人工热储大规模开发低渗、孔隙型地层的热能资源。这个定义包括了那些目前没有规模开发的、要求人工激发和增强的所有地热资源，但不包括高品位的热水型地热资源（Tester et al., 2006）。在经历10多年的发展后，EGS地热系统被社会逐渐认同，与HDR等同，甚至在不少场合代替HDR。而作者则更多认同干热岩地热的概念，因为HDR提出的历史更长，科学与工程界认可和熟悉程度更广泛一些，且EGS和HDR并没有本质的区别，用一个新的、类同含义的新概念取代一个被广泛接受的概念，反而容易导致混乱。我们发现，近年来的学术界甚至工程界广泛谈论EGS，因此本书中，将EGS和HDR完全等同讨论。

11.3.1 水平井分段压裂人工热储HDR地热开采系统

干热岩地热开发系统设计的基本依据是系统的出力与寿命的问题，即要求开发系统能最高效率、最长服务年限地用于地热提取和地面发电的长期稳定运行。所谓出力指的是该开发系统在设计的服务年限内，单位时间内所允许提取的地热资源量，更具体地讲，出力指的是该地热开发系统所允许的地面电厂的装机容量。寿命指的是该电厂的服务年限，也就是该地热系统可提取资源量的枯竭期限。

影响干热岩地热开发系统出力与寿命的主要因素有两个方面：①地壳岩体的热容系数、原始温度与温度梯度、干热岩体的空间展布范围等客观因素；②钻井深度、人工储留层的空间规模等主观因素。前者主要涉及地球物理、大地构造、选址与勘探等工程，后者主要涉及定向井深钻、地应力测量与巨型水压致裂等工程。通过深钻，可以获取很高温度的岩体地热区域，通过热储建造工程，可以形成巨大的热交换区域，例如巨型水压致裂，一方面可以保证注入水的迅速升温，另一方面可以保证人工储留层有足够的换热面积，使其长期维持高温运行。其内容包括合理井深、合理的垂直井和水平井距位置，人工储留层的规模等。

早期的干热岩地热开采方案如图11.3.2（a）所示，亦即美国Los Alamos国家实验室早期提出的专利技术，这种方法经实践证明，换热区域体积太小，无法获得稳定的高温地热产物。在该技术基础上，借用石油开发中的水平井分段压裂技术，提出了水平井分段压裂建造人工热储的地热开采系统，该干热岩地热开采系统的钻井设计的基本内容包括井孔位置、合理的井深、循环井间距（包括水平间距与压裂连通的垂直间距）、成井结构及井孔轨迹、井眼孔径、井孔方向及布局。

一个干热岩地热田，其平面展布范围几千平方公里，横向跨越长度至少几十公里，在如此大的范围内，干热岩地热发电厂如何布置，涉及从干热岩体中提取的高温过热水的输送距离和电厂运行成本,一般来说,干热岩地热电厂宜分散布置,一个电厂装机容量 20 万 kW 左右,其控制的热田面积 150~200km² 即可。在地面各方面条件允许的前提下,电厂应尽量布置在所控制热田范围的中部。一个电厂至少应由两对循环系统供给过热水。循环系统间距的选择应至少保证 30 年开采不互相影响。在保证电厂正常运行的情况下,循环系统宜间隙轮休,以保证热量的传输与补给。

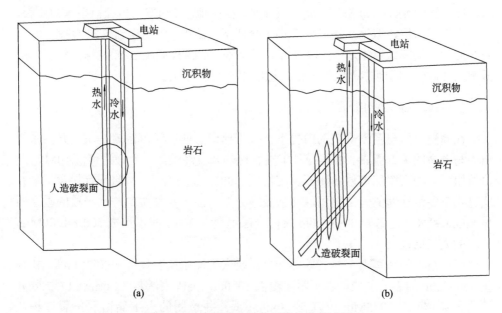

图 11.3.2　高温岩体地热开发钻井技术原理

1. 合理井深

人们在开发干热岩地热时,总希望一个地热井可以在相对长的时间内稳定地提取地热,从而大大降低干热岩地热开发的成本,这实际上就是要求钻井深度进入的岩体温度越高越好。而与此同时带来的是在高温高压岩体中施工钻井的问题,直接牵涉到钻井成本和技术水平。因此,井深的确定是由三个因素决定的,即所涉及岩体的温度、钻井技术水平和钻井成本。合理的钻井深度就是在钻井技术水平和钻井成本允许的前提下,可以达到的最高温度的岩体的深度。

从美国、日本等干热岩地热开发先进国家的经验来看,人工储留层建造于温度高于 350℃ 的干热岩地热层中,地热开发是经济的。而在现有钻井技术条件下,地温梯度在 60℃/km 以上时,其干热岩地热开发成本才可与化石能源相竞争。当地温梯度在 60℃/km 时,合理的井深为 6000m;当地温梯度在 80℃/km 时,合理的井深为4500m。

上述数据的取得，实际上付出了极为高额的代价。1973~1978年，美国率先在洛斯阿拉莫斯的芬顿山（Fenton Hill）进行干热岩地热开发试验，孔深2900m，岩体温度197℃，仅运行75天，发现温度下降显著，水损失大，地热提取效率低，而停止。而后于1979~1980年，深钻4398m，岩体温度327℃，长期运行证明效果良好，并建成了世界上第一座干热岩地热电站，装机1MW，运行至今。1984年，日本施工SKG1和SKG2地热调查井，揭露地温254℃，虽经巨型水力压裂，形成人工储留层，但地热提取效率仍十分低下。法国1992年施工的GPK1井，3590m深，揭露地温159℃。1991年，苏联在Tirniaus施工3700m深的钻井，揭露地温200℃，因地热提取效率低，温度下降快而停止。

2. 人工储留层范围

在高温岩体层温度确定的前提下，人工储留层的空间范围就是决定开发系统出力与寿命的关键因素。根据国外干热岩地热开发经验，一个好的可供10MW发电机组发电的人工储留层体积至少应达到500~1000Mm^3。按照现行拐弯水平井通过垂直裂缝连通的人工储留层建造技术方案，注水井与生产井水平段的垂直距离500m和水平距离600~1000m段内全部用裂缝连通，即可形成500~1000Mm^{3}体积的人工储留层。

美国洛斯阿拉莫斯干热岩地热开发系统人工储留层岩体体积750Mm^3，由14条750000m^{2}的裂缝组成，水平距离覆盖1000m。英国康沃尔（Cornwall）试验井检测压裂体积达825Mm^3。法国Soultz试验井检测的人工储留层压裂体积达320Mm^3。

对于100~200MW级的电厂而言，必须增加更多的地热开采循环井组。人工储留层建造的范围在很大程度上受限于建造人工储留层的技术水平。

3. 井孔的位置、间距与水平井方向

由于人工储留层建造是通过巨型水压致裂或巨型爆破技术实现的，而裂缝发展方向往往受地应力场方向所控制。按照现代地应力场分布规律，三个主应力中，有一个水平主应力是最小的，为便于建造人工储留层，尤其是采用水压致裂技术，其裂缝扩展面垂直于最小主应力方向。因此，在建造人工储留层时，一般采用水平井段实施压裂或爆破。按照这个原则，水平井的方向应该沿最小主应力方向。从经济角度考虑，注水井和生产井的水平井段的垂直距离在500~800m时，才能达到商业运行的目的。由于注水井和生产井是通过水平井段连通的，因此两井的垂直段相距30~50m即可，这样更便于地热电厂的运行与管理，同时也可以降低高温水和低温水的输送管线长度。

洛斯阿拉莫斯干热岩地热开发井井距技术参数如图 11.3.3 所示。注水井 EE2 和生产井 EE3 水平段延伸长度 800m，垂直间距 370m。英国康沃尔（Cornwall）干热岩地热开发井 R11 和 R12 水平段垂直距离为 300m，水平段延伸水平距离 500m（Parker, 1989）。数值分析表明，两井垂直距离尽可能大一些更好，垂直距离 500m，甚至 1000m 则更好。美国和英国前期试验采用较小的垂直距离，原因在于考虑两井通过裂缝连通的难度，以及水循环系统的阻力，近年的研究表明，此两方面都不存在问题。

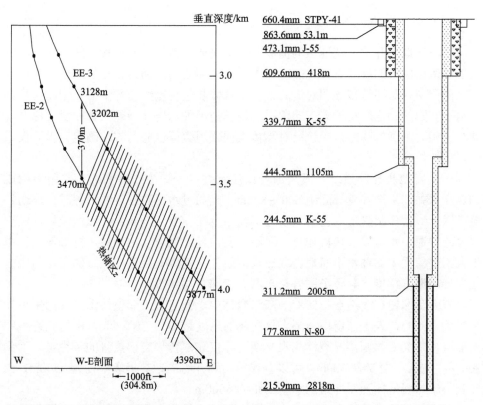

图 11.3.3 洛斯阿拉莫斯地热开发井井距　　图 11.3.4 Kakkonda 的 K6-2 井身结构

4. 钻孔结构

井身结构和下套管程序根据成井深度和类型而定。各井径段的施工深度、下入套管、井径尺寸等严格受到地层、地下热储情况及平衡钻进等因素的控制。因此必须根据热田的地层、地下热储、地层压力、平衡钻进等情况，进行综合分析确定出合理的钻井结构。

一般来说，干热岩地热井根据其热储深度和岩层性质，采用不同深度不同孔径的井身结构。如日本 Kakkonda 的 K6-2 地热井（如图 11.3.4）（Saito, 1991），在地表至 53.1m 深度为冲积层泥沙，钻孔直径为 863.6mm；53.1～418m 的岩层为凝灰岩和页岩，在超过 200m 深的岩层温度为 130～160℃，钻孔直径为 609.6mm；418～1105m 的岩层为页岩，这段岩层温度为 160～200℃，钻孔直径为 444.5mm；1105～2005m 的岩层为凝灰岩，这段岩层温度为 200～270℃，钻孔直径为 311.15mm；2005～2818m 的岩层为砂岩和石灰岩，这段岩层温度为 270～310℃，钻孔直径为 215.9mm。

5. 循环井组的水平间距

干热岩地热开发系统地热的提取实际上是通过热的两种传输形式实现的，非人工储留层区域的高温岩体地热区和人工储留层之间是通过传导的形式传热的；人工储留层内是通过传导和对流的方式将岩体热量传输给循环水的。因此循环井组水平间距的确定取决于人工储留层的规模与半径、岩体导热系数和温度梯度。欲获得相对精确的间距，应该针对具体工程采用数值试验的方法确定。以下仅做一些定性的分析。

干热岩地热开发系统一般是由一口注水井、一口生产井和人工储留层构成的。注水井和生产井垂直间距 500～800m，当通过水压致裂连通两井时，连通裂缝可以近似看作圆盘形，也就是裂缝半径至少在 500～800m，在该区域内，由于裂缝的导通，水可以直接被加热，而不需要热量通过岩体的传导，再加热水。由于人工储留层中循环水不断地提取热量，而使温度降低，致使人工储留层与围岩之间形成温度梯度，导致了围岩热量向人工储留层传输。

若人工储留层建造在 350℃的高温岩体中，假定人工储留层温度在回采后期降低到 150℃，人工储留层与围岩热交换的梯度最小为 30℃/km，围岩允许残留温度取为 200℃，则离开裂缝热水交换区，仅靠热传导交换热量的半径可以达到 2000m，加上裂缝半径 500m，可以获得单循环井组的地热提取半径为 2500m，由此获得干热岩地热开发井组的水平间距为 5000m。

若人工储留层建造在 500℃的高温岩体中，假定人工储留层温度在回采后期降低到 150℃，人工储留层与围岩热交换的梯度在最小为 30℃/km，围岩允许最高残留温度取为 250℃，则离开裂缝热水交换区，仅靠热传导交换热量的半径可以达到 3000m，加上裂缝半径 500m，可以获得单循环井组的地热提取半径为 3500m，由此获得干热岩地热开发井组的水平间距为 7000m。

事实上，在干热岩地热提取过程中，随着岩体温度降低，岩体会出现大量的热破裂事件，岩体热破裂的发生，使人工储留层热交换能力变得更强，更主要的是原先以纯传导方式传热的人工储留层周围岩体，因为破裂而使渗透性急剧增加，大量水渗入该区域，而使仅以传导形式传热的区域演变成以传导和对流复合形式的热交换区域。甚至可能使不同的井组连通，形成事实上的特大巨型人工储留层，而使的干热岩地热更易开发。按此原理，还可以进一步加大井组间距，从而使得钻井成本进一步降低。

6. 钻井出力分析

循环井组提取干热岩地热可以用如图 11.3.5 所示模型予以说明。

注水井与生产井水平段长度确定为 1000m，包括注水井与生产井的人工储留层。

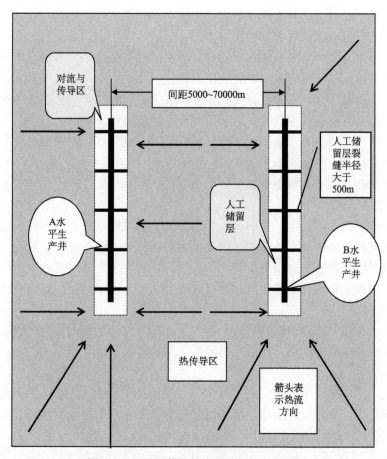

图 11.3.5　循环井组热流分布与间距示意图

半径 500m，人工储留层以外 2000m 范围内为本循环井组开采的地热。则单循环井组为一半径 2500m，长度 5000m 的圆柱形区域，若高温岩体温度为 350℃，则该区域可有效提取的干热岩地热总量达 168000 万 kW·a，若按热机效率 10% 计算，该地热量可以供 1000MW 级的电站发电 168 年。若高温岩体温度为 500℃，则该区域可有效提取的干热岩地热总量达 294000 万 kW·a，也就是说该地热量可以供 1000MW 级的电站发电 300 年。

若高温岩体温度为 500℃，单井组地热提取范围半径按 3500m 计算，则该区域可有效提取的干热岩地热总量达 806000 万 kW·a，也就是说该地热量可以供 1000MW 级的电站发电 800 年。

11.3.2 人工储留层建造

人工储留层建造是干热岩地热开发最关键的步骤，人工储留层建造的好坏，直接关系到干热岩地热开发的成本和经济性。

人工储留层应该满足的基本要求如下：

（1）载热流体和高温岩体之间要有足够大的热交换面积，以保证所建地热开发系统具有较长的使用寿命与较大的出力；

（2）在高温岩体中形成足够大的孔洞和裂隙，以使抽出的载热流体达到较高的温度，并具有较高的抽取速率，从而提高经济效益；

（3）所形成的裂隙对载热流体产生最小阻力。这样可以降低地热开发井的能耗，减小载热流体的循环损失。

目前，建造人工储留层有如下技术与方法：

1）水压致裂法

水压致裂技术，首创于美国肯萨斯修果顿天然气田，一直是增加石油和天然气产量的一种重要措施。其方法是以高压水注入一段封闭的井孔使孔壁附近产生大量裂纹，致使岩体中原有裂纹张开和扩展，经向井中多次重复性高压注水使得两井间产生由大量裂纹系构成的破裂带来连通两井，而形成巨型人工储留层。

2）爆炸法

爆炸法是指在高温岩体地层设计的部位，放置炸药，利用炸药爆炸瞬间释放的巨大能量产生新的裂隙，而形成巨型人工储留层。

3）热应力法

热应力法的原理是在岩层的某些部位，采用一些特殊的方法，使其温度突然升高或降低，产生热应力，使岩层裂隙扩张或产生新的裂隙。例如，使用温度可高达 2000℃的火焰器使岩体局部升温，或使用液氮气化时产生的低温（可达 −200℃），均可达到上述目的，但这种方法难以形成大规模的岩体破裂，因而不能用于建造人工储留层。

按照形成热交热表面的破岩方式的不同，人工储留层可分为 6 种类型。图 11.3.6（霍广新，1994）示意出了这 6 种人工热储的地热开采循环系统。其中前 3 种为利用地下爆破法形成的人工储留层，后 3 种为水力压裂方法建立的人工储留层。

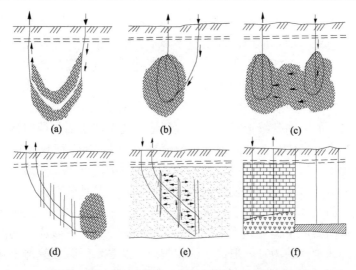

图 11.3.6　高温岩体人工热储开采循环系统示意图

图 11.3.6（a）型为地下爆破形成纵向破碎带的底部接近的多工作面钻孔型。此法增加了钻孔工作量。

图 11.3.6（b）型为强大的地下爆破产生的径向岩体破碎区。20 世纪 60 年代到 70 年代初，美国、苏联及法国为建立地热循环系统对此方法进行了研究。由于钻孔和对钻孔工作面加工费用较高，且需长时期对其维护以及在破碎岩体上不合理的能耗等，以上两种人工热储的设计都没有得到实际应用。可以认为，这种形式的地热开采循环系统是没有前景的。

图 11.3.6（c）型是由俄罗斯圣彼得堡矿业学院研究出的一种地热开采循环系统。在相邻钻孔间径向破碎区域内形成热载体的渗透流。这种方式的热储可以保证增大换热表面。

图 11.3.6（d）型人工热储是美国洛斯阿拉莫斯国家实验室试验研究的，是目前认为较有利用前景的一种人工热储形式。在非渗透（或弱渗透）岩体中，利用高压人工压裂形成竖向裂隙带或单一裂隙。

图 11.3.6（e）型人工热储地热开采循环系统区别于 11.3.6（d）型是在具有复杂的竖向和水平渗透性沉积孔隙岩体中，利用黏性液体或泡沫液体进行水力压裂。压入的热载体沿着渗透热岩体的层或层间隙以及水力压裂产生的裂隙渗透渠渗透流动，替换出地下流水，同时避免了热载体的渗透流失。

图 11.3.6（f）型人工热储地热开采循环系统主要是在开采区上方使热岩体破裂成隙或成层作为人工热储。在巨大的热储内，当水力阻力较小时，由注水井和生产井内冷热工作液体（热载体）的比重、温度差作用下能够产生一种自喷循环系统。

目前，在干热岩人工储留层的建造中，一般采用巨型水压致裂技术。其基本方法是：在高温岩体地热层中，施工至少两个近水平钻孔。在深部的钻孔中，分段封隔，通过地面注入的高压水，产生垂直裂缝，与近水平生产井沟通。如此间隔形成许多的垂直裂缝，即构成了人工储留层。

由于采用的水压致裂的方法不同，规模不同，在高温岩体中会形成如图 11.3.7（Brown，1991）的不同裂缝形式，单个大裂缝、几个较小的离散裂缝、由单一水力致裂方法产生的密集分割的网络状的裂缝系统（现称为体积裂缝）。大量试验表明，采用巨型水压致裂技术，可以在深部高温岩体中，产生在三维空间上完全破裂的体积裂缝。巨型水力压裂使深部含有天然裂隙或节理的花岗岩同时产生了两种破裂方式，即张性破裂与剪切破裂。由于低黏性水的注入，提高了节理裂隙的孔隙压力，从而降低了使节理裂隙保持闭合的有效压力，有效应力的降低导致剪切破裂，这种非常规的激发，形成了体积裂隙，这是水压致裂建造干热岩地热开发人工储留层的主要机理，许多巨型水压致裂地震波检测结果，均佐证了这一机理。

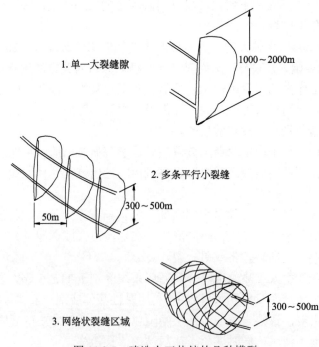

图 11.3.7　建造人工热储的几种模型

世界上第一个干热岩地热开发系统建立在美国洛斯阿拉莫斯的芬顿山脉（Fenton Hill）。美国芬顿山是一个休眠火山区，该处大约在 60000 年前仍有火山活动，深部为前寒武纪变质的花岗闪长岩。

1973~1978 年，第一期试验。

这一期的人工储留层建造于 2000m 深部的花岗闪长岩中，该处的地应力为 29、40 和 74MPa。其中最小地应力高于静水压力 10MPa，大致为 N60°E 的水平方向。采用水力压裂技术建造人工储留层，压强 12MPa，共注入 200m³ 水，形成了垂直最小地应力 σ_3 的裂缝，构成了一期人工储留层。但该人工热储规模较小。为此，又以 19.5MPa 水压，重新注入了 2300m³ 的水，在这些水的激励下，前期人工热储重新建立起来，且规模扩大了很多。随后在 1978~1980 年进行了为期 9 个月的地热开采循环试验，终因岩层温度低，人工储留层规模小，地热开采效益低下而停止。

1979~1984 年，第二期试验。其目的是寻求具有商业价值的干热岩地热开发技术。

二期试验，施工 EE-2 井，深度 4398m，EE-3 井，深度 3077m，水平方向距离 1200m，两孔垂距 370m，岩体温度为 327℃。根据第一阶段获取的经验，则由水力致裂在钻井内产生的裂缝主要为垂直方向裂缝，即大约为北-北西走向，为了提供热隔离的一系列裂缝所需要的水平间隔，每井在底部的 1000m 范围内向东-北东方向钻进而且与垂直方向成 35°倾角，图 11.3.8 给出了其剖面示意图，上部井 EE-3 以倾斜间隔位于下部井 EE-2 的上方 370m。图 11.3.8 中还标出第一阶段热储井 EE-1 中安置了地质电视探测器，以在水力致裂过程中进行相关的测量。

在 1983 年进行了一个巨大的水压致裂试验，在这一试验中 21600m³ 的水以 83MPa 的孔内压力和 100L/s 的平均流量注入下部井的 3520~3550m 处，微地震记录的裂隙扩展位置见图 11.3.8。孔内地震波传感器非常敏感地探测到低于–5 的里氏体波的事件。图 11.3.8 给出了数据从 –3 到 0 的 850 个高质量的事件，表明了诱发地震波的岩体范围为 800m 高和 800m 宽的 N-S 向范围，且约 150m 厚，即约 $5×10^7$m³ 的诱发岩体体积，这一岩体的体积是注水井中产生的 2000 倍。之后进行了地热开采循环试验，表明该人工储留层完全可以适应地热发电，并于 1984 年，建成了世界上第一个干热岩地热电站，装机容量 10MW，一直运行至今。

英国的干热岩地热开发研究计划由卡姆柏矿业学院（Camborne School of Mines）于 1978~1991 年在康沃尔（Corwall）的罗斯曼诺斯（Rosemanows）休眠火山区试验。该地区地温梯度为 30~40℃/km，热流密度 120mW/m²。2500m 深处的当地应力为 σ_H=15+28Z，σ_h=6+12Z，σ_z=26Z。

1980~1988 年，施工 RH11（2038m）、RH12（2156m）、RH15（2600m）。首先采用爆破技术对人工储留层进行预裂爆破，进一步采用 14MPa 的压力和 100L/s 的注水速度压裂岩体，建造人工储留层，共计注水 26000t。地震检测表明，最大压裂影响深度达 4500m，压裂形成的人工储留层的体积达 825Mm³，预裂爆破和巨型水力压裂形成了岩体大规模的破裂，微地震检测获得的破裂位置如图 11.3.9

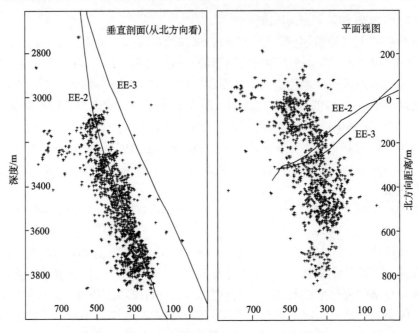

图 11.3.8 声发射和微地震法绘制的裂隙模型图

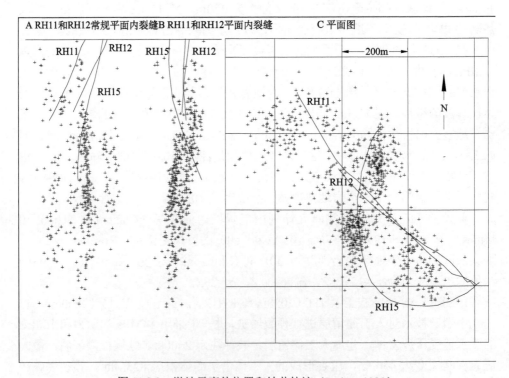

图 11.3.9 微地震事件位置和钻井轨迹（Parker，1989）

所示。之后进行地热提取循环运行试验,实测发现水损失高达 20%,但水在人工储留层中流动阻力不大,仅为 0.5MPa/(kg·s)。这一事实说明,采用预裂爆破技术建造的人工储留层水损失率高,难以满足地热开发的要求。这也是不采用爆破技术建造人工储留层的主要原因。

11.4 断层模式(FM)干热岩地热开发技术

11.4.1 干热岩地热开发技术争论

干热岩地热开发中,工业界的目标是建设高效、低成本、大出力、长寿命的干热岩地热开发系统,如何实现这一目标呢,先做一科学的分析:①干热岩地热所开采的热能,开采方法是通过注入高温岩体地层的携热介质携带到地面,就地层的物质而言,其开采过程中高温岩体地层并没有物质的损失。而传统的煤炭、石油、天然气等是通过开采矿物本身,能量是通过矿物携带的,就地层而言,其开采过程有物质的损失。②由于干热岩地热能的开采,导致干热岩地层温度场的不均衡,干热岩地层的热能以传热的方式会不断地向干热岩地热开采系统的人工储留层补给,甚至向更大的人工储留层空间区域运移,当然这种补给是相对缓慢的。若高温地热能开采后有足够长的时间,地热开采导致的低温区是可以完全恢复的。因此深层干热岩地热是一个可再生的能源,而传统的煤炭、石油、天然气等一旦被开采,是永远无法再生的。③深层干热岩体是一个含有较多地质结构和裂隙的岩体。

如何巧妙地利用干热岩地热的特性,构思干热岩地热开采技术方案,设计干热岩地热开发工程,审视 40 多年干热岩地热开发的得失,是摆在当代干热岩的地热开发研究者、工程师面前的重大任务和难题。

1. 水平井分段压裂建造人工储层的讨论

水平井分段压裂人工热储系统是近年来国际界比较认可的好的干热岩开发技术方案,但尚存在诸多不足,甚至存在一些不可逾越的障碍,首先该系统是通过在干热岩地层中施工两口水平井,或近水平井,以此为基础进行分段压裂建造人工热储的,就水平井钻井技术和施工钻机具而言,这种方法仅适宜温度较低的地层施工,因为水平井施工机具的动力源是泥浆,动力头是螺杆马达,螺杆马达的机构原理是泥浆驱动螺杆,在由柔性材料,主要是耐高温的抗磨橡胶,制成的泵体中旋转获得转动的动力。其关键是柔性泵体与螺杆的密封,若泵体采用普通硬质材料,如耐磨钢材,则泵体与螺杆间隙大,大量泥浆就会沿间隙串流,导致动力不足,或动力伤失,而采用柔性材料制造泵体,这些柔性材料当温度较高时,迅速软化与老化失效，导致螺杆马达无法使用。目前全世界最好的耐高温橡胶，所承受的高温不超过 250℃，而且连续使用时间不长，一般几十个小时即失效。由于水平井钻机具本身的缺陷，导致水平井分段压裂干热岩地热开发技术仅适用于低于 250℃，或再高一些 300℃的干热岩地层。美国、法国等近 30 年的工业开发试验也证明这种温度的干热岩地热开发的效率较低，是不经济的。

2. 关于日本肘折地区干热岩地热开发方案的讨论

1984 年，日本政府实施了阳光计划，紧随美国芬顿山干热岩开发而实施日本的干热岩地热开发。其开发方案是由浅渐深的开发阶梯。1984 年施工 SKG1（500m）和 SKG2（1800m）两口钻井，SKG2 井揭露 254℃的地温。1990 年实施 4 次试验计划。之后钻成 HDR1、HDR2、HDR3 井，进行了多个循环开采试验，1993 年延伸 HDR3 井，进行下一水平地热的开发。由于热能可以运动，热能是由高温区向低温区补给的。人类开发热能总是追求利益最大化的，如果将日本肘折地区由浅渐深的开发进程做一修改，选择目前人类钻井所及的最高的、最深的干热岩地热区建造人工储层，首先开发，随着人工储层区温度降低，其上下及周围的高温热能快速向人工储层区补给，则不需要建造过多的人工储层，而达到更好的开发效益，开发出更高品质热能。如按照由浅渐深的开发方案，仅可不断地开采出 150℃的热水，而按照后面的方案则可不断地采出 200℃以上的热水。通过对日本肘折地区干热岩地热开发方案的深思，我们悟出一个干热岩地热开发技术的确定原则，就是首先开发当今开发技术水平所能及的最高温度和最深的干热岩地热体地热能。这里所说的当今技术并非一定是某些权贵们认可的技术，也并非是洋人提出或洋人认可的技术。

3. 断层模式干热岩地热开采技术分析

2005～2010 年，我们团队在执行国家自然科学基金重点项目"高温岩体地热开采基础研究"时，深入调研了中国西藏羊八井干热岩地热田的热储及热储围岩结构特征，发现在巨型岩浆囊热储区邻近上部岩体中，存在一个巨型的断层带，该断层带与岩浆囊相距 1～2km，经过深入的研究，提出了采用岩浆囊热储邻近的断层作为干热岩地热开发的人工储留层，从地面施工 3 口垂直井进入该断层带，该断层带温度 400℃，通过注入井和生产井的不断水循环，可以开采出高品质的干热岩地热。我们把这种利用高温热储邻近的断层带作为人工热储，进行干热岩地热开采的技术方案，称为断层模式（Fault Mode，简称为 FM）干热岩地热开发技术。

断层模式干热岩地热开发技术的主要要素：①在干热岩高温热储区存在或邻域存在天然的断层；②注入井与生产井以垂直井形式伸入断层带，构成干热岩地热开采系统。

断层模式干热岩地热开采技术的优点：①直接用垂直井，或大角度斜井进入高温岩体区，直接开发 400℃以上高品质的地热，规避了水平井分段压裂干热岩开发技术无法通过施工水平井进入 300℃以上高温区的技术瓶颈。②无须通过复杂的技术建造人工热储。

法国在苏茨地区的干热岩地热开发工程中，其几口钻井施工在了高温岩体地层的大尺度裂缝中，取得了较好的热交换效果。为进一步搞清楚用天然裂隙断裂带作为干热岩开发人工储留层的机理和可行性，2011 年法国又实施了 ECOGI 深层地热开发计划，工程仍位于上莱茵河地堑，在里泰尔索方地区，施工的两口钻井，均进入里泰尔索方正断层，初步的运行试验取得了好的干热岩地热开发效果，充分说明理由利用天然大型裂缝和断层作为人工热储，开发干热岩地热是一个可行的，高效的技术方案。

美国在沙漠峰开发干热岩地热的工程，也采用了类似的技术路线，干热岩地热开发钻孔终孔段均进入了断层带，也取得了好的干热岩地热开发效果。

由此可见，采用天然断层、裂缝作为人工储层，进行干热岩地热开发，是多国科学家的共识，也是多国科学家结合各自国家具体的干热岩地质特征，独立提出和发展起来的一项具有重大工程应用价值的技术。

11.4.2 西藏羊八井干热岩地热资源

西藏羊八井地热电站是中国著名的地热电站，但是，经过 20 多年的开采，羊八井热储明显收缩，生产井的温度、压力和流量均有不同程度的下降，目前仅能维持 16MW 机组的满负荷运行。

地球物理勘探资料表明，羊八井地热田深部 5~15km 内存在熔融状态的岩浆囊，岩浆囊外层温度达 500℃，地温梯度高达 45℃/km，热储为花岗岩，是高品位干热岩地热资源。目前开采的只是热田浅部热水资源，仅占热田地热资源的极小部分。因而，开发与利用羊八井地区深部干热岩地热资源，是确保热田地热资源后续接替、提升羊八井地热电站发电能力的必然选择。

当雄-羊八井盆地位于念青唐古拉山东南侧，为一狭长的断陷盆地，总体 NE 向展布，盆地边缘发育大量伸展断裂构造，盆地走向受伸展断层控制。

人工地震法资料表明羊八井热田深部约 22km 处存在一低速层，可解释为地下岩浆体。根据大地电磁探（MT）成果表明，在羊八井热田北区深部约 5km 以下存在一电阻率为 $5\Omega\cdot m$ 的低阻层，推断为未完全冷却的高温熔融体（图 11.4.1）。地震深反射探测资料表明，在羊八井热田北区上地壳底部深度 13~20km 范围存在一地壳局部熔融体（Wu et al., 2007），证实了羊八井热田深部存在高温岩浆熔融热源。

根据热田地下热水氢、氧同位素分析结果，热水具有现代大气降水及地表水渗入来源特征，补给高程一般在 4860m 左右，与当地雪线及地表水系源头分布高程一致。来自念青唐古拉山的大量冰雪融水和大气降水沿断裂带渗入地下，不断补给地下深部含水层，在循环过程中不断与炽热的岩体进行水热交换，吸收岩体热量。由于热水产生密度差，造成自然上升流，上升热流体沿断层上行，在一个较封闭的裂隙系统形成高温热储。当流体上行受阻后，循环压力将向南东方向扩散，主流沿北西向南东方向水平运动形成浅层热储（图 11.4.2）。

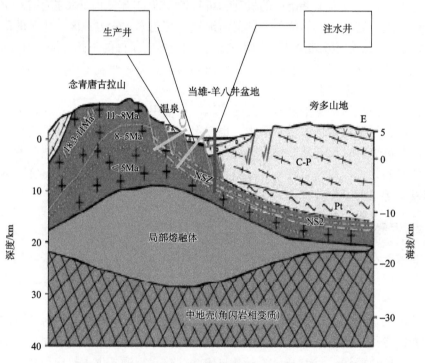

图 11.4.1 当雄-羊八井盆地地壳结构及构造样式图

根据已经揭示的羊八井热田深部地下熔融体的垂直展布形态与特征，我们进行了羊八井高温岩体地热区域的温度场分布有限元计算分析，其结果如图 11.4.3 所示。由图可见：念青唐古拉山下部熔融体及其上方地质体的温度分布特点是，熔融体温度在 500℃ 以上，在剖面水平方向长度约 180km，垂直方向高度为 20km。在熔融体的垂直上方的地质体中，温度梯度较大，达 4.5℃/100m。

根据 Wu 等（2007）和 Zhao 等（2008）的研究，当雄-羊八井盆地下熔融体北东向展布长度约 150km 以上，由此通过计算可以获得深部 7～18km 范围内的熔融体所蕴藏的地热资源量。按截面面积为 1200km^2、总体积为 18000km^3、平均温度 500℃、可提取的最低温度取为 150℃ 计算，求得总的地热能源量为 $5.4×10^9$MW·a。若考虑发电效率为 17%，则可发电量为 $0.92×10^9$MW·a。若按装机容量 5000 万 kW 计算，该能源量可供发电 1.8 万 a。由此可见，羊八井地区深部蕴藏着巨大的绿色能源，是亟待开发的最优质的接替能源。

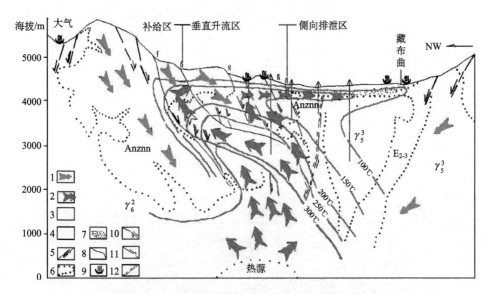

图 11.4.2　羊八井地热田地热水的形成和循环过程

1. 大气补给水；2. 上升热流水；3. 温度等值线；4. 第四系孔隙型热储；5. 基岩孔隙型浅热储；6. 深部似层状基岩裂隙型高温热储；7. 沸泉；8. 蒸汽地面；9. 地质界线；10. 滑离断层面；11. 正断层；12. 隐伏断层

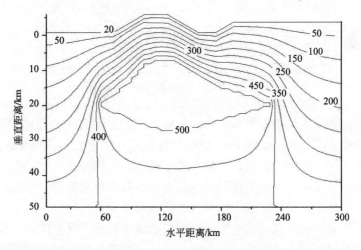

图 11.4.3　当雄-羊八井盆地含岩浆囊垂直剖面温度分布有限元分析结果

11.4.3　羊八井地热田现今构造地应力场特征

羊八井地区现今地应力状态，直接影响今后羊八井地热田深部热储层地热资源的开发利用。2001年李青山等在羊八井地区进行的地应力测量,他们采用压磁应力解除法,在羊八井地区布置了4个测点,分别位于堆龙曲右岸(Ybj1、Ybj2号测点)、堆龙曲左岸109国道的左侧(Ybj3、Ybj4号测点)。所测地层分别为中粗粒斜长花岗岩地层。尽管地表节理裂隙发育,但在地应力实测深度部位岩石相对完整。所测结果如表11.4.1和图11.4.4所示。

表11.4.1 羊八井地区地应力测量结果表

测点及编号	测量深度/km	水平主应力/MPa		最大水主应力方向
		最大	最小	
Ybj1	13	10.4	8.4	N70°E
Ybj2	12	5.7	2.8	N81°E
Ybj3	12	6.6	4.6	N45°E
Ybj4	11	3.3	2.5	N45°E

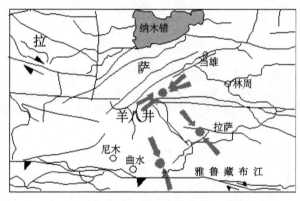

图11.4.4 羊八井地区地应力方向图

地应力测量结果表明,在羊八井地区最大水平主应力方向为NE-NEE向。最大水平主应力介于3.3~10.4MPa,最小水平主应力介于2.5~8.4MPa。震源机制解研究结果(图11.4.5)表明,虽然高原中南部应力场主压、主张应力方向与青藏高原的整体特征相符,但是地震发生类型与青藏高原周缘的挤压逆断层型地震完全不同,均属于东西向扩张力作用下的正断层型地震活动。特别是在羊八井高热流区附近,东西向扩张应力场在岩石圈应力场中起到主导性作用,推测其控制深度可达岩石圈底部100多公里处。青藏高原地热异常区在强烈的近东西向扩张应力场作用下,岩石圈东西向扩张并发生一系列大规模的正断层活动,致使深部软流圈高温热流可以沿着活动正断层及其形成的深裂隙上涌,穿过岩石圈到达地表面,形成了高温地热异常区。

地应力测量与震源机制解分析均清晰说明,羊八井地热田现今地应力场特征为最小水平主应力垂直于当雄-羊八井盆地走向,而最大水平主应力与盆地走向一致,这与念青唐古拉山东南侧岩体裂缝构造完全一致,说明羊八井地区古构造应力场与现今构造应力场特征是一致的,地应力方向也是一致的。这就为巧妙地利用地质构造与地应力方向特征设计开发深部干热岩地热方案提供了科学的基础。

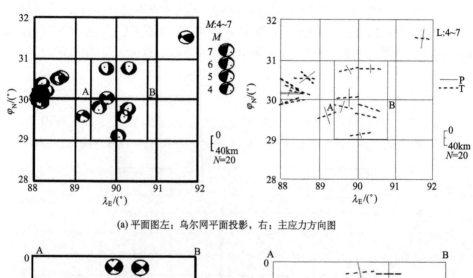

(a) 平面图左:乌尔网平面投影,右:主应力方向图

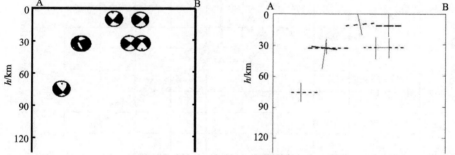

(b) 剖面图左:乌尔网平面投影,右:主应力方向图

图 11.4.5 羊八井地区震源机制解图(实线表示主压应力、虚线表示主张应力)

11.4.4 断层模式羊八井深部干热岩地热开采技术方案

根据图 11.4.1 所示的羊八井盆地干热岩模型,分析念青唐古拉山南坡与当雄-羊八井盆地间巨大岩体的呈阶梯状的构造样式可见,在 5～6km 及其以浅部位,发育有大倾角的正断层与大裂缝,倾角为 55°～70°,由念青唐古拉山顶峰向当雄-羊八井盆地形成了五个大型阶梯状正断层,间隔 4～6km。同时存在有大量倾向一致的小裂缝。其裂缝面沿当雄羊八井盆地走向水平展布,总体呈 NE 向展布。从当雄-羊八井盆地地应力测量结果和震源机制解分析知,其最小水平主应力垂直

于这些断层面和裂缝面。

当深度超过 6km 时，这些断层逐渐演化成倾角较小，十分平缓的剪切带或滑移带，其倾角为 15°～20°，其走向大致与熔融的岩浆囊轮廓一致。由念青唐古拉山南坡至当雄-羊八井盆地，再至旁多山地，断层面距地表的深度逐渐增加，如图 11.4.4 所示。F5 断层位于羊八井盆地中央，依次向念青唐古拉山南坡分别分布有 F4、F3、F2、F1 四个大断层。从图 11.4.6 可见，F1 至 F5 五条断层埋藏深度依次加深，垂直自重应力依次升高。按照裂缝的渗透系数计算公式（赵阳升等，1999d）：

$$k_f = k_{f0} \exp\left\{-b\left[\frac{\sigma_n - \beta p}{k_n}\right]\right\} \tag{11.4.1}$$

式中：k_{f0} 与 k_f 分别为裂缝不受力状态和受力状态下的渗透系数；b 为法向应力对裂缝的影响系数；β 为裂缝连通系数；k_n 为裂缝的法向刚度；σ_n 为裂缝法向应力。

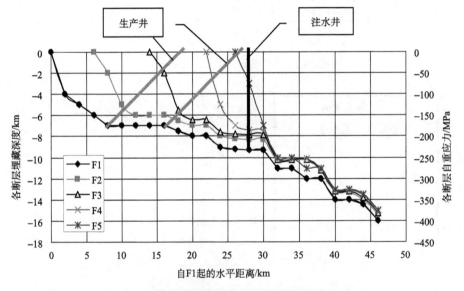

图 11.4.6　各断层埋藏深度变化，注水井和生产井的布置图

在裂缝相对平缓的区域，裂缝的法向应力基本等于自重应力，因此沿着各断层的倾斜方向向上，垂直自重应力在不断减小，裂缝渗透系数逐渐增大，即渗透阻力逐渐减小（图 11.4.7）。

1. 羊八井深层干热岩地热开采技术方案

以上述构造为基础，在羊八井盆地中央，F5 与 F4 断层中部，图 11.4.6 的水平距离 27～28km 处，施工一垂直井，深度约 9000m，进入 F1 至 F4 断层的近水平段，在 8500m 以浅，全部固井，在 8500～9000m 的 500m 段裸孔或花管护孔，做注水井。在注水井北侧，分别施工如图 11.4.6 和图 11.4.1 所示的两口斜井做生产井，它们分别穿越 F1、F2、F3、F4 断层。这样注水井、生产井与 F1 至 F5 断层则构成了完整的干热岩地热开采系统。由图 11.4.6 和图 11.4.1 可知，注水井与生产井所穿越的 F1、F2、F3、F4、F5 断层近水平剪切带区域的温度为 350~450℃，而且与熔融的岩浆囊相距仅 500~1000m。

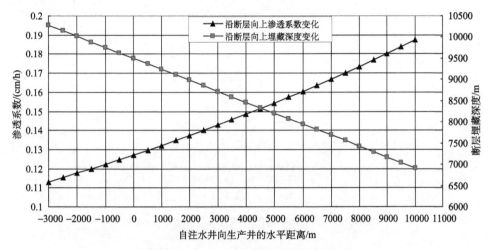

图 11.4.7　自注水井向生产井，断层渗透系数与埋藏深度的变化曲线

2. 干热岩地热开采期间渗流场形态分析

当从注水井向高温岩体注水时，深度 8500~9000m，其自重应力 210~225MPa，水的自重压力为 90MPa，则地面的注水压力为 130MPa。沿断层带向深部延伸，自重应力增加，渗透阻力增大，最主要的流向是沿断层向浅部延伸，其次是注入水会沿注水井向两侧水平渗流，在注入两个月时的渗流场如图 11.4.8 所示。

3. 人工储留层与资源量估算

由图 11.4.1 可见，在注水井与生产井采热的区段，其垂直高度为 4km，倾斜长度为 25km，两侧水平流动展布范围为 3km（单侧 1.5km），则有 $3\times10^{11}m^3$ 的破碎岩体可作为高温岩体地热开发的人工储留层，它是 1980~1988 年英国 Cornwall 干热岩地热开采建造的人工储留层 $8.25\times10^8m^3$ 的 360 倍，是法国 Soultz 建造的人工储留层 $3.2\times10^8m^3$ 的 937 倍，由此巧妙地利用天然断层带做人工储留层进行干热岩地热开采具有巨大的优势。

此外，由于最小水平主应力垂直于断层面，在高压水的作用下，裂缝的扩展方向总是垂直于最小主应力方向，因此无论是原生裂缝，还是新生的裂缝，都始终与倾斜的生产井相交，便于高温过热蒸汽沿生产井排至地面。

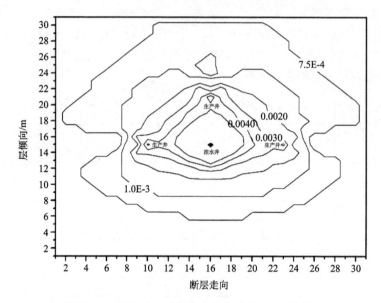

图 11.4.8　注水 60d 时的等流量线分布 q：$m^3/(m^2·d)$

该开采系统控制的资源量计算：花岗岩容重 2700kg/m³，比热容 1000J/(kg·℃)，按 150℃作为地热开采的最低限值，则可提取的热量按 250℃取值，由此获得该开采系统内的资源量为

$$3×10^{11}×2700×1000×250=63.4 亿 kW·a$$

按热量利用的 17%计算，则可发电量为 10.8 亿 kW·a，该资源量可建造 1 个 1000 万 kW 装机容量的电站，可发电 100 年。若考虑干热岩地热开采期间高温熔融体热量的不断传输，则该区域所能提取的地热资源量至少要增加 2～3 倍。

4. 工程实施与投资分析

开发深部高温岩体的地热资源关键技术是水平定向井的施工，其钻井费用也完全集中在水平井施工段。而按照本方案巧妙地利用了当雄羊八井盆地断层与构造带，减少了水平定向井的施工与人工储留层建造，既避免了水平井施工钻机具与技术难以跨越的障碍，又大量地节省了资金投入，该工程实施仅需借助常规的钻井装备与技术即可完成。

工程费用估算，钻井单价 8000 元/m，则钻井费用为

$$(10000+12500+12500)×8000 元/m=2.8 亿元$$

电厂的装机容量单价 77 美元/kW，则电厂的建设费用为

$$77×8×1000000kW=6.16 亿元$$

由于工程较大，有一定风险，因此预留不可预计经费 1 亿元。

上述两项合计 10 亿元投资，可建造一座 100 万 kW 的干热岩地热电站，年发电量 864 亿 kW·h。

11.5　干热岩地热开发工程的国际新进展

地热能源的利用越来越受到各国的重视，并不断地投入巨资进行地热开发，尤其是深层干热岩地热（有时也称 EGS 地热），据报道，至 2015 年，全世界地热发电的装机总容量达 1.85 万 MW，比 2010 年净增加 8000MW，增加 73%。而 2010 年与 2005 年相比，仅增加 20%，清楚地表明，全世界地热开发与利用呈加速增加的趋势。

11.5.1　法国 EGS 地热开发

从 20 世纪 80 年代起，法国和德国合作，在法国的上莱茵河地堑开发深层地热，称为干热岩地热或 EGS 地热，其地热开发现场如图 11.5.1 所示。1984~2010 年，主要在苏茨（Soultz）的 Bruchsal、INsheim、Landau 等地实施，这是法国以发电为目标的增强型地热开发计划，采用双工质循环发电系统，装机 2.2MWe。

图 11.5.1　法国干热岩地热开发现场位置图

该计划主要施工 4 口钻井，GPK-1、GPK-2、GPK-3、GPK-4。4 口钻井在深部均与几个断层相交，如此即以天然裂隙带（断层带）构造了 EGS 开发热交换人工储层，如图 11.5.2 所示。

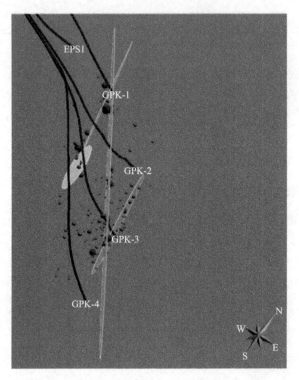

图 11.5.2　GPK-1～GPK-4 与断层交叉关系

2009 年 11 月至 2011 年 10 月，连续实施了近 2 年的干热岩地热开发的循环运行，以 GPK-1 和 GPK-2 注水，共计产出过热水 50 万方，温度均在 164℃以上，产出流量为 18L/s，即 64.8t/h，期间诱发 400 余次微震，注水井地面的压力在 20～50bar，随注水时间的延续，其压力呈非常缓慢的增加趋势，最高达 50bar。

2011 年在法国的两家公司支持下，实施了 ECOGI 深层地热开发计划，工程仍位于上莱茵河地堑，在里泰尔索方（Rittershoffen），这个工程是基于沉积岩和火成岩交界的构造开发地热能的，2012～2014 年施工了 2 口钻井 GRT-1 和 GRT-2，其深度均在 2.6km。两口钻井在孔底段均与里泰尔索方正断层相交。GRT-1 在沉积岩与花岗岩交界处的 300m，花岗岩的 300m 段下筛管，由于 GRT-1 初始渗透性较差，仅 0.5L/(s·bar)，对 GRT-1 钻孔实施了压力、热和化学刺激工程，使其渗透系数达到 2.5L/(s·bar)。GRT-2 钻井在沉积岩和火成岩的交界段 350m 的砂岩和 700m 的花岗岩段下筛管，测量其渗透系数为 3L/(s·bar)，两孔孔底相距 1km。

ECOGI 计划的地热开采试验于 2016 年夏实施，工业开发达 24MW，生产井流量达 70L/s，即 252t/h，水温达 160℃以上，如图 11.5.3 所示。

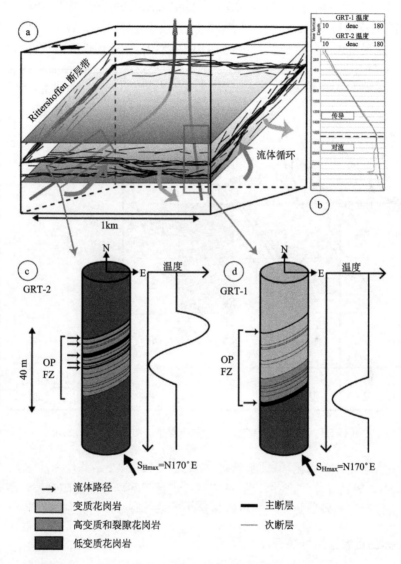

图 11.5.3 Rittershoffen GRT-1、GRT-2 钻井与可渗透断层交叉的概念图（Vidal et al., 2017）

11.5.2 美国沙漠峰干热岩地热开发

美国北部的内华达州的沙漠峰（Desert Peak）是一个地热显现很好的热田，为此美国能源部选定沙漠峰区作为 EGS 开发试验区，该热储区有多条断层及断层带交汇（图 11.5.4），在该区的 Desert Peak 断层带与 Rhyolite Ridge 断层转弯处，施工钻井 77-21、74-21、22-22、27-15、35-13、21-2、21-1 等多个钻井，钻井深度 1000～1500m，其孔底段分别与几个断层相交。美国能源部以 27-15 钻井的 930～1085m 段作为 EGS 的压裂段，进行压裂，钻井 27-15 的该段原始渗透系数为 0.1L/(s·MPa)，经过压裂处置，该段的渗透系数达到 19.2L/(s·MPa)，连通性变得很好。

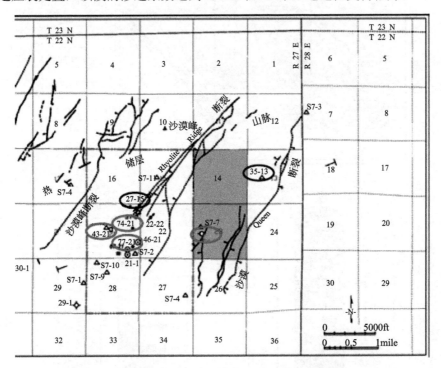

图 11.5.4　沙漠峰干热岩开发钻井布置平面图（Lutz et al., 2010）

干热岩地热开采水循环试验，选择 27-15、22-22、21-2 钻井作为注水井，74-21、77-21、21-1 等钻井作生产井（图 11.5.5），进行干热岩地热能的开发，取得很好的效果，该区干热岩地热发电装机容量达 10MW。

11.5.3　冰岛近岩浆层地热开发

由于较低温度的干热岩地热温度较低，热焓低，发电效率低，利用冰岛的有利条件，冰岛的三个能源公司联合，于 2000 年提出了 IDDP 计划，该计划的基本概念是钻井至超临界条件的地热资源（即>374℃，221bar）。

2009 年在 Krafla 实施 IDDP 计划的第一口钻井 IDDP-1，钻井至 2100m 深度，钻头与 900℃的岩浆相交而停止。到 2011 年 11 月，保持了 10～12kg/s 的干的超临界蒸汽，温度达到 450℃，压力达到 140bar，热焓达到 3200kJ/kg，其热容量达

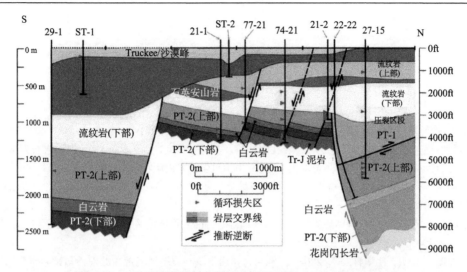

图 11.5.5 沙漠峰地热开发钻井布置平面图（Lutz et al., 2010）

35MW，该钻孔施工至一个岩浆房之上，开发出了全世界最高温度的 EGS 地热系统。2012 年 IDDP-1 井进入生产阶段，在 Krafla 建一座 60MW 的干热岩地热电站。

2016 年 8 月，在 RN-15 钻井的基础上，从 2500m 深度开始延深，称为 IDDP-2 井，该钻井在冰岛西南的 Reykjanes 地区，该地区 1000～2500km 深度，地层温度小于 300℃，2017 年 1 月 25 日，钻井完成，垂深 4500m，钻孔延伸 4700m，实测孔底温度 535℃，流体压力 34MPa，2017 年 1 月，实施了 6 天的水循环试验，流体温度 420℃，压力 34MPa。真正的热循环试验计划于 2019 年完成。该钻井在 3～5km 深度施工中，微震活动频繁，如图 11.5.6 所示。

冰岛计划在 Hellisheidi 实施 IDDP-3 钻井。

图 11.5.6 Reykjanes 地热田概览和 IDDP-2 钻井和轨迹

参 考 文 献

白矛, 刘天泉, 1999. 孔隙裂隙弹性理论及应用导论. 北京: 石油工业出版社.

白武明, 王中言, 方华, 等, 1999. 砂岩孔隙结构及其同孔隙度、渗透率的关系//中国岩石力学与工程学会第四次学术大会论文集. 北京: 中国科学技术出版社: 160-166.

彼得·万·米尔斯, 埃里克·彼里·迪, 罗费格纳克, 等, 1992-03-25. 加热油页岩的采油方法: CN1016001B.

柴军瑞, 仵彦卿, 2000. 岩体渗流场与应力场耦合分析的多重裂隙网络模型. 岩石力学与工程学报, 19(6): 712-717.

常宗旭, 赵阳升, 胡耀青, 等, 2004. 三维应力作用下单一裂缝渗流规律的理论与试验研究. 岩石力学与工程学报, 23(4): 620-624.

陈家镛, 2005. 湿法冶金手册. 北京: 冶金工业出版社.

陈晋南, 2004. 传递过程原理. 北京: 化学工业出版社.

陈懋章, 2002. 粘性流体动力学基础. 北京: 高等教育出版社.

陈勉, 金衍, 张广清, 2008. 石油工程岩石力学. 北京: 科学出版社.

陈鹏, 2001. 中国煤炭性质、分类和利用. 北京: 化学工业出版社.

陈平, 唐修义, 2001. 低温氮吸附方法与煤中微孔隙特征的研究. 煤炭学报, 26(5): 552-556.

陈顒, 黄庭芳, 2001. 岩石物理学. 北京: 北京大学出版社.

陈顒, 吴晓东, 张福勤, 1999. 岩石热开裂的实验研究. 科学通报, 44(8): 880-883.

陈钟秀, 顾飞燕, 胡望明, 2001. 化工热力学. 北京: 化学工业出版社.

谌伦建, 吴忠, 秦本东, 等, 2005. 煤层顶板砂岩在高温下的力学特性及破坏机理. 重庆大学学报(自然科学版), 28(5): 123-126.

程瑞端, 陈海焱, 鲜学福, 等, 1998. 温度对煤样渗透系数影响的试验研究. 煤炭工程师, 1: 13-16.

程远方, 吴百烈, 袁征, 等, 2013. 煤层气井水力压裂"T"型缝延伸模型的建立及应用. 煤炭学报, 38(8): 1430-1434.

杜尔, 余申翰, 1989. 美国瓦斯研究总结. 煤矿安全, (11).

杜守继, 刘华, 职洪涛, 等, 2004. 高温后花岗岩力学性能的试验研究. 岩石力学与工程学报, 23(14), 2359-2364.

段百齐, 王树众, 沈林华, 等, 2006. 干法压裂技术在实施中的经济分析. 天然气工业, 26(8): 104-106.

段康廉, 冯增朝, 赵阳升, 等. 2002. 低渗透煤层钻孔与水力割缝瓦斯排放的实验研究. 煤炭学报, 27(1): 50-53.

段康廉, 赵阳升, 胡耀青, 1995. 孔隙水压引起煤体固结变形的研究. 煤炭学报, 20(2): 139-143.

段钰锋, 周毅, 陈晓平, 等, 2005. 煤气化半焦的孔隙结构. 东南大学学报(自然科学版), 35(1):

135-139

樊栓狮, 于驰, 郎雪梅, 等, 2018. 与海洋天然气水合物微纳米尺度赋存和开采储存技术有关的研究进展. 地球科学, 43(5): 1542-1548.

冯康, 1978. 数值计算方法. 北京: 国防工业出版社.

冯康, 石钟慈, 1981. 弹性结构的数学理论. 北京: 科学出版社.

冯林永, 雷霆, 张家敏, 等, 2007. 褐煤干馏试验研究. 云南冶金, 36(6): 29-32.

冯夏庭, 2000. 智能岩石力学导论. 北京: 科学出版社.

冯彦军, 康红普, 2013. 水力压裂起裂与扩展分析. 岩石力学与工程学报, 32(z2): 3169-3179.

冯增朝, 2008. 低渗透煤层瓦斯强化抽采理论与应用. 北京: 科学出版社.

冯增朝, 赵阳升, 2003a. 岩石非均质性与冲击倾向的相关规律研究. 岩石力学与工程学报, 22(11): 1863-1865.

冯增朝, 赵阳升, 2003b. 岩体裂隙分维数与岩体强度的相关性研究. 岩石力学与工程学报, 22(S1): 2180-2182.

冯增朝, 赵阳升, 段康廉, 2004. 岩石的细胞元特性及其非均质分布对岩石全曲线性态的影响. 岩石力学与工程学报, 23(11): 1819-1823.

冯增朝, 赵阳升, 吕兆兴, 2006a. 强随机分布裂隙介质的二维逾渗规律研究. 岩石力学与工程学报, 25(S2): 3904-3908.

冯增朝, 赵阳升, 吕兆兴, 2007. 二维空隙裂隙双重介质逾渗规律研究. 物理学报, 56(5): 2796-2801.

冯增朝, 赵阳升, 吕兆兴, 等, 2009-04-29. 加热煤层抽采煤层气的方法: CN101418679.

冯增朝, 赵阳升, 文再明, 2005a. 煤岩体孔隙裂隙双重介质逾渗机理研究. 岩石力学与工程学报, 24(2): 236-240.

冯增朝, 赵阳升, 文再明, 2005b. 岩体裂缝面数量三维分形分布规律研究. 岩石力学与工程学报, 24(4): 601-609.

冯增朝, 赵阳升, 杨栋, 等, 2005c. 割缝与钻孔排放煤层气的大煤样试验研究. 天然气工业, 25(3): 127-129.

冯增朝, 赵阳升, 杨栋, 等, 2006b. 瓦斯排放与煤体变形规律试验研究. 辽宁工程技术大学学报, 25(1): 21-23.

冯子军, 赵阳升, 2015. 煤的热解破裂过程——孔裂隙演化的显微 CT 细观特征. 煤炭学报, 40(1): 103-108.

冯子军, 赵阳升, 万志军, 等, 2010a. 热力耦合作用下无烟煤变形过程中渗透特性. 煤炭学报, 35(S): 86-90.

冯子军, 赵阳升, 张渊, 等, 2014. 热破裂花岗岩渗透率变化的临界温度. 煤炭学报, 39(10): 1987-1992.

冯子军, 赵阳升, 赵金昌, 等, 2010b. 高温4000m静水压力下钻进过程中花岗岩体变形特征. 岩石力学与工程学报, 29(z2): 4108-4112.

傅雪海, 秦勇, 等, 2003. 多相介质煤层气储层渗透率预测理论与方法. 徐州: 中国矿业大学出版社.

高澜庆, 刘庭楷, 王保申, 等, 1996. 液压凿岩机主要工作参数对凿岩速度影响的实验研究. 凿

岩机械气动工具, (4): 52-54

高志亮, 段玉秀, 吴金桥, 等, 2013. 酸性交联 CO_2 泡沫压裂液起泡剂的研制及其性能研究. 钻井液与完井液, 30(5): 79-81.

葛传鼎, 1985. 关于在孔隙介质中水驱气的机理. 天然气勘探与开发, (2).

葛家理, 2003. 现代油藏渗流力学原理. 北京: 石油工业出版社.

宫长利, 2009. 二氧化碳泡沫压裂理论及工艺技术研究. 成都: 西南石油大学.

龚钢延, 谢原定, 1989. 岩石渗透率变化的实验研究. 岩石力学与工程学报, 8(3): 219-227.

古德生, 李夕兵, 等, 2006. 现代金属矿床开采科学技术. 北京: 冶金工业出版社.

谷超豪, 李大潜, 陈恕行, 等, 2012. 数学物理方程. 3 版. 北京: 高等教育出版社.

顾小愚, 2009. 低阶煤热力改性提质加工的研究. 洁净煤技术, 15(1): 89-92.

郭德勇, 韩德馨, 冯志亮, 1998. 围压下构造煤的孔隙度和渗透率特征实验研究. 煤田地质与勘探, 26(4): 31-34

郭尚平, 黄延章, 周娟, 等, 1990. 物理化学渗流-微观机理. 北京: 科学出版社.

郭尚平, 李士伦, 杜志敏, 等, 2002. 低渗透油藏注气提高采收率评价. 西南石油学院学报, 24(5): 46-50.

郭尚平, 刘慈群, 黄延章, 等, 1986. 渗流力学的新发展. 力学进展, 16(4): 441-454.

郭尚平, 张胜宗, 桓冠仁, 等, 1996. 渗流研究和应用的一些动态. 北京: 石油工业出版社.

国家自然科学基金委员会, 1997. 冶金与矿业学科——自然科学学科发展战略调研报告. 北京: 科学出版社.

国家自然科学基金委员会工程与材料科学部, 2006. 学科发展战略研究报告(2006 年—2010 年): 矿产资源科学与工程. 北京: 科学出版社.

韩德馨, 1996. 中国煤岩学. 徐州: 中国矿业大学出版社.

韩烈祥, 2013. CO_2 干法加砂压裂技术试验成功. 钻采工艺, 36(5): 99.

韩学辉, 楚泽涵, 张元中, 2005. 岩石热开裂及其在工程学上的意义. 石油实验地质, 27(1): 98-100.

郝琦, 1987. 煤的显微孔隙形态特征及其成因探讨. 煤炭学报, 12(4): 51-57.

贺军, 赵阳升, 张文, 等, 1993. 煤与瓦斯突出的软化分析与失稳研究. 工程力学, 10(2): 79-87.

侯渭, 周文戈, 谢鸿森, 等, 2004. 高温高压岩石粒间熔体(和流体)形态学及其研究进展. 地球科学进展, 19(5): 767-773.

侯祥麟, 1984. 中国页岩油工业. 北京: 石油工业出版社.

胡耀青, 段康廉, 张文, 等, 1990. 孔隙水压对煤体变形特性影响的研究. 山西矿业学院学报, 8(2): 419-426.

胡耀青, 段康廉, 赵阳升, 1998a. 煤层动压注水的现场实验研究. 太原理工大学学报, 29(2): 156-158, 162.

胡耀青, 段康廉, 赵阳升, 等, 1998b. 煤层注水降低综采工作面煤尘浓度的研究. 中国安全科学学报, 8(3): 47-50.

胡耀青, 严国超, 石秀伟, 2008. 承压水上采煤突水监测预报理论的物理与数值模拟研究. 岩石力学与工程学报, 27(1): 9-15.

胡耀青, 杨栋, 赵阳升, 等, 2000a. 矿区突水监控理论及模型. 煤炭学报, 25(s1): 130-133.

胡耀青, 赵阳升, 杨栋, 2007. 三维固流耦合相似模拟理论与方法. 辽宁工程技术大学学报, 26(2): 204-206

胡耀青, 赵阳升, 杨栋, 等, 2000b. 承压水上采煤突水的区域监控理论与方法. 煤炭学报, 25(3): 252-255.

胡耀青, 赵阳升, 杨栋, 等, 2002. 煤体的渗透性与裂隙分维的关系. 岩石力学与工程学报, 21(10): 1452-1456.

胡耀青, 赵阳升, 杨栋, 等, 2003a. 带压开采顶板破坏规律的三维相似模拟研究. 岩石力学与工程学报, 22(8): 1239-1243

胡耀青, 赵阳升, 杨栋, 等, 2003b. 煤体的渗透性与裂隙分维的关系. 岩石力学与工程学报, 21(10): 1452-1456.

胡耀青, 赵阳升, 杨栋, 等, 2010. 温度对褐煤渗透特性影响的试验研究. 岩石力学与工程学报, 29(8): 1585-1590.

胡英, 1999. 物理化学. 4 版. 北京: 高等教育出版社.

黄荣樽, 1981. 水力压裂裂缝的起裂和扩展. 石油勘探与开发, 5: 62-74.

黄万志, 林元华, 1997. 冲击回转钻具的能量传递和参数选择. 西南石油学院学报, 19(4): 69-73.

黄运飞, 孙广忠, 成彬芳, 1993. 煤-瓦斯介质力学. 北京: 煤炭工业出版社.

霍广新, 1994. 地热开采系统的工艺形式. 新能源, 16(8): 7-11.

姜波, 秦勇, 金法礼, 1997. 煤变形的高温高压实验研究. 煤炭学报, 22(1): 80-84.

姜元勇, 徐曾和, 2006. 填充床中气体流动与气固反应的相互作用. 化工学报, 57(9): 2091-2098.

姜振泉, 季梁军, 左如松, 等, 2002. 岩石在伺服条件下的渗透性与应变、应力的关联性特征. 岩石力学与工程学报, 21(10): 1442-1446.

蒋海昆, 张流, 周永胜, 2000. 不同温度条件下花岗岩变形破坏及声发射时序特征. 地震, 20(3): 87-94.

蒋生健, 2004. 稠油热力开采理论与工艺技术. 北京: 石油工业出版社.

靳钟铭, 赵阳升, 贺军, 等, 1991a. 含瓦斯煤层力学特性的实验研究. 岩石力学与工程学报, 10(3): 271-280.

靳钟铭, 赵阳升, 张惠轩, 等, 1991b. 预注水软化顶板岩石在特厚煤层多分层开采中的实践. 岩土工程学报, 13(1): 68-74.

康健, 2004. 随机介质固热耦合数学模型与岩石热破裂数值实验. 阜新: 辽宁工程技术大学.

康健, 2008. 岩石热破裂的研究及应用. 大连: 大连理工大学出版社.

康健, 赵明鹏, 梁冰, 2005a. 高温下岩石力学性质的数值试验研究. 辽宁工程技术大学学报, 24(5): 683-685.

康健, 赵明鹏, 赵阳升, 2004a. 随机非均质热弹性力学模型与岩石热破裂门槛值的数值试验研究. 岩石力学与工程学报, 23(14): 2331-2335.

康健, 赵明鹏, 等, 2004b. 非均质细胞元随机分布对高温岩石介质中裂纹扩展影响的数值试验研究. 岩石力学与工程学报, 23(z2): 4898-4901.

康健, 赵明鹏, 赵阳升, 等, 2005b. 随机介质固热耦合模型与高温岩体地热开发人工储留层二次破裂数值模拟. 岩石力学与工程学报, 24(6): 969-974.

康健, 赵阳升, 赵峥嵘, 2009. 随机介质固热耦合模型平面轴对称问题的解析解. 辽宁工程技术大学学报(自然科学版), 28(3): 404-406.
康天合, 赵阳升, 靳钟铭, 1995. 煤体裂隙尺度分布的分形研究. 煤炭学报, 20(4): 393-398.
康志勤, 2008. 油页岩热解特性及原位注热开采油气的模拟研究. 太原: 太原理工大学.
康志勤, 吕兆兴, 杨栋, 等, 2008a. 油页岩原位注蒸汽开发的固-流-热-化学耦合数学模型. 西安石油大学学报(自然科学版), 23(4): 30-34.
康志勤, 赵建忠, 赵阳升, 2006. 冻土带天然气水合物稳定性研究. 辽宁工程技术大学学报 (自然科学版), 25(2): 290-293.
康志勤, 赵阳升, 孟巧荣, 等, 2009. 油页岩热破裂规律显微CT实验研究. 地球物理学报, 52(3): 842-848.
康志勤, 赵阳升, 杨栋, 2008b. 利用原位电法加热技术开发油页岩的物理原理及数值分析. 石油学报, 29(4): 592-595, 600.
康志勤, 赵阳升, 杨栋. 2010. 油页岩热破裂规律分形理论研究. 岩石力学与工程学报, 29(1): 90-96.
孔祥言, 1999. 高等渗流力学. 合肥: 中国科学技术大学出版社.
孔祥言, 李道伦, 徐献芝, 等, 2005. 热-流-固耦合渗流的数学模型研究. 水动力学研究与进展, 20(2): 269-275.
寇绍全, 1987. 热开裂损伤对花岗岩变形及破坏特性的影响. 力学学报, 19(6): 550-555.
郎兆新, 2001. 油气地下渗流力学. 东营: 石油大学出版社.
李栋梁, 2004. 微波作用下天然气水合物分解特性研究. 广州: 广州能源研究所.
李方全, 李延美, 王恩福, 等, 1984. 水压致裂发原地应力测量试验//国家地震局地震地质大队情报室, 地应力研究文集. 北京: 地震出版社: 9-17.
李洪桂, 等, 2002. 湿法冶金学. 长沙: 中南大学出版社.
李金龙, 林骏, 2004. 井下原地溶浸技术试验研究. 铜业工程, 4: 1-3.
李庆辉, 陈勉, 金衍, 等, 2012. 新型压裂技术在页岩气开发中的应用. 特种油气藏, 19(6): 1-7.
李文涛, 郭博婷, 赵建忠, 2016. 煤层气在多孔介质填充管线反应器中的水合实验研究. 煤炭学报, 41(4): 871-875.
梁冰, 高红梅, 兰永伟, 2005. 岩石渗透率与温度关系的理论分析和试验研究. 岩石力学与工程学报, 24(12): 2009-2012.
梁冰, 章梦涛, 潘一山, 等, 1995. 煤和瓦斯突出的固流耦合失稳理论. 煤炭学报, (5): 492-496.
梁卫国, 2004. 盐类矿床水压致裂水溶开采的多场耦合理论及应用研究. 太原: 太原理工大学.
梁卫国, 2007. 盐类矿床控制水溶开采理论及应用. 北京: 科学出版社.
梁卫国, 赵阳升, 2002. 盐类矿床群井水力压裂致连通理论与实践. 岩石力学与工程学报, 21(z2): 2579-2582.
梁卫国, 赵阳升, 2004. 岩盐力学特性的试验研究. 岩石力学与工程学报, 23(3): 391-394.
梁卫国, 李志萍, 赵阳升, 2003a. 盐矿水溶开采室内试验的研究. 辽宁工程技术大学学报, 22(1): 54-57.
梁卫国, 徐素国, 李志萍, 等, 2004a. 盐矿水溶开采固-液-热-传质耦合数学模型与数值模拟. 自然科学进展, 14(8): 945-949.
梁卫国, 徐素国, 赵阳升, 2004b. 损伤岩盐高温再结晶剪切特性的试验研究. 岩石力学与工程学报, 23(20): 3413-3417.
梁卫国, 徐素国, 赵阳升, 2006a. 钙芒硝盐岩溶解渗透力学特性研究. 岩石力学与工程学报, 25(5): 951-955.
梁卫国, 徐素国, 赵阳升, 等, 2006b. 盐岩蠕变特性的试验研究. 岩石力学与工程学报, 25(7): 1386-1390.
梁卫国, 杨栋, 赵阳升, 等, 2003b. 运城盐湖晶质芒硝矿层群井致裂连通开采. 中国井矿盐, 34(6): 23-26.
梁卫国, 赵阳升, 杜新生, 等, 2003c. 盐类矿床群井致裂连通理论及试验研究. 化工矿物与加工, 32(1): 23-25, 29.
梁卫国, 赵阳升, 李志萍, 2003d. 盐岩水压致裂溶解耦合数学模型与数值模拟. 岩土工程学报, 25(4): 427-430.
梁卫国, 赵阳升, 李志萍, 2003e. 盐类矿床群井控制水溶开采溶腔变形数值模拟. 化工矿物与加工, 32(3): 16-19.
梁卫国, 赵阳升, 徐素国, 2004c. 240℃内盐岩物理力学特性的实验研究. 岩石力学与工程学报, 23(14): 2365-2369.
梁卫国, 赵阳升, 徐素国, 等, 2005. 盐岩矿床水平峒室型油气储库及其建造方法: ZL200510012470.0.
林柏泉, 周世宁, 1987. 煤样瓦斯渗透率的实验研究. 中国矿业学院学报, 1: 21-28.
林睦曾, 1991. 岩石热物理学及其工程应用. 重庆: 重庆大学出版社.
刘大有, 1994. 关于二相流、多相流、多流体模型和非牛顿流等概念的探讨. 力学进展, 24(1): 66-74.
刘德勋, 王红岩, 郑德温, 等, 2009, 世界油页岩原位开采技术进展, 天然气工业, 29(5): 128-132.
刘合, 王峰, 张劲, 等, 2014. 二氧化碳干法压裂技术——应用现状与发展趋势. 石油勘探与开发, 41(4): 466-472.
刘嘉麒, 1999. 中国火山. 北京: 科学出版社.
刘建军, 冯夏庭, 2003. 我国油藏渗流-温度-应力耦合的研究进展. 岩土力学, 24(z): 645-650.
刘金祥, 林山, 1992. 钻孔地浸法采金试验. 世界采矿快报, 5: 16-17.
刘磊, 梁冰, 薛强, 等, 2008. 水相作用下填埋场气体迁移数值仿真及参数灵敏性研究. 系统仿真学报, 20(22): 6114-6117.
刘连峰, 王泳嘉, 1997. 三维节理岩体计算模型的建立. 岩石力学与工程学报, 16(1): 36-42.
刘泉声, 许锡昌, 山口勉, 等, 2001. 三峡花岗岩与温度及时间相关的力学性质试验研究. 岩石力学与工程学报, 20(5): 715-719.
刘伟, 范爱武, 黄晓明, 2006. 多孔介质传热传质理论与应用. 北京: 科学出版社.
刘晓丽, 梁冰, 王思敬, 等, 2005. 水气二相渗流与双重介质变形的流固耦合数学模型. 水利学报, 36(4): 405-412.
刘亚晨, 席道瑛, 2003. 核废料贮存裂隙岩体中THM耦合过程的有限元分析. 水文地质工程地质, 3: 81-86.
刘招君, 董清水, 叶松青, 等, 2006. 中国油页岩资源现状. 吉林大学学报(地球科学版), 36(6):

869-876.

刘正和, 赵阳升, 弓培林, 等, 2011. 回采巷道顶板大深度切缝后煤柱应力分布特征. 煤炭学报, 36(1): 18-23.

刘中华, 康殿海, 赵阳升, 2007. 钙芒硝岩盐溶解机理的实验研究. 化工矿物与加工, 36(2): 4-6.

刘中华, 杨栋, 薛晋霞, 等, 2006. 干馏后油页岩渗透规律的实验研究. 太原理工大学学报, 37(4): 414-416.

卢静生, 李栋梁, 何勇, 等, 2017. 天然气水合物开采过程中出砂研究现状. 新能源进展, 5(5): 394-402.

罗焕炎, 陈雨孙, 1988. 地下水运动的数值模拟. 北京: 中国建筑工业出版社.

罗志明, 1989. 煤比表面积和煤与瓦斯突出关系的研究. 煤炭学报, 14(1): 44-54.

骆祖江, 陈艺南, 付延玲, 2001. 水-气二相渗流耦合模型全隐式联立求解. 煤田地质与勘探, 29(6): 36-38.

吕兆兴, 冯增朝, 赵阳升, 2005. 孔隙介质中渗流团分形维数的模拟计算方法. 地下空间与工程学报, 1(6): 870-873.

吕兆兴, 冯增朝, 赵阳升, 2007. 孔隙介质三维逾渗机制数值模拟研究. 岩石力学与工程学报, 26(z2): 4019-4023.

马光第, 赵阳升, 段康廉, 等, 1990. 煤体渗透性及其应用的研究. 山西矿业学院学报, 8(3): 145-164.

马健, 张春龙, 2008. CO_2 压裂技术在杏南试验区的应用研究. 大庆石油地质与开发, 27(3): 98-101.

马荣骏, 2007. 湿法冶金原理. 北京: 冶金工业出版社.

孟巧荣, 赵阳升, 胡耀青, 2013. 微焦点显微CT在煤岩热解中的应用. 煤炭学报, 38(3): 430-434.

孟巧荣, 赵阳升, 胡耀青, 等, 2011a. 褐煤热破裂的显微 CT 实验. 煤炭学报, 36(5): 855-860.

孟巧荣, 赵阳升, 胡耀青, 等, 2011b. 焦煤孔隙结构形态的实验研究. 煤炭学报, 36(3): 487-490.

孟巧荣, 赵阳升, 于艳梅, 等, 2010. 不同温度下褐煤裂隙演化的显微 CT 试验研究. 岩石力学与工程学报, 29(12): 2475-2483.

潘晓梅, 沈文刚, 2005. 二氧化碳压裂增产技术在低渗透油田的尝试. 特种油气藏, 12(6): 85-87.

潘一山, 唐巨鹏, 李成全, 2008. 煤层中气水两相运移的NMRI 试验研究. 地球物理学报, 51(5): 1620-1626.

彭英利, 马承愚, 2005. 超临界流体技术应用手册. 北京: 化学工业出版社.

钱家麟, 尹亮, 王剑秋, 等, 2008. 油页岩——石油的补充能源. 北京: 中国石化出版社.

钱伟长, 叶开沅, 1957. 弹性力学. 北京: 科学出版社.

钱学森, 2007. 物理力学讲义. 上海: 上海交通大学出版社.

秦积舜, 李爱芬, 2003. 油层物理学. 东营: 石油大学出版社.

秦勇, 徐志伟, 张井, 1995. 高煤级煤孔径结构的自然分类及其应用. 煤炭学报, 20(3): 266-271.

秦允豪, 1999. 热学. 北京: 高等教育出版社.

曲方, 2007. 原位状态煤体热解及力学特性的实验研究. 徐州: 中国矿业大学.

任建喜, 葛修润, 2001. 单轴压缩岩石损伤演化细观机理及其本构模型研究. 岩石力学与工程学报, 20(4): 425-431.

任祥军, 1996. 低煤阶煤的干燥进展. 煤炭加工与综合利用, (4): 85-87.

申晋, 赵阳升, 段康廉, 1997. 低渗透煤岩体水力压裂的数值模拟. 煤炭学报, 22(6): 580-585.

盛金昌, 2006. 多孔介质流-固-热三场全耦合数学模型及数值模拟. 岩石力学与工程学报, 25(z1): 3028-3033.

施明恒, 虞维平, 王补宣, 1994. 多孔介质传热传质研究的现状和展望. 东南大学学报(自然科学版), 24(s1), 1-7.

石必明, 2000. 易自燃煤低温氧化和阻化的微观结构分析. 煤炭学报, 25(3): 294-298.

石定贤, 赵建忠, 赵阳升, 2006a. 煤层气固态储运的可行性. 天然气工业, 26(4): 109-111.

石定贤, 赵建忠, 赵阳升, 2006b. 水合物合成喷雾强化机理研究. 辽宁工程技术大学学报, 25(1): 131-133.

苏承东, 郭文兵, 李小双, 2008. 粗砂岩高温作用后力学效应的试验研究. 岩石力学与工程学报, 27(6): 1162-1170.

孙钧, 汪炳鉴, 1988. 地下结构有限元法解析. 上海: 同济大学出版社.

孙可明, 梁冰, 王锦山, 2001. 煤层气开采中两相流阶段的流固耦合渗流. 辽宁工程技术大学学报(自然科学版), 20(1): 36-39.

孙可明, 赵阳升, 杨栋, 2008. 非均质热弹塑性损伤模型及其在油页岩地下开发热破裂分析中的应用. 岩石力学与工程学报, 27(1): 42-52.

孙讷正, 1981. 地下水流的数学模型与数值方法. 北京: 地质出版社.

孙培德, 鲜学福, 1999. 煤层气越流的固气耦合理论及其应用. 煤炭学报, 24(1): 60-64.

孙天泽, 1996. 高围压条件下岩石力学性质的温度效应. 地球物理学进展, 11(4): 63-70.

孙卫, 曲志浩, 李劲峰, 1999. 安塞特低渗透油田见水后的水驱油机理及开发效果分析. 石油实验地质, 21(3): 256-260.

孙鑫, 杜明勇, 韩彬彬, 等, 2017. 二氧化碳压裂技术研究综述. 油田化学, 34(2): 374-380.

孙业志, 吴爱祥, 黎剑华, 2001. 微生物在铜矿溶浸开采中的应用. 金属矿山, (1): 3-5, 8.

谭凯旋, 王清良, 胡鄂明, 等, 2005. 原地溶浸开采中的多过程耦合作用与反应前锋运动: 1. 理论分析. 铀矿冶, 24(1): 14-18.

唐良广, 冯自平, 李小森, 等, 2006. 海洋渗漏型天然气水合物开采的新模式. 能源工程, 1: 15-18.

陶振宇, 1981. 岩石力学的理论与实践. 北京: 水利出版社: 38-54.

天津大学物理化学教研室, 2001. 物理化学. 4版. 北京: 高等教育出版社.

田志坤, 1989. 地热钻井用钻头. 探矿工程(岩土钻掘工程), (6): 64-66.

万志军, 2006. 非均质岩体热力耦合作用及煤炭地下气化通道稳定性研究. 徐州: 中国矿业大学.

万志军, 赵阳升, 董付科, 等, 2008. 高温及三轴应力下花岗岩体力学特性的实验研究. 岩石力学与工程学报, 27(1): 72-77.

万志军, 赵阳升, 康建荣, 2005. 高温岩体地热资源模拟与预测方法. 岩石力学与工程学报, 24(6): 945-949.

王成辉, 徐珏, 黄凡, 等, 2014. 中国金矿资源特征及成矿规律概要. 地质学报, 88(12): 2315-2325.

王成勇, 刘培德, 胡荣生, 1990. 岩石切削断裂的应力性质研究. 岩石力学与工程学报, 9(3): 209-215.

王恩志, 1993. 岩体裂隙的网络分析及渗流模型. 岩石力学工程学报, 12(3): 214-221.

王慧明, 王恩志, 韩小妹, 等, 2003. 低渗透岩体饱和渗流研究进展. 水科学进展, 14(2): 242-248.

王靖涛, 赵爱国, 黄明昌, 1989. 花岗岩断裂韧度的高温效应. 岩土工程学报, 11(6): 113-119.

王龙甫, 1979. 弹性理论. 北京: 科学出版社.

王清明, 2003. 盐类矿床水溶开采. 北京: 化学工业出版社.

王新海, 韩大匡, 郭尚平, 1994. 聚合物驱油机理和应用. 石油学报, 15(1): 83-91.

王毅, 赵阳升, 冯增朝, 2010a. 褐煤煤层自燃火灾发展进程中孔隙结构演化特征. 煤炭学报, 35(9): 1490-1495.

王毅, 赵阳升, 冯增朝, 2010b. 长焰煤热解过程中孔隙结构演化特征研究. 岩石力学与工程学报, 29(9): 1859-1866.

王媛, 2002. 单裂隙面渗流与应力的耦合特性. 岩石力学与工程学报, 21(1): 83-87.

王媛, 速宝玉, 2002. 单裂隙面渗流特性及等效水力隙宽. 水科学进展, 13(1): 61-68.

魏宁, 李小春, 朱前林, 等, 2011. 压力波动法地浸采铀的数值模拟初步研究. 铀矿冶, 30(3): 124-129.

魏昕, 王成勇, 谭哲丽, 1995. PDC 刀具切削花岗岩的过程研究. 广东工业大学学报, 12(z1): 80-85.

魏昕, 王成勇, 谭哲丽, 1996. PDC 刀具切削花岗岩过程的微裂纹扩展. 岩石力学与工程学报, 15(1): 71-76.

吴家龙, 2001. 弹性力学. 北京: 高等教育出版社.

吴建国, 李伟, 2005. 淮北矿区煤层气抽采利用技术探讨. 中国煤层气, 2(4): 16-19.

吴俊, 金奎励, 童有德, 等, 1991. 煤孔隙理论及在瓦斯突出和抽放评价中的应用. 煤炭学报, 16(3): 86-94.

吴争光, 2009. 库水位变化对库岸边坡稳定性影响研究. 灾害与防治工程, 1: 1-6.

仵彦卿, 2007. 多孔介质污染物迁移动力学. 上海: 上海交通大学出版社.

仵彦卿, 张倬元, 1995. 岩体水力学导论. 成都: 西南交通大学出版社.

仵彦卿, 曹广祝, 丁卫华, 2005. 砂岩渗透参数随渗透水压力变化的 CT 试验. 岩土工程学报, 27(7): 780-785.

仵彦卿, 丁卫华, 蒲毅彬, 等, 2000. 压缩条件下岩石密度损伤增量的CT动态观测. 自然科学进展, 10(9): 830-835.

武晋文, 赵阳升, 万志军, 等, 2012a. 高温均匀压力花岗岩热破裂声发射特性实验研究. 煤炭学报, 37(7): 1111-1117.

武晋文, 赵阳升, 万志军, 等, 2012b. 热力耦合作用鲁灰花岗岩蠕变声发射规律. 岩石力学与工程学报, 31(z1): 3061-3067.

邵保平, 赵阳升, 2010a. 600℃内高温状态花岗岩遇水冷却后力学特性试验研究. 岩石力学与工程学报, 29(5): 892-898.

邵保平, 赵阳升, 2010b. 高温高压下花岗岩中钻孔围岩的热物理及力学特性试验研究. 岩石力学与工程学报, 29(6): 1245-1253.
邵保平, 赵阳升, 万志军, 等, 2008a. 高温静水应力状态花岗岩中钻孔围岩的流变实验研究. 岩石力学与工程学报, 27(8): 1659-1666.
邵保平, 赵阳升, 万志军, 等, 2009. 热力耦合作用下花岗岩流变模型的本构关系研究. 岩石力学与工程学报, 28(5): 956-966.
邵保平, 赵阳升, 张昌锁, 等, 2010. 高温高压下花岗岩中钻孔变形规律实验研究. 岩土工程学报, 32(2): 253-258.
邵保平, 赵阳升, 赵金昌, 等, 2008b. 层状盐岩温度应力耦合作用蠕变特性研究. 岩石力学与工程学报, 27(1): 90-96.
向银花, 王洋, 张建民, 等, 2002. 煤焦气化过程中比表面积和孔容积变化规律及其影响因素研究. 燃料化学学报, 30(2): 108-112.
谢建林, 赵阳升, 2017. 随温度升高煤岩体渗透率减小或波动变化的细观机制. 岩石力学与工程学报, 36(3): 543-551.
徐海良, 谢秋敏, 吴波, 等, 2015. 天然气水合物开采管道水力提升数值仿真分析. 中南大学学报(自然科学版), 46(11): 4062-4069.
徐龙君, 张代钧, 鲜学福, 1995. 煤微孔的分形结构特征及其研究方法. 煤炭转化, 18(1): 31-38.
徐素国, 梁卫国, 赵阳升, 2004. 钙芒硝岩盐化学溶解特性实验研究. 矿业研究与开发, 24(2): 11-14.
许锡昌, 2003. 花岗岩热损伤特性研究. 岩土力学, 24(z1): 188-191.
闫鹏, 文贤利, 巩家芹, 2013. 二氧化碳泡沫压裂的分析与研究. 新疆石油科技, 23(4): 21-23.
杨栋, 赵阳升, 2008. 裂缝中气液二相流体临界渗流现象及其随机混合渗流数学模型研究. 岩石力学与工程学报, 27(1), 84-89.
杨栋, 冯增朝, 赵阳升, 2004. 大煤样瓦斯抽放试验研究及尺寸效应现象. 岩石力学与工程学报, 23(z2): 4912-4915.
杨栋, 薛晋霞, 康志勤, 等, 2007. 抚顺油页岩干馏渗透实验研究. 西安石油大学学报(自然科学版), 22(2): 23-25.
杨栋, 赵阳升, 段康廉, 等, 2000. 广义双重介质岩体水力学模型及有限元模拟. 岩石力学与工程学报, 19(2): 182-185.
杨栋, 赵阳升, 胡耀青, 等, 2005. 三维应力作用下单一裂缝中气体渗流规律的理论与实验研究. 岩石力学与工程学报, 24(6): 999-1003.
杨发, 汪小宇, 李勇, 2014. 二氧化碳压裂液研究及应用现状. 石油化工应用, 33(12): 9-12.
杨更社, 谢定义, 张长庆, 1996a. 煤岩体损伤特性的CT检测. 力学与实践, 18(2): 19-20, 23.
杨更社, 谢定义, 张长庆, 等, 1996b. 岩石损伤特性的CT识别. 岩石力学与工程学报, 15(1): 48-54.
杨其銮, 王佑安, 1986. 煤屑瓦斯扩散理论及其应用. 煤炭学报, 11(3): 87-94.
杨士教, 等, 2003. 原地破碎浸铀理论与实践. 长沙: 中南大学出版社.
杨世铭, 陶文铨, 2006. 传热学. 4版. 北京: 高等教育出版社.
杨松岩, 俞茂宏, 2000. 多相孔隙介质的本构描述. 力学学报, 32(1): 11-24.
杨天鸿, 屠晓利, 於斌, 等, 2005. 岩石破裂与渗流耦合过程细观力学模型. 固体力学学报,

26(3): 333-337.

杨显万, 沈庆峰, 郭玉霞, 2003. 微生物湿法冶金. 北京: 冶金工业出版社.

姚冬春, 1995. 用新型 PDC 钻头钻地热井. 国外石油机械, 6(4): 10-17.

姚宇平, 周世宁, 1988. 含瓦斯煤的力学性质. 中国矿业学院学报, 17(2): 87-93.

尹光志, 李小双, 赵洪宝, 2009. 高温后粗砂岩常规三轴压缩条件下力学特性试验研究. 岩石力学与工程学报, 28(3): 598-604.

余进, 李允, 2003. 水驱气藏气水两相渗流及其应用研究的进展. 西南石油学院学报, 25(3): 36-39.

郁伯铭, 2003. 多孔介质输运性质的分形分析研究进展. 力学进展, 33(3): 333-346.

袁辉, 马喜平, 代磊阳, 等, 2015. 泡沫压裂液常用起泡剂研究综述. 化工管理, 1(9): 1-2.

翟云芳, 1999. 渗流力学. 北京: 石油工业出版社.

张广洋, 胡耀华, 姜德义, 1995. 煤的瓦斯渗透性影响因素的探讨. 重庆大学学报(自然科学版), 18(3): 27-30.

张焕芝, 何艳青, 刘嘉, 等, 2012. 国外水平井分段压裂技术发展现状与趋势. 石油科技论坛, 31(6): 47-52.

张慧, 2001. 煤孔隙的成因类型及其研究. 煤炭学报, 26(1): 40-44.

张慧, 李小彦, 郝琦, 等, 2003. 中国煤的扫描电子显微镜研究. 北京: 地质出版社.

张金铸, 林天健, 1979. 三轴试验中岩石的应力状态和破坏性质. 力学学报, 2: 99-106.

张军, 徐益谦, 汉春利, 等, 2000. 显微组分及其它因素对煤焦孔隙结构的影响. 燃料化学学报, 28(6): 513-517.

张宁, 赵阳升, 万志军, 等, 2009a. 高温三维应力下花岗岩三维蠕变的模型研究. 岩石力学与工程学报, 28(5): 875-881.

张宁, 赵阳升, 万志军, 等, 2009b. 高温作用下花岗岩三轴蠕变特征的实验研究. 岩土工程学报, 31(8): 1309-1313.

张宁, 赵阳升, 万志军, 等, 2010. 三维应力下热破裂对花岗岩渗流规律影响的试验研究. 岩石力学与工程学报, 29(1): 118-123.

张群, 葛春贵, 李伟, 等, 2018. 碎软低渗煤层顶板水平井分段压裂煤层气高效抽采模式. 煤炭学报, 43(1): 150-159.

张世雄, 2005. 固体矿物资源开发工程. 武汉: 武汉理工大学出版社.

张遂安, 袁玉, 孟凡圆, 2016. 我国煤层气开发技术进展. 煤炭科学技术, 44(5): 1-5.

张小东, 张鹏, 刘浩, 等, 2013. 高煤级煤储层水力压裂裂缝扩展模型研究. 中国矿业大学学报, 42(4): 573-579.

张晓东, 易发全, 张强, 等, 2003. PDC 钻头与岩石相互作用规律试验研究. 江汉石油学院学报, 25(s1): 64-65.

张新民, 2013. 二氧化碳干法加砂压裂在长庆首获成功. 中国石油报, 2013-9-4(001).

张琰, 崔迎春, 2000. 砂砾性低渗透气层水锁效应及减轻方法的试验研究. 地质与勘探, 36(1): 92-95.

张永利, 邰英楼, 徐颖, 等, 2000. 王营子矿煤层中水-煤层气两相流体渗流规律的研究. 实验力学, 15(1): 92-96.

张玉军, 2007. 气液二相非饱和岩体热-水-应力耦合模型及二维有限元分析. 岩土工程学报, 29(6): 901-906.

张渊, 2006. 高温三轴应力条件下岩石热破裂机理与实验研究. 徐州: 中国矿业大学.

张渊, 曲方, 赵阳升, 2006. 岩石热破裂的声发射现象. 岩土工程学报, 28(1): 73-75.

张渊, 万志军, 赵阳升, 2007. 细砂岩热破裂规律的细观实验研究. 辽宁工程技术大学学报(自然科学版), 26(4): 529-531.

张渊, 张贤, 赵阳升, 2005. 砂岩的热破裂过程. 地球物理学报, 48(3): 656-659.

张渊, 赵阳升, 万志军, 等, 2008. 不同温度条件下孔隙压力对长石细砂岩渗透率影响试验研究. 岩石力学与工程学报, 27(1): 53-58.

张云峰, 于建成, 李蓬, 等, 2001. 饱和水条件下天然气在岩石中扩散系数的测定. 大庆石油学院学报, 25(4): 4-7.

章梦涛, 1989. 变形与渗流相互影响的岩石力学问题. 岩石力学与工程学报, 8(2): 189-190.

章梦涛, 1999. 煤地下气化流体流动状况的研究. 辽宁工程技术大学学报(自然科学版), 18(5): 449-451.

章梦涛, 潘一山, 梁冰, 等, 1995. 煤岩流体力学. 北京: 科学出版社.

赵宝虎, 赵阳升, 杨栋, 等, 1999. 岩体三维应力控制压裂实验研究//第一届海峡两岸隧道与地下工程学术与技术研讨会. 太原: 1317-1318.

赵东, 冯增朝, 赵阳升, 2011a. 高压注水对煤体瓦斯解吸特性影响的试验研究. 岩石力学与工程学报, 30(3): 547-555.

赵东, 赵阳升, 冯增朝, 2011b. 结合孔隙结构分析注水对煤体瓦斯解吸的影响. 岩石力学与工程学报, 30(4): 686-692.

赵光贞, 2006. 山东地区地热井钻井工艺技术. 探矿工程(岩土钻掘工程), (6): 43-45.

赵坚, 1999. 岩石裂隙中的水流-岩石热传导. 岩石力学与工程学报, 18(2): 119-123.

赵建忠, 2008. 煤层气水合物储运与提纯的基础研究. 太原: 太原理工大学.

赵建忠, 2011. 煤层气水合物理论与技术. 北京: 科学出版社.

赵建忠, 石定贤, 2007. 天然气水合物开采方法研究. 矿业研究与开发, 27(3): 32-34.

赵建忠, 石定贤, 赵阳升, 2006b. 水合物生成影响因素与实验研究. 辽宁工程技术大学学报(自然科学版), 25(3): 465-467.

赵建忠, 石定贤, 赵阳升, 2007a. 煤层气水合物定容生成实验研究. 化学工程, 35(3): 68-70.

赵建忠, 石定贤, 赵阳升, 2007b. 喷射方式下表面活性剂对水合物生成实验研究. 天然气工业, 27(1): 114-116.

赵建忠, 曾鹏, 赵阳升, 等, 2006a. 煤层气水合物分解动力学实验研究. 辽宁工程技术大学学报(自然科学版), 25(z1): 298-300.

赵建忠, 赵阳升, 石定贤, 2006c. 喷雾法合成气体水合物的实验研究. 辽宁工程技术大学学报, 25(2): 286-289.

赵建忠, 赵阳升, 石定贤, 2008. THF溶液水合物技术提纯含氧煤层气的实验. 煤炭学报, 33(12): 1419-1424.

赵金昌, 万志军, 李义, 等, 2009. 高温高压条件下花岗岩切削破碎试验研究. 岩石力学与工程学报, 28(7): 1432-1438.

赵金昌, 赵阳升, 李义, 等, 2010. 花岗岩高温高压条件下冲击旋转破碎规律研究. 岩土工程学报, 32(6): 856-860.

赵娟, 刘淑琴, 陈峰, 等, 2010. 大尺度褐煤的地下气化热解特性. 煤炭转化, 33(4): 21-25.

赵延林, 赵阳升, 邵保平, 2006. 裂隙岩体的固气耦合模型及其在岩盐储气库中的应用. 矿业研究与开发, 26(2): 43-45.

赵阳升, 1992. 煤体瓦斯耦合理论研究. 上海: 同济大学.

赵阳升, 1993. 瓦斯压力在突出中作用的数值模拟研究. 岩石力学与工程学报, 12(4): 328-337.

赵阳升, 1994a. 矿山岩石流体力学. 北京: 煤炭工业出版社.

赵阳升, 1994b. 煤体-瓦斯耦合数学模型及数值解法. 岩石力学与工程学报, 13(3): 229-239.

赵阳升, 1994c. 有限元法及其在采矿工程中的应用. 北京: 煤炭工业出版社.

赵阳升, 1997. 矿山工程力学学科及其相关工程发展的若干问题. 煤炭学报, 22(z): 192-195.

赵阳升, 1998. 岩石流体力学及其发展. 中国科学基金, 12(3): 176-181.

赵阳升, 2000. 高温岩体地热开发的岩石力学问题——21世纪新兴岩石力学与工程发展展望//第六次全国岩石力学与工程学术会议论文集. 武汉: 71-74.

赵阳升, 冯增朝, 2009-08-12. 井上下联合注热抽采煤层气的方法: 200910073743.0.

赵阳升, 胡耀青, 1995. 孔隙瓦斯作用下煤体有效应力规律的实验研究. 岩土工程学报, 17(3): 26-31.

赵阳升, 靳钟铭, 1989. 围压与注水压力对煤体含水率影响的研究. 山西矿业学院学报, 7(3).

赵阳升, 白其峥, 靳钟铭, 1990. 煤层瓦斯流动的固结数学模型. 山西矿业学院学报, 8(1): 16-22.

赵阳升, 段康廉, 胡耀青, 等, 1999a. 块裂介质岩石流体力学的研究新进展. 辽宁工程技术大学学报(自然科学版), 18(5): 459-462.

赵阳升, 冯增朝, 常宗旭, 2002a. 试论岩体动力破坏的最小能量原理. 岩石力学与工程学报, 21(z): 1931-1933.

赵阳升, 冯增朝, 万志军, 2003. 岩体动力破坏的最小能量原理. 岩石力学与工程学报, 22(11): 1781-1783.

赵阳升, 冯增朝, 文再明, 2004. 煤体瓦斯愈渗机理与研究方法. 煤炭学报, 29(3): 293-297.

赵阳升, 冯增朝, 杨栋, 2002b. 缺陷层次对岩体介质性质及其变形与破坏的控制作用//中国岩石力学与工程学会第七次学术大会论文集, 北京: 51-54.

赵阳升, 冯增朝, 杨栋, 等, 2005-10-05. 对流加热油页岩开采油气的方法: 200510012473.4.

赵阳升, 胡耀青, 冯增朝, 等, 2003-04-18. 一种改造低渗透矿物储层的方法: 03122734.1.

赵阳升, 胡耀青, 杨栋, 等, 1999b. 气液二相流体裂缝渗流规律的模拟实验研究. 岩石力学与工程学报, 18(3): 354-356.

赵阳升, 胡耀青, 杨栋, 等, 1999c. 三维应力下吸附作用对煤岩体气体渗流规律影响的实验研究. 岩石力学与工程学报, 18(6): 651-653.

赵阳升, 胡耀青, 赵宝虎, 等, 2003. 块裂介质岩体变形与气体渗流的耦合数学模型及其应用. 煤炭学报, 28(1): 41-45.

赵阳升, 靳钟铭, 张惠轩, 1988. 浸湿软化控制坚硬顶板的试验研究. 山西矿业学院学报, 6(s).

赵阳升, 康殿海, 杨栋, 等, 2002-08-09. 盐类矿床群井致裂控制水溶开采方法: 02135356.5.

赵阳升, 梁纯升, 章梦涛, 1985. 冻结壁温度场与弹塑性应力场的耦合分析. 煤炭学报, 10(3):

40-47.

赵阳升, 梁卫国, 徐素国, 等, 2004a. 钙芒硝矿群井致裂压力浸泡控制水溶开采方法: 20041004913.7.

赵阳升, 孟巧荣, 康天合, 等, 2008a. 显微CT试验技术与花岗岩热破裂特征的细观研究. 岩石力学与工程学报, 27(1): 28-34.

赵阳升, 万志军, 康建荣, 2004b. 高温岩体地热开发导论. 北京: 科学出版社.

赵阳升, 万志军, 张渊, 等. 2008b. 20MN伺服控制高温高压岩体三轴试验机的研制. 岩石力学与工程学报, 27(1): 1-8.

赵阳升, 王瑞凤, 胡耀青, 等, 2002c. 高温岩体地热开发的块裂介质固流热耦合三维数值模拟. 岩石力学与工程学报, 21(12): 1751-1755.

赵阳升, 邵保平, 万志军, 等. 2009. 高温高压下花岗岩中钻孔变形失稳临界条件研究. 岩石力学与工程学报, 28(5): 865-874.

赵阳升, 杨栋, 冯增朝, 等, 2008c. 多孔介质多场耦合作用理论及其在资源与能源工程中的应用. 岩石力学与工程学报, 27(7): 1321-1328.

赵阳升, 杨栋, 胡耀青, 等, 2001. 低渗透煤储层煤层气开采有效技术途径的研究. 煤炭学报, 26(5): 455-458.

赵阳升, 杨栋, 郑少河, 等, 1999d. 三维应力作用下岩石裂缝水渗流物性规律的实验研究. 中国科学E辑, 29(1): 82-86.

赵瑜, 赵阳升, 2004. 块裂结构岩质边坡渗流模型及数值模拟. 太原理工大学学报, 35(2): 13-17.

郑少河, 赵阳升, 段康廉, 1999a. 三维应力作用下天然裂隙渗流规律的实验研究. 岩石力学与工程学报, 18(2): 133-136.

郑少河, 朱维申, 赵阳升, 1999b. 复杂裂隙岩体水力学模型的研究. 人民长江, 30(9): 31-33.

钟玲文, 张慧, 员争荣, 等, 2002. 煤的比表面积、孔体积及其对煤吸附能力的影响. 煤田地质与勘探, 30(3): 26-28.

钟蕴英, 钱中秋, 1989. 褐煤的改质研究. 煤炭加工与综合利用, (5): 24-26.

周创兵, 陈益峰, 姜清辉, 等, 2008. 论岩体多场广义耦合及其工程应用. 岩石力学与工程学报, 27(7): 1329-1340.

周辉, 汤艳春, 胡大伟, 等, 2006. 盐岩裂隙渗流-溶解耦合模型及试验研究. 岩石力学与工程学报, 25(5): 946-950.

周克明, 李宁, 张清秀, 等, 2002. 气水两相渗流及封闭气的形成机理实验研究. 天然气工业, 22(z): 122-125.

周世宁, 林柏泉, 1999. 煤层瓦斯赋存与流动理论. 北京: 煤炭工业出版社.

周世宁, 林柏泉, 2007. 煤矿瓦斯动力灾害防治理论及控制技术. 北京: 科学出版社.

周世宁, 孙辑正, 1965. 煤层瓦斯流动理论及其应用. 煤炭学报, 2(1): 24-37.

周仕学, 戴和武, 曲思建, 1998. 褐煤内热式回转炉温和气化的研究. 洁净煤技术, (2): 37-39.

周守为, 陈伟, 李清平, 2014. 深水浅层天然气水合物固态流化绿色开采技术. 中国海上油气, 26(5): 1-7.

周维垣, 1990. 高等岩石力学. 北京: 水利电力出版社.

周永胜, 蒋海昆, 何昌荣, 2002. 不同温压条件下居庸关花岗岩脆塑性转化与失稳型式的实验研究. 中国地震, 18(4): 389-400.

周志芳, 王锦国, 2004. 裂隙介质水动力学. 北京: 中国水利水电出版社.

朱存宝, 唐书桓, 张佳赞, 2009. 煤岩与顶底板岩石力学性质及对煤储层压裂的影响. 煤炭学报, 34(6): 756-760.

朱合华, 阎治国, 邓涛, 等, 2006. 3 种岩石高温后力学性质的试验研究. 岩石力学与工程学报, 25(10): 1945-1950.

朱维申, 申晋, 赵阳升, 1999. 裂隙岩体渗流耦合模型及在三峡船闸分析中的应用. 煤炭学报, 24(3): 67-71.

朱珍德, 刘立民, 2003. 脆性岩石动态渗流特性试验研究. 煤炭学报, 28(6): 588-592.

邹佩麟, 王惠英, 1990. 溶浸采矿. 长沙: 中南工业大学出版社.

左建平, 谢和平, 周宏伟, 等, 2007. 不同温度作用下砂岩热开裂的实验研究. 地球物理学报, 50(4): 1150-1155.

左明星, 王佟, 曾铁军, 2006. 定福庄地热试验井成井工艺研究. 中国煤田地质, 18(6): 52-54.

北野晃一, 新孝一, 木下直人, 等, 1988. 高温下岩石の力学特性熱特性ぉよび透水特性に関する文献調査. 応用地質, 29(3): 36-47.

出口, 1996, ゲリーソタフ地域の変質岩の熱伝導率——多孔質岩石の熱伝導率に関する研究. 日本地熱学会志, 18(3): 345-359.

速水博秀, 1986a. 多孔質物体の材料力学——その 1. 採礦と保安, 32(9): 477-486.

速水博秀, 1986b. 多孔質物体の材料力学——その 2. 採礦と保安, 32(11): 592-601.

速水博秀, 1987. 多孔質物体の材料力学——その 3. 採礦と保安, 33(1): 34-43.

佐佐木久郎, 等, 1987. 石炭におけるガス透過性と孔隙構造の関連性. 日本礦業会志, 12: 847-852.

贝尔 J, 1983. 多孔介质流体动力学. 李竞生, 陈崇希译. 北京: 中国建筑工业出版社.

诺曼 R 莫罗, 1994. 石油开采中的界面现象. 鄢捷年, 曾利容, 陈志刚译. 北京: 石油工业出版社.

森 R J, 1987. 水力压裂法地下处置放射性废物. 全惟俊, 简永年译. 北京: 原子能出版社.

Beek W J, Muttzall K M K, van Heuven J W, 2003. Transport Phenomena. 2 版,(英文影印版). 北京: 化学工业出版社.

Brown D W, 1991. 干热岩热储工程. 李濂清译. 新能源, 13(2): 39-43.

Cheung Y K, Yeo M F, 1982. 实用有限单元分析导论(中译本). 北京: 人民交通出版社.

Hudson J A, 1989. 岩石力学原理. 岩石力学与工程学报, 8(3): 252-268.

Adachi J, Siebrits E, Peirce A, et al., 2007. Computer simulation of hydraulic fractures. International Journal of Rock Mechanics and Mining Sciences, 44(5): 739-757.

Aizenman M, Grimmett, G, 1991. Strict monotonicity for critical points in percolation and ferromagnetic models. Journal of Statistical Physics, 63(5-6): 817-835.

Alberiz M A, et al., 1994. European project of underground coal gasification in Spain. Mines Carrieres. Tech., (1): 29-31.

Al-Gharabli S I, Azzam M O J, Aladdous M, 2015. Microwave-assisted solvent extraction of shale oil from Jordanian oil shale. Oil shale, 32(3): 240-251.

Allawzi M, Al-Otoom A, Allaboun H, et al., 2011. CO_2 supercritical fluid extraction of Jordanian oil shale utilizing different co-solvents. Fuel Processing Technology, 92(10): 2016-2023.

Alstadt K N, Katti D R, Katti K S, 2012. An in situ FTIR step-scan photoacoustic investigation of kerogen and minerals in oil shale. Spectrochimica Acta Part A: Molecular and Biomolecular Spectroscopy, 89(4): 105-113.

Arora A, Cameotra S S, Balomajumder C, 2015. Field testing of gas hydrates – an alternative to conventional fuels. Journal of Petroleum & Environmental, 6: 235.

Ates Y, Barron K, 1988. Effect of gas sorption on the strength of coal. Min. Sci. Tech., 6(3): 291-300.

Aviles C A, Scholz C H, Boatwright J, 1987. Fractal analysis applied to characteristic segments of the San Andreas fault. Journal of Geophysical Research, 92: 331-344.

Avraam D G, Payatakes A C, 1995a. Flow regimes and relative permeabilities during steady-state two-phase flow in porous media. Journal of Fluid Mechanics, 293: 207-236.

Avraam D G, Payatakes A C, 1995b. Generalized relative permeability coefficients during steady-state two-phase flow in porous media, and correlation with the flow mechanisms. Transport in Porous Media, 20(1-2): 135-168.

Awaja F, Bhargava S, 2006. The prediction of clay contents in oil shale using DRIFTS and TGA data facilitated by multivariate calibration. Fuel, 85(10-11): 1396-1402.

Baghbanan A, Jing L, 2007. Hydraulic properties of fractured rock masses with correlated fracture length and aperture. International Journal of Rock Mechanics and Mining Sciences, 44(5): 704-719.

Bai F T, Sun Y H, Liu Y M, et al., 2017. Evaluation of the porous structure of Huadian oil shale during pyrolysis using multiple approaches. Fuel, 187: 1-8.

Bai M, Elsworth D, 1994. Modeling of subsidence and stress-dependent hydraulic conductivity for intact and fractured porous media. Rock Mechanics and Rock Engineering, 27(4): 209-234.

Bai M, Meng F, Elsworth D, et al., 1999. Analysis of stress-dependent permeability in nonorthogonal flow and deformation fields. Rock Mechanics and Rock Engineering, 32(3): 195-219.

Balek V, de Koranyi A, 1990. Diagnostics of structural alterations in coal: Porosity changes with pyrolysis temperature. Fuel, 69(12): 1502-1506.

Baria R, Baumgärtner J, Gérard A, 1994. Status of the European hot dry rock geothermal programmer. Geothermal Engineering, 19(1-2): 33-48.

Barton C C, Larsen E, 1985. Fractal geometry of two-dimensional fracture networks at Yucca Mountain, Southwestern Nevada//Stephanson C O, Proc. Int. Symp. Fundamentals Rock Joints. Sweden: Björklinden: 77-84.

Bauman J H, Deo M, 2012. Simulation of a Conceptualized Combined Pyrolysis, In Situ Combustion, and CO_2 Storage Strategy for Fuel Production from Green River Oil Shale. Energy & Fuels, 26(3): 1731-1739.

Bauman J H, Huang C K, Gani M R, et al., 2010. Modeling of the In-Situ Production of Oil from Oil Shale// Ogunsola et al. Oil Shale: A, Solution to the Liquid Fuel Dilemma, ACS Symposium

Series. Washington, D. C. : American Chemical Society.

Bear J, 1972. Dynamics of Fluids in Porous Media. New York: Elsevier.

Benato S, Hickman S, Davatzes N C, et al., 2016. Conceptual model and numerical analysis of the Desert Peak EGSproject: Reservoir response to the shallow medium flow-ratehydraulic stimulation phase. Geothermics, 63: 139-156.

Berchenko I, Detournay E, Chandler N, 2004. An in-situ thermo-hydraulic experiment in a saturated granite I: design and results. International Journal of Rock Mechanics and Mining Sciences, 41(8): 1377-1394.

Berlyand L, Wehr J, 1995. The probability distribution of the percolation threshold in a large system. Journal of Physics A: Mathematical and General, 28(24): 7127-7133.

Biglarbigi K, 2007. Oil Shale Development Economics// EFI Heavy Resources Conference. Edmonton.

Biot M A, 1941. General theory of three-dimensional consolidation. Journal of Applied Physics, 12: 155-164.

Boricenko A A, 1985. Effect of Gas pressure on stress in coal seam. Soviet Mining Science, (1): 88-91.

Boswell R, Collett T S, 2006. The gas hydrates resource pyramid. Fire in the Ice, 6(3): 5-7.

Branch M C, 1979. In-situ combustion retorting of oil shale. Progress in Energy and Combustion Science, 5(3): 193-206.

Brandt A R, 2008. Converting oil shale to liquid fuels: energy inputs and greenhouse gas emissions of the shell in situ conversion process. Environmental Science & Technology, 42(19): 7489-7495.

Braun R L, Burnham A K, 1990. Mathematical Model of Oil Generation, Degradation, and Expulsion. Energy & Fuels, 4 (2): 132-146.

Braun R L, Diaz J C, Lewis A E, 1984. Results of mathematical modeling of modified in-situ oil shale retorting. SPE Journal, (2): 75-86.

Brendow K, 2009. Oil shale—A local asset under global constraint. Oil Shale, 26(3): 357-372.

Britton M W, et al., 1981-05-05. Fracture preheat oil recovery process: US4265310.

Broadbent S R, Hammersley J M, 1957. Percolation process: I. Crystals and mazes. Proceeding of Cambridge Philosophical Society, 53: 629-641.

Bruel D, 1995. Heat extraction modelling from forced fluid through stimulated fractured rock Masses: application to the Rosemanowes hot dry rock reservoir. Geothermics, 24(3): 361-374.

Burnham A K, 2012. Initial results from the AMSO RD&D pilot test program//32th Oil Shale Symposium, Colorado.

Burnham A K, 2017. Porosity and permeability of Green River oil shale and their changes during retorting. Fuel, 203: 208-213.

Bustin R M, Ross J V, Moffat I, 1986. Vitrinite anisotropy under differential stress and high confining pressure and temperature: preliminary observations. Int. J. Coal Geol., 6(4): 343-351.

Butterfield I M, Thomas K M, 1995. Some aspects of changes in the macromolecular structure of coals in relation to thermoplastic properties. Fuel, 74(12): 1780-1785.

Büttner R, Zimanowski B, Blumm J, 1998. Thermal conductivity of a volcanic rock material (olivine-melilitite) in the temperature range between 288 and 1470 K. Journal of Volcanology and Geothermal Research, 80(3-4): 293-302.

Cao X Y, Birdwell J E, Chappell M A, et al., 2013. Characterization of oil shale, isolated kerogen, and post-pyrolysis residues using advanced ^{13}C-solid-state nuclear magnetic resonance spectroscopy. AAPG Bulletin, 97(3): 421-436.

Caré S, 2008. Effect of temperature on porosity and on chloride diffusion in cement pastes. Construction and Building Materials, 22(7): 1560-1573.

Carrera J, 1993. An overview of uncertainties in modelling groundwater solute transport. Journal of Contaminant Hydrology, 13: 23-48.

Carroll M M, 1979. An effective stress law for anisotropic elastic deformation. Journal of Geophysical Research, 84(B13): 7510-7512.

Castaldi M J, Zhou Y, Yegulalp T M, 2007. Down-hole combustion method for gas production from methane hydrates. Journal of Petroleum Science and Engineering, 56(1-3): 176-185.

Cha C Y, McCarthy H E, 1982. In situ oil shale retorting//Allred V D. Oil shale processing technology. the center for professional advancement, East Brunswick, New Jersey, USA.

Chaki S, Takarli M, Agbodjan W P, 2008. Influence of thermal damage on physical properties of a granite rock: porosity, permeability and ultrasonic wave evolutions. Construction and Building Materials, 22(7): 1456-1461.

Chan K S, Bodner S R, Munson D E, 1998. Recovery and Healing of Damage in WIPP Salt. International Journal of Damage Mechanics, 7(2): 143-166.

Chan K S, Munson D E, Bonder S R, et al., 1996. Cleavage and creep fracture of rock salt. Acta Materialia, 44(9): 3553-3565.

Chan T, Khair K, Jing L, et al., 1995. International comparison of coupled thermo-hydro-mechanical models of a multiple-fracture bench mark problem: DECOVALEX phase I, bench mark test 2. International Journal of Rock Mechanics and Mining Sciences & Geomechanics Abstracts, 32(5): 435-452.

Chapman K W, Chupas P J, Winans R E, et al., 2008. High pressure pair distribution function studies of green river oil shale. J. Phys. Chem. C, 112 (27): 9980-9982.

Charland J P, MacPhee J A, Giroux L, et al., 2003. Application of TG-FTIR to the determination of oxygen content of coals. Fuel Processing Technology, 81(3): 211-221.

Chen B, Han X X, Jiang X M, 2016. In Situ FTIR analysis of the evolution of functional groups of oil shale during pyrolysis. Energy Fuels, 30(7): 5611-5616.

Chen C, Gao S, Sun Y H, et al., 2017. Research on underground dynamic fluid pressure balance in the process of oil shale in-situ fracturing-nitrogen injection exploitation. Journal of Energy Resources Technology, 139(3).

Chen M D, Shi Y L, Dong L J, et al., 2010. Flash pyrolysis of Fushun oil shale fine particles in an experimental fluidized-bed reactor. Oil Shale, 27(4): 297-308.

Chen M, Bai M, 1998. Modeling stress-dependent permeability for anisotropic fractured porous rocks. Int. J. of Rock Mech. & Min. Sci., 35(8): 1113-1119.

Chen W L, Twu M C, Pan C, 2002. Gas-liquid two-phase flow in micro-channels. Int. J. Multiphase Flow, 28: 1235-1247.

Chen Y, Wang C Y, 1980. Thermally induced acoustic emission in Westerly granite. Geophysical Research Letters, 7(12): 1089-1092.

Chen Z, Narayan S P, Yang Z, et al., 2000. An experimental investigation of hydraulic behaviour of fractures and joints in granitic rock. Int. J. of Rock Mech. & Min. Sci., 37(7): 1061-1071.

Cheng J T, Morris J P, Tran J, et al., 2004. Single-phase flow in a rock fracture: micro-model experiments and network flow simulation. Int. J. of Rock Mech. & Min. Sci., 41(4): 687-693.

Cheng W P, Zhao J Z, Yang J G, 2012. MgAlFeCu mixed oxides for SO_2 removal capacity: Influence of the copper and aluminum incorporation method. Catalysis Communications, 23: 1-4.

Chong Z R, Moh J W R, Yin Z Y, et al., 2018a. Effect of vertical wellbore incorporation on energy recovery from aqueous rich hydrate sediments. Applied Energy, 229: 637-647.

Chong Z R, Yin Z Y, Linga P, 2017a. Production behavior from hydrate bearing marine sediments using depressurization approach. Energy Procedia, 105: 4963-4969.

Chong Z R, Yin Z Y, Zhao J Z, et al., 2017b. Recovering natural gas from gas hydrates using horizontal wellbore. Energy Procedia, 143: 780-785.

Chong Z R, Zhao J Z, Jian H R C, et al., 2018b. Linga Praveen. Experimental study on the effect of horizontal well on production behaviour from water saturated hydrate bearing sediment. Applied Energy, 214: 97-130.

Clarkson C R, Bustin R M, 1999. The effect of pore structure and gas pressure upon the transport properties of coal: a laboratory and modeling study. 1. Isotherms and pore volume distributions. Fuel, 78(11): 1333-1344.

Clerc J P, Zekri L, Zekri N, 2005. Statistical and finite size scaling behavior of the red bonds near the percolation threshold. Physics Letters A, 338: 169-174.

Cleveland C J, O'Connor P A, 2011. Energy Return on Investment (EROI) of Oil Shale. Sustainability, 3(11): 2307-2322.

Coniglio A, 2001. Percolation approach to phase transitions. Nuclear Physics A, 681(1-4): 451-457.

Connelly R, Rybnikov K, Volkov S, 2001. Percolation of the loss of tension in an infinite triangular lattice. Journal of Statistical Physics, 105(1-2): 143-171.

Cook N G W, 1992. Natural joints in rock: Mechanical, hydraulic and seismic behaviour and properties under normal stress. Int. J. of Rock Mech. and Min. Sci. & Geomech. Abstr., 29(3): 198-223.

Corey A T, 1954. The interrelation between gas and oil relative permeabilities. Producers Monthly, 31: 38-41.

Cornet F H, Bérard T H, Bourouis S, 2007. How close to failure is a granite rock mass at 5km depth? Int. J. of Rock Mech. & Min. Sci., 44(2): 47-66.

Crawford P, Biglarbigi K, Dammer A, et al., 2008. Advances in world oil-shale production technologies//SPE Annual Technical Conference and Exhibition. Society of Petroleum Engineers.

Crawford P M, Killen J C, 2010. New challenges and directions in oil shale development technologies//Ogunsola O L, Hartstein A M, Ogunsola O. Oil Shale: A Solution to the Liquid Fuel Dilemma. Washington, DC: American Chemical Society, 21-60.

Cummins J J, Robinson W E, 1972. Thermal degradation of Green River Kerogen at 150℃ to 350℃. U. S. Bureau of Mines Report of 7620 Degirmenci L. Laramie energy research Center: Laramie, WY.

Dana E, Skoczylas F, 1999. Gas relative permeability and pore structure of sandstones. Int. J. of Rock Mech. & Min. Sci., 36: 613-625.

David C, Menéndez B, Darot M, 1999. Influence of stress-induced and thermal cracking on physical properties and microstructure of La Peyratte granite. Int. J. of Rock Mech. & Min. Sci., 36(4): 433-448.

Dekking F M, Meester R W J, 1990. On the structure of Mandelbrot's percolation process and other random cantor sets. Journal of Statistical Physics, 58(5-6): 1109-1126.

Detournay E, Senjuntichai T, Berchenko I, 2004. An in-situ thermo-hydraulic experiment in a saturated granite II: analysis and parameter estimation. Int. J. of Rock Mech. & Min. Sci., 41(8): 1395-1411.

Dokholyan N V, Buldyrev S V, Havlin S, et al., 1999. Distribution of shortest paths in percolation. Physica A: Statistical Mechanics and its Applications, 266(1-4): 55-61.

Dokholyan N V, Lee Y, Buldyrev S V, et al., 1998. Scaling of the Distribution of Shortest Paths in Percolation. Journal of Statistical Physics, 93(3-4): 603-613.

Duchane D, 1990. Hot dry rock: a realistic energy option. Bulletin of the Geothermal Resources Council, 19(3): 83-88.

Duchane D, 1991. International Programes in Hot Dry Rock Technology development. Geothermal Resources Council Bulletin, 20(5): 135-142.

Dullien F A L, 1975. Single phase flow through porous media and pore structure. The Chemical Engineering Journal, 10(1): 1-34.

Durucan S, Edwards J S, 1986. The effects of stress and fracturing on permeability of coal. Mining Science and Technology, 3(3): 205-216.

Dyni J R, 2003. Geology and resources of some world oil-shale Deposits. Oil Shale, 20(3): 193-252.

Dyni J R, 2006. Geology and Resources of Some World Oil-Shale Deposits. Virginia: U. S. Geological Survey.

Elsworth D, 1989. Thermal permeability enhancement of blocky rocks one-dimensional flows. Int. J. of Rock Mech. and Min. Sci. & Geomech. Abstr., 26(3-4): 329-339.

Elsworth D, Xiang J, 1989. A reduced degree of freedom model for thermal permeability enhancement in blocky rock. Geothermics, 18(5-6): 691-709.

Eseme E, Littke R, Krooss B M, 2006. Factors controlling the thermo-mechanical deformation of oil shales: Implications for compaction of mudstones and exploitation. Marine and Petroleum

Geology, 23(7): 715-734.

Eseme E, Urai J L, Krooss B M, et al., 2007. Review of mechanical properties of oil shales: implications for exploitation and basin modelling. Oil Shale, 24(2): 159-174.

Essam J W, 1980. Percolation theory. Reports on Progress in Physics, 43: 833-949.

Fan Y Q, Durlofsky L, Tchelepi H A, 2010. Numerical simulation of the in-situ upgrading of oil shale. SPE Journal, 15 (2): 368-381.

Feder J, 1987. Fractals. San Francisco: Freeman Press.

Feng X T, Chen S L, Zhou H, 2004. Real-time computerized tomography(CT) experiments on sandstone damage evolution during triaxial compression with chemical corrosion. Int. J. of Rock Mech. & Min. Sci., 41(2): 181-192.

Feng Z C, Cai T T, Zhou D, et al., 2017. Temperature and deformation changes in anthracite coal after methane adsorption. Fuel, 192: 27-34.

Feng Z C, Zhao D, Zhao Y S, et al., 2016a. Effects of temperature and pressure on gas desorption in coal in an enclosed system: a theoretical and experimental study. International Journal of Oil, Gas and Coal Technology, 11(2): 193-203.

Feng Z C, Zhao Y S, Zhao D, 2009. Investigating the scale effects in strength of fractured rock mass. Chaos, Solitons & Fractals, 41(5): 2377-2386.

Feng Z C, Zhou D, Zhao Y S, et al., 2016b. Study on microstructural changes of coal after methane adsorption. Journal of Natural Gas Science and Engineering, 30: 28-37.

Feng Z J, Zhao Y S, Wan Z J, 2017. Effect of temperature on deformation of triaxially stressed anthracite. Rock Mechanics and Rock Engineering, 50(4): 1073-1078.

Feng Z J, Zhao Y S, Zhou A C, et al., 2012. Development program of hot dry rock geothermal resource in the Yangbajing Basin of China. Renewable Energy, 39(1): 490-495.

Fletcher T H, Gillis R, Adams J, et al., 2014. Characterization of macromolecular structure elements from a Green River oil shale, II. Characterization of pyrolysis products by ^{13}C NMR, GC/MS, and FTIR. Energy & Fuels, 28(5): 2959-2970.

Fowler T, Vinegar H, 2009. Oil Shale ICP-Colorado Field Pilots//Presented at the SPE Western Regional Meeting, San Jose, California, USA.

Friðleifsson G Ó, Elders W A, Albertsson A, 2014. The concept of the Iceland deep drilling project. Geothermics, 49: 2-8.

Friðleifsson G Ó, Elders W A, Zierenberg R A, et al., 2018. The Iceland Deep Drilling Project at Reykjanes: Drilling into the root zone of a black smoker analog. Journal of Volcanology and Geothermal Research.

Fusseis F, Xiao X, Schrank C, et al., 2014. A brief guide to synchrotron radiation-based microtomography in (structural) geology and rock mechanics. Journal of Structural Geology, 65: 1-16.

Gangi A F, 1978. Variation of whole and fractured porous rock permeability with confining pressure. International Journal of Rock Mechanics and Mining Sciences & Geomechanics Abstracts, 15(5): 249-257.

Gao Y P, Long Q L, Su J Z, et al., 2016. Approaches to improving the porosity and permeability of Maoming oil shale, South China. Oil Shale, 33(3): 216-227.

Gavrilenko P, Guéguen Y, 1998. Flow in fractured media: A modified renormalization method. Water resources Research, 34(2): 177-191.

Geertsma J, 1957. The effect of fluid pressure decline on volumetric changes of porous rocks. Petroleum Transaction AIME, 210: 331-340.

Geng Y D, Liang W G, Liu J, et al., 2017. Evolution of pore and fracture structure of oil shale under high temperature and high pressure. Energy & Fuels, 31(10): 10404-10413.

Genter A, Baujard C, Cuenot N, et al., 2016. Geology, geophysics and geochemistry in the upper Rhine Graben: the frame for geothermal energy use//Proceedings European Geothermal Congress, Strasbourg, France.

Genter A, Cuenot N, Melchert B, et al., 2013. Main achievements from the multi-well EGS Soultz project during geothermal exploitation from 2010 and 2012. European Geothermal Congress 2013, Pisa, Italy.

Géraud Y, 1994. Variations of connected porosity and inferred permeability in a thermally cracked granite. Geophysical Research Letters, 21(11): 979-982.

Greenhorn R E, Li E, 1985. Investigation of high phase volume liquid CO fracturing fluids. Annual Technical Meeting, Edmonton, Alberta.

Greg G P, Robert C W, Exxon Production Research Co., 1984-11-20. In-situ retorting of oil shale: 4483398.

Guggilam C S, Richard H S, 1984-12-04. IIT research Institute, recovery of liquid hydrocarbons from oil shale by electromagnetic heating in situ: 4485869.

Guo H F, Cheng Q X, Wang D, et al., 2016. Analyzing the contribution of semicokes to forming self-heating in the oil-shale self-heating retorting process. Energy & Fuels, 30 (7): 5355-5362.

Guo H F, Peng S Y, Lin J D, et al., 2013. Retorting oil shale by a self-heating route. Energy & Fules, 27(5): 2445-2451.

Guo S H, Ruan Z, 1995. The composition of Fushun and Maoming shale oils. Fuel, 74(11): 1719-1721.

Hakala J A, Stanchina W, Soong Y, et al., 2011. Influence of frequency, grade, moisture and temperature on Green River oil shale dielectric properties and electromagnetic heating processes. Fuel Processing Technology, 92(1): 1-12.

Hallam S D, Last N C, 1991. Geometry of hydraulic fractures from modestly deviated wellbores. Journal of Petroleum Technology, 43(6): 742-748.

Han H, Zhong N N, Huang C X, et al., 2016. Numerical simulation of in situ conversion of continental oil shale in northeast in China. Oil Shale, 33(1): 45-57.

Hanson D R, Holub R F, 1990. Methane release from actively yielding coal and its implications for yield zone determination. Int. J. of Rock Mech. and Min. Sci. & Geomech. Abstr., 27(3): 175-187.

Harfi K El, Mokhlisse A, Chanâa M B, et al., 2000. Pyrolysis of the Moroccan (Tarfaya) oil shales under microwave irradiation. Fuel, 79(7): 733-742.

Harris R P, Ammer J, Pekot L J, et al., 1998. Liquid carbon dioxide fracturing for increasing gas storage deliverability. SPE Eastern Regional Meeting, Pittsburgh.

Hascakir B, Babadagli T, Akin S, 2008. Experimental and numerical simulation of oil recovery from oil shales by electrical heating. Energy & Fuels, 22(6): 3976-3985.

Hazra K G, Lee K J, Economides C E, et al., 2013. Comparison of heating methods for in-situ oil shale extraction//IOR 2013-17th European Symposium on Improved Oil Recovery.

He D M, Guan J, Hu H Q, et al., 2015. Pyrolysis and co-pyrolysis of Chinese longkou oil shale and mongolian huolinhe lignite. Oil Shale, 32(2): 151-159.

Hillier J L, Fletcher T H, Solum M S, et al., 2013. Characterization of macromolecular structure of pyrolysis products from a Colorado Green River oil shale. Ind. Eng. Chem. Res., 52(44): 15522-15532.

Hoda N, Fang C, Lin M W, et al., 2010. Numerical modeling of ExxonMobil's Electrofrac filed experiment at Colony Mine//30th oil shale Symposium Colorado School of Mine.

Hoekstra E, Swaaij W P M V, Kersten S R A, et al., 2012. Fast pyrolysis in a novel wire-mesh reactor: Design and initial results. Chemical Engineering Journal, 191: 45-58.

Homand-Etienne F, Houpert R, 1989. Thermally induced microcracking in granites: characterization and analysis//International Journal of Rock Mechanics and Mining Sciences & Geomechanics Abstracts. Pergamon, 26(2): 125-134.

Hossain M M, Rahman M K, Rahman S S, 2000. Hydraulic fracture initiation and propagation: roles of wellbore trajectory, perforation and stress regimes. Journal of Petroleum Science and Engineering, 27(3-4): 129-149.

Hudson J A, Stephansson O, Andersson J, et al., 2001. Coupled T-H-M issues relating to radioactive waste repository design and performance. Int. J. of Rock Mech. & Min. Sci., 38(1): 143-161.

Huyakorn P S, Pinder G F, 1983. Computational Methods in Subsurface Flow. New York: Academic Press.

Ishii M, Hibiki T, 1975. Thermo-Fluid Dynamics of Two-Phase Flow. New York: Springer.

Jackson I, Paterson M S, 1987. Shear modulus and internal friction of calcite rocks at seismic frequencies: pressure, frequency and grain size dependence. Physics of the Earth and Planetary Interiors, 45(4): 349-367.

Jaeger J C, Cook N G W, 1979. Fundamentals of Rock Mechanics. 3rd ed. London: Chapman and Hall.

Jiang X M, Han X X, Cui Z G, 2007. New technology for the comprehensive utilization of Chinese oil shale resources. Energy, 32(5): 772-777.

Jiao Y, Hudson J A, 1995. The fully-coupled model for rock engineering systems. Int. J. of Rock Mech. and Min. Sci. & Geomech. Abstr., 32(5): 491-512.

Jin J M, Kim S, Birdwel J E, 2012. Molecular characterization and comparison of shale oils generated by different pyrolysis methods. Energy & Fuels, 26(2): 1054-1062.

Jing L, Tsang C F, Stephansson O, 1995. DECOVALEX-An international co-operative research project on mathematical models of coupled THM processes for safety analysis of radioactive waste repositories. Int. J. of Rock Mech. and Min. Sci. & Geomech. Abstr., 32(5): 389-398.

John M F, George R H, 1985. Standard oil company, Gulf oil corporation, Pulsed in situ retorting in an array of oil shale retorts: 4552214.

Johnson B, Gangi A F, Handin J, 1978. Thermal cracking of rock subject to slow, uniform temperature changes//19th U. S. Symposium on Rock Mechanics, Reno, Nevada.

Jones C, Keaney G, Meredith P G, et al., 1997. Acoustic emission and fluid permeability measurements on thermally cracked rocks. Physics and Chemistry of the Earth, 22(1-2): 13-17.

Kang Z Q, Yang D, Zhao Y S, et al., 2011. Thermal cracking and corresponding permeability of Fushun oil shale. Oil Shale, 28(2): 273-283.

Kang Z Q, Zhao J, Yang D, et al., 2017. Study of the evolution of micron-scale pore structure in oil shale at different temperatures. Oil Shale, 34(1): 42-54.

Kar T, Hascakir B, 2017. In-situ kerogen extraction via combustion and pyrolysis. Journal of Petroleum Science and Engineering, 154: 502-512.

Kelkar S, Pawar R, Hoda N, 2011. Numerical simulation of coupled Thermal-Hydrological-Mechanical-Chemical processes during in situ conversion and production of oil shale//31st Oil Shale Symposium, Colorado.

Kemeny J M, Apted M, Martin D, 2006. Rockfall at Yucca Mountain due to thermal, seismic and time-dependence//Proceedings of the 11th International High Level Radioactive Waste Management Conference: 526-533.

Kesten H, 1988. Percolation Theory for Mathematicians. Boston: Birkhauser.

Khalil A M, 2013. Oil shale pyrolysis and effect of particle size on the composition of shale oil. Oil Shale, 30(2): 136-146.

Kibodeaux K R, 2014. Evolution of porosity, permeability, and fluid saturations during thermal conversion of oil shale//SPE Annual Technical Conference and Exhibition, Amsterdam.

Kobchenko M, Panahi H, Renard F, et al., 2011. 4D imaging of fracturing in organic-rich shales during heating. Journal of Geophysical Research, 116: B12201.

Kohl T, Evansi K F, Hopkirk R J, et al., 1995. Coupled hydraulic, thermal and mechanical considerations for the simulation of hot dry rock reservoirs. Geothermics, 24(3): 345-359.

Kök M V, Bagci S, 2010. An investigation of the applicability of the in-situ thermal recovery technique to the Beypazari oil shale. Energy Sources, part A: Recovery, Utilization, and Environmental Effects, 33(3): 183-193.

Kök M V, Guner G, Bagci S, 2008. Laboratory steam injection applications for oil shale fields of Turkey. Oil Shale, 25(1): 37-46.

Kolditz O, 1995. Modelling flow and heat transfer in fracture rocks: dimensional effect of matrix heat diffusion. Geothermics, 24(3): 421-437.

Korb J P, Nicot B, Louis-Joseph A, et al., 2014. Dynamics and Wettability of Oil and Water in Oil Shales. J. Phys. Chem. C, 118(40): 23212-23218.

Korsnes R I, Wersland E, Austad T, et al., 2008. Anisotropy in chalk studied by rock mechanics.

Journal of Petroleum Science and Engineering, 62(1-2): 28-35.

Krumbein W C, Monk G D, 1943. Permeability as a function of size parameters of unconsolidated sand. Transactions of the AIME, 151(1): 153-163.

Kvamme B, 2016. Thermodynamic limitations of the CO_2/N_2 mixture injected into CH_4 hydrate in the Ignik Sikumi field trial. J. Chem. Eng. Data, 61(3): 1280-1295.

Lan X Z, Luo W J, Song Y H, et al., 2015. Effect of the temperature on the characteristics of retorting products obtained by Yaojie oil shale pyrolysis. Energy & Fuels, 29(12): 7800-7806.

Lancaster G W, Barrianios C, Li E, et al., 1987. High phase volume liquid CO fracturing fluids. Annual Technical Meeting, Calgary, Alberta.

Le Doan T V, Bostrom N W, Burnham A K, et al., 2013. Green river oil shale pyrolysis: semi-open conditions. Energy & Fuels, 27(11): 6447-6459.

Lee K J, 2014. Rigorous Simulation Model of Kerogen Pyrolysis for the In-Situ Upgrading of Oil Shales. Texas: Texas A&M University.

Lee K J, Moridis G J, Ehlig-Economides C A, 2014. Oil shale in-situ upgrading by steam flowing in vertical hydraulic fractures. SPE unconventional resources conference, The Woodlands, Texas.

Lee K J, Moridis G J, Ehlig-Economides C A, 2016a. A comprehensive simulation model of kerogen pyrolysis for the in-situ upgrading of oil shales. SPE Journal, 21(5): 1612-1630.

Lee K J, Moridis G J, Ehlig-Economides C A, 2016b. In situ upgrading of oil shale by Steamfrac in multistage transverse fractured horizontal well system. Energy Sources, Part A: Recovery, Utilization, and Environmental Effects, 38(20): 3034-3041.

Lee K J, Moridis G J, Ehlig-Economides C A, 2017a. Compositional simulation of hydrocarbon recovery from oil shale reservoirs with diverse initial saturations of fluid phases by various thermal processes. Energy Exploration & Exploitation, 35(2): 172-193.

Lee K J, Moridis G J, Ehlig-Economides C A, 2017b. Numerical simulation of diverse thermal in situ upgrading processes for the hydrocarbon production from kerogen in oil shale reservoirs. Energy Exploration & Exploitation, 35(3): 315-337.

Liang W G, Xu S G, Zhao Y S, 2006. Experimental study of temperature effects on physical and mechanical characteristics of salt rock. Rock Mechanics and Rock Engineering, 39(5): 469-482.

Liang W G, Yang X Q, Gao H B, et al., 2012. Experimental study of mechanical properties of gypsum soaked in brine. Int. J. of Rock Mech. & Min. Sci., 53(6): 142-150.

Liang W G, Zhao Y S, Wu D, et al., 2011a. Experiments on methane displacement by carbon dioxide in large coal specimens. Rock Mechanics and Rock Engineering, 44(5): 579-589.

Liang W G, Zhao Y S, Xu S G, et al., 2008. Dissolution and seepage coupling effect on transport and mechanical properties of glauberite salt rock. Transport in Porous Media, 74(2): 185-199.

Liang W G, Zhao Y S, Xu S G, et al., 2011b. Effect of strain rate on the mechanical properties of salt rock. Int. J. of Rock Mech. & Min. Sci., 48(1): 161-167.

Liggett J A, Liu P L F, 1983. The Boundary Integral Equation Method for Porous Media Flow. London: Allen & Unwin.

Lillies A T, King S R, 1982. Sand fracturing with liquid carbon dioxide. SPE Production Technology

Symposium, Hobbs, New Mexico.

Liu J, Elsworth D, Brady B H, 1999. Linking stress-dependent effective porosity and hydraulic conductivity fields to RMR. Int. J. of Rock Mech. & Min. Sci., 36(5): 581-596.

Liu Z J, Meng Q T, Dong Q S, et al., 2017. Characteristics and resource potential of oil shale in China. Oil shale, 34(1): 15-41.

Lloret A, Villar M V, 2007. Advances on the knowledge of the thermo-hydro-mechanical behaviour of heavily compacted "FEBEX" bentonite. Physics and Chemistry of the Earth, 32(8-14): 701-715.

Looney M D, 2011. Chevron's plans for rubblization of green river formation oil shale(GROS) for chemical conversion//31th Oil Shale Symposium, Colorado.

Louis C, 1974. Rock Hydraulics in Rock Mechanics. New York: Springer-Verlag: 299-387.

Lowell R P, Van C P, Germanovich L N, 1993. Silica Precipitation in fractures and the evolution of permeability in hydrothermal upflow zones. Science, 260(5105): 192-194.

Lu C, Jackson I, 1996. Seismic-frequency laboratory measurements of shear mode viscoelasticity in crustal rocks I: competition between cracking and plastic flow in thermally cycled Carrara marble. Physics of Earth and Planetary Interiors, 94(1-2): 105-119.

Luo Y H, Zhao Y S, Wang Y, et al., 2015. Distributions of airflow in four rectangular section roadways with different supporting methods in underground coal mines. Tunnelling and Underground Space Technology, 46(1): 85-93.

Lutz S J, Hickman S, Davatzes N, et al., 2010. Rock mechanical testing and petrologic analysis in support of well stimulation activity at the desert peak geothermal field, Nevada//Proceedings, 35th Workshop on Geothermal Reservoir Engineering, Stanford University, Stanford, California.

Maes J, Muggeridge A H, Jackson M D, et al., 2017. Scaling analysis of the in-situ upgrading of heavy oil and oil shale. Fule, 195: 299-313.

Mandelbrot B B, 1982. The Fractal Geometry of Nature. San Francisco: Freeman.

Martemyanov S, Bukharkin A, Koryashov I, et al., 2016. Analysis of applicability of oil shale for in situ conversion//13th Int Conf. Students and Young Scientists - Prospects of Fundamental Sciences Development (PFSD), Tomsk, Russia.

Martins M F, Salvador S, Thovert J F, et al., 2010. Co-current combustion of oil shale - Part 2: Structure of the combustion front. Fuel, 89(1): 133-143.

Mauldon M, 1998. Estimating mean fracture trace length and density from observations in convex windows. Rock Mechanics and Rock Engineering, 31(4): 201-216.

Mauldon M, Dunne W M, Rohrbaugh M B, 2001. Circular scanlines and circular windows: new tools for characterizing the geometry of fracture traces. Journal of Structural Geology, 23(2-3): 247-258.

Mehmani Y, Burnham A K, Tchelepi H A, 2016. From optics to upscaled thermal conductivity: Green River oil shale. Fuel, 183: 489-500.

Merey S, Sinayuc C, 2016. Investigation of gas hydrate potential of the Black Sea and modelling of gas production from a hypothetical Class 1 methane hydrate reservoir in the Black Sea conditions. Journal of Natural Gas Science and Engineering, 29: 66-79.

Michael P, 1969-07-15. Method of producing fluidized material from a subterranean formation: 3455383.

Min K B, Rutqvist J, Elsworth D, 2009. Chemically and mechanically mediated influences on the transport and mechanical characteristics of rock fracture. Int. J. of Rock Mech. & Min. Sci., 46(1): 80-89.

Mitchell T O, 1987. Mobil oil corporation, enhanced recovery of hydrocarbonaceous fluids oil shale: 4698149.

Monceau P, Hsiao P Y, 2004. Percolation transition in fractal dimensions. Physics Letters A, 332(3-4): 310-319.

Moon H, Zarrouk S J, 2012. Efficiency of geothermal power plants: A worldwide review. New Zealand Geothermal Workshop 2012 Proceedings, Auckland, New Zealand.

Moridis G J, 2004. Numerical studies of gas production from class 2 and class 3 hydrate accumulations at the Mallik Site, Mackenzie Delta, Canada. SPE Reservoir Evaluation & Engineers, 7(3): 175-183.

Moridis G J, Reagan M T, 2011. Estimating the upper limit of gas production from Class 2 hydrate accumulations in the permafrost: 2. Alternative well designs and sensitivity analysis. Journal of Petroleum Science and Engineering, 76(3-4): 124-137.

Murphy H D, Fehler M C, 1986. Hydraulic fracturing of jointed formations. Los Alamos National Lab., NM (USA).

Na J G, Im C H, Chung S H, et al., 2012. Effect of oil shale retorting temperature on shale oil yield and properties. Fuel, 95: 131-135.

NEDO, 1991. Report on the status of geothermal energy research in Japan (1980-1989). Geothermal Resources Council, Bulletin, April, 103

Nemat-Nasser S, 1983. Thermally induced cracks and heat extraction from hot dry rocks//Hydraulic fracturing and geothermal energy. Springer, Dordrecht, 11-31.

Nimblett J, Ruppel C, 2003. Permeability evolution during the formation of gas hydrates in marine sediments. Journal of Geophysical Research, 108(B9): 2420.

Niu S W, Zhao Y S, Hu Y Q, 2014. Experimental investigation of the temperature and pore pressure effect on permeability of lignite under the in situ condition. Transport in Porous Media, 101(1): 137-148.

Nottenburg R, Rajeshwar K, Rosenvold R, et al., 1978. Measurement of thermal conductivity of Green River oil shales by a thermal comparator technique. Fuel, 57(12): 789-795.

Nur A, Byerlee J D, 1971. An extract effective stress law for elastic deformation of rock with fluids. Journal of Geophysical Research, 76(26): 6414-6419.

Office of Deputy Assistant Secretary for Petroleum Reserves, Office of Naval Petroleum and Oil Shale Reserves, U. S. Department of Energy, 2004. Strategic Significance of America's Oil Shale Resource, Vol II, Oil Shale Resources, Technology and Economics. Washington, D. C.

Ohmura T, Tsuboi M, Tomimura T, 2002. Estimation of the mean thermal conductivity of anisotropic materials. International Journal of Thermophysics, 23(3): 843-853.

Pai S I, 1977. Two-Phase Flows. Braunschweig: Vieweg-Verlag.

Pan Y, Zhang X, Liu S, et al., 2012. A review on technologies for oil shale surface retort. Journal of the Chemical Society of Pakistan, 34(6): 1331-1338.

Panahi H, Meakin P, Renard F, et al., 2012. A 4D synchrotron X-Ray-Tomography study of the formation of hydrocarbon-migration pathways in heated organic-rich shale. SPE Journal, 18(2): 366-377.

Parker R, 1989. Hot dry rock geothermal energy. Phase 2B final report of the Camborne School of Mines project, 1392.

Persoff P, Fox J P, 1979. Control strategies for abandoned in-situ oil shale retorts. Task report, U, S, Department of Energy, Division of Environmental Control Technology , Technical Program Officer: Charles Grua, October 1, 1979, Under Contract No. W-7405-ENG-48.

Peter M C, Khosrow B, Anton D, et al., 2008. Advances in world oil-shale production technologies. SPE Annual technical Conference and Exhibition, Denver, Colorado, USA.

Pooladi-Darvish M, 2004. Gas production from hydrate reservoirs and its modeling. Journal of Petroleum Technology, 56(6): 65-71.

Popov Y A, Pribnow D F C, Sass J H, 1999. Characterization of rock thermal conductivity by high-resolution optical scanning. Geothermics, 28: 253-276.

Porto M, Havlin S, Roman H E, et al., 1998. Probability distribution of the shortest path on the percolation cluster, its backbone, and skeleton. Physical Review E, 58(5): 5205-5208.

Potter J T, Craddock P R, Kleinberg R L, et al., 2017. Downhole estimate of the enthalpy required to heat oil shale and heavy oil formations. Energy & Fules, 31(1): 362-373.

Prats M, Closmann P J, Drinkard G, et al., 1977. Soluble-salt processes for in-situ recovey of hydrocarbons from oil shale. Journal of Petroleum Technology, 29: 1078-1088.

Prats M, Van Meurs P, 1969-7-15. Method of producing fluidized material from a subterranean formation: U.S. Patent 3455383.

Priest S D, 2004. Determination of discontinuity size distributions from scanline data. Rock Mechanics and Rock Engineering, 37(5): 347-368.

Putra A P, Nugraha B, 2013. Shale pore structure and permeability at different temperatures// Unconventional Resources Technology Conference, Denver, Colorado.

Qian J L, Yin L, 2008. Oil shale: a supplementary energy source for crude oil. Beijing: China Petrochemical industry Press.

Rabbani A, Baychev T G, Ayatollahi S, et al., 2017. Evolution of Pore-Scale Morphology of Oil Shale During Pyrolysis: A Quantitative Analysis. Transport in Porous Media, 119(1): 143-162.

Rangel-German E R, Kovscek A R, 2002. Experimental and analytical study of multidimensional imbibition in fractured porous media. Journal of Petroleum Science and Engineering, 36(1-2): 45-60.

Razvigorova M, Budinova T, Petrova B, et al., 2008. Steam pyrolysis of Bulgarian oil shale kerogen.

Oil Shal, 25(1): 27-36.

Rex T E, Occidental Oil Shale, Inc., 1985. In situ oil shale retort with controlled permeability for uniform flow: 4552409.

Robin P Y F, 1973. Note on effective pressure. Journal of Geophysical Research, 78(14): 2434-2437.

Rosswell W T, Bartlesville O, 1966. Production of oil from oil shale through fractures: 3284281.

Roy S, Gupta H, 2012. Geothermal energy: an overview, Renewable Energy, 5(5): 19-24.

Rutqvist J, Börgesson L, Chijimatsu M, et al., 2001. Coupled thermo-hydro-mechanical analysis of a heater test in fractured rock and bentonite at Kamaishi Mine - comparison of field results to predictions of four finite element codes. Int. J. of Rock Mech. & Min. Sci., 38(1): 129-142.

Rutqvist J, Freifeld B, Min K B, et al., 2008. Analysis of thermally induced changes in fractured rock permeability during 8 years of heating and cooling at the Yucca Mountain Drift Scale Test. Int. J. of Rock Mech. & Min. Sci., 45(8): 1373-1389.

Rutqvist J, Tsang C F, 2003. Analysis of thermal-hydrologic-mechanical behavior near an emplacement drift at Yucca mountain. Journal of Contaminant Hydrology, 62-63: 637-652.

Ryan R C, Fowler T D, Beer G L, et al., 2010. Shell's In Situ Conversion Process−From Laboratory to Field Pilots//Oil Shale: A Solution to the Liquid Fuel Dilemma. Washington, DC: American Chemical Society.

Saeki T, 2014. Road to offshore gas production test - from Mallik to Nankai trough. Offshore Technology Conference, Houston, Texas, USA.

Sahini M, Sahimi M, 1994. Application of percolation theory. Boca Raton: CRC Press.

Saif T, Lin Q Y, Bijeljic B, et al., 2017a. Microstructural imaging and characterization of oil shale before and after pyrolysis. Fuel, 197: 562-574.

Saif T, Lin Q Y, Butcher A R, et al., 2017b. Multi-scale multi-dimensional microstructure imaging of oil shale pyrolysis using X-ray micro-tomography, automated ultra-high resolution SEM, MAPS Mineralogy and FIB-SEM. Applied Energy, 202: 628-647.

Saif T, Lin Q Y, Singh K, et al., 2016. Dynamic imaging of oil shale pyrolysis using synchrotron X-ray microtomography. Geophysical Research Letter, 43(13): 6799-6807.

Saito S, 1991. Recent geothermal well drilling technologies in Kakkonda and Matsukawa, Japan. Geothermal Resources Council Bulletin, 20(6): 166-175.

Seol Y, Kneafsey T J, 2011. Methane hydrate induced permeability modification for multiphase flow in unsaturated porous media. Journal of Geophysical Research: Solid Earth, 116(B8).

Sewell P A, Chang N Y, Ko H Y, 1979. Radial permeabilities of oil shale and coal//20th U. S. Symp. on Rock Mech. Austin, 565-572.

Shackelford C D, 1991. Laboratory diffusion testing for waste disposal—A review. Journal of Contaminant Hydrology, 7(3): 177-217.

Shen C H, 2009. Reservoir simulation study of an in-situ conversion pilot of Green-River oil shale. SPE Rocky Mountain Petroleum Technology Conference, Denver, Colorado.

Shi Y Y, Li S Y, Ma Y, et al., 2012. Pyrolysis of Yaojie oil shale in a Sanjiangtype pilot-scale retort. Oil Shale, 29(4): 368-375.

Siramard S, Lin L X, Zhang C, et al., 2016. Oil shale pyrolysis in indirectly heated fixed bed with internals under reduced pressure. Fuel Processing Technology, 148: 248-255.

Skempton A W, 1960. Effective stress in soils, concrete and rock//Conference on Pore Pressure Suction in Soil. Butterworths, London.

Skoczylas F, Henry J P, 1995. A study of the intrinsic permeability of granite to gas. Int. J. of Rock Mech. and Min. Sci. & Geomech. Abstr., 32(2): 171-179.

Sloan Jr E D, Koh C A, 2007. Clathrate hydrates of natural gases. Boca Raton: CRC Press.

Snow D T, 1969. Anisotropic permeability of fractured media. Water Resource Research, 5(6): 1273-1289.

Solum M S, Mayne C L, Orendt A M, 2013. Characterization of macromolecular structure elements from a Green River oil shale. I. Extracts, Energy Fuels, 28(1): 453-465.

Somerton W H, Söylemezoḡlu I M, Dudley R C, 1975. Effect of stress on permeability of coal. Int. J. Rock Mech. & Min. Sci., 12(56): 129-145.

Song J J, 2006. Estimation of area frequency and mean trace length of discontinuities observed in non-planar surfaces. Rock Mech. Rock Engng., 39(2): 131-146.

Song J J, Lee C I, 2001. Estimation of joint length distribution using window sampling. Int. J. Rock Mech. & Min. Sci., 38(4): 519-528.

Sresty G C, Snow R H, Bridges J E, 1984-12-4. Recovery of liquid hydrocarbons from oil shale by electromagnetic heating in situ: U.S. Patent 4485869.

Stauffer D, Aharony A, 1985. Introduction to percolation theory. London: Mid-County Press.

Sukop M C, Perfect E, Bird N R A, 2001. Water retention of prefractal porous media generated with the homogeneous and heterogeneous algorithms. Water Resources Research, 37(10): 2631-2636.

Sun J, Wang S J, 2000. Rock mechanics anf rock engineering in China: developments and current state-of-the-art. Int. J. Rock Mech, & Min. Sci., (37): 447-465.

Sun Y, Bai F, Liu B, et al., 2014. Characterization of the oil shale products derived via topochemical reaction method. Fuel, 115: 338-346.

Suzuki K, Oda M, Yamazaki M, et al., 1998. Permeability changes in granite with crack growth during immersion in hot water. Int. J. of Rock Mech. & Min. Sci., 35(7): 907-921.

Sweeney J J, Roberts J J, Harbert P E, 2007. Study of dielectric properties of dry and saturated green river oil shale. Energy & Fuels, 21(5): 2769-2777.

Takahashi H, Yonezawa T, Takedomi Y, 2001. Exploration for natural hydrate in Nankai-Trough wells offshore Japan//The 2001 Offshore Technology Conference, Houston, Texas.

Tan Z F, Pan G, Liu P K, 2016. Focus on the development of natural gas hydrate in China. Sustainability, 8: 520.

Tanaka P L, Yeakel J D, Symington W A, et al., 2011. Plan to test ExxonMobil's in situ oil shale technology on a proposed RD&D lease//31th Oil Shale Symposium, Colorado.

Tang C A, Tham L G, Lee P K K, 2000a. Numerical tests on micro-macro relationship of rock failure under uniaxial compression, Part II: slenderness end size effect. Int. J. Rock Mech. Min. Sci., 37(5): 570-583.

Tang C A, Fu Y F Kou S, et al., 1998. Numerical simulation of loading inhomogeneous rock. Int, J. Rock Mech. & Min. Sci., 35(7): 1001-1006.

Tang C A, Tham L G, Lee P K K, et al., 2000b. Tests on micro-macro relationship of rock failure under uniaxial compression, Part I: effect of heterogeneity. Int. J. Rock Mech. Min. Sci., 37(5): 555-569.

Tang L G, Xiao R, Huang C, et al., 2005. Experimental of investigation of production behavior of gas hydrate under thermal stimulation in unconsolidated sediment. Energy & Fuels, 19(6): 2402-2407.

Tangren R F, Dodge C H, Seifert H S, 1949. Compressibility effects in two-phase flow. I. Appl. Phys., 20: 637-645.

Tarasevich Y I, 2001. Porous structure and adsorption properties of natural porous coal. Colloids and surfaces A: Physicochm. Eng. Aspects, 176: 267-272.

Teixeira M G, Donzé F, Renard F, et al., 2017. Microfracturing during primary migration in shales. Tectonophysics, 694: 268-279.

Terzaghi K, 1923. Die berechnung der durchlaessigkeitsziffer destones aus dem verlauf der hydrodynamicschen spannungserscheinungen. Sitzbericht, Akademia der Wissenschaften, Vienna, Austria, 132.

Terzaghik, 1943. Theoritical soil mechanics. New York: John Wile and Sons Inc.

Tester J W, Anderson B J, Batchelor A S, et al., 2006. The future of geothermal energy. Impact of Enhanced Geothermal Systems (EGS) on the United States in the 21st Century, Massachusetts Institute of Technology, Cambridge, MA, 372.

Thomas R W, 1966-11-8. Production of oil from oil shale through fractures: 3284281.

Timoshenko S P, Gere J M, 1961. Theory of elastic stability. 2nd ed. New York: McGraw-Hill.

Tiwari P, Deo M, 2012a. Detailed kinetic analysis of oil shale pyrolysis TGA data. AIChE J., 58(2): 505-515.

Tiwari P, Deo M, 2012b. Compositional and kinetic analysis of oil shale pyrolysis using TGA-MS. Fuel, 94: 333-341.

Tiwari P, Deo M, Lin C L, et al., 2013. Characterization of oil shale pore structure before and after pyrolysis by using X-ray micro CT. Fuel, 107: 547-554.

Todd D K, 1959. Ground water hydrology. New York: John Wiley.

Tomeczek J, Gil S, 2003. Volatiles release and porosity evolution during high pressure coal pyrolysis. Fuel, 82(3): 285-292.

Tsang C F, 1991. Coupled hydromechanical-thermochenical processes in rock fractures. Reviews of Geophysics, 29(4): 537-551.

Tsang Y W, Tsang C F, 1987. Channel model of flow through fractured media. Water Resources Research, 23(3): 467-479.

Tucker J D, Masri B, Lee S, 2000. A comparison of retorting and supercritical extraction techniques on El-Lajjun oil shale. Energy Sources, 22(5): 453-463.

Turcotte D L, 1986. Fractal and fragmentation. J. Geophys Res., 91: 1921-1926.

Turcotte D L, 1989. Fractals in geology and geophysics. Pageoph, 131(1-2): 171-196.

Turcotte D L, 1997. Fractals and chaos in geology and geophysics. London: Cambridge University Press.

Vásárhelyi B, 2003. Some observations reganding the strength and deformability of sandstones in case of dry and saturated conditions. Bull. Eng. Geol. Env., 62: 245-249.

Vásárhelyi B, 2005. Staistical analysis of the influence of water content on the strength of the mi cene limestone. Rock Mech. Rock Eng., 38: 69-76.

Verruijt A, 1969. Elastic storage of aquifers. Flow Through Porous Media, 331-376.

Vidal J, Genter A, Chopin F, 2017. Permeable fracture zones in the hard rocks of the geothermal reservoir at Rittershoffen, France. Journal of Geophysical Research: Solid Earth, 122(7): 4864-4887.

Villar M V, Lloret A, 2001. Variation of the intrinsic permeability of expansive clays upon saturation//Adachi K, Balkema M F, Rotterdam Clay Science for Engineering. the Netherlands, 259-266.

Villar M V, Lloret A, 2004. Influence of temperature on the hydro-mechanical behavior of a compacted bentonite. Applied Clay Science, 26: 337-350.

Villar M V, Sánchez M, Gens A, 2008. Behaviour of a bentonite barrier in the laboratory: experimental results up to 8 years and numerical simulation. Physics and Chemistry of the Earth, 33: S476-S485.

Vinegar H J, Bass R M, Hunsucker B G, 2005-8-16. Heat sources with conductive material for in situ thermal processing of an oil shale formation: 6929067B2.

Vinegar H, 2006. Shell's in-situ conversion process//26th Oil Shale Symposium, Colorado Energy Research Institute.

Vinokurova E B, Ketslakh A I, 1985. Influnce of gas compositionon the modulus of elasticity of gas-impregnated anthracites. Sovict Mining Science, (5): 458-460.

Walsh J B, 1965. The effect of cracks on the compressibility of rock. J. Geophys. Res., 70: 381-389.

Walsh J B, 1981. Effect of pore pressure and confining pressure on fracture permeability. Int. J. Rock Mech. & Min. Sci., 18: 429-435.

Wan Z J, Zhao Y S, Kang J R, 2005. Forecast and evalution of hot dry rock geothermal resource in China. Renewable Energy, 30(12): 1831-1846.

Wang H F, Bonner B P, Carlson S R, et al., 1989. Thermal stress cracking in granite. Journal of Geophysical Research, 94(B2): 1745-1758.

Wang J M, Feng Z C, Zhao Y S, et al., 2015. A study on creep analytical solution and creep parameters of granite drilling in steady state under high temperature and high pressure. Materials Research Innovations, 19: 380-384.

Wang Q, Liu H P, Sun B Z, et al., 2009. Study on pyrolysis characteristics of Huadian oil shale with isoconversional method. Oil Shale, 26(2): 148-162.

Wang Q, Sun B Z, Hu A J, et al., 2007. Pyrolysis characteristics of Huadian oil shales. Oil Shale, 24(2): 147-157.

Wang Y P, Wang Y W, Meng X L, et al., 2014. A new idea for in-situ retorting oil shale by way of fluid heating technology. Oil Drilling & Production Technology, 36(4): 71-74.

Wang Z, Jan F Y, Elrick D E, 1998. Prediction of fingering in porous media. Water Resource Research, 34(9): 2183-2190.

Warpinski N R, Lorenz J C, Branagan P T, et al., 1993. Authors' reply to discussion of examination of a cored hydraulic fracture in a deep gas well. Spe Production and Facilities, 8: 164-164.

Wellington S L, Berchenko I E, de Rouffignac E P, et al., 2005-08-02. In situ thermal processing of an oil shale formation to produce a condensate: 6923257 B2.

Wellington S L, Berchenko I E, de Rouffignac E P, et al., 2005-04-19. In situ thermal processing of an oil shale formation to produce a desired product: 6880633.

White J A, Burham A K, Camp D W, 2017. A ther moplasticity model for oil shale. Rock Mechanics & Rock Engineering, 50(3, S1): 677-688.

White M, Chick L, McVay G, 2010. Impact of geothermic well temperatures and residence time on the in situ production of hydrocarbon gases from green river formation oil shale//30th Oil Shale Symposium, Golden, Colorado, USA.

Wibberley C A J, Shimamoto T, 2003. Internal structure and permeability of major strike-slip fault zones: the Media Tectonic Line in Mie Prefecture, Southwest Japan. Journal of Structural Geology, 25(1): 59-78.

Williams P T, Ahmad N, 1999. Influence of process conditions on the pyrolysis of Pakistani oil shales. Fuel, 78(6): 653-662.

Williams P T, Ahmad N, 2000. Investigation of oil-shale pyrolysis processing conditions using thermogravimetric analysis. Appl. Energy, 66(2): 113-133.

Witherspoon P A, Wang J S Y, Iwai K, et al., 1980. Validity of cubic law for fluid flow in a deformable rock fracture. Water Resources Research, 16(6): 1016-1024.

Wu Z H, Barosh P J, Zhao X, et al., 2007. Miocene tectonic evolution from dextral-slip thrusting to extension in the Nyainqêntanglha region of the Tibetan plateau. Acta Geologica Sinica, 81(3): 365-384.

Xie Y S, Zhao Y S, 2009. Numerical simulation of the top coal caving process using the discrete element method. Int. J. Rock Mech. & Min. Sci., 46(6): 983-991.

Xu Z H, Song Y T, Cheng P, 2006. An analysis of compressible flows in a packed bed with gas-solid reactions. Int. Communications in Heat and Mass Transfer, 33: 278-286.

Yang C H, Daemen J K, Yin J H, 2000. Experimental investigation of creep behavior of salt rock. Int. J. Rock Mech. & Min. Sci., 36(2): 233-242.

Yang D, Zhao Y S, Hu Y Q, 2006. The constitute law of gas seepage in rock fracture undergoing three dimensional stress. Transport in Porous Media, 63(3): 463-472.

Yang H, 2016. A composite cementing material with high-temperature and high-pressure resistance and low elasticity for in-situ heating of oil shale. Chemistry & Technology of Fules and Oils, 52(1): 103-110.

Yang H, Duan Y X, 2014. A feasibility study on in-situ heating of oil shale with injection fluid in

China. J. Petroleum Science and Engineering, 122(10): 304-317.

Yang H, Gao X Q, Xiong F S, et al., 2014. Temperature distribution simulation and optimization design of electric heater for in situ oil shale heating. Oil Shale, 31(2): 105-120.

Yang L, Yang D, Zhao J, et al., 2016. Changes of oil shale pore structures and permeability at different temperatures. Oil Shale, 33: 101-110.

Yang M J, Fu Z, Jiang L L, et al., 2017. Gas recovery from depressurized methane hydrate deposits with different water saturations. Applied Energy, 187: 180-188.

Yang Z Z, Zhu J Y, Li X G, et al., 2017. Experimental investigation of the transformation of oil shale with fracturing fluids under microwave heating in the presence of nanoparticles. Energy &Fuels, 31(10): 10348-10357.

Yeo I W, de Fraitas M H, Zimmerman R W, 1998. Effect of shear displacement on the aperture and permeability of a rock. Int. J. rock mech. & min. Sci., 35(8): 1051-1070.

Yong C, Wang C Y, 1980. Thermally induced acoustic emission in Westerly granite. Geophysical Research Letters, 7(12): 1089-1092.

Youtsos M S K, Mastorakos E, Cant R S, 2013. Numerical simulation of thermal and reaction fronts for oil shale upgrading. Chemical Engineering Science, 94(3): 200-213.

Yu Y M, Liang W G, Hu Y Q, et al., 2012. Study of micro-pores development in lean coal with temperature. International Journal of Rock Mechanics & Mining Sciences, 51: 91-96.

Yue C T, Liu Y, Ma Y, et al., 2014. Influence of retorting conditions on the pyrolysis of Yaojie oil shale. Oil Shale, 31(1): 66-78.

Zanoni M A B, Massard H, Martins M F, 2012. Formulating and optimizing a combustion pathways for oil shale and its semi-coke. Combustion and flame, 159(10): 3224-3234.

Zhang F, Parker J C, 2010. An efficient modeling approach to simulate heat transfer rate between fracture and matrix regions for oil shale retorting. Transport in Porous Media, 84(1): 229-240.

Zhang H, 2001. Genetical type of pores in coal reservoir and its research significance. J. China Coal Society, 26(1): 40-43.

Zhang J Q, Liu Z X, Qian J L, et al., 2010. Feasibility of the oil shale industry development in China. Beijing: Geological Publishing House: 1-29.

Zhang J W, Standifird W B, Roegiers J C, 2007. Stress-dependent fluid flow and permeability in fractured media: from Lab experiments to Engineering applications. Rock Mech. Rock Engng, 40(1): 3-21.

Zhang M M, Liu Z J, Qiu H J, et al., 2016. Characteristics of organic matter of oil shale in the sequence stratigraphic framework at the northern foot of Bogda mountain, China. Oil Shale, 33(1): 31-44.

Zhang S H, Gao Z X, Liu S Y, et al., 2011. Effects of aromatics on the stability and product distribution of the methanol to olefin process. Chemical Engineering & Technology, 34(10): 1700-1705.

Zhang S H, Gao Z X, Liu S Y, et al., 2012. Role of active sites in the reaction of methanol to olefin over modified ZSM-5 zeolite. Journal-Chemical Society of Pakistan, 24(2): 336-344.

Zhang S Q, Mervyn P S, Stephen C F, 2001. Microcrack growth and healing in deformed calcite aggregates. Tectonophysics, 335(1-2): 17-36.

Zhang X Q, Li Y S, 2017. Changes in shale oil composition and yield after bioleaching by bacillus mucilaginosus and thiobacillus ferrooxidans. Oil Shale, 34(2): 146-154.

Zhao D, Feng Z C, Zhao Y S, 2011. Laboratory experiment on coalbed-methane desorption influenced by water injection and temperature. Journal of Canadian Petroleum Technology, 50(7-8): 24-33.

Zhao D, Gao T, Ma Y L, et al., 2018a. Methane desorption characteristics of coal at different water injection pressures based on pore size distribution law. Energies., 11(9): 2345.

Zhao D, Li D Y, Ma Y L, et al., 2018b. Experimental study on methane desorption from lumpy coal under the action of hydraulic and thermal. Advances in Materials Science and Engineering, 3648430.

Zhao D, Zhao Y S, Feng Z C, 2012. Experiments of methane adsorption on raw coal at 30-270℃. Energy Sources Part A-Recovery Utilization and Environmental Effects, 34(1-4): 324-331.

Zhao G J, Chen C, Qian F, 2014. application prospects in china of oil shale in-situ mining method and improved method. Applied Mechanics and Materials, 535: 602-605.

Zhao J Z, 2017. Micro-CT scanning of gas hydrate decomposition in simulation porous media. Chemistry and Technology of Fuels and Oils, 53(4): 600-609.

Zhao J Z, Shi D X, Zhao Y S, 2012. Mathematical model and simulation of gas hydrate reservoir decomposition by depressurization. Oil & Gas Science & technology, 67(3): 379-385.

Zhao J Z, Tain Y Q, Zhao Y S, 2013. Separation of methane from coal bed gas via hydrate formation in the presence of tetrahydrofuran and sodium dodecyl sulfate. Chemistry and Technology of Fuels and Oils, 49(3): 251-258.

Zhao J Z, Tian Y Q, Zhao Y S, et al., 2017. Experiment study of gas-hydrate dissociation kinetics at constant temperature above 0℃. Chemistry and Technology of Fuels and Oils, 53(5): 787-793.

Zhao J Z, Zhao Y S, Liang W G, 2016a. CH_4 separation from coal bed methane by hydrate in the SDS and THF solution. Journal of Chemistry.

Zhao J Z, Zhao Y S, Liang W G, 2016b. Hydrate-based gas separation for methane recovery from coal mine gas using tetrahydrofuran. Energy Technology, 4(7): 864-869.

Zhao J Z, Zhao Y S, Liang W G, et al., 2018. Semi-clathrate hydrate process of methane in porous media-mesoporous materials of SBA-15. Fuel, 220: 446-452.

Zhao J, 2016-3-10. Method and process for extracting shale oil and gas by fracturing and chemical retorting in oil shale in-situ vertical well: U.S.Patent 14787732.

Zhao J, 2017-10-10. Method and process for extracting shale oil and gas by fracturing and chemical retorting in oil shale in-situ horizontal well:U.S.Patent 9784086.

Zhao J, Yang D, Kang Z Q, et al., 2012. A micro-CT Study of changes in the internal structure of Daqing and Yanan Oil shales at high temperatures. Oil Shale, 35(4): 357-367.

Zhao L M, Liang J, Qian L X, 2013. Model test study of underground co-gasification of coal and oil shale. Applied Mechanics and Materials, 295-298: 3129-3136.

Zhao P, Jin J, Dor J, et al., 1997. Deep geothermal resources in the Yangbajing geothermal field. Tibet, GRC Transaction, 17: 227-230.

Zhao Q, Liu D M, Wang H Y, 2013. Identification of the depth range of in situ shale oil production. Oil Shale, 30(1): 19-26.

Zhao W J, Wu Z H, Shi D N, et al., 2008. Comprehensive deep profiling of Tibetan plateau in the INDEPTH project. Acta Geoscientica Sinica, 29(3): 328-342.

Zhao Y S, 1988. An experimental study of water infusion at pressure in coal specimens. International Journal of Mining and Geological Engineering, 6(1): 81-83.

Zhao Y S, Feng Z C, Lv Z X, et al., 2016a. Percolation laws of a fractal fracture-pore double media. Fractals, 24(4).

Zhao Y S, Feng Z C, Liang W G, et al., 2009. Investigation of fractal distribution law for the trace number of random and grouped fractures in a geological mass. Engineering Geology, 109(3-4): 224-229.

Zhao Y S, Feng Z C, Yang D, et al., 2005. The method for mining oil & gas from oil shale by Convection heating. China invent Patent: CN200510012473.

Zhao Y S, Feng Z C, Yang D, et al., 2015a. Three-dimensional fractal distribution of the number of rock-mass fracture surfaces and its simulation technology. Computers and Geotechnics, 65(4): 136-146.

Zhao Y S, Feng Z J, Feng Z C, et al., 2015b. THM (Thermo-hydro-mechanical)coupled mathematical model of fracture media and numerical simulation of a 3D enhanced geothermal system at 573K and buried depth 6000-7000M. Energy, 82: 193-205.

Zhao Y S, Feng Z J, Xi B P, et al., 2015c. Deformation and instability failure of borehole at high temperature and high pressure in Hot Dry Rock exploitation. Renewable Energy, 77(5): 159-165.

Zhao Y S, Hu Y Q, Wei J P, et al., 2003. The experimental Approach to effective stress law of coal mass by effect of methane. Transport in Porous Media, 53(3): 235-244.

Zhao Y S, Hu Y Q, Yang D, 1999a. An experimental research on the seepage law of two-phase fluid of gas-liguid in rock fracture//9th Int. Congress of Rock Mechanics, Paris, Aug., 23-25: 805-807.

Zhao Y S, Hu Y Q, Zhao B H, et al., 2004. Nonlinear coupled mathematical model for solid deformation and gas seepage in fractured media. Transport in Porous Media, 55(2): 119-136.

Zhao Y S, Jin Z M, Sun J, 1994. Mathematical model for coupled solid deformation and methane flow in coal seams. Appl. Math. Modelling, 18(6): 328-333.

Zhao Y S, Kang T H, Hu Y Q, 1995. Permeability classification of coal seam in China. Int. J. Rock Mech. & Min. Sci., 32(4): 365-369.

Zhao Y S, Meng Q R, Feng Z C, et al., 2017. Evolving pore structures of lignite during pyrolysis observed by computed tomography. Journal of Porous Media, 20(2): 1-11.

Zhao Y S, Qu F, Wan Z J, et al., 2010. Experimental investigation on correlation between permeability variation and pore structure during coal pyrolysis. Transport in Porous Media, 82(2): 401-412.

Zhao Y S, Wan Z J, Feng Z J, et al., 2012. Triaxial compression system for rock testing under high temperature and high pressure. International Journal of Rock Mechanics and Mining Sciences, 52: 132-138.

Zhao Y S, Wan Z J, Feng Z J, et al., 2016b. Evolution of mechanical properties of granite at high temperature and high pressure. Geomechanics and Geophysics for Geo-Energy and Geo-Resources, 3(2): 199-210.

Zhao Y S, Yang D, Liu Z H, et al., 2015d. Problems of evolving porous media and dissolved glauberite microscopic analysis by micro-computed tomography-evolving porous media(1). Transport in Porous Media, 107(2): 365-385.

Zhao Y S, Yang D, Zheng S H, 1997. The rock hydraulics model and fem of blocked medium of mining above confined aquifer//9th Int. Symp. for Computer Methods and Advances in Geomechanics, IACMAG97, Wuhan, 2-7: 1581-1586.

Zhao Y S, Yang D, Zheng S H, et al., 1999b. The experimental study on water seepage constitute law of fracture in rock under 3D stress. Science in China(Series E), 42(1): 108-112.

Zhao Y S, Zhao J Z, Liang W G, et al., 2018. Semi-clathrate hydrate process of methane in porous media—microporous materials of 5A-Type zeolites. Fuel, 220: 185-191.

Zhao Y S, Zhao J Z, Shi D X, et al., 2016c. Micro-CT analysis of structural characteristics of natural gas hydrate in porous media during decomposition. Journal of Natural Gas Science and Engineering, 31(4): 139-148.

Zheng D W, Li S Y, Ma G L, et al., 2012. Autoclave pyrolysis experiments of Chinese Liushuhe oil shale simulate in-situ underground thermal conversion. Oil Shale, 29(2): 103-114.

Zheng H, Shi W P, Ding D L, 2017. Numerical simulation of in-situ combustion of oil shale, geofluid: 3028974.

Zheng R C, Zhao J Z, Hua J, et al., 2018. Experimental study on the effect of horizontal well on production behaviour from water saturated hydrate bearing sediment. Applied Energy, 214: 97-130.

Zhong S, Tao Y, Li C Y, 2014. Simulation and assessment of shale oilleakage during in situ oil shale mining. Oil Shale, 31(4): 337-350.

Zhou D, Feng Z C, Zhao D, et al., 2016. Uniformity of temperature variation in coal during methane adsorption. Journal of Natural Gas Science and Engineering, 33: 954-960.

Zhou D, Feng Z C, Zhao D, et al., 2017. Experimental meso scale study on the distribution and evolution of methane adsorption in coal. Applied Thermal Engineering, 112: 942-951.

Zhu W C, Liu J, Sheng J C, et al., 2007. Analysis of coupled gas flow and deformation process with desorption and Klinkenberg effects in coal seams. International Journal of Rock Mechanics & Mining Sciences, 44(7): 971-980.

Zimmerman R W, 2000. Coupling in poroelasticity and thermoelasticity. Int. J. of Rock Mech. & Min. Sci., 37(1-2): 79-87.

Zou D H S, Yu C X, Xian X F, 1999. Dynamic nature of coal permeability ahead of a longwall face. Int. J. of Rock Mech. & Min. Sci., 36: 693-699.

索　引

CRUSH 技术, 216
Darcy 定律, 21
EGL 技术, 216
Electrofrac^{TM} 技术, 177
IDDP 计划, 334
IVE 技术, 218
MTI 技术, 184
比热, 36
毕奥系数, 30
残留骨架, 46, 102, 106
残渣含油率, 207
常规热解, 267, 275
超临界, 121, 219, 334
冲击, 299
出力与寿命, 310
等宽度裂隙模型, 23
低变质煤, 262
地热资源, 1
断层模式干热岩地热开采技术, 322
堆浸法, 224
多孔介质水合物, 246
多孔介质演变, 9
放射性矿产, 1
非金属矿产, 1
辐射加热技术, 219
钙芒硝矿, 67
干热岩地热, 1, 3, 6
高温高压, 294
高温蒸汽热解, 272, 275

隔热带, 196
隔渗带, 197
沟槽流模型, 24
固体传压, 14
贵金属矿产, 1
褐煤, 262
横跨团, 52
花岗岩, 31, 38, 62
极限深度, 298
碱浸, 223
降压开采, 243
金矿, 233
近岩浆层地热, 334
静水压力, 296, 319
空气加热技术, 217
孔隙团, 51
矿层改性逾渗理论, 46
矿层原位改性, 46
矿体多孔化, 46
矿物流体化, 46
矿物提质, 46
裂隙分布初值, 53
裂隙分形维数, 53
临界失稳, 298
螺杆膨胀机, 213
煤层气, 6
煤炭资源, 1
膨胀系数, 31
破岩方式, 299

破岩技术, 294, 299

气体传压, 18

切削, 299

氰化法提金, 234

琼北火山, 293

燃气热值, 276

燃烧干馏, 220

热传导率, 34

热解气体, 189

热解演变, 266

人工储留层, 6, 304, 310, 312, 316

人工演变, 10

溶浸开采, 106, 110

沙漠峰, 323, 333

渗流, 48

渗透率, 22, 23, 24

渗透系数, 23, 24, 25

水合物分解, 250

水力传导系数, 22

水平井分段压裂, 94, 116, 310, 321

苏茨, 323, 331

酸浸, 223

腾冲火山, 293

天然气水合物, 237

铁与钛合金矿产, 1

铜的硫化矿物, 228

铜的氧化矿物, 227

脱水提质, 263

无残留骨架, 46, 110, 113

卸压改造, 61

压裂改性, 59

压裂改造技术, 59

压裂-热解, 281

岩浆囊, 322, 323

盐类矿床, 5

演变多孔介质问题, 9

羊八井地热田, 325

页岩油, 172

液体传压, 19

油砂, 6

油页岩, 5, 172

铀矿石, 223

铀矿物, 222, 223

有色金属矿产, 1

有效应力系数, 30

有效应力原理, 30

余热发电, 206, 213

逾渗, 47, 48

逾渗概率, 49

逾渗团, 49, 52

逾渗阈值, 48

原位改性流体化采矿, 5

原位溶浸, 138, 226, 231

增强型地热, 310

增强型地热系统, 309

注热开采, 134, 201, 243

注入化学抑制剂开采, 243

自然-人工演变, 10

自然演变, 10

钻井液技术, 294

钻孔失稳变形, 296

钻孔稳态变形, 295